Wilhelm Stölb

Waldästhetik – über Forstwirtschaft, Naturschutz und die Menschenseele

Wilhelm Stölb

Waldästhetik

über Forstwirtschaft, Naturschutz
und die Menschenseele

Verlag Kessel

Titelbild: Im Buchen-Naturwaldreservat Brunnstube, Steigerwald
Rückseite: Herbstlicher Buchenwald bei Kelheim
Die Umschlagbilder sowie alle Fotos ohne Autorenvermerk stammen vom Verfasser.

Impressum

Tel.: 02228 - 493
Fax: 01212 - 512382426
E-Mail: webmaster@forstbuch.de
Homepage: www.forstbuch.de

Kontakt zum Autor:
Wilhelm Stölb
Lunastraße 16
84032 Altdorf bei Landshut
Fax: 0871 - 9538215
E-Mail: stoelb.altdorf@t-online.de
Homepage: www.waldundmensch.de

Druck: Isarpost GmbH, Landshut

ISBN: 3-935638-55-8

Weißt du, was ein Wald ist?
Ist ein Wald etwa nur zehntausend Klafter Holz?
Oder ist er eine grüne Menschenfreude?

Bertold Brecht

Vorwort

Dieses Buch ist geschrieben für alle, die den Wald mögen, Verantwortung für ihn tragen oder sonst ein Interesse damit verbinden: Naturfreunde, Forstleute, Waldbesitzer, Naturschützer, Lehrer, Politiker, Jäger, Wanderer und viele mehr. Ebenso natürlich für die Vertreterinnen dieser Gruppen. Ich schließe sie ausdrücklich auch da ein, wo ich mich dem Textfluss zuliebe auf die männliche Form beschränke.

Es handelt von der **gefühlsmäßigen Beziehung der Menschen zum Wald**. Obwohl sie – als Naturliebe – in vielen Menschen tief verwurzelt ist, findet sie in der derzeitigen Diskussion zwischen Naturschutz und Forstwirtschaft wenig Raum. (Immerhin trug das kürzlich knapp gescheiterte Volksbegehren gegen die Forstreform in Bayern den Titel „Aus Liebe zum Wald". Nur Werbeslogan oder Trendwende im Naturschutz? Siehe dazu das Nachwort auf Seite 399.) Meist bewegt man sich (aber immer noch) auf der Sachebene: in der ebenso simplen wie unzureichenden **Antithese zwischen Ökonomie und Ökologie**. Der Mensch kommt dabei nur am Rande vor, zwischen Festmetern und Fröschen, Euro und Artenschutz.

Derweil finden in unseren Wäldern **große Veränderungen** statt: einerseits durch Klimawandel und Katastrophen, andererseits durch unsere zunehmend rationell betriebene Forstwirtschaft. Naturschutzverbände machen darauf aufmerksam und kritisieren die neuen forstwirtschaftlichen Zielsetzungen und Arbeitsmethoden. In der breiten Bevölkerung finden sie jedoch mit ihrer ökologischen Argumentation wenig Unterstützung. Die Forstwirtschaft auf der anderen Seite steckt in einer tiefen **Krise**, klagt ebenfalls über mangelnde Akzeptanz, teils sogar Ablehnung in der Bevölkerung. Der Wald, heißt es, interessiere zu wenige, habe keine Lobby.

Aber breite Bevölkerungsschichten können sich nicht aus intellektuellem Einsehen für den Wald erwärmen, sondern nur, wenn sie darin greifbare Werte erleben. Die Leute müssen den Wald ansprechend oder einfach „schön" finden, sich darin wohlfühlen, damit sie ihn schätzen und für ihn eintreten. Deshalb erfordert Waldschutz **Mut zum Gefühl**. Mit diesem Buch möchte ich dazu ermuntern, Gefühle zu Wald und Natur bei sich selbst und anderen ernst zu nehmen und sie in praktische forstwirtschaftliche und politische Entscheidungen einzubeziehen.

Um einen breiten Leserkreis auch nicht forstlich vorgebildeter Bürger zu erreichen, habe ich wichtige Waldbauverfahren und andere forstliche Zusammenhänge möglichst einfach zu erklären versucht. Die Fotos mögen zum Verständnis beitragen. Einige unumgängliche Fachausdrücke sind am Schluss in einem Glossar erläutert.

Forstleute, welche dieses Buch lesen, bitte ich nachzusehen, dass mir oft Verständlichkeit und Lesbarkeit wichtiger waren als erschöpfende Genauigkeit. Für Interessierte sind Quellenangaben und Literaturhinweise jeweils im Text als Endnoten vermerkt und am Schluss des Buches nachzulesen.

Im Übrigen bitte ich, die enthaltene Kritik am forstlichen Berufsstand positiv anzunehmen. Angesichts der massiven Umwälzungen, mit denen Forstleute derzeit kämpfen, werden einige die Ästhetik vielleicht als nebensächlich ansehen. Aber gerade weil sich die unheilvolle Spirale von wirtschaftlicher Krise und Rationalisierung rasant beschleunigt, brauchen wir neue Argumente in der forstpolitischen Diskussion.

Ökologen und Naturwissenschaftler – Fachleute des Naturschutzes – bitte ich ebenfalls, meine kritische Sicht ihrer Arbeit richtig zu verstehen: Sachliche und wissenschaftliche Arbeit ist gut und notwendig, bewegt aber nicht die Massen. Weil Wissenschaft an sich wertfrei und emotionslos ist, kann sie keine breite Begeisterung hervorrufen. Emotion ist notwendig, damit der Schutz von Wald und Natur mehrheitsfähig wird.

Schließlich bitte ich **Philosophen** und andere Geisteswissenschaftler unter den Lesern, Unschärfen oder geringen Tiefgang auf ihrem Gebiet nachzusehen. Ästhetik ist eine philosophische Fachrichtung und in ihrer Gesamtheit natürlich weitaus umfassender als ich sie in meiner Anwendung auf die Waldwirtschaft ausloten bzw. anreißen kann. Aber wer Brücken bauen will – und das möchte ich – kann und sollte sich am Ufer des anderen Landes auskennen, nicht in dessen voller Tiefe.

Für fachliche **Anregungen, Klärungen und weiterführenden Gedanken** aller Art bin ich dankbar.

In großen Teilen drückt das Buch jedoch (subjektive) Empfindungen und Gefühle aus. Darüber kann man zwar reden, aber nicht diskutieren, weil es so viele Wahrheiten wie Menschen gibt. Auch diesbezüglich freue ich mich über Korrespondenz. Mich interessiert, wie Menschen aus anderen Landstrichen, mit anderer Herkunft, Ausbildung und Lebenssituation den Wald, ihren Wald, erleben. Keinesfalls ist das Thema Waldästhetik mit diesem Buch für mich abgehandelt. Weil es mir am Herzen liegt, möchte ich weiter daran arbeiten, lernen, es vertiefen, solange und soweit mir das möglich ist.

Bedanken möchte ich mich bei meinen ehemaligen Kollegen Andreas Leyrer und Manfred Maier, die mich in der Startphase unterstützt haben, sowie bei verschiedenen Kolleginnen und Kollegen der Bayerischen Landesanstalt für Wald und Forstwirtschaft, für die ich stellvertretend deren Leiter, Olaf Schmidt nennen möchte. Schließlich bei meiner Familie, insbesondere meiner Frau für ihr Verständnis und die Rückenstärkung.

Im Januar 2005

Wilhelm Stölb
Lunastraße 16
84032 Altdorf bei Landshut
Fax: 0871 - 9538215
E-Mail: stoelb.altdorf@t-online.de

Inhalt

1 Warum Waldästhetik?

Folgt man dem Präsidenten des Deutschen Forstwirtschaftsrates Hermann Ilaender, dann steckt die deutsche Forstwirtschaft in ihrer **größten Existenzkrise seit 200 Jahren**. Die Krise hat einerseits ökonomische Aspekte, andererseits gesellschaftliche. Zum einen ist mit dem deutschen Wald praktisch kein Geld mehr zu verdienen, zum anderen stellt die Gesellschaft hohe Anforderungen an die Wälder, was Erholung und Naturschutz angeht. Beide Aspekte verstärken sich gegenseitig.

Kampf ums Überleben

Die **wirtschaftliche Krise** der deutschen bzw. mitteleuropäischen Forstwirtschaft zeichnete sich bereits in den sechziger Jahren ab, als Kunststoff und andere Ersatzprodukte begannen, das traditionell in vielen Bereichen verwendete Holz zu verdrängen. Waren die 50er Jahre noch „die goldenen Jahre" deutscher Forstwirtschaft, ging es seither in Wellenbewegungen bergab. Billige Importe aus tropischen Ländern, Kanada, Skandinavien kamen hinzu. 1990 machten schließlich die großen Stürme Vivian und Wiebke das Drama komplett. Über Nacht fielen die Holzpreise in den Keller und haben sich seither nicht mehr durchgreifend erholt.

Weltpolitische Umwälzungen in den 90er Jahren und die dadurch drastisch beschleunigte **Globalisierung** verschärfen die Lage. Mit dem Zusammenbruch des Ostblocks sowie dem EU-Beitritt Schwedens und Finnlands drängten ausgesprochene Waldländer mit riesigen Holzmengen und wesentlich einfacheren Produktionsbedingungen auf den heimischen Markt. Russisches Nadelstammholz beispielsweise gibt es zum Preis von einem Euro pro Festmeter. Schweden – sonst wirtschaftlich vergleichbar mit Deutschland – hat aufgrund seiner enormen Flächengrößen nur die Hälfte unserer Holzerntekosten und sogar nur ein Fünfzehntel der Verwaltungskosten, die unsere Forstbetriebe tragen.

In brasilianischen Eukalyptusplantagen, die auf gigantischen Flächen den gerodeten Regenwäldern folgen, misst man Jahreszuwächse von 50 bis 70, auf besseren Böden sogar 100 Festmetern pro Hektar. Dort wird also in 5 bis 10 Jahren produziert, was im deutschen Wald 50 bis 100 Jahre wachsen muss.

Auf der Abnehmerseite hat gleichzeitig ein Konzentrationsprozess stattgefunden, der den ehemaligen Verkäufermarkt zu einem klaren Käufermarkt umfunktionierte. Mittelständische Säger fielen auf breiter Front dem „Sägewerkssterben" zum Opfer. Großbetriebe geben damit Preise und Konditionen vor. Eine zunehmend **industriell strukturierte Holzwirtschaft** beginnt sich nach skandinavischen Vorbild mit dem forstlichen Arbeitsmarkt und dem Waldbesitz zu verflechten, so dass viele Waldbesitzer sich gewollt oder ungewollt nicht mehr als Herr im eigenen Wald fühlen.

Die deutsche Forstwirtschaft kämpft ums Überleben. Zu ihrer großen Schwester in der Familie der Primärproduzenten, der Landwirtschaft, hat sie damit ein paar Jahre

Verspätung. Diese hängt bekanntlich schon lange am Tropf staatlicher Subventionen, welche inzwischen über die Hälfte ihrer Einkommen ausmachen. Ob die Forstwirtschaft den gleichen Weg gehen muss, ist offen. Da dies kaum jemand will, schöpft man derzeit alle betriebswirtschaftlichen Möglichkeiten aus, um den Kopf über Wasser zu halten: Ausgaben verringern, rationalisieren, Personal abbauen, mechanisieren, neue Märkte erschließen, sich an den Wünschen der Kunden orientieren usw. In allen Branchen sind diese Mittel gleich.

Speziell kommt im Wald noch der Vorratsabbau hinzu, der Einschlag von **Holzreserven**, die in den letzten Jahrzehnten in deutschen Wäldern herangewachsen sind. Doch „Holzreserven" bestehen nicht nur aus Fichtenstangenhölzern und anderen Massensortimenten, sondern auch aus schönen Alteichen und Altbuchen, die jetzt vermehrt „geschlachtet" werden.

Forstwirtschaft und Gesellschaft

In Verbindung mit Rationalisierung und Mechanisierung stoßen diese Maßnahmen wiederum der „Gesellschaft" auf, wobei als Sprachrohr hauptsächlich die **Naturschutzverbände** auftreten. Sieht die überwiegende Mehrheit der Menschen doch im Wald nicht die forstwirtschaftliche Betriebs- und Produktionsfläche, sondern den Erholungsraum und das letzte einigermaßen naturnahe Drittel unseres Landes. Die öffentliche Meinung trennt heute den Wald klar von der Forstwirtschaft.

Während Wald nach wie vor große Sympathie genießt, für viele als Inbegriff für die bedrohte und schützenswerte Natur steht, ist die Forstwirtschaft fast zum Inbegriff seiner Bedrohung geworden. Sie ist im Bild der Öffentlichkeit diejenige, welche die Reste unserer in die Wälder zurückgedrängten Natur ausbeutet, ihre Harmonie gefährdet und den Naturhaushalt belastet. Mit allerlei technischem Großgerät rückt sie dem schönen Wald zu Leibe und hinterlässt Spuren der Verwüstung, wo sie mehr oder weniger rücksichtslos, nur am wirtschaftlichen Profit orientiert, waltet.

Ihren Ausgang nahm diese negative Einstellung zur Forstwirtschaft in den siebziger Jahren, als die hemmungslose **Zerstörung der tropischen Regenwälder** über die Medien in unseren Wohnzimmern landete. In den Achtzigern waren es dann die Horrorbilder des **Waldsterbens**, die uns plötzlich die Empfindlichkeit und Zerstörbarkeit unserer eigenen Wälder vor Augen führten, und in neuerer Zeit sind es **Großmaschinen**, Prozessoren und Vollernter, die man früher nur in Kanada und Schweden vermutete, die jetzt aber auch in unseren Wäldern ihre Spuren hinterlassen.

So hat sich in den letzten 2 - 3 Jahrzehnten eine kritische Distanz gegenüber der Forstwirtschaft aufgeschaukelt, die in scharfen Worten ihren Ausdruck findet: „Raubbau", „Monokulturen", „Kahlschlag", „Kettensägen", „Holzmafia". Ursprünglich war das alles auf ausländische Verhältnisse gemünzt, heute sind auch heimische Waldbesitzer und sogar die traditionell gut angesehenen **Förster** in die Schusslinie der Umweltschützer geraten. Ihr ganzer Waldbau sei naturfern, künstlich, biologisch falsch, häufig immer noch den Interessen der Jagd untergeordnet, heißt es. Plakativ stellen

Bode / Hohnhorst in ihrem Buch „*Waldwende*" (1994) die Begriffe „**Försterwald**" und „**Naturwald**" gegeneinander. (s. Abb. S. 16/17)

Hinzu kommt die Debatte um die viel beschworene **Nachhaltigkeit**, das alte forstliche Prinzip, wonach nur immer soviel geerntet werden darf, wie für kommende Generationen nachwächst. Glaubt man den Statistiken, dann bewegt sich die deutsche Forstwirtschaft trotz massiv erhöhter Einschläge immer noch im nachhaltigen Rahmen. Doch ist dies eine rechnerische Größe, welche die *Holzmenge*, nicht die ökologische Vielfalt und schon gar nicht die ungreifbare „Schönheit" unseres Waldes umfasst.

Im Zuge der allgemeinen Zahlengläubigkeit und Verwissenschaftlichung versucht der Naturschutz, neue Begriffskonstruktionen in die Debatte zu werfen: z.B. die „biologische Nachhaltigkeit", über deren Inhalt aber – wenn überhaupt – nur jene Bescheid wissen, die sie erfunden haben. Einfache „**Schönheit**", um die es den allermeisten Menschen im Grunde geht, traut man sich nicht als Argument zu verwenden.

In letzter Zeit engagiert sich vor allem auch die **Europäische Union** für den Naturschutz. Empfinden Umweltschützer deren Programm Natura 2000 als Öl auf ihren reichlich vorhandenen Wunden, sorgt es bei Land- und Forstwirten für heftigen Unmut. Wer in der Vergangenheit naturnah gewirtschaftet, schöne alte Laubwälder erhalten und gepflegt habe, sagt man, bekomme jetzt „die Käseglocke übergestülpt". Durch das „Verschlechterungsverbot", das in Wahrheit einer Veränderungssperre gleiche, werde er in seiner Wirtschaftsfreiheit eingeschränkt und damit für sein Engagement bestraft, während der schnöde Fichten- und Kiefernwaldbau unbehelligt weitergetrieben werden könne. Ein nicht von der Hand zu weisendes Argument, das auf die dringende Reformbedürftigkeit des Ausgleichssystems verweist.

Eines der Hauptprobleme in der ganzen Krise ist die **verheerende Geldnot der öffentlichen Kassen**. In den 70er Jahren, als es ähnliche Diskussionen um das Gesicht des Waldes und seine Funktionen für die Gesellschaft gab, war das noch anders. Man konnte von Etatsteigerungen ausgehen und auch die Forstwirtschaft bekam etwas davon ab. So durften vor allem die Staatswälder ohne restriktive Gewinnerwartung arbeiten. Dort hat man bis in die 90er Jahre hinein sehr viel Geld in den Umbau reiner Nadelholzbestände investiert, vielerorts fast nur noch Laubbäume gepflanzt, und damit für einen stabileren und schöneren Wald der Zukunft gesorgt.

Für die private Forstwirtschaft wurden entsprechende Zuwendungen gewährt, die jedoch wegen der dort anderen Zielsetzung weniger Breitenwirkung erreichten.

Immer noch sind die Probleme ungelöst. Waldbesitz und Forstwirtschaft klagen über mangelnde Akzeptanz in der Öffentlichkeit, über Isolation und zu wenig Verständnis für ihre immensen Schwierigkeiten. Im harten Verteilungskampf um die zunehmend knapper fließenden Mittel finden sie kaum Bundesgenossen. **Die Deutschen lieben ihren Wald, aber nicht die Forstwirtschaft**. Außerdem ist Wald für die Menschen einfach da, ein ausgeprägteres **Wertbewusstsein**, das in politisches Handeln mündet, wäre gefragt.

Gegensätze: Plakativ kann man einem schönen „Naturwald“ (links) den künstlichen „Försterwald“ (rechts) gegenüberstellen. Angesichts des Zustandes unserer Wälder ist dies nicht ganz von der Hand zu weisen. Aber so simpel – schwarz/weiß – liegen die Dinge denn doch nicht.

Das linke Bild stammt beispielsweise aus einem Naturwaldreservat, welches von Förstern eingerichtet wurde, das rechte aus einem Privatwaldbetrieb, der ohne Förster arbeitet. Ich will versuchen, diese Dinge offen anzusprechen: nicht ohne Emotion, aber ohne Polemik.

Dass Deutschland im Gegensatz zu Skandinavien, Russland oder Kanada äußerst kleinräumigen Strukturen aufweist, erschwert die Sache enorm. Ein und derselbe Wald muss bei uns der Erholung dienen, dem Trinkwasserschutz, der ökologischen Vielfalt und soll schließlich auch noch seinen Besitzer ernähren. **Integration** vieler Anforderungen auf einer Fläche – eine Quadratur des Kreises?

In Flächenländern wie USA, Finnland oder Schweden, geht man den Weg der **Segregation**: Man weist – durchaus großzügig – Schutzgebiete aus, in denen die Forstwirtschaft ruht und alle anderen Dinge Vorrang haben. Auf der Restfläche wird dann ohne nennenswerte Beschränkungen, sozusagen auf Teufel komm raus gewirtschaftet. Für ein dicht besiedeltes, verstädtertes Land wie unseres, ist dieses Modell aber wenig interessant. Wir brauchen den Wald in unserer Nähe, das „**Psychotop**" vor der Haustür, wo die Bürger joggen, wandern, Rad fahren, sich erholen und Kinder Natur erkunden können.

Was hilft es dem Hamburger, wenn in Harz, Eifel oder Bayerischem Wald Natur- und Nationalparks ausgewiesen sind? Als Ziel für Wochenend- oder Urlaubsreisen sind sie in Ordnung; aber weder befriedigen diese das Naherholungsbedürfnis der Menschen, noch kann damit eine intensivere Waldbeziehung in breiteren Bevölkerungskreisen aufrecht erhalten oder gar geschaffen werden. Die wäre aber notwendig als gesellschaftlicher Rückhalt für die Forstwirtschaft.

Lange Jahre war das alles kein Thema, brauchte die Gesellschaft zwar den Wald, aber die Forstpartie nicht die Gesellschaft. **Meist verschwistert mit der Jagd, war der Forst eine geschlossene Gesellschaft**, die nach niemand fragte und von außen auch möglichst wenig gefragt werden wollte. Doch in ihrer aktuellen Existenzkrise ist sie auf die anderen Interessengruppen angewiesen, braucht sie Hilfe von außen. Mit dem ersten deutschen Waldgipfel 2001 hat der Deutsche Forstwirtschaftsrat deshalb die Initiative ergriffen und den gesellschaftlichen Aushandlungsprozess öffentlich gemacht, der sich vorher nur in kleinen Kreisen und hinter den Kulissen abspielte. Man will und muss politische Lösungen für den Gesamt-Wald finden, die alle Interessengruppen und Waldbesitzarten weitest möglich zufrieden stellen.

Ökologie contra Ökonomie – wo bleibt der Mensch?

Verfolgt man die forstpolitische Auseinsandersetzung, dann hat sie sich – ähnlich wie der Disput um die Landwirtschaft – seit geraumer Zeit zu einem **Zweikampf zwischen Ökonomie und Ökologie** verhärtet. Die Forstwirtschaft versucht durch großflächiges Arbeiten, intensiven Maschineneinsatz und knappste Personalausstattung, orientiert an skandinavischen Verhältnissen, zumindest vorläufig aus den roten Zahlen zu kommen. Die Naturschützer auf der anderen Seite kartieren Rote-Liste-Arten, sprechen von wertvollen Zerfallsphasen, Biodiversität, ökologischem Ausgleich und potentieller natürlicher Vegetation. Zwei Welten, die sich trotz vieler gegenteiliger Bekundungen oft verständnislos gegenüberstehen.

Während von allen Seiten um den Begriff „Natur" gebuhlt wird – was ist „natürlich", „naturnah", „naturgemäß" – kommt das Wort **Mensch** in der forstpolitischen Auseinandersetzung kaum vor. Sorgfältig wird es versteckt hinter Sozialfunktion, Biotopen und Ökologie. Den Menschen führt vielmehr die übrige Wirtschaft ins Feld: Industrie, Gewerbe und Handel, die in allerorten wuchernden Gewerbegebieten immer mehr Landschaft verprassen und letzte Ruhe-Oasen mit Autobahnen und Einflugschneisen durchschneiden: für Arbeitsplätze, für die Menschen, wie man sagt.

Aber was ist mit den solcherart verplanten Menschen selbst? Sind sie mit der fortschreitenden Zersiedlung unserer Landschaft, mit Waldschäden und einer zunehmend maschinengerechten Gestaltung unserer Wälder einverstanden? Nehmen sie diese überhaupt wahr? Oder fügt sich die schweigende Mehrheit fatalistisch in die Entwicklung?

Mit ja und nein gleichzeitig lassen sich diese Fragen beantworten. Das öffentliche **Bewusstsein** um den Wald darf man nicht überschätzen. Es ist eigentlich mehr ein Un-Bewusstsein. Der Wald ist ein Ort, wo wir vom ganzen Alltagsgetriebe abschalten und von schweren Entscheidungen oder Problemen nichts wissen wollen. Seine Existenz nimmt man mehr oder weniger selbstverständlich an: eine Oase der Ruhe in unserer hektischen Welt, für viele auch Inbegriff für gute Luft, Heimat für Reh und Wildsau.

Weder mit Holznutzung noch mit Ökologie hat die große Mehrheit der Bevölkerung irgendetwas am Hut. Sie sucht weder Betrieb noch Biotop. **Was die meisten Menschen wollen und suchen, ist ein schöner Wald, wo sie in Ruhe spazieren gehen, laufen, Rad fahren und Natur erleben können.**

Das ist neben Ökonomie und Ökologie der dritte Pol in der ganzen Wald-Debatte. Da es um menschliches – sinnliches – Erleben geht, nenne ich ihn „Ästhetik". Die vielen Menschen, die sich von ihrer Bedürfnislage darin finden, machen kein großes Aufhebens. Weil sie in der Öffentlichkeit **keine Lobby** haben, beherrschen **Fachleute** aus Forstwirtschaft und Naturschutz die Diskussion um den Wald.

Bisher hat sich die schweigende Mehrheit auf **Förster** als Fachleute verlassen; nach dem Motto: die werden unseren Wald schon pflegen, womit Letztere auch völlig zufrieden waren. Doch allmählich wird den Förstern von Naturschützern der Rang abgelaufen. Bei Greenpeace und Co. tauchen „**Gegenexperten**" auf, die behaupten, den Förstern gehe es nur noch um Ökonomie – ums Geld. Man könne ihnen nicht mehr trauen, weil sie den Wald einseitig auf Wirtschaftlichkeit trimmen. Offen stellen sie die Frage: Brauchen wir überhaupt noch Förster oder macht das „die Natur" nicht besser allein?

Aus diesen provozierenden Fragen entsteht Verunsicherung. Wenn der Staat eh kein Geld hat, könnten wir doch auf die Förster verzichten? Aber wer kümmert sich dann um den Wald? Die Umweltschützer? Machen die es dann richtig – so wie es die Mehrheit will? Oder wird dann – unter dem **Deckmantel der Ökologie** – alles unter Schutz gestellt, mit diversen, oft wenig menschenfreundlichen Einschränkungen und Verboten, wie wir sie aus vorhandenen Schutzgebieten kennen?

Wenn der Wald auch nicht im Zentrum der großen Gesellschaftsprobleme steht, wird er mit diesen Fragen doch allmählich zum Politikum. **Entscheidungen sind gefragt**. Wie in jeder politischen Diskussion geht es dabei letztlich um **Werte**: Was bedeutet uns der Wald? Ist er Wirtschaftsraum, Naturschutzgebiet, oder ist er einfach ein Freiraum für die menschliche Seele? Plakativ könnte man fragen: **Geht es um Geld, um Käfer und Kröten oder ums Wohlfühlen?**

Natürlich geht es um alles. Weil aber das letzte – das einfache menschliche Gefühl – sehr oft vergessen wird, habe ich es zum Thema dieses Buches gemacht. Ästhetik ist Gefühl, Empfindung, Emotion.

Bewusstsein als Schlüssel zur Veränderung

Ich glaube nicht an die Worte einiger Minister, die immer noch predigen, man könne alle drei Pole gleichzeitig optimieren. Die Integrationskraft der **multifunktionalen Forstwirtschaft**, die Nutz-, Schutz- und Erholungsfunktion in gleicher Weise gewährleiste und alles richtig mache, war wohl immer eine Wunschvorstellung. Aber früher hatte man zumindest mehr Freiheit, eigene Prioritäten zu setzen, und dabei auch Zugeständnisse an die Ästhetik zu machen. Der wirtschaftliche Druck hat die Spielräume extrem eingeengt. Deshalb sind klare Entscheidungen notwendig.

Wir können nicht alle Werte gleichzeitig und in gleichem Maße verwirklichen. Einige müssen wir loslassen, aber welche? Jeder kann es nur für sich entscheiden. Und die Politiker richten sich nach der Mehrheit. Sie versuchen, Werte zu erhalten, die einer Mehrheit wichtig sind und lassen Werte los, die nur einer Minderheit der Wähler am Herzen liegen. Die Wähler haben Macht. Deshalb geht in unserer Demokratie der einzige Weg, etwas zu verändern – oder wie im Falle des Waldes auch etwas zu erhalten – über das **Bewusstsein der Menschen**.

Dieses Bewusstsein möchte ich vertiefen, oder auch wecken, wo es in der öffentlichen Diskussion gänzlich fehlt. Mein Ziel ist nicht vordergründig, den **Wald** zu verändern – das braucht viel Zeit. Vorrangig möchte ich unsere **Wahrnehmung** stärken: die Wahrnehmung des Waldes und vor allem unserer **Gefühle**, die wir gegenüber dem Wald haben, und die seine unterschiedlichen Erscheinungsformen in uns auslösen. **Es geht in diesem Buch weniger ums „Machen", als vielmehr ums „Spüren".** In dieser anderen Schwerpunktsetzung liegt der Unterschied zur Waldlandschaftspflege, mit der die Waldästhetik ansonsten intensiv verflochten ist.

Dass sich aus diesem sensibleren Wahrnehmen – nach innen und außen – letztlich ein sensibleres Handeln ergibt, wünsche ich mir. Aber erst kommt das Wahrnehmen, darauf das Nachdenken und erst dann das Handeln.

Forstwirtschaft ist kein Wirtschaftszweig wie alle anderen, sondern sie ist unmittelbare **Landschaftsgestaltung**. Mit allen Entscheidungen, was im Wald geschehen soll, schaffen wir Tatsachen für Generationen. Die Altbuche beispielsweise, die wir heute schlagen, kann erst in 150 Jahren vollwertigen Ersatz finden. So lange braucht der –

Forstwirtschaft ist kein Wirtschaftszweig wie alle anderen, sie ist unmittelbare Landschaftsgestaltung.

wenn auch noch so hoffnungsvolle – Nachwuchs und so lange hat unser – menschlicher – Nachwuchs das Nachsehen. Der Wahrnehmungs- und Bewusstwerdungsprozess, der dem Handeln vorausgeht, sollte deshalb im Wald intensiver sein als in anderen Wirtschaftszweigen.

Im Grunde ist die Öffentlichkeit von den Umständen forstlicher Produktion weit mehr betroffen als beispielsweise von denjenigen der Produktion von Computerchips, wenn diese auch volkswirtschaftlich wesentlich mehr Milliarden einbringen. Deshalb meine ich, sollten sich an forstlichen Entscheidungsprozessen möglichst viele Menschen beteiligen, die Interesse oder Freude am Wald haben. Die Förster können und dürfen nicht allein entscheiden. Zu groß ist die Gefahr, dass ihre in der Ertragskunde angehäuften **Zahlen, Daten und Fakten** dabei Übergewicht bekommen. Auch wenn sie es selbst nicht wollen, die Zahlen und Fakten werden ihnen von der Politik vorgerechnet und die Förster kriegen gesagt, was sie aus dem Wald rauszuholen haben.

Gefühl als Argument

Mögen Zahlen als politische Entscheidungsgrundlage auch noch so geschätzt sein, **Wald ist auch Gefühl**. Er ist – wie Berthold Brecht sagt – nicht nur 10 000 Klafter Holz, sondern auch eine grüne Menschenfreude. Und alles was wir dort tun, kann diese Freude über Generationen trüben oder mehren.

Eigentlich lassen sich Gefühle nicht in Worte fassen. Doch weil in unserer Welt so viele Worte über alles Mögliche gemacht werden, droht unterzugehen, wovon nicht gesprochen wird. Deshalb will ich es hier trotzdem versuchen. Ich nehme dabei in Kauf, dass es Anlass zu Abwertung oder gar Spott geben kann. Nach dem Motto: Seien wir doch ehrlich, meine Damen und Herren, was zählt sind doch die Fakten! Angesichts unserer Finanzprobleme können wir uns keine Gefühlsorgien leisten ... Aber wer bestimmt, was zählt?

Glücklicherweise ist der Wald nicht der einzige Ort, wo menschliches Gefühl wieder entdeckt wird. Unsere **Erlebnisgesellschaft** scheint danach zu hungern: Esoterik, Astrologie, Yoga und alle möglichen anderen mit dem Verstand nicht fassbaren Erscheinungen haben Konjunktur. Sogar die Wirtschaft veranstaltet Seminare zum Thema „Emotionale Kompetenz".

In der Soziologie hat man erkannt, dass sich seit Beginn der Neuzeit verschiedene Epochen von Rationalität und Emotionalität abwechseln[1]. Immer wenn es den Menschen zu rational, zu kalt, zu gefühlsarm wird, kommt eine Gegenbewegung; ganz markant war dies die Romantik als Antwort auf die Aufklärung. Ob die letzte, zweifellos mit den achtundsechziger Unruhen eingeleitete **Emotionalisierung** unserer Gesellschaft heute noch anhält, oder ob wir uns schon wieder in der nächsten Drehung der Spirale befinden, ist ungewiss. Die Zeiten lassen sich nicht scharf abgrenzen; Strömung und Gegenströmung laufen oft parallel zueinander.

In der ersten Hälfte des 20. Jahrhunderts zeitigten die großen Kriege eine sehr nachhaltige, schockierende Wirkung. Sie brachten unser Verhältnis zur Emotion ziemlich durcheinander. Machten sie uns doch auf grausame Weise klar, wo es hinführen kann, wenn der Mensch sich von seinen Gefühlen *steuern* lässt. Aber das Gegenteil ist genauso verheerend: Gefühle zu verdrängen, mündet letztlich in einer bei uns beginnenden, in den USA weiter fortgeschrittenen „**Psychiatrisierung**" der Gesellschaft. Ein gesundes Gleichgewicht zwischen Gefühl und Verstand wäre zu finden.

Was unser Verhältnis zum Wald angeht, will ich einen Beitrag zu diesem Gleichgewicht leisten. Hilfreich und notwendig erscheint mir dazu, einen Blick in die Vorkriegszeit zu werfen: Im 19. Jahrhundert hatte man ungleich weniger Hemmungen, über **Naturschönheit** und die menschliche Beziehung dazu, die **Naturliebe** zu reden. Unter dem Namen „**Forstästhetik**" versuchten damals verschiedene (Forst-) Leute, dem auch zu ihrer Zeit schon wirtschaftlich-rationalistischen „mainstream" der Forstwirtschaft menschliche Gefühle entgegenzusetzen. An diese ***„Lehre von der Schönheit des Wirtschaftswaldes"***, wie sie der bedeutendste Vertreter, Heinrich von Salisch nannte, möchte ich anknüpfen.

Vieles daraus erscheint mir höchst aktuell. Verbunden mit neuen Erkenntnissen und Gedanken unserer Zeit möchte ich es zur **Waldästhetik** verknüpfen. Wenn wir unseren Wald erhalten, mehr Freunde, mehr gesellschaftliches Gewicht, mehr Lobby für ihn gewinnen wollen, was letztlich auch für die heimische Forstwirtschaft lebensnotwendig sein dürfte, dann geht dies nur über positive Emotion. **Dass der Wald nicht nur**

Wirtschaftsobjekt, Wasserspeicher und Biotop ist, sondern dass er schön sein kann, sollte wieder öffentlich gesagt werden dürfen und als Argument zählen. Was für Schlösser und Seen, Berggipfel, Kirchen und historische Altstädte selbstverständlich ist, darf dem Wald nicht vorenthalten werden.

Das Schönste am Schönen ist, dass es **Freude** macht. Diese Freude fehlt in der Ökologie. Dabei ist sie der wichtigste Motor für alles menschliche Handeln, viel wichtiger als der Kampf für ... und das Engagement gegen ..., wichtiger als die Angst vor Umweltgiften, als Agenda und Nachhaltigkeit. Und sie ist wichtiger als Geld – wenn sie auch nicht ganz ohne dieses auskommt. Freude an Wald und Natur bildet sozusagen den Unterbau für allen forstlichen und naturschützerischen Einsatz, für dessen Erfolg und für ein gutes Leben überhaupt. Deshalb meine ich, ist es Zeit, auch öffentlich (wieder) darüber zu sprechen.

1.1 Die „Forstästhetik" von etwa 1800 bis 1920

Wald und Forstwirtschaft um 1800

Wer Landschaftsbilder aus dem 18. oder frühen 19. Jahrhundert betrachtet, bekommt einen Eindruck davon, wie der Wald in Deutschland oder auch seinen Nachbarländern damals ausgesehen hat (s. Abb. S. 24). Was wir heute als Wald bezeichnen, geschlossene, schattige Bestände, gab es fast nicht mehr. Die Wälder waren durch Rinder, Ziegen, Schafe, Schweine, Salinenbetrieb, Erz- und Glasverhüttung, Köhlerei sowie die vielerorts übliche „ungeregelte Plenterung" der Bauern derart aufgelichtet, dass man eher von Öd- oder Weideland mit Bäumen reden konnte, statt von Wald.

Um Holz, Harz, Honig und andere Waldprodukte herauszubringen verliefen unbefestigte Fahrspuren überall, wurden vom Regen zu Hohlwegen ausgeschwemmt, und daneben wieder neu angelegt. Knorrige Alteichen standen inmitten lichter Blößen; sie lieferten Mast für die Schweineherden, die von Hütebuben hinausgetrieben wurden. Alte Linden beherbergten in ihren zahlreichen Faulhöhlen die begehrten Bienenstöcke, welche Honig als einzigen Süßstoff und Wachs als wichtigste Lichtquelle brachten.

Malerisch waren sie, diese **Hutwälder** (s. Abb. S. 35), und moderne Naturschützer wären wohl glücklich, wenn sie nur ein paar Hektar dieser lichten, überaus vielfältigen „Biotope" hätten. Aber sie lieferten immer weniger **Holz**. Und so mussten die Menschen schließlich immer tiefer in den Wald eindringen, um ihren täglichen Bedarf an Nutz- und Brennholz zu finden. Holz war ja in dieser Zeit für Heizung und Handwerk lebensnotwendiger Rohstoff und durch nichts zu ersetzen.

Geschlossener, holzreicher Wald, wie er bei Ankunft der Römer noch im Überfluss vorhanden war, stockte – wenn überhaupt – nur noch in den unwirtlichen und siedlungsfernen Lagen der Mittelgebirge oder in den „Bannforsten" der Landesherren, die sich auch im Flachland größere Jagdgebiete hielten.

Thomas Gainsborough: Der Wald von Cornard (© Nationalgallery, London). Das Gemälde entstand 1748 und zeigt sehr eindrucksvoll jenen Waldzustand, der vor Beginn geregelter Forstwirtschaft in ganz Mitteleuropa verbreitet war.

Irgendwann wurde dieser Zustand zu einem großen Problem. Wenn der steigende Holzbedarf gesichert werden sollte, ging das mit den bisherigen, ungeregelten Methoden nicht. Man begann also, die riesigen Ödungen planmäßig aufzuforsten und zwar meist mit Nadelholz. Erstens hielt dieses allein die gefährlichen Fröste auf den Freiflächen aus, zweitens wuchs es schneller und drittens lieferte es besseres Nutzholz als die meisten Laubhölzer. Die „ungeregelte Plenterung" wurde vielerorts verboten. Man hatte sie zu sehr als „Plünderung" erlebt.

In dieser Zeit, um die Wende vom 18. zum 19. Jahrhundert entstand auch die **Forstwissenschaft**, welche die Ertragsverhältnisse der verschiedenen Baumarten genau untersuchte, das forstliche Handeln an klaren Zielen ausrichtete, und wissenschaftlich abgesicherte Methoden zum Waldbau erarbeitete. Vor allem führte sie auch in der Forstwirtschaft – wie in anderen Wirtschaftszweigen – das systematische Rechnen ein. Bis dahin hatte man zwar viel waldbauliches Erfahrungswissen angesammelt, aber dieses wurde nicht großflächig verprobt, sondern von den Alten immer nur an die jeweils örtlich nachkommenden Jungen weitergegeben.

Dazu schreibt Karl Hasel in seiner „Forstgeschichte“:

„Voraussetzung war die durch die Aufklärung geförderte Erkenntnis, dass die Erfahrung allein nicht genügt, den Dingen auf den Grund zu gehen und Zusammenhänge und erst recht Naturgesetze zu erfassen. Daraus entwickelte sich der Glaube an die ***Macht der Vernunft****, die nunmehr alle Fragen des menschlichen Lebens beantworten und die Bindung der Erkenntnis an Offenbarung und Tradition nicht mehr gelten lassen wollte.* ***Rationalistische Gesinnung begann, die neue Zeit zu durchdringen*** *und das gesamte Denken in Besitz zu nehmen ... Sie stand auch am Beginn der jungen Forstwissenschaft.“*

Die nun Platz greifende „rationelle Forstwirtschaft“ veränderte das Waldbild, oft das gesamte Landschaftsbild, kolossal. Getreu dem Ziel, möglichst viel und brauchbares Holz zu produzieren, galt der Grundsatz: **Zweck vor Schönheit**. Quadratkilometerweise verschwanden lichte, blumenreiche Hutungen und ehrwürdige Baumgestalten unter eintönig in Reih und Glied gepflanzten Fichten oder Kiefern.

Wilhelm Leopold Pfeil (1783 – 1859) z.B., damals Leiter der preußischen Forstakademie, meinte, dass der Eichenwald zwar einen schönen, majestätischen Anblick biete, ein Staatswirt sich solche Gefühle aber nicht leisten könne[2].

Die bäuerliche Bevölkerung, an ihre traditionellen Nutzungsformen gewöhnt, leistete lange Widerstand gegen diese Politik. Teilweise bis ins zwanzigste Jahrhundert hinein hassten viele den „Preußenbaum“, wie man die Fichte in manchen Provinzen nannte. Im Gegensatz zur Eiche lieferte sie weder Mast noch gutes Brennholz. In den Gemeindewaldungen des Soonwaldes z.B. kam deshalb sogar Militär zum Einsatz: Es musste die staatlich verordneten Fichtenkulturen gegen nächtliches Ausreißen durch die ortsansässigen Bauern schützen.[3]

Aber die aufkommende Industrie und Bauwirtschaft, vor allem in den rapide wachsenden Städten, waren volkswirtschaftlich weitaus mächtiger als die Bauern. Ihrem **Holzhunger** hatte der Wald jetzt zu dienen. In der Landwirtschaft kamen schließlich neue Futterpflanzen, Klee, Luzerne und vor allem Kartoffeln zum Anbau, so dass sie auf den Wald auch nicht mehr in dem Maße angewiesen war.

Kritik an der rationellen Forstwirtschaft

Immer gab es auch *Forstleute*, welche die neue Welle in der Waldwirtschaft zumindest nicht in diesem Ausmaß mitmachen wollten. Künstlerisch gilt die Jahrhundertwende ja als die Epoche der Romantik und nachdem viele ihren Beruf – damals wie heute – aus einer Gefühls-Beziehung zur Natur ergriffen haben, gab es hier durchaus Verbindungen.

Der erste Forstmann, welcher der „rationalistischen Gesinnung“ im deutschen Forst öffentlich menschliches Schönheitsempfinden entgegensetzte, war Wilhelm von der Borch. 1824 veröffentlichte er eine Abhandlung mit dem Titel: „*Ästhetik im Walde*“. Ganz im Sinne der heutigen Bedürfnisse forderte er damals die Erhaltung schöner

Altbäume, die Anlage von Seen, Teichen etc. – wir würden von „Feuchtbiotopen" sprechen – die Pflanzung und Pflege abwechslungsreicher Waldränder und vieles mehr. Mit ihm war die „**Forstästhetik**" als neue – gewissermaßen alternative – forstliche Denkrichtung geboren. Unter diesem Namen sowie als „**Waldschönheitslehre**" lebte sie in der Forstpartie bis ins zwanzigste Jahrhundert.

In seinen späteren Jahren bekannte sich übrigens auch Wilhelm Leopold Pfeil, der ursprüngliche Rationalist, mehr zu diesen Gefühlen und fand dafür bewegende Worte: „***Das Wissen tut's nicht allein, wenn die Liebe fehlt***"[4] – hieß beispielsweise eine Abhandlung zur forstlichen Ausbildung in der Pfeil über die Einstellung, welche jungen Forstleuten vermittelt werden sollte, schrieb, dass es …

> *„… nicht diejenige Liebe ist, die der Holzhändler für einen Baum fühlt, weil er viel Geld eintragen wird, denn diese gleicht der des Fleischers für einen fetten Ochsen oder für ein fettes Schwein, da sie sich nur durch Herunterhauen des Baumes oder Totstechen des Schlachtviehes bekundet. Es ist auch nicht die, welche in der Eitelkeit wurzelt, um schöne Bestände vorzeigen zu können, zu deren Erziehung oft derjenige, welcher sie vorzeigt, wenig oder gar nichts getan hat. Noch weniger ist es die eifersüchtige Liebe, welche alle anderen Menschen von der Mitbenützung des Waldes ausschließen will, um ausschließlich darin zu herrschen und ihn willkürlich behandeln zu können, denn diese wurzelt immer in einem verwerflichen Egoismus, sollte sich auch nur der Wirtschafter an die Stelle des Eigentümers setzen.* ***Die wahre Liebe zum Wald gehet aber immer Hand in Hand mit derjenigen zu den Menschen****."*

Was mich an diesem Bekenntnis und an vielen weiteren Äußerungen der „Forstästhetiker" beeindruckt, ist die Offenheit, mit der sie ihr Gefühl ausdrückten. Solche Freimütigkeit erforderte auch damals schon Mut, und in der Auseinandersetzung mit den harten Rechnern der Forstpartie mussten sie sich manchen Hohn gefallen lassen. Wer traut sich heute von der Liebe zum Wald zu sprechen oder von seiner Schönheit? Zur „Waldgesinnung" können wir uns vielleicht noch durchringen, ansonsten versteckt man sich hinter „ansprechenden Waldbildern", „Sozialfunktion" und „immateriellen Leistungen". Sogar die Naturschützer reden (fast) nur noch von Ökologie, Biotopen und bedrohten Arten. Alles sachlich. Wo bleibt da die Begeisterung?

Wie bei Pfeil schon deutlich wird, verband sich die innige Neigung zur Waldschönheit bei den meisten Forstästhetikern auch mit **sozialen Gedanken**: „*Der wohlhabende macht Reisen und nimmt Eindrücke mit nach Hause, die ihn über die tägliche Umgebung trösten, der Ärmere kann es nicht,* „meinte beispielsweise der Trierer Forstmeister Carl Guse[5], ohne zu wissen, dass dieses Reisen einmal zum Massenphänomen würde. Anlässlich eines Waldbegangs (1876) in alten Eichen- und Buchenwäldern sagte er:

> *„Seht Euch diese Bestände noch einmal an, das Herz eurer Kinder werden sie nicht mehr erquicken, denn die Forstwirtschaft der Zukunft wird sie nicht mehr zu dieser Pracht erwachsen lassen. Nicht einmal Buchenstangenhölzer werdet*

Wilhelm Leopold Pfeil (1783 - 1859): „Das Wissen tut's nicht allein, wenn die Liebe fehlt". (Porträt aus der Pfeil-Biographie, Joachim 1992)

ihr mehr übrigbehalten, denn ***Nadelholz wird ja rentabler sein*** *... und eure Kinder werden ihre Spielplätze nicht mehr im nahen Wald haben, denn der Grund und Boden steht so hoch im Preise, dass es lächerlich wäre, hier noch Forstwirtschaft zu treiben ..."*

Emil Adolf Rossmässler, der auch Vorkämpfer für eine einheitliche, allen Bevölkerungsschichten offene Volksschule war, schrieb 1863 in seinem Buch „Der Wald":

„Wenn der Eichbaum gefällt neben seiner Wurzel liegt, und Säge und Beil ihn zerstückeln, nicht dann erst beginnt er uns zu nützen ... ***Was wir uns aus seinem Holze machen, kommt dem an Wichtigkeit nicht gleich, wozu er im Interesse unseres Lebens mit anderen Bäumen als lebendiger Baum beitrug ...*** *"*

Heinrich von Salisch und sein Buch „Forstästhetik"

Untrennbar ist die Forstästhetik mit **Heinrich von Salisch (1846-1920)** verbunden. Im Jahre 1885 veröffentlichte er im Verlag Julius Springer, Berlin, die erste Auflage eines umfassenden Kompendiums unter diesem Titel. Auf über 400 Seiten fasst der schlesische Forstmann und Waldbesitzer zusammen, was bis dahin an forstästhetischen Erkenntnissen und Gedanken in der Forstpartie und anderenorts verstreut war. Zudem machte er das Thema mit großem persönlichen Engagement in zahlreichen Vorträgen und Waldbegängen publik.

Heinrich von Salisch: er fasste 1885 das verstreute Wissen um die Forstästhetik in einem Buch zusammen und wurde damit ihr bedeutendster Vertreter. (Porträt aus Zeitschrift für Forst- und Jagdwesen, Springer, Berlin, Januar 1921)

Sein Fachgebiet definiert er als

> *„**Lehre von der Schönheit des Wirtschaftswaldes**. Sie soll zeigen, worin dessen Schönheit besteht, wie sie zu pflegen ist, und wie man die schönen Waldungen zu Nutz und Frommen der Menschen zugänglich machen kann."*

Sein Wunsch, *„mit dem Sammeln des an so vielen Stellen zerstreuten Stoffes einen ernstlichen Anfang gemacht zu haben, und die Bearbeitung der Forstästhetik als selbständigen Zweiges der Forstwissenschaft nach besten Kräften in Angriff genommen zu haben"*, ging allerdings nur bedingt in Erfüllung. Mit dem ersten Weltkrieg und von Salischs Tod 1920 verlor das Thema bald an Bedeutung. Sicherlich hing dies mit den Kriegsnöten zusammen, mit der nationalsozialistischen Autarkiepolitik und dem anschließenden Wiederaufbau: Die allerorten spürbare Holznot ließ wenig Raum für „Waldschwärmerei", wie es Kritiker zu nennen pflegten.

Es gibt aber noch andere Gründe, wie im Folgenden gezeigt wird. Von Salisch setzte vor allem ein Gegengewicht zur damals aufkommenden „**Bodenreinertragslehre**". Diese streng rationalistische, betriebswirtschaftliche Denkweise wurde 1858 von dem Mathematiker und späteren Professor für land- und forstwirtschaftliches Ingenieurwesen Max Robert Pressler (1815 - 1886) entwickelt. Sie brachte, wie ihre Gegner meinten, den Kapitalismus in die Forstwirtschaft, indem sie rechnerisch den Holzbestand vom Boden als dem ursprünglich eingesetzten Kapital, trennte. Wie bei allen anderen Immobilien, z.B. Gewerbegrundstücken oder Wohnhäusern, sollte sich dieses Kapital auch im Wald bestmöglich verzinsen; etwa 3% stellte man sich im Anhalt an andere Wirtschaftszweige vor. Um solche Gewinne zu erreichen, konnten nur Baumarten akzeptiert werden, die schnellen und hohen Ertrag brachten, das waren Fichte und Kiefer.

Ferner mussten die Stämme genau dann genutzt werden, wenn der weitere Holzzuwachs nachlässt, wenn es also wirtschaftlicher ist, kahlzuschlagen und wieder neu anzupflanzen, um die hohen Zuwächse jugendlicher Bestände zu nutzen. Das so begründete „Umtriebsalter" lag etwa bei 60 - 80 Jahren.

Bis auf Sachsen standen die eher konservativ denkenden deutschen Forstverwaltungen dieser Lehre anfangs skeptisch gegenüber. Nach und nach erhöhten aber alle die Einschläge, zumal die volkswirtschaftliche Begründung der Reinertragler nicht ganz von der Hand zu weisen war. G. Heyer z.B. formulierte:[6]

> *„Die Einkünfte, welche dieselben (Staatswälder) gewähren, dienen zur* ***Erleichterung der Steuerlast*** *sämtlicher Staatsangehörigen, auch der Ärmste ist dabei interessiert, dass die Staatswälder möglichst hohe Reinerträge abwerfen, denn er braucht dann weniger Steuern zu zahlen."*

Auch wenn sich Geschichte nie wiederholt, erinnert die damalige Kontroverse doch gewaltig an das, was sich im Moment zwischen staatlichen Forstverwaltungen und Naturschutzverbänden abspielt. **Was liegt eher im Interesse des Gemeinwohls: ein schöner Wald – mit geschützten Altholzinseln, Totholz, Naturwaldreservaten, oder eine positive Betriebsbilanz der Verwaltung?**

Immer wird es einen Kompromiss geben, die Bevölkerung bekommt in der Demokratie, was sie – *mehrheitlich* – will. Voraussetzung ist dabei, dass die Bürger erstens wissen, was sie wollen und zweitens, was „gespielt wird". Deshalb sollten im vielstimmigen Chor der Forderungen nicht nur die Rufe nach Holz und Geld, sondern auch für den „schönen Wald" herauszuhören sein.

Die Forstästhetiker hatten damals – neben anderen forstlichen Strömungen – einen hohen Anteil daran, dass finanzielle Erwägungen nicht so deutlich siegen konnten, wie das viele Reinertragler forderten. Ausdrücklich bejahten sie Holzproduktion und betriebswirtschaftliches Denken im Wald. Darüber hinaus – oder besser dahinter – rückten sie aber eine **andere Werte-Ebene** ins Blickfeld: die menschlichen **Gefühle**.

Den Höhepunkt seines Wirkens sah Heinrich von Salisch gekommen, als er 1905 vor der Hauptversammlung des Deutschen Forstvereins versuchte, der Forstästhetik die akademische Anerkennung als Lehrfach zu verschaffen.[7]

> *„Man liebt den Wald nicht aus jagdlichen Rücksichten, kaum des Geldertrags wegen, hier und da als Schutzwald, am meisten aber um seiner Schönheit willen."*

So begründete er seinen Antrag, den er zusammen mit dem Darmstädter Oberforstrat Dr. Walther einbrachte.

„Je schöner der Wald, desto mehr Liebe wird er finden, desto bereitwilliger werden die gesetzgebenden Körperschaften dem Walde reiche Mittel zuwenden und ***die Bevölkerung wird den schönen Wald lieben und ehren** ....“*

Und Dr. Walther weiter: *„Der Deutsche kann den Wald nicht entbehren. Er betrachtet ihn als ein Volksgut an dessen geistige Nutzung jedermann Anspruch hat ... Nirgends kann der Mensch so rasch wieder zu Ruhe und innerem Frieden kommen als hier im Dome Gottes ... An Brenn- und Nutzholz können wir von auswärts zu Wasser und zu Lande beziehen, nicht aber die kühle ... Waldluft und noch weniger den* ***Waldfrieden, die Waldeinsamkeit**.“*

Etwas weniger pathetisch aber im Grund ähnlich wurde übrigens in der politischen Diskussion um (Wald-) Naturschutz der 1970er und 80er Jahre, argumentiert.

Die Versammlung war diesen Gedanken damals gewogen, letztlich wollte man die Ästhetik aber lieber fachübergreifend, sozusagen als Hintergrund in allen forstlichen Disziplinen berücksichtigt sehen. Um sie als akademisches Studienfach einzuführen, sagte man, welches dann auch geprüft werde, fehle es an gesicherter Substanz. Diese Einschätzung änderte sich auch bis zur nächsten Versammlung im Jahre 1906 nicht, wo von Salischs Anliegen endgültig scheiterte.

Auch von anderer Seite wehte der Forstästhetik damals der Wind entgegen. Ein großer Sieg für die mehr ertragsorientierte Fraktion der Forstwirtschaft war der **„Antrag Toerring“** vom Jahr 1908. Beraten von dem Münchener Forstwissenschaftler und „Reinertragler“ Max Endres stellte der Abgeordnete Graf zu Toerring-Jettenbach im bayerischen Landtag den Antrag, die Staatsforstverwaltung solle ihren Holzeinschlag drastisch erhöhen, die seit Jahrzehnten angehäuften, teilweise unproduktiven Holzvorräte liquidieren, die große Nachfrage der Wirtschaft nach Holz, insbesondere auch nach Schwachholz entspannen, und die Erlöse nutzbringend für die Gesellschaft einsetzen.

Dieser Vorstoß läutete das Ende vieler alter Buchenwälder ein, bezeichnete Endres doch die **Buche** wegen ihrer schlechten Gewinnerwartung als **„verlorene Baumart“**. Sicher war der Toerring-Antrag, wie in Karl Hasels „Forstgeschichte“ nachzulesen ist, nicht unbegründet. Zu wenig hatte sich die konservativ denkende Verwaltung mit volkswirtschaftlichen Forderungen und Notwendigkeiten auseinandergesetzt. In Bayern verwies man den Antrag an einen Ausschuss und später wurde entsprechend reagiert. Mehr Staub wirbelte die Sache in anderen Ländern auf. Nahezu alle Forstverwaltungen erhöhten deutlich ihre Hiebsätze, was wohl angesichts der schwierigen Wirtschaftslage unvermeidbar war.

Trotz solcher Niederlagen und mancher – oft akademisch geführter – Auseinandersetzungen blieb von Salischs Gedankengut bei vielen Forstleuten lebendig. Gerade in der Praxis gingen die Meinungen häufig weniger weit auseinander, als es die ideologischen Diskussionen hätten vermuten lassen. Immerhin verkaufte sich auch die dritte und letzte Auflage seiner „Forstästhetik“ (1911) nicht schlecht.

Dann kam der erste Weltkrieg. Mit zunehmender Not schwand der Sinn für Schönheit. Und als Heinrich von Salisch 1920 starb, wurde es auch um die Forstästhetik still. Nach ein paar bescheidenen Wiederbelebungsversuchen, z.B. durch Hans Hausrath (1926) oder L. Hufnagl (1939) fand sich das Gedankengut zu großen Teilen in der **Landschaftspflege** wieder, die damals als junge Wissenschaft aufkam. Sie führte die ebenfalls meist ästhetisch begründeten Anliegen des Naturschutzes, die Gartenbaukunst und die Forstästhetik zusammen. Daraus erarbeitete sie gestalterische Grundsätze, die schließlich immer mehr empirisch/wissenschaftlich untermauert wurden.

Was mich an der Forstästhetik bewegt und beschäftigt, sind aber weniger diese gestalterischen Grundsätze. Vielmehr ist es die Grundhaltung der Männer, die sie vertraten: ihre Werte und Weltanschauungen; konkret vor allem ihre **liebevolle „Waldanschauung".** Diese finden sich nur bedingt in der Landschaftspflege wieder, zumal sich solche Dinge naturwissenschaftlich nicht fassen lassen.

In der öffentlichen Diskussion, die heute über die Waldbehandlung stattfindet, fehlen mir diese Stimmen. Zumindest sind sie viel zu versteckt; sicher in den Herzen vieler Forstleute, sicher auch in der Naturschutzbewegung. Aber ich würde sie gerne deutlicher hören, weil sonst zuviel unausgesprochen bleibt, was mir für unser Wohlbefinden heute genauso wichtig erscheint wie damals.

1.2 Die Schwächen der alten „Forstästhetik"

Warum blieb sie nicht?

Dass die Forstästhetik mit dem Tod Heinrich von Salischs beinahe „in der Versenkung verschwand", hat verschiedene Gründe. Ihr Erbe, der Landschaftspfleger Arnold Freiherr von Vietinghoff - Riesch (1895 – 1962) [8], auf den ich im praktischen Teil noch zurückkommen werde, sah im Wesentlichen folgende:

- Sie kam zu einem ungünstigen **Zeitpunkt**: Die materielle Not der Weltkriege sowie die Autarkiepolitik im „Dritten Reich" machten jeden Stecken Holz unentbehrlich und Schönheit zum Luxus.
- Forstästhetik bewegte sich in der Welt menschlicher Empfindungen und Gefühle, die bekanntlich **subjektiv** sind. Es gab keine hieb- und stichfesten Lehrinhalte, zumal die Männer, die sich als „Forstästhetiker" bezeichneten, Autodidakten waren.
- Wegen dieser **Vagheit ihrer Inhalte**, konnte die Forstästhetik zu forstlichen Maßnahmen nicht eindeutig Stellung beziehen: Ist z.B. der Kahlschlag zu befürworten oder abzulehnen? Man fand häufig die „**sowohl – als – auch – Haltung**".
- Sie beschäftigte sich oft mit „**Kleinkram**"; von Salisch z.B. auch mit dem Laub auf Pirschwegen, der Uniform der Forstbeamten usw. „***Überfeinerung***" nennt es Vietinghoff-Riesch. „*Die Feiertagsarbeit der Schönheitsformung wird Kulisse und Stückwerk bleiben, wenn die großen Forderungen der Landschaftslehre nicht erfüllt sind.*"[9]

- Die Forstästhetik wurde in den größeren, wissenschaftlichen Zusammenhang der Landschaftspflege **integriert**; außerdem fand sie Eingang in die anderen forstlichen Disziplinen, z.B. den Waldbau.

Mit diesen zweifellos einleuchtenden Gründen ist für mich jedoch nicht ganz zu erklären, warum verschiedene Versuche einzelner Forstleute, die Forstästhetik neu zu beleben, immer wieder scheiterten. Auch als sich die Zeiten änderten und bei uns keine materielle Not mehr herrschte, gelang das nicht (s. beispielsweise E. Staffelbach „Neubegründung der Forstästhetik“, AFZ 47/1984).

Einer der letzten, die das Wort "Forstästhetik“ (wieder) ins Gespräch brachten, war – dies erscheint mir bezeichnend – kein Forstmann, sondern der Corporate-Identity- und Marketing-Experte Roman Antonoff. Auf einer Fachtagung des Forstabsatzfonds am 4. September 1995 hielt er einen Vortrag, in dem er empfahl, den **psychologisch-ästhetischen Zusammenhang zwischen Forst und Holz** für das Holzmarketing zu nutzen. Der Pressebericht dazu war überschrieben: *„Forstästhetik – der Begriff mit Zukunft“*[10]. Nicht klar ist, ob Antonoff die Vergangenheit des Begriffs kannte. In der Forstpartie fand sein Vorstoß jedenfalls kaum Resonanz.

Um das Verschwinden der Forstästhetik zu verstehen, möchte ich versuchen, etwas tiefer in die Materie bzw. in die forstliche Welt zu blicken: Um was ging es eigentlich? Wo liegen die entscheidenden Schwächen, die Gründe für die schwache Akzeptanz?

Soviel ist zumindest klar, dass es weder um „Ökologie“ ging und geht, noch um „Nachhaltigkeit“: zwei beherrschende Parolen im heutigen Disput über Natur und Umwelt, die eine mehr aus dem Naturschutz bzw. der Naturwissenschaft die andere mehr aus dem Forst bzw. der Wirtschaftswissenschaft. Sie sind zunächst außen vor.

Stattdessen geht es bei aller Ästhetik um **Menschen und deren Empfinden**. Genau das scheint aber einem großen Teil derselben geradezu suspekt zu sein. Bei Naturwissenschaftlern und Leuten, deren Berufs- oder Weltbild in dieser Richtung geprägt ist – dazu gehören die meisten Forstleute – spüre ich oft eine merkwürdige Distanz gegen das einfach Menschliche, sprich Unberechenbare, Emotionale, vielleicht sogar Spirituelle. Geisteswissenschaftler, für die das wiederum ihr „tägliches Brot“ ist, stehen ihnen bisweilen wie von einer andern Welt gegenüber. Genau hier, in der Geisteswissenschaft, ist aber die „Ästhetik“ beheimatet: Sie ist ein **Teilgebiet der Philosophie**. Aus diesem Grund werden im ersten Teil dieses Buches auch wesentlich philosophische Themen behandelt, aus denen schließlich Vorschläge für die Praxis folgen.

Mir stellt sich die gesellschaftliche Situation so dar, dass jene, die sich für die Natur interessieren, ich möchte sagen „erwärmen“, im Lager der **Naturwissenschaft** gefangen sind. Wer Interesse an Tieren und Pflanzen hat, wählt häufig einen Beruf in diesem Bereich: Gartenbau, Land- und Forstwirtschaft, Biologie, Naturschutz usw. Hier bekommt er aber fast nichts von menschlichen Grundfragen mit.

Auf der anderen Seite, im Lager der **Geisteswissenschaften**, sammeln sich diejenigen, die mehr Interesse am Menschen haben: Philosophie, Psychologie, Sprachen, Soziales, Künste usw. Wer hier angesiedelt ist, bekommt praktisch nichts von Natur oder Naturwissenschaft mit. Nicht selten haben auch diese Leute Interesse an der Natur, ebenso wie die Erstgenannten Interesse am Menschen haben. Jedoch können sie zueinander nicht kommen, die **Gräben** in unserer arbeitsteiligen Gesellschaft sind zu tief.

Die aufgezeigte Polarität ist sicher nicht absolut und die Grenzen lassen sich nur unscharf ziehen. Technische und wirtschaftliche Berufe etwa sind kaum einzuordnen; je nach Branche dürften sie mehr zu der einen oder anderen Seite tendieren.

Viele, die unter der Einseitigkeit ihrer Berufswelt leiden, suchen auch in der Freizeit entsprechenden Ausgleich. Ein Großteil scheint mit seiner Arbeit – sei sie nun einseitig oder nicht – auch ganz zufrieden zu sein.

Forstleute kenne ich aber ziemlich gut und weiß, dass etliche diesen Mangel empfinden. Die Ausbildung ist im Grundstudium naturwissenschaftlich geprägt, später wirtschaftswissenschaftlich. Geisteswissenschaftliche Ansätze, die Fragen des Menschen und des Mensch-Seins betreffen, kommen nicht vor. Ohne diese – das spüren viele Forstleute sehr genau – kann man aber keine Zukunftsprobleme lösen, schon gar nicht in einem so emotional geprägten Bereich wie dem Wald. Der amerikanische Forstprofessor J.V. Thirgood pflegte deshalb zu Beginn seiner Vorlesung an die Tafel zu schreiben:

"Forestry is not about trees, it is about people."
(Im Forstwesen geht es nicht um Bäume, sondern um Menschen)

Die Amerikaner haben überhaupt eine etwas andere Denkweise, wenn es um Wald und Mensch geht. (s. S. 359 f.)

Bei uns jedenfalls dürfte hier ein Grund für das Ende der Forstästhetik liegen: Sie ist in ihrer ganzen Argumentation zu „menschlich", ja sie stellt sogar den Menschen in den Mittelpunkt. Vielen Naturwissenschaftlern erscheint dies anmaßend. Von Salisch und seine „Kollegen" haben genau jenes Vage, Gefühlsmäßige, Unfassbare – teils sogar Religiöse – in die Forstpolitik und die forstliche Praxis bringen wollen, von dem sich moderne Naturwissenschaft distanziert. Die Forstästhetiker stellten, wie wir heute sagen, die „soft facts" in der Forstwirtschaft gegen die „hard facts".

Dass ich dies außerordentlich begrüße, wenn es auch mit dem naturwissenschaftlichen Weltbild kollidieren kann, ist der Anlass zu diesem Buch. Problematisch erscheint mir jedoch die Art, *wie* sie es taten.

Das Streben nach dem Ideal

Auf der Suche nach dem mustergültigen, **„idealen Forst"** trennten die Forstästhetiker nicht einmal mehr gedanklich Betriebswirtschaft und Schönheitsempfinden. Beide Ebenen versuchten sie auf der selben Fläche, zur selben Zeit, nahezu gewaltsam zu optimieren. Um das ganze Konglomerat dann zu rechtfertigen, sprachen sie nicht mehr von Forstwirtschaft, sondern von „**Forstkunst**", die eben nur ein begnadeter Meister beherrschen könne.

Ein Kernsatz, sozusagen ein „forstästhetisches Dogma", das von Salisch von dem forstlichen Klassiker Gottlob König (1779 – 1849) übernahm heißt:[11] „***Ein Wald in seiner höchsten forstlichen Vollkommenheit ist auch in seinem schönsten Zustande.***" Wenn man das ernst nimmt, dann bestimmen Forstwirte praktisch, was die Menschen schön zu finden haben. Urwälder beispielsweise dürfen nicht schön sein, sie sind ja alles andere als „forstlich vollkommen". In einer kurzen Abhandlung über den Urwald[12] windet sich von Salisch folglich um diese Frage herum, indem er auf dessen „Gefährlichkeit" hinweist, und darauf, dass wir in Deutschland nicht so viel Raum hätten wie z.B. die Amerikaner. Immerhin fand er den Antrag des Grafen von Tschirschky-Renard „höchst interessant", der 1897 vorschlug, den Grunewald zum „Urwald" zu bestimmen und ihn einfach wachsen zu lassen.

An anderer Stelle heißt es: „*Die Beachtung ästhetischer Gesichtspunkte sichert vor wirtschaftlichen Missgriffen, weil man mit dem Streben nach dem Schönen, welches zur Vollkommenheit führt, das Gute und damit das zweckmäßige gleich mit erreicht.*" Dass diese Maxime grundverkehrt sein kann, zeigen alte Buchenwälder: forstästhetisch überaus wertvoll, bilden sie als „Heilige Hallen" den Inbegriff des deutschen Waldes. Von Salisch schreibt an anderer Stelle[13]: *„Die schönsten deutschen Wälder liefert uns die Buche ..."* Betriebswirtschaftlich jedoch war die Buche im 20. Jahrhundert fast immer defizitär; teilweise mussten beste Stämme zu Schleuderpreisen oder gar als Brennholz verscherbelt werden: Die „*verlorene Baumart*" sagte Max Endres, und Philipp Geyer nennt sie den „*faulen Waldaristokraten*". (Erst in den letzten Jahren haben sich die Buchenholzpreise gebessert.)

Um das selbstgestrickte **Junktim zwischen Schönheit und Wirtschaftlichkeit** aufrecht zu erhalten, vollbringt von Salisch manchmal einen – für heutiges Empfinden komischen – „Eiertanz". Sehr anschaulich kommt dieser in einer Passage zum Ausdruck, wo es um die Höhe der forstlichen Umtriebszeit (das den Bäumen zugestandene Lebens- bzw. Fällungsalter) geht:[14]

> *„Die obere Grenze des Umtriebes ist ... da als bereits überschritten anzusehen, wo die offenbare Unwirtschaftlichkeit augenfällig wird. Rückgängige Bestände* (= Althölzer, deren Holzzuwachs von Fäule etc. vernichtet wird) *in spätere Perioden zu versetzen* (= ihre Fällung auf spätere Planungszeiträume, i.d.R. Jahrzehnte zu verschieben), *rechtfertigt sich darum im Forste nicht. Malerisch sind solche zwar immer, aber sie widerstreiten zu sehr unseren Begriffen von Zweckmäßigkeit, als dass wir sie in der Wirklichkeit schön finden dürften. Wir weisen solche der ersten Periode zu und bemessen den Umtrieb so vorsichtig, dass ähnliche Bilder nicht wieder entstehen."*

Fazit: Bestimmte Gefühle sind tabu, andere werden den Forstkollegen vorgeschrieben. Von Salisch weiß sehr genau[15]: „***Je stärker der Baum, desto größer das Mitleid, welches ihm geschenkt wird***" – nicht nur in der breiten Bevölkerung, sondern auch bei sensiblen Forstleuten. Also wird so gewirtschaftet, dass derart heikle Zustände, die zu sentimentalen Gefühlen verleiten könnten, erst gar nicht mehr entstehen. Man muss ja – bei aller Liebe – Haltung bewahren.

Hinter dieser gewaltsamen Vereinigung von Schönheit und Nutzen steckt – aus dem Zeitgeist zu erklären – eine unbedingte **Suche nach dem Ideal**. In vielen Gesellschaftsbereichen war sie damals üblich. Auch das Streben nach dem „idealen Volk", das in den dreißiger Jahren seinen traurigen Höhepunkt finden sollte, kam ja nicht wie ein Blitz von außen, sondern hatte seine Hintergründe in menschlichen Bedürfnissen.

Erst heute, nach katastrophalen Misserfolgen, scheint die Suche nach dem Idealen, Vollkommenen allmählich der nüchternen Erkenntnis zu weichen, dass alles – je nach Blickwinkel – Stärken und Schwächen, Vor- und Nachteile hat. Jeder Mensch, jedes Volk oder auch jeder Wald. Großflächig hat sich diese Erkenntnis aber noch lange nicht durchgesetzt. Wohl in allen Lebensbereichen – einschließlich der Religion – wird immer noch darüber gestritten, was das „Richtige" sei. Insofern kann man den damaligen Forstästhetikern diese Haltung nicht vorwerfen, man kann nur daraus lernen: unlösbare Widersprüche stehen zu lassen und überhaupt die Ansprüche herunterzuschrauben.

Malerisch, aber betriebswirtschaftlich ein Schandfleck: Hutwaldrest in einem fürstlichen Forst bei Regensburg

Die **Suche nach der *einen* Wahrheit** kommt sehr schön in einer Geschichte zum Ausdruck, in der ein Forstmann im Wald mit Künstlern zusammentrifft. Von Salisch hat sie von Wildungen („*Weidmanns Feierabend*“ 1815) übernommen und in seinem Sinne kommentiert:[16]

„Zwei unbekannte Individuen hat der wackere Förster im Walde angetroffen und hat sie hart angelassen. Es entspinnt sich nun folgendes Zwiegespräch:

***Maler**: O, lassen Sie sich doch besänftigen, lieber Waldgott! Bei den heiligen Schatten eines Rafael, Tizian, und Michel Angelo schwöre ich, dass wir keine gefährlichen Landstreicher, sondern reisende Genies sind. Ermüdet rasteten wir hier und entzückt über die unbeschreibliche Schönheit dieses Waldes, das echt Pittoreske seiner Gruppierung, seine herrlichen Schlaglichter.*

***Förster**: Wie, Herr, ist er denn noch toller als sein Kumpan? Ich glaube gar, er will noch spotten! Soll dieser Schlag etwa noch lichter gestellt werden? Kann ich dafür, dass mein unverständiger Vorfahr alle seine Schläge zu licht hauen ließ, dass hier so schändlich gefrevelt und alles Laub immer weggescharrt worden ist? Da mussten ja wohl die wenigen alten Samenbäume vor der Zeit abständig werden! Nun ist freilich für dieses verwünschte Revier – leider – keine Rettung mehr, als alles rein wegzuhauen und Kiefern dahin zu säen. Und diesen hässlichen Schandfleck meines Forstes, wo schon seit 20 Jahren sich kein Hase mehr verbergen kann, erfrechen Sie sich, mir zum Hohne zu loben? Marsch! Nun mag ich nichts weiter hören! Wenn Sie nicht augenblicklich sich fortpacken, so pfeife ich meinen Forstläufern, die in der Nähe sind und lasse Sie als Vagabunden arretieren!*

***Dichter** (aufspringend zum Maler leise): Komm, Herzbrüderchen, lass uns von hinnen wandern! Wen ein so prachtvoller Wald nicht bezaubert, wer so herrlichen Bäumen,wie diese, mit der mörderischen Axt drohen kann, hat – beim Apoll! – kein ästhetisches Gefühl, und was wäre von einem solchen Barbaren nicht zu befürchten?*

***Maler** (seinen Knotenstock auch ergreifend und tief seufzend): Traurig ist's doch, dass unsere höheren malerischen und poetischen Ansichten mit rohen Menschen immer in Kollision kommen! Wohl mir, dass der griesgrämige Waldteufel mir doch nicht wehren kann, diesen unvergesslichen Wald so schön, als er uns dünkte, zu malen. Unsere Vertreibung aus diesem Paradiese soll ein paar herrliche Figuren dazu abgeben.*

***Dichter**: Auch besingen will ich ihn in einer so feurigen Ode, als gewiss seit Erschaffung der Wälder keine noch gedichtet worden ist. Mag er dem forstgerechten Krittler gefallen oder nicht – uns gefiel er und wir waren froh darin. Glückliche Täuschung ist ja der Dichter und Maler Element und die goldne Lehre: Ein Wahn, der uns beglückt,*
ist eine Wahrheit wert, die uns zu Boden drückt -
die höchste und echteste Philosophie.“

*Während das große Publikum geneigt sein mag, dem Dichter recht zu geben, empfinden wir Forstleute die Tatsache, dass ein erheblicher, in vielen Menschenaltern aufgespeicherter Schatz an Altholz und an Bodenkraft zugrunde geht, mit dem alten Förster als eine „Wahrheit, die uns zu Boden drückt". **Wir können solche Bilder nicht unbefangen anschaun, und daher beim besten Willen nicht schön finden.** Die Forstkunst als eine Kunst, die es mit der Wirklichkeit zu tun hat, darf ihre Schönheitsregeln nicht von jenen Künsten borgen, welche nur vom schönen Scheine leben."*

Abgesehen davon, dass die künstlerischen Berufe hier verspottet und abgewertet werden, geht es vor allem ums **Recht-Haben**, also wieder um das „einzig Wahre". Wieso unterliegen die Künstler einer „*Täuschung*", wenn sie die alten Bäume schön finden? Gibt es in der Ästhetik Recht und Unrecht, gibt es überhaupt „Schönheitsregeln"? Hier prallen einfach verschiedene Werte oder Welten aufeinander, die zumindest versuchen könnten, sich gegenseitig zu verstehen.

Der forstliche Führungsanspruch

Natürlich steht letztlich die **Macht-Frage** dahinter: Wer hat im Wald das Sagen, wer entscheidet? Sicher der Förster als Vertreter der Obrigkeit. Aber muss die Forstpartie Leute in die Nähe des „Wahns" rücken, um die eigenen Entscheidungen zu rechtfertigen? Ist sie sich dieser Entscheidungen so wenig sicher? Wahrscheinlich! In jedem Forstmann (seit ein paar Jahren auch in jeder Forstfrau), der/die aus Neigung den Beruf ergriffen hat, gibt es ja zwei Seelen: die wirtschaftende und die beschauliche (siehe auch S. 168f). Beide gilt es zu bejahen, nicht zu verdrängen.

Wer in sich selbst eine Seite davon verdrängt – das hat uns die Konflikt-Psychologie inzwischen gelehrt – bekämpft sie vorzugsweise in Anderen. Dies umso heftiger, je mehr er verdrängt.

In von Salischs „Wahrheit" *dürfen* die Bäume jedenfalls nicht schön sein, weil sie forstlich nicht gesund sind. Es gibt für ihn eine absolute Schönheit, die aber wiederum nur der eingeweihte – Forstmann – kennt, der „***Waldgott***".

Hinzu kommt, dass von Salisch in seinem Kommentar für *alle* Förster zu sprechen vorgibt: „*Wir können solche Bilder ...nicht schön finden.*" Wenn es auch damals üblich war, die absolute Wahrheit zu „haben": Wer so die Gefühle anderer vereinnahmt, kann nicht damit rechnen, dass diese ihm ohne weiteres Gefolgschaft leisten.

An anderer Stelle ist – ein wenig zum Schmunzeln – von „***Geschmacksverirrung***" die Rede, weil ein Landwirt ein fettes Schwein und ein wohlbestelltes Rübenfeld für das „*weitaus Schönste auf der Welt*" hielt. Warum soll er nicht?

Einräumen muss man allerdings, dass sich die forstliche Mentalität, zumindest der forstliche Machtanspruch teilweise bis in unsere Tage so darstellte, wie bei von Salisch[17]:

„Der Forstmann muss zur Pflege der Schönheit, nicht allein seines Waldes, sondern der gesamten Landschaft, derartig befähigt sein, dass er die ***Führerrolle*** *übernehmen kann, zu welcher er recht eigentlich berufen ist. – Dann erst wird er im Volksleben die angesehene Stellung, die ihm zukommt, in vollem Maße einnehmen."*

Wie war doch die Diskussion, als 1970 das bayerische Umweltministerium als weltweit erstes seiner Art gegründet wurde: meinten da nicht etliche Forstleute, sie könnten diesen Job auch oder gar besser machen?

Forstleute als „allround-Genies" – über mangelndes Sendungsbewusstsein kann man hier nicht klagen. Früher mag das nicht ganz unbegründet gewesen sein, gab es doch in den grünen Berufen kaum Vergleichbares. **Biologen** waren und sind bis heute eher wissenschaftlich orientiert und vom praktischen Wirtschaften mehr oder weniger unbeleckt; **Landwirte** sind weitgehend auf Nutzung ausgerichtet, mit der ästhetischen Landschaftsgestaltung – wie in diversen Flurbereinigungsverfahren bis in die 70er Jahre unschwer zu erkennen – selten freundschaftlich verbunden. Erst in den letzten Jahrzehnten hat sich die **Landschaftspflege** entwickelt und Eingang in die anderen Disziplinen gefunden. So wurden auch die Forstleute langsam „auf den Teppich gezogen".

Otto Friedrich von Hagen, 1867 Leiter der Forstabteilung im preußischen Landwirtschaftsministerium und mit der Forstästhetik verbunden, wird das Zitat zugeschrieben:[18] *„So wollen wir denn Priester sein in einem Tempel, den Gott selbst gemacht hat."* Und der Darmstädter geheime Oberforstrat Wilhelm Wilbrand (1892)[19] spricht gar vom *„Richterstuhl des Forstästhetikers"*, vor dem z.B. Harz- und Streunutzung keine Gründe fänden.

So unterstellte die Forstästhetik nicht nur eine – offensichtlich unrichtige – Einheit von Schönheit und Nützlichkeit, sondern sie schwang sich auch noch dazu auf, diese Dinge allein beurteilen zu können – sozusagen von Gottes Gnaden. Das mag in die Zeit gepasst haben, aber es war nicht lange durchzuhalten.

Und schließlich klingt häufig ein romantisch-religiöses Naturverständnis an, das zumindest in der zweiten Hälfte des zwanzigsten Jahrhunderts kaum noch Anhänger finden konnte. Eine Kostprobe aus von Salischs „Farbenlehre"[20] regt vielleicht wieder ein wenig zum Schmunzeln an:

„So ist die Waldschnepfe zweifellos schöner als der Papagei, und die Natur wusste wohl, was sie tat, als sie der Eiche und Buche den Blütenschmuck versagte, welchen sie der Salweide, dem Schlehenstrauch, dem Seidelbast geschenkt hatte ..."

Aus diesen Beispielen dürfte klar werden, dass sich die Forstästhetik und das dahinter stehende Weltbild einfach überlebt haben. Bei aller Kritik und bei allem Lächeln, das uns die Darstellungen abverlangen, möchte ich aber an die Zeit erinnern, zu der sich das Ganze abspielte. Damals gab es noch Kaiser und Könige, Untertanen und bittere Armut. Man zog „mit Gott für Kaiser und Vaterland" – meist singend – an die

Front. Ein, zwei Kriege gegen Nachbarn, die heute unsere Freunde sind. Auf der Suche nach dem Idealen, Vollkommenen gab es schließlich „Untermenschen“, „entartete Kunst“, Bücherverbrennung und viele noch schrecklichere Dinge.

Und wenn wir hören, was manche großen Geister, Dichter und Philosophen von sich gegeben haben, dann können wir aus heutiger Sicht oft nur die Schultern zucken. Friedrich von Schiller zum Beispiel sah in seiner Abhandlung „Über das Erhabene“ die menschliche Kunst unerreichbar weit vor der Natur:

> *„Nun stellt zwar schon die Natur für sich allein Objekte in Menge auf, an denen sich die Empfindungsfähigkeit für das Schöne und Erhabene üben könnte; aber der Mensch ist, wie in anderen Fällen, so auch hier, von der zweiten Hand besser bedient, als von der ersten und* ***will lieber einen zubereiteten und auserlesenen Stoff von der Kunst empfangen, als an der unreinen Quelle der Natur mühsam und dürftig schöpfen.*** *“*

Im Gegensatz zu solch „erhabener Meinung“ an das einfache Schöne zu erinnern, das in unserem Wald, in der Natur liegt, war nicht selbstverständlich. Es dann gegen den erstarkenden Materialismus und Kapitalismus, gegen die Macht der Wirtschaft zu verteidigen, und sich dabei für die ärmeren Bevölkerungskreise stark zu machen, empfinde ich als große menschliche Leistung; zumal von Salisch und viele seiner Kollegen dies als adlige Waldbesitzer keinesfalls – wirtschaftlich oder gesellschaftlich – nötig gehabt hätten. Tatsächlich sehe ich viel von der Motivation dahinter, die in Wilhelm Leopold Pfeils zu Anfang zitierten Sätzen ausgedrückt ist: einerseits die Liebe zum Wald, andererseits diejenige zu den Menschen.

1.3 Von der „sinnlichen Erkenntnis“

Nachdem das alte Gebäude der Forstästhetik sich für uns heute eher als Ruine mit gewissem Erinnerungswert darstellt, möchte ich versuchen, die Bausteine daraus zu finden, die für eine neue, in unsere Zeit passende „Waldästhetik“ wertvoll und brauchbar sind. Als einer ihrer Ursprünge gehört die philosophische Ästhetik wesentlich dazu.

Philosophische Ästhetik

Schon im alten Griechenland machte sich Platon (427 – 347 v.Chr.) Gedanken über das menschliche Schönheitsempfinden: Warum empfinden wir beispielsweise eine Musik schön, eine Statue oder einen Tempel, warum wird uns bei der Wahrnehmung dieser Dinge wohl? Platon sah all diese – auf uns angenehm wirkenden Dinge – als **Ausdruck eines Urprinzips** des Schönen. Die einzelnen schönen Dinge verkörperten für ihn jeweils auf ihre Weise das „Schöne an sich“ oder auch die *Idee* des Schönen, welche der Mensch nicht direkt wahrnehmen kann. Nur über den Umweg dieser Objekte, Musik usw. spürt der Mensch das Große, Großartige, das dahintersteht.

Besonders zeigte sich diese Idee des Schönen nach damaligem Empfinden im Menschen selbst, in der menschlichen Gestalt, weshalb sie auch bevorzugt künstlerisch dargestellt wurde. Landschaft oder gar Wald waren in diesem Zusammenhang kein Thema. Deren Schönheit zu entdecken, blieb der Neuzeit vorbehalten. Platons Ideenlehre taucht in abgewandelter Form im deutschen Idealismus, insbesondere bei Hegel (1770 – 1831) wieder auf.

Großen Einfluss auf unsere moderne Ästhetik hatten die „Neuplatoniker", insbesondere Plotin (205 – 270 n.Chr.). Er sieht den Grund des Schönen darin, dass es eine **Entsprechung in der menschlichen Seele** findet.[21] Irgendwie hat das schöne Objekt etwas mit unserer Seele Verwandtes. Diese Verwandtschaft übt große Anziehungskraft aus, weshalb der Mensch sich immer wieder zum Schönen hingezogen fühlt. Bei intensiver Wahrnehmung kommt es zu einer starken Übereinstimmung zwischen dem Objekt und dem wahrnehmenden bzw. *erkennenden* Menschen. Dieses Eins-Werden von Subjekt und Gegenstand ist uns heute als tiefe Erfahrung in der sogenannten gegenständlichen Meditation bekannt.

Immer führt die Erfahrung des Schönen laut Plotin auch zu einem *„Innewerden der Seele ihrer selbst*", zur Selbstwahrnehmung oder „**Selbsterkenntnis**", wenn man so will.

Zwei Arten von Erkenntnis

Der hier auftauchende Begriff „Erkenntnis" ist zentral. In der Philosophie wird er in einem sehr viel weiteren Sinn verwendet, als in unserer Alltagssprache. Während wir heute in dem Wort „Erkennen" meistens nur ein „Wiedererkennen" oder das „Belegen mit dem entsprechenden Namen" sehen, reicht der philosophische Erkenntnisbegriff tiefer. Er umfasst nicht nur das verstandesmäßige, rationale „Erkennen", sondern auch das sinnlich-gefühlsmäßige oder auch „sensitive" Wahrnehmen. Die **rationale Erkenntnis**, die in der Naturwissenschaft vorherrscht, beschränkt sich auf ein paar grundlegende Merkmale, die begrifflich klar zu umreißen sind, während die sensitive Erkenntnis eine Fülle von Merkmalen an dem jeweiligen Gegenüber wahrnimmt, die sich teils gar nicht in Worte fassen lassen.

Wenn wir beispielsweise die Frage stellen: erkennen sie die Melodie? – dann erwarten wir landläufig die Antwort: ja, es handelt sich um Mozarts Violinkonzert Nummer ... usw. Das andere Erkennen jedoch, das sensitive, beinhaltet ein tiefes Wahrnehmen, ein Spüren dessen, was mir die Musik ganz persönlich sagt oder gibt. **Dieses Erkennen ist mehr ein Erleben**.

Ein anderes Beispiel aus unserem Themenkreis: An einem sonnigen Vorfrühlingstag haben Sie sich auf den Weg zum Wald gemacht und stehen nun am Waldrand vor einer mächtigen, alten Eiche. Von den weitstreichenden Wurzelanläufen lassen Sie Ihren Blick allmählich aufwärts gleiten. Über den gewaltigen Stamm, der sich bald in zwei markante Arme teilt. Diese gehen in ein mächtiges Gewirr von Ästen und Zweigen

Eiche am Waldrand

über. Der Wind bewegt sie sanft, rauscht leise, und indem Ihre Augen höher wandern, erscheint darüber der blaue Vorfrühlingshimmel.

Der Anblick des Baumes lässt Sie ruhig werden, ihre Anreise und viele Dinge des Alltags verschwinden und weichen der Freude, jetzt da zu sein. Irgendwie sind Sie hier ein „anderer Mensch" als noch vor kurzem im Büro, ohne aber mit Worten sagen zu können, was da passiert. Soviel ist jedenfalls klar, dass es sich um „***sensitive Wahrnehmung***" handelt.

Die andere Art, wahrzunehmen, die rationale, könnte etwa Folgendes beinhalten: ca. 10 Meter vor mir steht eine vielleicht 120jährige Stieleiche. Ihr Stammdurchmesser in Brusthöhe beträgt rund 80 cm, die Höhe etwa 25 Meter. Die astfreie Stammlänge beträgt 4 Meter, darüber zwieselt der Stamm und liefert nur noch Brennholz ...

Oder je nach Neigung: in 10 Metern Höhe befindet sich eine Nisthöhle, dem Lochdurchmesser, ca. 5 cm, nach zu urteilen, vom Buntspecht. .. Einige dürre Äste in der Krone lassen auf „neuartige Waldschäden" schließen, etwa Schadstufe 1 ...

Diese Art von Erkenntnis geht nicht sehr tief, verändert unsere Gefühlswelt wenig. Sie lässt uns sozusagen kalt. Es ist die Welt der Bestimmungsbücher, deren Lektüre uns bekanntlich kaum glücklich macht. **Der Verstand, der hier tätig wird, arbeitet immer mit klaren Begriffen und gerne mit Zahlen**. Er erkennt die Art „Stieleiche", von der unser Baum ein Vertreter ist, schätzt ihre Dimensionen oder erklärt gewisse Phänomene, z.B. Schäden.

Durch das Einordnen in Begriffskategorien, z.B. „Eiche", geht dem individuellen Baum eine Menge an Eigenschaften und Wirkungen verloren, die er auf den Wahrnehmenden ausübt. Das Einmalige wird zum ***Fall einer Regel***. Mag diese Eiche auch anders aussehen als ihre Nachbarinnen, mag sie auf mich an diesem Tag, bei diesem Wetter auch ganz anders wirken als sonst: all das spielt in der rein rationalen Wahrnehmung keine Rolle. Nietzsche meinte zu diesem Phänomen: „*Der Begriff leistet nichts anderes als das Gleichsetzen des nicht Gleichen.*"

Natürlich gibt es solche rationale Wahrnehmung oder Erkenntnis nie in Reinkultur. Immer schwingt bei Menschen ein gewisses Maß an Gefühl mit. Dass er an der Eiche z.B. neuartige Waldschäden erkennt, mag manchen Beobachter traurig stimmen, ärgerlich oder frustriert. Das Spechtloch löst hingegen bei manchem Freude aus usw. Die Frage ist, inwieweit wir diese Gefühle bemerken, zulassen, inwieweit uns auch Zeit dafür nehmen.

Oft wechseln sich sensitive und rationale Wahrnehmung miteinander ab. Wenn ein Förster beispielsweise, in Zahlen und Gedanken vertieft, eine Zeit lang Holz gemessen hat, kann es irgendwann passieren, dass er – angerührt vielleicht durch den Ruf eines Vogels – plötzlich die Kluppe sinken lässt. Indem er aufschaut, bemerkt – spürt – er mit einem Mal, dass er im Wald ist. Dies kann ein sehr schöner Moment sein, denn plötzlich erlebt er nicht nur den Vogel, den Wald, sondern auch *sich selbst* als wahrnehmendes, *lebendiges* Wesen. Philosophisch könnte man sagen, **er erkennt sich selbst**.

Nur Maschinen, Fotoapparate, Messgeräte können ganz gefühllos Daten aufnehmen. Je mehr wir allerdings mit solchen zu tun haben, desto mehr passen wir uns ihrer Arbeitsweise an, desto weniger haben wir Zeit, lebendige Wesen zu sein bzw. uns als solche wahrzunehmen.

Die Wissenschaft lebt von diesem Abstrahieren, begrifflichen Ein- und Zuordnen, Messen und Kategorisieren. Wenn der Mensch nicht vom konkret Individuellen absehen, nicht zusammenfassen und systematisieren gelernt hätte, hätte er niemals physikalische, biologische oder auch ökologische Gesetzmäßigkeiten erkannt. Er hätte sich niemals so weit von der Natur distanzieren können und nie seine heutige Machtstellung über sie erreicht. Das sensitive Erkennen überwiegt auf anderen Kulturstufen, häufig in sogenannten „Naturvölkern". Bei uns ist es seit Beginn der Neuzeit, insbesondere seit der „Aufklärung" immer weiter hinter das rationale zurückgetreten.

Förster beim Holz Aufnehmen – ob er Zeit findet, zwischendurch mal aufzuschauen? (Foto Roland Günter)

In der Lutherischen Bibelübersetzung steht das Wort „erkennen" auch für die intimste menschliche Beziehung, für die Zeugung: „*Adam erkannte seine Frau* ..." Damit nahm er sie in ihrer ganzen Person intensiv wahr. Dass uns heute in der meistens sehr ehrlichen Gassensprache dieser Vorgang als „Nummer" begegnet, verdeutlicht unsere Entwicklung. Wir sind dabei, uns von den eigenen Gefühlen zu entfremden und damit auch von der Natur der Dinge.

Dem Menschen, der überwiegend rational wahrnimmt, bleibt sehr viel verborgen. Dies würde ihm zwar keinen materiellen Vorteil gegenüber dem Baum z.B. bringen, aber es könnte ihn gefühlsmäßig bereichern. Umgekehrt können uns Leere und Sinnlosigkeit beschleichen, wenn die sinnliche Wahrnehmung zu kurz kommt. **Lebens-Sinn und sinnliches Wahrnehmen, Erkennen, Erleben hängen eng zusammen**. Der nur noch sachliche Mensch verarmt.

Wenn man das rationale Erkennen eher im Kopf ansiedelt, und das sensitive eher im Bauch, dann ist unsere Kultur ausgesprochen „verkopft". Deshalb bemüht sich die Zunft der Psychologen und Therapeuten, uns wieder in Kontakt mit unseren Gefühlen zu bringen. Wer Pech hat, wird dort allerdings selbst zum bloßen Fall einer Regel, denn wie die Medizin ist ja auch die Psychologie eine Wissenschaft, die systematisiert und kategorisiert.

Dennoch kann auch solches Erleben weiterbringen, auf der Suche nach dem „Bauch". Keinesfalls will ich die Denkweise der Wissenschaft verteufeln. Sie ist gut und notwendig. Aber **das gesunde Gleichgewicht beider Wahrnehmungsarten ist gestört**.

Geschichtliche Wurzeln der Ästhetik

Die Entwicklung hin zur Ratio, zum Intellekt begann in Europa mit der **Aufklärung**, also im 17. Jahrhundert. Von den Niederlanden ausgehend erreichte diese Geistesbewegung über England und Frankreich schließlich auch Deutschland. Kein Zweifel, dass darin ein großer Segen für unsere Kultur lag, hatten sich doch seit Ausgang des Mittelalters Aberglaube, Hexenwahn, Inquisition und Willkür der Mächtigen derart verstärkt, dass ganz Europa im Chaos zu versinken drohte. Der Dreißigjährige Krieg war nur das bekannteste Beispiel für die religiösen und theologischen Kämpfe, Disputationen und blutigen Kriege, *„von denen das 17. Jahrhundert bis zur Verzweiflung und zum Ekel erfüllt war.*"[22]

Es ist heute kaum vorstellbar, wie viele Millionen Menschen in dieser Zeit von der Inquisition als „Satansmenschen, Hexen, Hexenmeister und Ketzer" verfolgt wurden. Auch Kinder und Tiere wurden verhaftet, grausam gefoltert und schließlich verbrannt, weil sie angeblich Unwetter heraufziehen ließen, Stare in Kirschbäume hexten, böse Geister oder Krankheiten – nicht nur den Hexenschuss – herauf beschwörten, oder auch eine Eichelmast verhinderten.

Oft unter Einsatz ihres Lebens, in ständiger Angst oder auf der Flucht vor der Inquisition versuchten einige Philosophen und Wissenschaftler damals der menschlichen **Vernunft** Bahn zu brechen: Galileo Galilei, der 1633 seine berühmte Lehre widerrufen musste, Thomas Hobbes in England, Rene Descartes in Frankreich gehören zu den bekanntesten. Viele wurden verbrannt, bevor sie überhaupt öffentlich auftreten konnten.

Erst der Preußenkönig Friedrich der Große (1712 – 1786), der „Philosoph auf dem Thron" wies dem Staat – unabhängig von irgendeiner Glaubenslehre – eigene ethische und soziale Kraft, eigene Humanitätsideale zu, bekannte sich zu den Naturgesetzen der Vernunft und sorgte dafür, dass im preußischen Staat *„jeder nach seiner Fasson selig werden*" konnte.[23] Das war im damaligen Europa eine Pioniertat, und nur in diesem Schutz konnten sich die deutschen „Dichter und Denker" zu dem entwickeln, was wir heute so selbstverständlich nehmen.

Zum **Wesen der Aufklärung** gehörte, dass sie alles Irrationale, Mystische, dem Verstand nicht Erklärbare auch im menschlichen Verhalten in Frage stellte, das Sachlich - Rationale, Logische dagegen in den Vordergrund rückte. Descartes Werk „L'homme machine" ist wohl markantestes Beispiel dafür, wie weit das Pendel der Geistesgeschichte in Richtung „Vernunft" ausschlug.

So befreiend dies letztlich für die Menschheit war, irgendwie schien diese Welt- und Menschensicht doch zu einseitig, zu mechanistisch. Ein wesentlicher Teil der menschlichen Psyche blieb unberücksichtigt, was unter anderem den Philosophen **Alexander Gottlieb Baumgarten (1717 – 1762)** beschäftigte. Er veröffentlichte deshalb im Jahr 1750 in Halle seine „***Aesthetica***“, seine „***Wissenschaft von der sinnlichen Erkenntnis***“. Den Namen leitete er vom griechischen „*aisthesis*“ ab, was als „Sinneswahrnehmung“ oder auch „Sinn“ übersetzt wird.

In diesem grundlegenden Werk stellt Baumgarten die *sinnliche Erkenntnis*, die zu Beginn der Neuzeit noch allein und geradezu wahnhaft die meisten Menschen beherrscht hatte, und daraufhin von vielen Vertretern der Aufklärung abgewertet wurde, praktisch gleichwertig neben die rationale. **Der Mensch ist weder ein reines Vernunft-Wesen, noch besteht er nur aus Gefühlen. Beides ist wichtig und erst beides zusammen macht den Menschen aus**.

Philosophisch ausgedrückt stellt Baumgartens Ästhetik eine „Erkenntniskritik“ dar: Man kann die Welt – einschließlich des Menschen selbst – nicht rein rational „erkennen“, sondern zu einer vollständigen „Erkenntnis“ gehört das Sinnliche unbedingt dazu. Zentrale Bedeutung hat dabei die **Kunst**: Sie vermittelt uns Inhalte und Wahrheiten, die wir deutlich spüren, aber nicht begrifflich, rational erklären können. Selbst wenn Kunst Worte benutzt, z.B. in der Dichtung, dann steht das Wesentliche nicht in diesen Worten bzw. Begriffen, sondern sozusagen zwischen den Zeilen.

Brigitte Scheer[24] schreibt zu Baumgarten:

> *„... die Vorherrschaft des mathematisch-logischen Wissenschaftsbegriffs, der sich in den erfolgreichen Naturwissenschaften bewährt, erscheint Baumgarten als gefährliche Reduktion der tatsächlichen Erkenntnismöglichkeiten des Menschen, und zwar nicht nur zum Schaden der ästhetisch Engagierten, sondern* ***ebenso zum Schaden der naturwissenschaftlich Forschenden****. Denn sie bedürfen als Ausgangsbasis ihrer Forschungen eines reichen sinnlichen Materials und brauchen zur populären Verbreitung ihrer Ergebnisse die Fähigkeit, die abstrakten Gesetze und Formen der sinnlichen Auffassung nahe zu bringen.“*

> *„Nach Baumgarten ist in der logischen oder begrifflichen Erkenntnis etwas für den Intellekt erkennbar geworden, was aber zu Verlusten auf Seiten der sensitiven Weltaneignung führt.* ***Daher ist die Logik des Verstandes ergänzungsbedürftig um die in der Ästhetik aufscheinende Dimension des sensitiv Erkennbaren.*** *Erst beide Anstrengungen zusammen machen den Inbegriff einer vollständigen Erkenntnis eines endlichen Wesens aus.“*

Ästhetik als aktuelle Notwendigkeit

Wenn Baumgartens Denkansatz heute hochaktuell erscheint, so hängt dies wohl mit der unvergleichlichen **Zweckrationalität** zusammen, die wir in der sogenannten „Moderne“ erlebt haben. Noch nie in der Geschichte war die menschliche Lebenswelt

– unsere Häuser, Städte, Arbeitsplätze, die „bereinigte Flur“ – wohl so deutlich von ihrem Zweck geprägt wie in dieser Epoche. Noch nie waren Macht und Möglichkeiten der Wissenschaft so groß und noch nie waren die Inhalte dieser Wissenschaft für Fachfremde so undurchschaubar.

Obwohl oder gerade weil diese Prozesse gegenwärtig, in der sogenannten „**Postmoderne**“ weiterlaufen, bilden sich Gegengewichte dazu. Diese Gegenbewegungen machen eben die Postmoderne aus. In der Philosophie erfuhr die Ästhetik in den letzten Jahren eine große Aufwertung. Ansonsten versucht die Umweltbewegung die Gewichte zu verschieben. Astrologie und Esoterik florieren und viele Menschen suchen jenseits traditioneller Normen und Rituale eine neue „Spiritualität“. Wir leiden offenbar großen Mangel an „sinnlicher Erkenntnis“, ohne dass dies aber allgemein bewusst wäre.

Manche Naturphilosophen, wie z.B. Klaus Michael Meyer-Abich, sehen in dem Mangel an sinnlicher Erkenntnis bzw. sensitiver Wahrnehmung unter anderem eine **Wurzel unserer derzeitigen Umweltkrise**. Diese geht praktisch einher mit einer Krise der Wahrnehmung. In seinem Buch „*Wege zum Frieden mit der Natur*“ (1984) schreibt er,

> *„... dass Wissenschaft und Technik zu einer* ***Deformation des menschlichen Wahrnehmungsvermögens*** *geführt haben, und dass diese nur nach Kriterien der ästhetischen Bildung unserer Sinne als solche erkannt werden kann.“*

Noch emotionaler bringt er dies mit einem Zitat von Passmore:

> *„Eine sinnlicher reagierende Gesellschaft wäre nie im Stande gewesen, die verödeten Städte, die abstoßenden schmutzigen Häuser ... die stinkenden Flüsse, die Schrotthaufen zu ertragen, die das Erscheinungsbild des nachindustriellen Westens prägen. ...* ***Nur wenn die Menschen erst einmal lernen, die Welt sinnlich anzusehen, werden sie lernen, sich ihrer anzunehmen****.“*

Und auf die einzelnen Sinne eingehend schreibt er:

> *„Neben dem Tastsinn ist es vor allem der Bewegungssinn, der uns abhanden kommt. Wenn ich etwas berühre, so bin ich gleichzeitig berührt – wenn ich mich bewege, so bin ich gleichzeitig bewegt. Durch die Abschirmung dieser beiden Sinne droht uns die passive Erfahrung verloren zu gehen und damit das eigentliche* ***Erleben****. Um wieder zum Erleben zu finden, müssen wir aus unseren Maschinen aussteigen, die nach innen zart sind wie fliegende Teppiche, nach außen aber wie Zyklopen. Wir müssen aus unseren vollklimatisierten Häusern hinaus, die alle Unterschiede in Wetter und Klima unterschlagen. Wir müssen uns von der einseitigen Überforderung unseres Gesichts- und Gehörsinns wieder zum „Begreifen“ herablassen;* ***Natur und Landschaft wieder als Raum erleben und vor allem das Schöne, das Ästhetische darin sehen****“.*

Wenn ich auch dem vielen „*Müssen*“ ein wenig skeptisch gegenüberstehe und nicht *alle* in seinem Buch vorgeschlagenen Lösungsansätze teile, so erscheint mir diese grundsätzliche Analyse Meyer-Abichs doch sehr treffend.

Was ist schön? – die Problematik des ästhetischen Urteils

Um wieder auf die Ursprünge der Ästhetik sowie auf den Wald zurückzukommen möchte ich Baumgartens „*Wissenschaft der sinnlichen Erkenntnis*“ dem gegenüberstellen, was Heinrich von Salisch als „Forstästhetik“ bezeichnet hat: „*die Lehre von der Schönheit des Wirtschaftswaldes*“. Offensichtlich ist das letzte Thema gegenüber dem ersten stark eingeengt. Abgesehen davon, dass es nur um den *Wirtschaftswald* geht, benutzt von Salisch hier einen urteilenden Begriff: wer *schön* sagt, muss auch erklären, was schön ist bzw. was – als Gegenpol – hässlich ist. Nun, das tut von Salisch ziemlich unbekümmert, worüber wir heute – nach den Erfahrungen des 20. Jahrhunderts – oft nur lächeln können.

An der Frage, was „schön“ sei, dem sogenannten „**ästhetischen Urteil**“ haben sich seit Platon schon so viele Philosophen die Zähne ausgebissen, dass wir heute bescheidener geworden sind und lieber jedem Einzelnen die Antwort darauf überlassen, was er schön findet und was nicht. Interessant, weil einfach, ist Thomas von Aquins Aussage: „pulchrum est, quod visum placet“ – „*schön ist, was gefällt, wenn man es sieht*“; oder sein Satz: „***Beim Betrachten des Schönen ist es der Seele wohl***.“ Wenn man statt „Betrachten“ das allgemeinere „Wahrnehmen“ einsetzt, kommt man unserer heutigen Auffassung damit recht nahe, wobei die Frage nach einer Allgemeinverbindlichkeit des Schönen nicht beantwortet ist.

Einer der letzten großen Philosophen, die noch ein allgemeingültiges Schönes suchten, war Immanuel Kant (1724 - 1804). In seiner „Kritik der Urteilskraft“ (1790) versucht er, dem ästhetischen Urteil näher zu kommen: Inwieweit gibt es einen allgemein verbindlichen „Geschmack“, den alle Menschen teilen? Als Philosoph der Aufklärung konnte er die alten metaphysischen Erklärungen nicht mehr gelten lassen, die Schönheit als sinnliches Erscheinen einer dahinter stehenden Idee oder göttlichen Schöpfungswahrheit auffassten. Kant sah, dass die Worte „schön“ und „hässlich“ nur **subjektive Empfindungen** der jeweils wahrnehmenden Menschen ausdrücken, dass sie also keine Eigenschaften der Gegenstände selbst sind. Schön ist demnach, was dem Betrachter, Hörer usw. ein Lustgefühl bereitet, wenn er es ansonsten *interesselos* wahrnimmt.

Das Phänomen, dass bestimmte Objekte von vielen Menschen gleichzeitig als schön empfunden werden, führte Kant auf einen „*Gemeinsinn*“ zurück, der unser Gefühl verbindet. Heute sprechen wir im Anhalt an Freud und Jung vom „**kollektiven Unbewussten**“. Dies unterscheidet sich aber durchaus bei Angehörigen verschiedener menschlicher Kulturkreise. Dass ein Eskimo oder Araber den deutschen Buchenwald genau so schön findet wie Eichendorff, darf man keinesfalls unterstellen.

Insgesamt bleibt „Schönheit“ bei aller kollektiven Übereinstimmung ein subjektives Gefühl, über das man zwar reden kann, das sich aber Versuchen allgemein gültiger Definition widersetzt. Für die Waldästhetik, wie ich sie verstehe und in diesem Buch ausführe, gefällt mir Christian Morgensterns Satz: „***Schön ist eigentlich alles, was man mit Liebe betrachtet***.“ Doch ist dabei zu bedenken, dass verschiedene Wälder unsere Liebe auch in unterschiedlichem Maße hervorrufen. Indem wir schöne Wälder (meist) mehr lieben als hässliche, beißt sich die Katze gewissermaßen in den Schwanz. Da beide Gefühle sehr eng zusammenhängen, will ich dem Phänomen Liebe (in Kap. 1.7) breiteren Raum widmen.

Wie Kants „Gemeinsinn“ hat auch die „**Interesselosigkeit**“, die der Philosoph als Voraussetzung für das ästhetische Urteil nannte, Kritik hervorgerufen. Ob wir ein Kunstwerk vollkommen interesselos betrachten können, ist schon umstritten. Im Hinblick auf das Naturschöne ist es jedenfalls unmöglich. Viel zu sehr **stehen wir *in* der Natur und nicht *vor* ihr**. Natur oder auch Wald bilden einen Teil unserer Lebenswelt. Wir sind nicht unbeteiligte Betrachter einer Landschaft, sondern bewegen uns darin, leben darin. Dazu bietet uns jede Landschaft andere Möglichkeiten.

Nehmen wir als Beispiel eine Waldwiese: Wenn sie im Morgentau vor mir liegt, mag ich sie vielleicht sehr schön finden. Das ändert sich schlagartig, wenn mein Wanderweg sie quert, und ich nach 20 Metern tropfnasse Schuhe und Strümpfe habe.

Oder eine Nachtwanderung im Wald: Caspar David Friedrichs Gemälde „Männer im Mondschein“ anzuschauen, lässt mich vielleicht tief bewegt erschauern: „schön!“ Wenn ich aber selbst dort stehe, die nächste Ortschaft 10 Kilometer entfernt weiß, den Weg nicht so genau kenne und im Wetterbericht etwas von nächtlichen Gewittern gehört habe, dann befallen mich ganz andere Gedanken und Gefühle.

Waldwiese im Morgentau

Für das Naturschöne gibt es kein *rein* ästhetisches Urteil und keine Interesselosigkeit. Dies erfahren wir auch immer wieder bei Reisen. Schauen wir z.B. im Prospekt den Sonnenuntergang am Meer an, dann überkommt uns mit den Fotos schon jenes wohltuende Gefühl, das wir an Ort und Stelle noch viel intensiver zu erleben hoffen. Sind wir dann dort, sieht die Welt ganz anders aus. Zwar stimmt das Bild mit der Wirklichkeit überein, was jedoch unsere Freude trübt, sind die **Begleitumstände**: Das Hotel liegt vielleicht an einer Hauptstrasse, die Kläranlage im Hintergrund stinkt, oder die darüber rauschenden Flugzeuge lassen uns keine Ruhe. Unser eigentliches Interesse war eben nicht nur, den Anblick des Sees zu genießen, sondern es lag darin, zu innerer Ruhe und Entspannung zu finden.

Beim Erleben des Waldes spielen Dinge wie Lärm und Geruchsbelästigung eine enorme Rolle. Nicht zu vergessen sind auch „**optische Umweltbelastungen**“, z.B. Jagdkanzeln, die wie Wachtürme verkünden: big brother is watching you.

Allein das **Wissen** um bestimmte Dinge kann schon unsere Wahrnehmung beeinflussen. Ich erinnere mich an einen Sommerurlaub an einem oberbayerischen See: Den ersten Sonnenuntergang fand ich sehr schön. Allerdings wunderte ich mich, warum mich keine einzige Stechmücke heimsuchte. Am nächsten Morgen erfuhr ich, dass man dort die Insekten großflächig mit BTI (ein Bazillus-Thuringiensis-Präparat, das nicht nur auf Stechmücken wirkt) bekämpft. Vorbei war meine beschauliche Stimmung. Ich sah jetzt die Landschaft mit anderen Augen, nahm sie anders wahr, obwohl sie sich optisch genauso darstellte wie am Vortag. Mag sein, dass ich ohne die Chemie aber mit Mücken schon am ersten Tag wenig genießen hätte können.

Hier wird jedoch klar, dass Natur kein Bild ist, sondern Lebenswelt, der wir nicht interesselos begegnen können. Wie geht es etwa einem Waldbesucher, der auf dem nächsten Holzpolter das Warnschild liest: Vorsicht – begiftet?

Nicht nur im Erscheinungsbild des Waldes sondern auch in den Begleitumständen liegt ein wesentlicher Schlüssel zum ästhetischen Erleben.

Definition der Waldästhetik

Insgesamt hat es mit dem der Frage, ob eine Landschaft, ein Wald *schön* sei – dem ästhetischen Urteil – also seine Schwierigkeit. Unbestritten dürfte nur sein, dass sich zwei verschiedene Formen der Wahrnehmung bzw. Erkenntnis auseinanderhalten lassen: rationale oder begriffliche einerseits, sensitive oder sinnliche andererseits. Darauf möchte ich mich zunächst beschränken und die „Waldästhetik“ – für dieses Buch – im Anhalt an Baumgarten offener fassen als die Forstästhetik des 19. Jahrhunderts. Nachdem mir außerdem das Wort „Lehre“ zu viel verstandesmäßiges Wissen beinhaltet, und neben dem Wirtschaftswald auch Schutzgebiete mit einbezogen sein sollen, komme ich zu folgender Definition:

Waldästhetik ist die Thematik um das sensitive Wahrnehmen des Waldes.

Oder noch einfacher:

Waldästhetik handelt vom Walderleben.

Mancher mag einwenden, dass sich das Wort Ästhetik im allgemeinen Sprachgebrauch schon ziemlich von Baumgartens neutralem Ursprung entfernt hat: Wenn wir „ästhetisch" sagen, verstehen wir das häufig schon als Wertung im Sinne von „schön". Ebenso spricht man von „unästhetischen" Dingen und meint damit hässliche.

Dieser allgemeinen Neigung zu urteilen möchte ich hier nicht folgen. Sicherlich finden – gesteuert durch das kollektive Unbewusste – viele Menschen ähnliche Dinge schön oder hässlich. Aber deshalb zu unterstellen, dieses Empfinden sei für alle verbindlich, erschiene mir anmaßend. Durch solches Urteilen, das vor allem **Kunstkritiker** pflegen, dürfte die gesamte Ästhetik für manche ein wenig in den Ruch des „Geschmäcklerischen", oder gar Elitären, Abgehobenen gekommen sein. Denn wer könnte urteilen? Doch nur ein „Kenner", ein „Fachmann" – und dem stehen die „ungebildeten Laien" gegenüber. Mag es für die Kunst vielleicht zutreffen, dass man davon etwas verstehen müsse, um sie zu genießen; **was die ästhetische Wahrnehmung der Natur angeht, gibt es keinen „Vorsprung durch Vorbildung".**

Gewiss erlebt ein Förster sein Revier, seinen Wald – sensitiv – anders als beispielsweise eine Lehrerin, die darin joggt. Wieder anders erlebt sie ein Bauingenieur oder eine Malerin. Aus diesem „anders" aber ein „besser oder schlechter" zu machen, wäre verfehlt. Wald und Landschaft sind gemeinsame Lebenswelt für alle Bürger. Man kann sie tiefer oder oberflächlicher wahrnehmen, schön oder hässlich finden; jedes echte Gefühl ist in gleicher Weise berechtigt.

Fachleute, forstliche Landschaftspfleger zum Beispiel, können wissen, was welchen Menschen gefällt, was sie – zu welcher Jahreszeit und in welcher Situation anspricht. Dafür machen sie empirische Forschungen. Sie können sich auch Gedanken darüber machen, warum es anspricht. Keinesfalls sollten sie aber von sich aus Maßstäbe setzen, und den Leuten beibringen, was schön ist, oder noch deutlicher gesagt, was sie schön zu finden haben. Für die Waldästhetik gibt es weder „Kennerblick" noch „Richterstuhl". Stattdessen sind Bescheidenheit und Respekt vor dem Empfinden der Anderen angesagt.

Denkt also jemand bei dem Wort „Ästhetik" an eine Brillanten-behängte Kunstliebhaberin, die sich in nobler Karosse zu Oper oder Ausstellung fahren lässt, in ihrer goldenen Handtasche ein Arsenal von Parfümzerstäubern mitführt, und anlässlich eines Hundefurzes in Ohnmacht fällt, dann ist diese Art von Ästhetik hier nicht gemeint.

Trotz aller Enthaltsamkeit, was Wertung betrifft, muss es in diesem Buch aber letztlich auch um „**ästhetischen Wert**" von Wäldern gehen, und darum, dass dieser Wert durchaus unterschiedlich sein kann. Theodor W. Adorno formuliert in seiner „Ästhetischen Theorie":

„Während zwischen Schönem und nicht Schönem in der Natur nicht kategorisch zu unterscheiden ist, wird doch das Bewusstsein, das in ein Schönes liebend sich versenkt, zur Unterscheidung gedrängt. Ein qualitativ Unterscheidendes am Schönen der Natur ist, wenn irgendwo, zu suchen in dem ***Grad, in dem ein nicht vom Menschen Gemachtes spricht****, ihrem Ausdruck."*

Den Grad, in dem ein Wald uns anspricht, möchte ich praktisch daran festmachen, wie viele Menschen gemeinsam solches Angesprochen-Sein erleben. Entscheidend ist hier die Vielzahl und die intersubjektive Übereinstimmung. Die uralten Buchenwälder der „Heiligen Hallen" (Naturwaldreservat bei Lüttenhagen, Mecklenburg) z.B. empfinden wohl die allermeisten als schön, manche auch als „erhaben". Dass ein Fichtenstangenholz demgegenüber weniger ästhetischen Wert hat, wird kaum jemand in Frage stellen.

Vorsicht ist aber auch hier geboten: Wo rundum nur jede Menge Laubwald stockt, kann ein Fichtenstangenholz einen sehr wohltuenden Anblick und Aufenthalt bieten. Mancher Wanderer wird – zumal im Winter – darin stehen bleiben, den harzigen Duft einatmen, dem leisen Gewisper der Goldhähnchen lauschen, und sagen: schön!

Der ästhetische Wert bemisst sich daran, inwieweit ein Wald Menschen anspricht, ihnen „etwas abgibt", inwieweit sie Freude daran haben. Insofern gibt es höheren und niedrigeren ästhetischen Wert. Ästhetik selbst jedoch ist wertfrei und lässt jedem die Freiheit, zu empfinden, wie es ihm in den Sinn kommt.

1.4 Die „Erlebnisgesellschaft"

Wenn wir fragen, was die Dinge unseres Alltags für uns bedeuten, dann können wir zwei Werte-Ebenen unterscheiden: **Gebrauchs- und Erlebniswert**. Ein Auto zum Beispiel bietet den „***Gebrauchswert***", dass es uns von der Wohnung zur Arbeit bringt oder in den Wald. Weil es aber Freude machen kann, mit diesem Auto zu fahren oder es einfach nur gefällig zu betrachten, hat es auch „***Erlebniswert***".

Auch der hoch bezahlte Prestige-Wert, der Spaß, damit über die Flaniermeile zu rauschen und die Blicke der Passanten auf sich zu ziehen, ist nichts anderes als Erlebniswert.

Würden wir unsere Fahrzeuge auf den reinen Gebrauchswert reduzieren, könnten wir sie viel billiger und funktioneller bauen. Unsere ästhetischen Ansprüche würden solche Autos jedoch nicht befriedigen, es gäbe dafür nur wenige Käufer.

Der Aufstieg ästhetischer Werte

Der Bamberger Soziologe Gerhard Schulze hat vor einiger Zeit festgestellt, dass sich die Gewichtung der beiden Werte-Kategorien innerhalb der letzten Jahrzehnte in nahezu allen Lebensbereichen stark verschoben hat. In seinem 1992 veröffentlichten Buch

„Die Erlebnisgesellschaft“, beschreibt er, **dass der Gebrauchswert, die Funktionalität der Waren, in unserer Gesellschaft mehr oder weniger zur Selbstverständlichkeit geworden ist, während Erlebniswerte fast überall in den Vordergrund gerückt sind**.

Nehmen wir als Beispiel unsere Kleidung: Täglich landen Tausende „Klamotten“ in der Kleidersammlung, weil sie nicht mehr „in“ sind. Mögen sie auch noch so warm, oder gut erhalten sein: sie entsprechen nicht mehr unseren ästhetischen Wünschen.

Oder die Körperpflege: Ein einfaches Stück Seife, das ein paar Cent kostet und im Laden nur wenig Platz einnähme, würde reichen, um uns sauber zu halten. Es geht aber heute nicht um Sauberkeit; schmutzig sind die wenigsten. Es geht um das Bade-Erlebnis, um Schönheit, Wohlgeruch usw. Die Mittel dazu füllen Regalfronten, wenn nicht ganze Fachmärkte.

Beim Essen haben sich die Präferenzen völlig auf den Kopf gestellt: Der Nährwert hat nicht nur an Bedeutung verloren, sondern ist für viele zum Schreckgespenst geworden. Was zählt, ist Geschmack. Restaurants – „Erlebnisgastronomie“ – besuchen wir, um zu genießen, nicht um satt zu werden.

Wenn wir „sinnliches“ Erleben im Anhalt an Baumgarten als „ästhetisch“ bezeichnen, dann sind es *ästhetische Werte*, die uns am Herzen liegen: Schönheit, Design, Geschmack, Wohlgeruch usw., während Sachwerte an Bedeutung verloren haben. Schulze bezeichnet das Phänomen daher als ***„Ästhetisierung des Alltagslebens“***.

Noch klarer werden die Prioritäten bei Wirtschaftsbranchen, die mehr oder weniger ausschließlich Erlebnis-Werte „produzieren“: Reisebüros, Touristik-Hotels, Skilifte, Erlebnisparks, Fußballclubs, Golfplätze, die gesamte Unterhaltungselektronik, Kinos, Spielwarenindustrie, Blumengeschäfte, Tierparks, Gaststätten, Tabakindustrie, Museen, Theater, Foto-Gewerbe, Sex-Shops, Illustrierte – sie alle vermarkten praktisch nur Erlebniswerte und verdienen damit Milliarden. Jede Branche für sich wohl mehr als die Forstwirtschaft.

Wie ist das Verhältnis der beiden Werte-Kategorien im Wald? Der Sach- oder Gebrauchswert, der aus dem Wald kommt, ist das **Holz** und dessen Erlös deckt momentan oft nicht einmal die Löhne der Waldarbeiter und Förster. Bei guten Verhältnissen lassen sich 100 bis 200 Euro pro Jahr und Hektar erwirtschaften, wogegen der Erlebniswert – sofern er als Erholungswert überhaupt zahlenmäßig auszudrücken ist – von Ökonomen auf rund 800 Euro pro Jahr und Hektar im Bundesdurchschnitt berechnet wird.

Im Bewusstsein der meisten Bürger spielt der Sachwert des Waldes praktisch keine Rolle, während seine Bedeutung als Natur und Erholungsraum nahezu unermesslich empfunden wird. So gesehen stellt sich das Werte-Verhältnis etwa wie bei einem guten Gemälde dar: Ein bisschen Leinwand, ein paar Farben und ein Rahmen bilden seinen Sachwert, der auch bei Picasso nicht viel mehr als 100 Euro ausmacht. Der ästhetische Wert des Bildes liegt – vergleichbar dem Wald – jedoch um einige Zehnerpotenzen höher.

Den Sach- oder Gebrauchswert des Waldes bildet im Wesentlichen das Holz, Erlebniswert hat der gesamte Wald; und die Forstwege ermöglichen den Zutritt.

Soviel zum Wald. Und wie verhält es sich mit der **Forstwirtschaft**: Produziert sie Erlebniswerte oder vernichtet sie welche? Im Bewusstsein der Bevölkerung tut sie derzeit eher Letzteres, tatsächlich jedoch beides. Wer denkt schon daran, dass uns beispielsweise das zu Wirtschaftszwecken angelegte Wegenetz erst den Zugang zum Wald ermöglicht? Wenn die Wege aber bei der Holzernte zerfahren werden, beim Radfahren folglich eine langsamere Gangart erfordern, wird Zerstörung reklamiert. Das Produzieren von Erlebniswerten seitens der Forstwirtschaft ist so selbstverständlich, dass es von der Öffentlichkeit nicht wahrgenommen wird – im Gegensatz zum Vernichten. Dazu ist später noch einiges zu sagen.

Die Qual der Wahl

Das Oberziel, welches die meisten Menschen in unserer Erlebnisgesellschaft verfolgen, und das ihre Konsumgewohnheiten leitet, ist kurz gesagt ein „schönes Leben". Der „kategorische Imperativ" von heute heißt: **Erlebe Dein Leben!** Gestalte es so, dass es Spaß macht! Hab Freude an der – kurzen – Zeitspanne, die Dir vergönnt ist!

Diese Grundmotivation ist so selbstverständlich geworden, dass wir sie nur noch im Vergleich mit früheren Zeiten oder fremden Kulturen erkennen. Dort gab bzw. gibt es andere Lebensorientierungen: das reine Überleben z.B. oder das Dienen, einem Herrn, einer Institution. Natürlich erleben Menschen mit anderen Zielen auch etwas; ihr Leben kann ebenfalls erfüllt sein oder schön. Der Unterschied liegt darin, dass sie es nicht als Oberziel anstreben. Erleben fällt dort eher als Begleiterscheinung an, während wir versuchen, sämtliche Lebensumstände so zu arrangieren, dass wir ein schönes, erfülltes Leben führen können.

Möglich wurde dies erst durch die **Freiheiten**, die wir in unserem hochgradig arbeitsteiligen Gesellschaftssystem erworben haben. Unseren Beruf können wir nach Neigung wählen. Theoretisch kann auch der einfachste Mensch Millionär werden. In der Warenwelt ist alles für jeden käuflich, sofern er Geld hat. Auch die freie Zeit, die uns zur Gestaltung des Lebens bleibt, ist mehr geworden, wenn wir es auch oft gegenteilig empfinden.

Mit diesen Freiheiten geht andererseits ein **ständiger Entscheidungsdruck** einher. Das Leben ist wesentlich komplizierter geworden: Unsere Kinder stehen schon vor den Fragen: spiele ich jetzt mit meiner Puppe, wenn ja mit welcher, oder spiele ich lieber mit dem Computer? Gehe ich zum Fußballspiel, ins Kino, ins Schwimmbad oder lieber in den Wald? Dass dieses Paradies der tausend Möglichkeiten tatsächlich belasten kann, karikiert die berühmte Frage aus dem antiautoritären Kindergarten: „*Müssen wir heute schon wieder machen, was wir wollen?*" Zu wissen, was man im jeweiligen Moment will, kann ein Problem sein.

Im Erwachsenenalter wird die Sache nicht anders. Am Beginn des 20. Jahrhunderts und erst recht in Kriegszeiten gab es kaum Freizeit im heutigen Sinn und die Alltagsfragen hießen: Wie komme ich an Lebensmittel, Kleidung, eine Wohnung, ein Bett für mich, meine Kinder? Es ging darum, zu überleben und die zum Überleben notwendigen Ressourcen zu bekommen. Dieses Oberziel diktierte die Fragen, welche sich praktisch alle **nach außen** richteten.

Heute ist das Überleben (weitestgehend) gesichert und wir fragen uns: Welches Auto will ich mir kaufen, welchen Computer, welche Kleidung? Gehe ich heute Abend in den Wald oder ins Fitness-Center? Wenn in den Wald, dann zum Joggen oder zum Radfahren? Will ich im Urlaub ans Mittelmeer, nach Kanada oder in den Schwarzwald? Mache ich auf action oder wellness? Die Fragen gehen **nach innen**: was will ich?

Da wir nur begrenzte (Lebens-) Zeit haben, leiden wir gewissermaßen darunter, dass jede Entscheidung nicht nur *für* das eine sondern gleichzeitig *gegen* das andere ausfallen muss. Wir haben häufig die Angst, mit unserer Entscheidung etwas Schönes zu versäumen, zu verpassen. Wenn das Kind mit seiner Puppe Anna spielt, kann es nicht mit der Playstation spielen. Wenn ich in den Wald gehe, verpasse ich das Fußballspiel. Auch bei grundlegenden Lebensentscheidungen ist dies nicht anders: Werde ich in diesem oder jenem Beruf zufrieden sein? Mehr Geld verdienen? Will ich eine Partnerschaft, Kinder? Was bringt mir das? Auf was muss ich dafür verzichten?

Unser Leben erfordert erstens anstrengendes **Nachdenken** darüber, was ich (lieber) will, und zweitens schmerzhaften **Verzicht:** auf die Möglichkeiten, die ich mit meiner Entscheidung verliere.

Konkurrenz für den Wald

Die tiefgreifenden sozialpsychologischen Veränderungen der letzten Jahrzehnte haben unter anderem Einfluss auf unser Verhältnis zum Wald. Zum einen sehen wir ihn immer weniger als Wirtschaftsraum und Rohstofflieferanten sondern als Erlebnisraum. Zum anderen unterliegt er als Erlebnisraum gewaltiger **Konkurrenz**. Während unsere Eltern im Wald noch glücklich und zufrieden wanderten, gibt es jetzt eine unüberschaubare Menge an **alternativen Freizeitmöglichkeiten**.

Insgesamt dürfte die Zahl der Waldbesucher zwar gestiegen sein, verglichen mit Fitnessstudios, Sportplätzen oder Kinocentern ist seine Attraktivität aber gering. Eine Infas-Studie des Deutschen Forstvereins belegt, dass nur knapp die Hälfte (48%) der Deutschen mindestens einmal monatlich in den Wald geht. Auf Waldparkplätzen steht nur ein Bruchteil der Autos, die man beispielsweise vor Sportanlagen sieht. Im Gegensatz zum Wald wirbt die Konkurrenz ausgesprochen aktiv, bisweilen sogar aggressiv um die Gunst des Freizeitmenschen.

Folgt man den Erkenntnissen von Anette Braun[25], dann sind es vor allem die älteren Generationen, die den Wald als Freizeit- und Erlebnisraum aufsuchen, während die jüngeren eher andere **Prioritäten** setzen. Sport, Reisen, Bildung, Feste, Kultur, Familie, Fernsehen – nur eine kleine Auswahl aus den unzähligen Möglichkeiten, die den Wald für viele (jüngere) Zeitgenossen auf die hinteren Plätze der Freizeitbeschäftigungen verbannen. Es sei denn, man kann Dinge miteinander verbinden, z.B. Joggen im Wald, Radfahren, oder Familienausflug mit Kindern – unter dieser Voraussetzung gehen auch die Jüngeren in den Wald; nicht zuletzt, weil sein Besuch gratis ist, im Gegensatz zu Kino und Erlebnispark.

Zum Familienausflug mit Kindern gehen auch jüngere Leute hie und da gern in den Wald.

Bei der gesamten Freizeitgestaltung, insbesondere in Kreisen mit geringerem Bildungsstand, im sogenannten „Unterhaltungsmilieu“, nehmen heute **Erlebnisse aus zweiter Hand**, breiten Raum ein. Mit Film, Fernsehen und Video lässt sich – zumindest virtuell – eine weitaus höhere Erlebnisdichte erreichen, mehr Spannung ins Leben bringen, als mit einem Waldspaziergang. Gegen das dort Gebotene muss der Wald geradezu öde erscheinen. Das Verhältnis zum Wald stellt sich bei diesen Leuten folglich so dar: **Wald ist gut und wichtig, aber hingehen? Nein Danke – zu langweilig, eher was für Alte.**

Nicht zu unterschätzen sind bei aller Distanz jedoch eine grundsätzlich positive Einstellung sowie das Bewusstsein, den Wald gegebenenfalls als Erholungs- und Erlebnisraum zur Verfügung zu haben. Man weiß, dass die Option offen ist: Wenn ich will und wenn ich es brauche, kann ich jederzeit in den Wald. Wahrscheinlich geht davon eine gewisse Beruhigung aus, etwa wie von einem Sparbuch, das man auch nicht jeden Tag anschaut, das aber eine unterschwellige Sicherheit bzw. Freiheit vermittelt. Gottfried Keller sagt zu dieser durchaus menschlichen Haltung: „*An einem offenen Paradiesgärtchen geht der Mensch gleichgültig vorbei und wird erst traurig, wenn es verschlossen ist.*"

Niemand weiß, wie die erwähnte gesellschaftliche Gruppe empfinden wird, wenn sie selbst alt ist. Wird das „Paradiesgärtchen" alias Wald dann vielleicht wieder attraktiver? Werden zumindest einige darauf kommen, dass ein bescheidenes, aber reales Erlebnis mehr bringen kann als der tollste Krimi auf der Mattscheibe? Sicher kommt es dabei auch auf das **Gesicht des Waldes** an. Kiefernstangenhölzer werden wohl nie besonders reizend sein und nur wenige hinter dem Bildschirm hervorlocken. Wenn dem Wald mehr Sympathie zuteil werden soll, darf er sich nicht als Holzfabrik präsentieren.

Sinnkrisen als Normalität

Blickt man tiefer in die Psychologie der Erlebnisgesellschaft, dann stellt sich dem modernen Menschen weniger die Frage: Wie erreiche ich X? Sondern es geht – meist unbewusst – um die Fragen: **Was macht für mich Sinn?** Oder noch tiefer im Unbewussten: **Was soll ich eigentlich auf dieser Welt?**

Unsere Lebensprobleme und -krisen sind damit ganz andere geworden als die unserer Großeltern. *„Menschen, die nach oben wollen, haben Mittelkrisen, Menschen, die oben sind, haben Sinnkrisen."* sagt Schulze. Mit dem Verlust der sinnlichen Wahrnehmung grassiert die **Sinnkrise**. Ratlosigkeit, Langeweile, innere Leere, diese Probleme werden oft nur durch übertriebene Aktivität verdrängt. Gleichzeitig lastet der Anspruch, etwas aus seinem Leben zu machen, oft wie eine schwere Verantwortung auf den Betroffenen: für manche so erdrückend, dass sie am Leben verzweifeln.

Was hilft es da, wenn andere in solchen Problemen die **Dekadenz einer Fun-Gesellschaft** sehen? Wenn ältere Zeitgenossen, die materielle Not oder gar tödliche Bedrohung noch am eigenen Leib erfahren haben, sagen: „Euch geht's zu gut. Ihr kennt doch keine Not." Tatsächlich kennen wir keine äußere Not, dafür die innere umso besser. Ein Viertel bis die Hälfte der Menschen – sagen Psychologen – leiden heute zumindest gelegentlich unter **Depressionen**. In Notzeiten waren solche Gefühle weiten

Kreisen unbekannt. Jede Zeit hat ihre Probleme und kann, wie Erich Fromm sagt, nicht nur genossen, sondern muss auch *durchlitten* werden.

Auch das alte Rezept, das meist in einem Atemzug mit der Kritik empfohlen wird – arbeiten und zufrieden sein – greift nicht mehr. Eines unserer größten Probleme ist eben, dass zu wenig Arbeit da ist, und **dass gerade die bodenverbundenen, einfachen Tätigkeiten in Land- und Forstwirtschaft heute von Maschinen erledigt werden. Früher als notwendig und *sinnvoll* erlebt, werden sie dadurch subjektiv *sinnlos*.** Soll ich mich noch mit Axt und Handsäge in den Wald stellen, wenn der Harvester nebendran 200 mal schneller arbeitet? Es gehört schon viel Aussteigermentalität dazu, solches als sinnvoll anzusehen. Geld lässt sich auf diese Weise jedenfalls nicht verdienen.

Es wirkt fast grotesk, dass wir heute eine Arbeits- und Beschäftigungs*therapie* brauchen, die uns wieder zu erden versucht, unsere Hände, unsere Sinne und damit Sinn spüren lässt. Aber sie ist notwendig und gerade im Wald entwickelt sich beispielsweise mit dem Bergwaldprojekt[26] oder verschiedenen workcamps für Manager eine neue, alternativer Beschäftigungskultur. Nicht nur in Muße, sondern auch **in einfacher Arbeit kann ästhetisches Erleben liegen**, mag man es dort traditionell auch am wenigsten vermuten.

Wie bei der ökologischen Landwirtschaft, die ja wieder verstärkt auf Handarbeit setzt, böte sich hier auch eine Chance für die Forstwirtschaft: **Arbeit als Erlebnis,** als Quelle der Freude gestalten – darin liegen enorme Werte der Zukunft. Vorhandene Ansätze gilt es auszubauen. Hervorragend lässt sich dabei eine Erlebnisqualität integrieren, die uns an unseren Bildschirmarbeitsplätzen total abhanden zu kommen droht: Gemeinschaft. Auf jeden Fall ist **Waldarbeit für die Menschen zu wertvoll, um sie nur Maschinen zu überlassen.**

Wert des Waldes für die Erlebnisgesellschaft

Wenn wir von der therapeutischen Wirkung der (einfachen) Waldarbeit absehen, die ja immer nur eine beschränkte Zielgruppe erreichen wird, dann stellt sich die Frage: **Was bedeutet der Wald für die Erlebnisgesellschaft**? Ist er Freiraum zum Ausüben aller möglichen Sportarten, vom Joggen bis zum Schlittenhunde-Rennen? Ist er willkommene Kulisse für das narzistische Ego? Sollen wir ihn als Fun-Park ausbauen mit verschiedensten Angeboten? Oder ist er Rückzugsraum, um eben von dieser ganzen Menschenwelt Abstand zu gewinnen?

Ein bisschen Fun-Park mag er haben. Wildgehege, Waldwirtschaften, Reitwege, Trimmpfade gehören dazu. Für viele Menschen ist **Geselligkeit** sehr wichtig. Allein, ohne die Nähe anderer haben sie Angst und meiden den Wald lieber ganz. Aber in diesen Dingen liegt nicht die Stärke des Waldes.

Der größte Wert des Waldes für unsere (Erlebnis-) Gesellschaft liegt in seiner Natürlichkeit. Er ist Gegenwelt zur Zivilisation, ermöglicht Ursprüngliches,

Natürliches zu erleben. Erlebnisse werden dort nicht gemacht, nicht von einer mächtigen Freizeitindustrie verkauft, sondern selbst gefunden. Obwohl schon die alten Philosophen wussten, dass wirkliches Erleben nur teilweise durch äußere Umstände zu steuern ist, versucht die Wirtschaft uns immer wieder das Gegenteil zu vermitteln. Sie bietet Eindrücke, Erlebnisse als Ware an, verkauft uns die Berge, das Meer, bisweilen sogar Tradition und Gastfreundschaft der Bevölkerung als Konsumgut wie Bier oder Staubsauger.

Aber **Eindrücke** können uns **Genuss** bereiten, ob aus diesem Genuss innere **Freude** wird, bleibt unsere Sache. Sich Freuen ist kein passives Beeindruckt-Sein, sondern ein höchst aktiver Prozess. Innere Offenheit, Empfänglichkeit und Sensitivität sind Voraussetzungen. Da diese inneren Fähigkeiten in unserer Welt häufig fehlen, spricht Schulze auch von einer „*Krise der Lebensfreude*". Um diese Krise zu meistern, können wir einerseits den Genuss potenzieren – das ist der äußere Weg – oder wir können unsere Erlebnisfähigkeit steigern, das ist der innere Weg.

Wald fördert den inneren Weg, das ist sein weiterer großer Wert für die Erlebnisgesellschaft. Er drängt sich nicht auf, sondern wirft uns auf uns selbst zurück. Wir müssen suchen, um zu finden; still werden, um zu spüren; auch uns selbst. Mögen es bescheidene Erlebnisse sein, und mag es derzeit eine Minderheit sein, die dieses Müssen als Dürfen empfindet. Wer weiß, wie unsere Kinder und Enkel danach streben, wenn sie älter sind? Und werden Opernhäuser, Pinakotheken oder Theater vielleicht für Mehrheiten finanziert oder ist deren Besucherkreis nicht sogar wesentlich geringer als jener der Wälder?

Dass Wald den Weg nach innen fördert, mag er mit Kirchenräumen gemeinsam haben. Doch gibt es im Wald weder Engel noch Säulenheilige, weder Beichtstühle noch Opferstöcke. Für alle, die zu diesen Dingen kein unbefangenes Verhältnis haben, ist er nahezu die einzige Oase, um zu den eigenen Gedanken und Gefühlen zu finden. Frei, ohne Lenkung. Nur das Wasser hat ähnliche Wirkung auf unsere Innenwelt: das Meer, große Flüsse und Seen. Der Kampf um die letzten Reste der frei fließenden Donau nährt sich aus den gleichen Wurzeln wie der Waldschutz.

Habe ich bisher die Erlebnisgesellschaft mehr aus Sicht der Waldbesucher betrachtet, so stellt sich die Lage für **Land- und Forstwirte** anders dar: Nicht wenige sehen sich als Opfer der Entwicklung, fühlen sich bzw. ihre Wälder und Fluren von Scharen erholungs- und erlebnissuchender (Stadt-)Menschen heimgesucht. Dieses Empfinden ist vielerorts begründet und manchmal kann die Grenze der Besitzsstörung erreicht werden. Andererseits nehmen aber auch Land- und Forstwirte die Produkte der Industrie- und Dienstleistungsgesellschaft in Anspruch, vom Auto bis zum Fernsehprogramm. Und diese Dinge können nur aufgrund extremer Arbeitsteilung so billig produziert werden, wie das heute der Fall ist. Die Dinge sind vernetzt, was nicht heißt, dass die Lasten immer gleich verteilt wären. Wo es untragbar wird, muss „**Lastenausgleich**" geschaffen werden.

Derzeit gibt es Stimmen, die angesichts Wirtschaftsflaute und Arbeitslosigkeit die Erlebnisorientierung schwinden, stattdessen wieder eine Rückkehr zu materiellen bzw. Gebrauchswerten sehen. Die Erlebnisgesellschaft, die Schulze vor allem in den achtziger Jahren diagnostiziert hatte, werde verdrängt durch „neue Armut" und veränderte Prioritäten. Dieser Trend trifft insofern zu, als es momentan in der öffentlichen Diskussion – auch im Wald – verstärkt ums **Geld** geht.

Doch Geld mag zwar ein materieller Wert sein, aber es ist kein Gebrauchswert, sondern ein Tauschwert. Fragt man weiter, wozu die Menschen das Geld sparen und letztlich ausgeben, dann kommt man immer wieder auf Erlebniswerte zurück. Reisen, Urlaub, Auto, Unterhaltungselektronik, gut Essen und Trinken stehen nach wie vor hoch in der Gunst.

Zwar ist bei nicht wenigen der Konsum-Etat tatsächlich geschrumpft. An der Wertorientierung selbst ändert dies aber wenig. Die Schwelle zu wirklicher materieller Not, in der die Grundbedürfnisse und Gebrauchswerte wieder Schwergewicht bekämen, ist für die große Mehrheit weit entfernt. Es ist deshalb nicht zu hoch gegriffen, von einem „**ästhetischen Zeitalter**" zu sprechen. Und wenn keine unvorhergesehenen, massiven Veränderungen eintreten, dürfte sich der Trend zum sinnlichen – ästhetischen – Erleben weiter verstärken.

Die faustische Suche nach dem glücklich machenden Augenblick, von dem wir sagen „verweile doch, du bist so schön", dürfte sich für eine breite Bevölkerungsmehrheit fortsetzen und intensivieren. Welche Rolle Wald und Forstwirtschaft dabei spielen, obliegt unserer eigenen Entscheidung.

„Der Wald produziert doch nicht nur Holz, sondern auch Glück", sagte Hubert Weinzierl in einer Radiosendung[27]. Wenn dies auch ziemlich salopp formuliert ist – ein Gefühl kann man eben nicht von außen „produzieren" – so enthält der Satz doch eine gewisse Wahrheit. Wald kann die Voraussetzungen bieten, damit Glück in uns entsteht. Sein Erleben kann glücklich machen: jedermann, auf unspektakuläre, bescheidene Weise und zu einem ausgesprochen niedrigen Preis. Das ist sein Wert für die Erlebnisgesellschaft.

Der Mensch ist nicht zum Genuss, sondern zur Freude geboren.

Paul Claudel

1.5 Der Wald als Psychotop

Wald hat eine wohltuende Wirkung auf die menschliche Seele.

Wie ein Biotop – wörtlich übersetzt – ein Ort des Lebens, ein Lebensraum ist, so ist ein Psychotop ein Ort der Psyche, der menschlichen „Seele", wenn man so will. Der Begriff wird dem österreichischen Architekt und Stadtplaner Richard Josef Neutra (1892 – 1970) zugeschrieben, der 1923 nach Amerika auswanderte und dort besonders die Verbindung von natürlicher und künstlich geschaffener Umwelt suchte.

Wie die ganze Welt im Grunde aus Biotopen besteht – fast überall gibt es Formen von Leben –, kann man analog auch überall Psychotope sehen. Nahezu an jedem Ort können sich ja Menschen aufhalten. Doch hat es sich eingebürgert, als Biotope nur solche Lebensräume zu bezeichnen, die besonders interessant sind. Wenn wir diese Einschränkung für Psychotope übernehmen, dann gehört der Wald ohne Frage dazu: wird er doch von vielen Leuten nicht aus materiellen Beweggründen aufgesucht, sondern nur zum Entspannen, Erleben und Wohlfühlen.

Psyche und Seele

Den Begriff „**Psyche**" möchte ich etwas näher beleuchten, handelt es sich dabei doch philosophisch gesehen um das Zentrum, das Subjekt jeden Erlebens. Das Wort stammt aus dem Griechischen und hat dort ein Reihe von Bedeutungen: Atem – als Lebenskraft, Lebensprinzip, Seele, Herz, Gemüt, ebenso Verstand, Lust und Appetit.

Bleiben wir bei der klassischen Übersetzung „**Seele**", dann fällt es uns heute schwer, unbefangen darüber zur reden. Zu sehr lastet dem Begriff seine religiöse Tradition an, die ihn oft eingeengt, mit menschlichen Wertungen verbunden und für Machtzwecke missbraucht hat. Man sprach und spricht teils heute noch von guten Seelen, schlechten Seelen, armen Seelen, Seelenheil, jüngstem Gericht, Himmel, Hölle, Fegfeuer, Unsterblichkeit und vielerlei mehr. Menschen, welche die Wahrheit zu wissen glaubten, haben die Seele greifbar, handelbar zu machen versucht, um die vorgeblich „Unwissenden" zu führen, zu ängstigen und zu gängeln.

Vor diesem Hintergrund ist verständlich, dass wir heute lieber das Fremdwort „Psyche" benutzen, zumal es – dem Zeitgeist entsprechend – eher wissenschaftlich als gefühlsbetont klingt. Manche verkleinern auch die Seele und reden von „Seelchen", was besondere Erwachsenheit und gefühlsmäßige Abgeklärtheit ausdrücken soll: „ist ja nicht so wichtig". Auf die Frage, was denn größer und wichtiger sei, wissen sie allerdings auch keine Antwort.

Lassen wir all diesen Ballast von Erklärungen und Wertungen beiseite, dann scheint es sich bei der Seele einfach um den tieferen Kern des Menschen zu handeln. C.G. Jung sagt: „***Seele ist das Lebendige im Menschen, das aus sich selbst Lebende und Leben verursachende***". Fassen wir den Begriff so weit, dann muss Seele auch in Tieren und Pflanzen, in allem Lebendigen sein, wenn auch wohl in etwas anderer Ausprägung. Wahrscheinlich hat es etwas mit dem chinesischen „Tao" zu tun, dem Ursprung, oder mit dem „Chi", der Lebenskraft, die uns z.B. in Volkshochschulkursen öfter begegnet.

Der schon erwähnte Naturphilosoph Meyer-Abich denkt in diese Richtung, indem er Seele in unserer ganzen Welt, in Flüssen, Steinen, Bergen und sogar in von Menschen gemachten Gegenständen sieht. Als „**Animismus**" findet sich diese Einstellung rudimentär in weiten Teilen unserer Bevölkerung: A. Braun zitiert Forschungen, wonach gerade im Unterhaltungsmilieu eine ausgeprägte Liebe zu Tieren vorkommt. Nicht nur in Trickfilmen, sondern auch im tatsächlichen Leben werden Tiere in den Bereich der Moral einbezogen. Die Vorstellung einer Gleichberechtigung von Natur, Kreatur und

Mensch nehme mit sinkendem Bildungsniveau zu, heißt es dort.[28] Für mich eine äußerst interessante Beobachtung: scheint unsere meist akademisch gebildete Führungselite doch von solchen Regungen völlig unbeleckt zu sein.

Der Psychotherapeut und Theologe W. Müller stellt in seinem Buch *„Auf der Suche nach der verlorenen Seele*“ fest, dass wir uns in der Neuzeit allmählich von unserem inneren Kern entfremdet haben. Zur Definition von Seele schreibt er:

> *„Die Seele lässt sich genauso wenig wie der Unfassbare, der Unbeschreibbare definieren oder erfassen. Wer glaubt, das zu können übernimmt sich und hat vom Wesentlichen dessen, was Seele und Gott ausmachen, nichts verstanden.“*

Da sie sich aber nicht rational fassen lässt, fällt die eigene Seele sozusagen durch das Raster unserer Wahrnehmung, welches wir schon bei Schulkindern auf dem Verstand zugängliches Wissen einengen. Gefühl ist in der Wissens- und Leistungsgesellschaft nicht gefragt.

Sehr wohl können wir unsere Seele aber spüren: als Sitz tiefer Gefühle, vor allem der Liebe. Sie macht die „**Mitte**“ aus, nach der wir uns sehnen. Müller vergleicht sie auch mit dem „inneren Kind“, das in der modernen Psychologie ja eine große Rolle spielt.

Der amerikanische Psychologe Eric Berne hat uns die Struktur unseres Inneren in den 60er Jahren wieder nahe gebracht, indem er die klassische Dreiteilung Siegmund Freuds, der von „Es, Ich und Über-Ich“ sprach, griffiger und anschaulicher darstellte. Sein Denkansatz, der sich als „Transaktionsanalyse“ verbreitet hat, unterscheidet in der menschlichen Persönlichkeit ein Kind-, ein Erwachsenen- und ein Eltern-Ich.

Das ***Kind-Ich*** ist Sitz der positiven und negativen Gefühle – Liebe, Lust, Leidenschaft, Angst, Zorn, Wut, Hass, Eifersucht, Trotz usw. ...

Das ***Erwachsenen-Ich*** ist Sitz des Verstandes, des rationalen Analysierens und Abwägens.

Das ***Eltern-Ich*** dient einerseits fürsorglich dem Menschen, andererseits begleitet es kritisch sein Denken und Handeln.

Alle diese „Ichs“ sind Teile unserer Persönlichkeit und alle melden sich zu gegebener Zeit in uns zu Wort. Das **Kind-Ich** – wenn es frei ist – möchte träumen, spielen, lieben und Freude haben; es ist neugierig und offen, empfindet Trauer und Mitleid, wenn andere Kreaturen leiden. Als angepasstes Kind hat es Angst, Wut, Aggression. Das **Eltern-Ich** sorgt, führt, schafft Geborgenheit und schaut darauf, dass das Kind nicht zuviel Unsinn macht, dass es sich vor allem auch in die soziale Gemeinschaft einfügt. Seine inneren Botschaften beginnen oft mit: du sollst, sollst nicht, darfst nicht usw. ... Das **Erwachsenen-Ich** schließlich ist – in der reifen Persönlichkeit – die Instanz welche klar rational denkt, die widerstreitenden Interessen abwägt und mal der einen, mal der anderen Seite Raum gibt.

Wenn auch das Kind-Ich nicht identisch ist mit der Seele, so scheint ihr dieser Ich-Zustand doch irgendwie am nächsten zu liegen. Dies deckt sich unter anderem mit dem bekannten Jesus-Wort: *Wer nicht das Reich Gottes annimmt wie ein Kind, der wird nicht hineinkommen.*[29]

Für das Thema dieses Buches ist bedeutsam, **dass die sensitive Wahrnehmung, das Spüren – unter anderem eben das ästhetische Empfinden – hauptsächlich in diesem „inneren Kind" angesiedelt wird**. Dort ist vor allem die Freude beheimatet, die beim Wahrnehmen des Schönen in uns entsteht. Auch der Wunsch, etwas immer weiter zu erleben und die Traurigkeit, wenn es „kaputt gemacht wird". Ein schönes Objekt, z.B. eine Blume, korrespondiert – wenn ich sie ästhetisch wahrnehme – mit meinem inneren Kind. Deshalb werden wir im Anblick des Schönen auch innerlich weicher, hie und da kommen uns sogar **Tränen**, die unser inneres Berührtsein buchstäblich *klar ausdrücken*.

Weiter ist im Bezug auf die Seele wichtig, dass sie an verschiedenen Orten mit unterschiedlicher Kraft angesprochen ist. Viele Menschen spüren sie im Wald mehr als z.B. auf der Autobahn. Andere spüren sie auch in einer Kirche, in einer Kunstausstellung oder in einem Wirtshaus.

Im Nationalpark Bayerischer Wald hat man durch einen wild anmutenden, alten Bergwald, wo sich abgestorbene Bäume und junger Nachwuchs auf engstem Raum zusammenfinden, einen Steig gebaut und diesen „***Seelensteig***" genannt. „*Mögen alle, die ihn gehen, sich angerührt fühlen von den Bildern des Lebens und des Sterbens, die er ihnen erschließt*", heißt es auf einer Tafel am Aufgang.

Was macht den Wald zum Psychotop?

Wie wirkt der Wald auf unsere Psyche, was ist das Besondere dort, was unterscheidet ihn von anderen Orten unserer Lebenswelt?

Vergleicht man Wald mit anderen Freizeiträumen, dann ist die **„Erlebnisdichte"** dort geringer als bei den meisten Konkurrenzangeboten. Die Reize strömen nicht in solcher Fülle und Intensität auf uns ein. Man begegnet wesentlich weniger Menschen als beispielsweise in der Stadt, im Schwimmbad oder im Sport-Zentrum. Je weiter wir uns vom nächsten Parkplatz wegbewegen, desto mehr umgibt uns „**Waldeinsamkeit**". Und nach dieser sehnen wir uns bisweilen, vor allem, wenn wir viel unter Unseresgleichen sind. Jeder Mensch, dem wir begegnen, weckt ja Gefühle, bildet eine Herausforderung; meist unbewusst schätzen wir ihn ab: sympathisch – unsympathisch, ähnlich – unähnlich, freundlich – gefährlich usw. Das ist unsere Hauptbeschäftigung dort, wo viele Menschen zusammen sind, auf jeden Fall also in der Stadt. Mögen wir uns in der U-Bahn auch hinter einer Zeitung verschanzen, immer haben wir ein Ohr und ein Auge für die Umgebung. Als soziale Wesen können wir niemandem völlig uninteressiert begegnen. Das erfordert ständige Wachheit, **Außenorientierung**, Selektion der empfangenen Botschaften und damit Energie.

Im Wald bekommt Begegnung eine andere Qualität: Der einzelne Mensch wird ungleich wichtiger als in der Stadt. Meist **grüßen** wir einander, vor allem wenn wir längere Zeit niemanden gesehen haben. Wo uns Tausende über den Weg laufen, wäre das völlig unmöglich. Eigentlich wünschen wir uns nichts mehr als Harmonie, Nähe, Sinnlichkeit. Was wir dagegen nach außen zeigen (müssen), ist Distanz, Rationalität, Abschottung.

Da uns in der Stadt nicht nur ständig Leute über den Weg laufen, sondern auch eine Unzahl von Bildern, Schriften, Geräuschen und Gerüchen auf uns einströmt, stehen wir dort immer ein wenig „unter Strom". Das mag zeitweise schön und anregend sein, auf die Dauer strengt es an. Stresshormone wie Cortisol und Adrenalin werden frei. Sie sind unsere stetigen Begleiter geworden, auch an den hochtechnisierten Arbeitsplätzen. In der vergleichsweise kurzen Zeit, seit es urbane Lebensformen gibt, konnte sich unsere innere Natur auf diese nicht einstellen. Innerlich sind wir noch auf ruhigere – natürlichere – Psychotope programmiert.

In der Natur – so haben Stressforscher herausgefunden – sinken die besagten Hormonwerte, während die sogenannten Stimmungshormone zunehmen. Dort lösen sich Verspannungen, Depressionen und Aggressionen. Wir fühlen uns entlastet, ruhiger, frischer. Das Eintauchen in den großflächig anderen Lebensraum, der ursprünglich unsere Heimat war, bedeutet **Erholung**. In der Landschaftspflege spricht man auch von **„ästhetischer Kompensation"**.

Indem uns der Wald nicht fordert, indem er uns so sein lässt, wie wir sind mit all unseren Stimmungen, Gefühlen und Gedanken, hat er eine heilsame Wirkung auf unsere Seele:

> *„Wenn deine Seele krank ist, dann verbirg dich wie ein verwundetes Tier in den Wäldern: sie werden dich heilen",* sagt Siegfried von Vegesack.

Doch wäre es zu wenig, den ästhetischen Wert des Waldes *nur* darin zu sehen, dass er unsere Zivilisationsprobleme ausgleicht. Wald ist mehr als ein riesengroßes Reha-Zentrum für gestresste Stadtmenschen. Er kann auch **Ziel und Zweck unseres Erlebens** sein, wobei man einräumen muss, dass dies eine relativ junge Form menschlichen Empfindens ist. Solange es bei uns sehr viel Wald gab und seine „Gegenwelten", die Agrar- und Stadtlandschaft noch nicht ihre heutige Dominanz entwickelt hatten, waren die Menschen dem Wald weniger gut gesonnen. Allenfalls ein paar Einsiedler mochten ihn schön finden, die große Masse sah darin etwas Gefährliches, Lebensfeindliches, was angesichts der damals beschränkten Möglichkeiten durchaus verständlich ist. Schließlich gab es weder Forststraßen noch Landkarten; stattdessen Wölfe und Bären. Verirren und Gefressenwerden waren ganz reale Risiken.

Im Mittelalter wurde für Wald oft das Wort **„Wüstung"** benutzt, vor allem, wenn er ehemals kultiviertes Land wieder heimsuchte. Den Wald zu lieben, begannen unsere Vorfahren erst, als er in die schwächere Position geriet, etwa seit der Romantik. Sehnsucht nach Verlorenem findet darin ihren Ausdruck. Insofern können wir unser heutiges Waldempfinden nicht ohne seine Gegenwelt sehen, ohne die Zivilisation. **Waldschönheit lebt von Stadt und Flur**. Würden diese plötzlich durch irgendwelche Katastrophen vernichtet, begänne wieder ein Kampf gegen den Wald – wahrscheinlich genauso hart, wie er derzeit in den Tropen stattfindet.

So paradox das klingen mag: Die viel gelobte deutsche Waldgesinnung basiert auf einer ziemlich weitgehenden **Waldvernichtung**. Immerhin fiel *uns* dieser Verlust irgendwann schmerzlich auf, was bei den mediterranen Nachbarvölkern weniger der Fall zu sein scheint. Auch sie verfügten ja über ausgedehnte Wälder. Man hat fast alles gerodet, für Schiffsbau verwendet, in Weideland umgewandelt, das dann vielerorts zur Macchia wurde. Nur wenige scheinen dort an jenem Verlustschmerz zu leiden, der in unserem Kulturkreis umso deutlicher wird, je urbaner er sich entwickelt.

„Germanische Waldfreiheit"?

Dass es kaum Reize gibt, die *zwingend* unsere Reaktion erfordern, bringt ein Gefühl von **Freiheit**: Wir können gehen, stehen bleiben, schauen, horchen, so wie wir wollen – in der Stadt wären diese einfachen Verhaltensweisen unter Umständen lebensgefährlich. Abgesehen davon, dass wir dort ständiger Beobachtung ausgesetzt sind: wer einfach stehen bleibt und schaut, zieht Blicke auf sich, interessierte, kontrollierende oder auch spöttische.

Die Verbindung von Wald und persönlicher Freiheit ist ziemlich alt und wurde schon 1857 von Wilhelm Heinrich Riehl so formuliert[30]:

> *„Der Wald allein lässt uns Kulturmenschen noch den Traum einer von Polizeiaufsicht unberührten persönlichen Freiheit genießen. Man kann da doch wenigstens noch in die Kreuze und Quere gehen, nach eigenen Gelüsten, ohne an die patentierte allgemeine Heerstraße gebunden zu sein. Ein gesetzter Mann kann da noch laufen, springen, klettern nach Herzenslust. Diese Trümmer* ***germanischer Waldfreiheit*** *sind in Deutschland fast überall glücklich gerettet worden."*

So ganz ruhigen Gewissens gehen heute allerdings die wenigsten „in die Kreuze und Quere". Polizeiaufsicht ist nicht das Problem, jedoch haben Forstpartie, Jägerschaft und in neuerer Zeit auch Naturschützer intensive „Aufklärungsarbeit" dahingehend betrieben, dass die Natur – insbesondere Wildtiere – überaus empfindlich und verletzlich seien. Der Mensch – so die Botschaft – ist dort ein übler Störenfried. Dieses Bewusstsein hat sich, Umfragen zufolge, auch und gerade in der jüngeren Generation ziemlich festgesetzt.

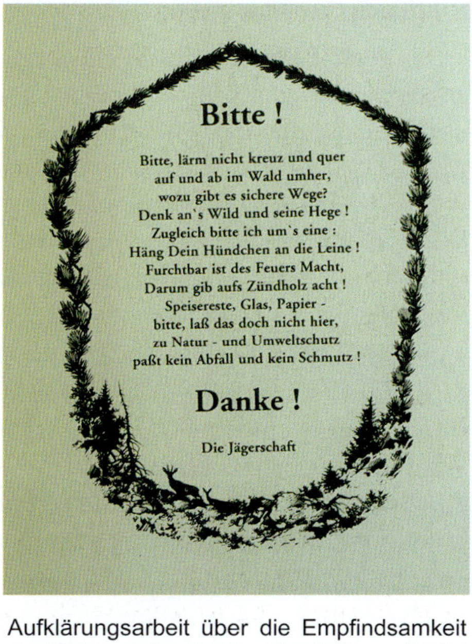

Aufklärungsarbeit über die Empfindsamkeit der Natur – oder die der Jäger? Immerhin ist die hier dargestellte Art ein wenig humorvoll.

Die allermeisten Wald-Spaziergänger bleiben von sich aus „brav“ auf den Wegen.

Der Marburger Natur-Soziologe Rainer Brämer spricht deshalb von ***„einer Art moralischer Selbstaussperrung“***[31]. Wenn sich Forstleute heute darüber beklagen, dass der Wald – oft meinen sie damit eher sich selbst – keine Lobby habe, dann dürfte das mit dieser anerzogenen Distanz zusammenhängen. Viele Menschen empfinden den Wald eben nicht als *ihren* Wald. In den siebziger Jahren gab es den Slogan: ***„Staatswald ist Dein Wald, halte ihn sauber und schütze ihn.“*** Er passte in die forstpolitische Aufbruchstimmung dieser Zeit. Leider ist er mitsamt dieser Stimmung von der Bildfläche verschwunden.

Das **freie Betreten des Waldes** ist ja historisch keineswegs selbstverständlich. Ich erinnere mich gut, dass in meiner Kindheit, die ich in der Nähe der nordrhein-westfälischen Landeshauptstadt verbrachte, der nächstgelegene Wald mit Schildern versperrt war: *„Privatbesitz – Betreten verboten“*. Erst das Landesforstgesetz vom 29.07.1969 schaffte Abhilfe. Während in den südlichen Bundesländern Bayern und Baden-Württemberg immer schon ein Gewohnheitsrecht zum freien Betreten bestand, ist dieses Recht in Schleswig-Holstein bis heute auf die Wege beschränkt.

Nur Österreich hat eine ähnlich freizügige Regelung wie Deutschland: Zumindest zu Fuß darf jeder gehen, wohin er will, vorausgesetzt es ist kein **Wildschutzgebiet** oder sonstiges Reservat ausgewiesen. Mit dem Radfahren ist es dort schon wesentlich kritischer. Radler dürfen nur eigens freigegebene Forststraßen benutzen und die Waldbesitzer, vor allem auch die Österreichischen Bundesforste, eine Aktiengesellschaft, lassen sich die Ausweisung solcher Routen teuer bezahlen. Meist sind die Fremdenverkehrsgemeinden daran interessiert und übernehmen den fälligen Obulus.

In den sonst so freizügigen Niederlanden kann ein Privatwaldbesitzer nach wie vor die Öffentlichkeit ausschließen; der Staat zahlt eine Flächenprämie, wenn ein Besitzer seinen Wald für jedermann öffnet. Frankreich und Italien haben je nach Landstrich verschiedene Vorschriften, aber auch kein allgemein freies Betretungsrecht.

Aus praktischer Anschauung weiß ich, wie Erholungssuchende, sofern sie in großer Zahl auftreten, einen Wald verändern oder gar belasten können. Dennoch halte ich die deutsche, speziell die süddeutsche Freizügigkeit für unabdingbar. Sie ist Voraussetzung für intensives Walderleben. Wenngleich dadurch manchmal Wildtiere beunruhigt und die Jagdausübung gestört wird, wiegen diese Nachteile gering im Vergleich zu dem Verlust an Identifikation in der Bevölkerung, den Betretungsverbote bewirken.

Das Schicksal des Waldes entscheidet sich kaum im Wald selbst. Die wichtigen forstpolitischen Weichen werden in der Gesellschaft gestellt und hier braucht der Wald – wie schon von Salisch erkannte – liebevolle Zuneigung.

Auch in Schutzgebieten sollte man deshalb über den **Sinn von Betretungsbeschränkungen** nachdenken (s. auch Kap. 2.7). Die Verbote im Nationalpark Bayerischer Wald beispielsweise haben bei der örtlichen Bevölkerung viel Sympathie gekostet. Diese wäre aber ausgesprochen wichtig, um andere, elementarere Schutzziele durchzusetzen. Nur wenn die Menschen den Wald – wie es schon Riehl beschrieben hat – als Freiraum ansehen, nur wenn sie darin tatsächlich eine freiere Gegenwelt zur Enge ihres Alltags finden, werden sie ihn als wirklichen Wert schätzen und im Zweifelsfall schützen (s. Kap. 2.1 Wald-Freiheit).

Während zumindest unsere *Gesetze* also weitgehende Freiheit für Waldbesucher garantieren, scheinen die Uhren draußen noch vielerorts anders zu gehen. Brämer, der sich insbesondere mit der wieder zunehmenden Wanderlust der Deutschen beschäftigt, schreibt[32]:

> „*Wanderer und Förster stehen immer noch in einem handfesten* ***Interessenkonflikt****, und in den vergangenen Jahrzehnten haben die Wanderer dabei eigentlich immer den kürzeren gezogen. Stück für Stück wurden ihre geliebten Pfade auf breite Wege verlegt, besonders schöne, wilde oder sonst wie interessante Gebiete mit Hinweis auf den Naturschutz ausgeklammert, Hindernisse in den Weg gelegt und Wildruhezonen erfunden, deren Beschilderungen oft genug den Eindruck erwecken, als seien moderne Wildtiere mehr noch als moderne Menschen reine Nervenbündel. Dabei hat man häufig genug das dumme Gefühl, als wären für diese restriktive Behandlung gar nicht so sehr forstliche oder naturschützerische, sondern vorrangig jagdliche Gründe maßgebend, so dass sich am Ende die Wanderbewegung gleich mehreren Antipoden gegenüber sieht.*
>
> *In der Tat erweist sich die* ***Verschwägerung von Forst und Jagd*** *als ein mächtiger Hemmschuh, um die neuen Chancen zu erkennen. Wo ein herzliches Willkommen für den potenziellen neuen Forstkunden geboten wäre, ist man von oberflächlichen Gesten abgesehen in Abwehrstellung gegangen. Das Zweckbündnis mit dem Naturschutz bietet hierzu hinreichende Vorwände. Die Tierwelt darf nicht beunruhigt, die Pflanzenwelt nicht von den anhand überholter Klischees heraufbeschworenen Wanderhorden zertrampelt werden. Tatsächlich aber, und das kann auch der naivste Waldgast nicht übersehen, geht*

es den Herren des Forstes weniger um ein der Natur suggestiv angedichtetes Ruhebedürfnis als vielmehr um eine ungestörte Jagdausübung."

Sicherlich trifft Brämers Diagnose nicht überall zu. Für viele Forstleute ist die Jagd weniger Vergnügen als anstrengende Aufgabe. Der Wintertourismus kann in schneereichen Lagen tatsächlich lebensbedrohend für Wildtiere sein. Und schließlich muss die Bündnispolitik des Naturschutzes näher diskutiert werden. Dennoch wirft Brämers Beobachtung ein interessantes Licht auf die Beziehung.

Mehr als ein schönes Waldbild!

Mag ein Wald optisch noch so schön sein, mag er auch noch so herrliche „*Waldbilder*" bieten, wie man unter Forstleuten zu sagen pflegt: Wir können sie nur sehr bedingt genießen, wenn wir das Gefühl haben, unwillkommen zu sein.

Sobald wir Wald als Psychotop sehen, müssen wir ihn auch als **„Soziotop"** sehen. Niemals sind wir dort mit unseren (ästhetischen) Interessen allein. Immer teilen wir den Wald irgendwie mit anderen, seien es nun Radfahrer, Reiter, Pilzsucher oder seien es Förster, Jäger, Holzhändler. Wenn wir Letzteren auch selten persönlich begegnen, so

Nicht allein das Waldbild sondern viele andere Dinge wirken auf unser Walderleben. Waldästhetik muss deshalb ganzheitlich ansetzen.

wirken doch ihre Interessen, die sich an verschiedensten Erscheinungen festmachen: Seien es Holzpolter, Maschinenspuren, Rückegassen, Sperrschilder, Hochsitze oder die neuerdings so beliebten roten Hinweistafeln: „*Achtung, Gefahr durch Fuchsbandwurm! – Besonders gefährdet sind freilaufende Hunde und Katzen sowie ihre Besitzer.*“

Eine moderne Waldästhetik muss deshalb immer ganzheitlich ansetzen. Es geht nicht nur ums Betrachten und nie um reine Waldbilder. Es geht um die umfassende sensitive Wahrnehmung, und die wird auch von Personen, Objekten und Hintergründen beeinflusst, welche vordergründig nichts mit dem Erscheinungsbild des Waldes zu tun haben.

Alles gehört zusammen, alles wirkt auf unser Gefühl und Befinden und ist deshalb bei der Waldbehandlung zu beachten.

Zwei Motivationen zum Waldbesuch

Ganz grob kann man **zwei Gruppen von Waldbesuchern** unterscheiden: Die einen suchen den Wald auf, um darin – meist sportlichen – Tätigkeiten nachzugehen. Die anderen gehen in den Wald, um diesen selbst zu erleben. Im ersten Fall wirkt der Wald mehr als **Kulisse**, etwa wie Radiomusik, die in vielen Wohnungen, Geschäften, Büros als Hintergrund erklingt. Im zweiten Fall ist der Wald selbst **Zweck und Ziel des Erlebens**, vergleichbar mit dem Besuch eines Sinfoniekonzerts. Beide Gruppen bzw. beide Erlebnisweisen lassen sich nicht scharf trennen: Auch der flotte Radfahrer, der sich mehr auf den Weg und sein Fahrzeug konzentriert, kann stehen bleiben, um den Wald selbst zu genießen und umgekehrt kann der waldbewusste Spaziergänger so in Gedanken versinken, dass er eigentlich gar nicht mehr im Wald ist.

Insgesamt überwiegt beim Wald, wie bei der Musik, klar die **extensive Erlebnisweise**. Gesprächsfetzen, die ich von begegnenden Spaziergängern mitbekomme, drehen sich meist um ganz andere Themen als den Wald. Arbeit, Urlaub, Krankheit, Schule, Verwandtschaft und viele und vieles mehr werden dort verhandelt.

Doch auch wenn der Wald nur als **angenehme Umgebung** wahrgenommen wird, hat er auf die Menschen, die sich darin bewegen, eine positive Wirkung. So berichtet Rainer Brämer[33] von Vergleichstests an Joggern in den USA, wobei jeweils eine Gruppe im Wald und eine auf Laufbändern in der Halle lief.

> *„Während die outdoor-Läufer subjektiv erfrischt und objektiv mit weniger Stress- und mehr Aufhellungshormonen zurückkamen, war die Stimmung der puren Bandläufer (auch nach Ausweis der entsprechenden Hormonspiegel) gesunken. ... Offenbar zeitigt also allein schon die pure Naturkulisse tiefgehende psychische Wirkungen im Menschen ...“*

Hüten sollte man sich jedenfalls davor, das unbewusste Nebenbei-Walderleben gering zu schätzen. Viele Gedanken, die in diesem Buch stehen, kamen mir beim Waldlauf. Und manche Zusammenhänge, über die ich am Schreibtisch lange gebrütet hatte, wurden mir draußen plötzlich klar.

Am intensivsten erlebt man die Natur als Wanderer.

Nach Brämers Forschungsergebnissen hat sich die **Nachfrage nach „Natur"** in Deutschland seit den achtziger Jahren erheblich verstärkt. Während 1982 noch knapp 40% der Befragten „Natur erleben" als Motiv für Urlaubsreisen angaben, waren es im Jahr 2002 über 80%. Natur ist dabei für viele nahezu gleichbedeutend mit Wald – bevorzugt jedoch im Wechsel mit Wiesen und Wasser.

In den neunziger Jahren boomte das Fahrrad als Natur-Sport-Gerät, neuerdings geht man wieder gerne zu Fuß. Je naturferner, technisierter unsere Alltags- und Arbeitswelt wird, desto dringender wird offenbar der Wunsch nach Ursprünglichem, Einfachem, Natürlichem. Wer fast nur noch mit dem Kopf arbeitet, braucht gerade seinen Fuß, braucht das Bewusstsein, **Boden unter den Füßen** zu haben. Wir suchen draußen ästhetische Kompensation, und zwar nicht nur außen, in der Umgebung, sondern auch innen, in uns selbst. Auch in unserem Körper müssen wir bisweilen das Bewusstsein verlagern, um uns wohl zu fühlen.

Natur rangiert – laut Brämer – unter den höchsten Werten vor Wohlstand, Arbeit, Glaube; sie rangiert bei den Leseinteressen vor Politik und Sport; und sie umrahmt eine Vielzahl – laut Brämer rund die Hälfte – aller Werbeclips. Letzteres mag zwar gemischte Gefühle auslösen – Natur wird hier ebenso wie schöne Frauen kommerzialisiert – jedoch ist das ein sicheres Zeichen für ihre Beliebtheit. Werbefachleute wissen genau, an welche tief sitzenden Empfindungen sie anknüpfen können, um möglichst viele Menschen zu erreichen. Selbst Jugendliche, schreibt Brämer, *„erwärmen sich mittlerweile zu 90% für die Schönheit und Stille der Natur.*" Wie tief solche Bekenntnisse wirklich gehen, lässt sich allerdings schwer sagen.

Nachdem auch Krankenhaus-Patienten, die aus ihrem Zimmer „ins Grüne" blicken statistisch weniger Medikamente brauchen und schneller gesund werden, konstatiert der Soziologe:

> *„Wir sind als animalische Gattung in der Auseinandersetzung mit unserer natürlichen Umwelt groß geworden, alle unsere Sinne und Fähigkeiten bis in unsere*

innersten Gefühle und Reaktionsmuster hinein sind darauf abgestimmt. ... ***Das Naturwesen Mensch braucht zu seiner Entwicklung unabdingbar eine natürliche Umwelt****, es hat einen ganz elementaren Bedarf an Umgang mit der Natur und insofern auch ein grundlegendes Recht auf Natur.“*

Zur Frage, wie die Natur am intensivsten erlebt werde, meint er:

„Am hautnahsten erlebt man die Natur beim ***Gehen****. ... Es ist also weniger die Betrachtung der Natur als ihre Begehung, die bei uns die stärksten Eindrücke hinterlässt. Das mag damit zusammenhängen, dass durch die Bewegung unser Körper und damit unsere eigene Natur in das Erlebnisgeschehen mit einbezogen ist.“*

Diese Feststellung verweist wieder auf den ganzheitlichen Aspekt jeder Waldästhetik. **Das Spüren des eigenen Körpers, sowie der eigenen „Seele“, ist Bestandteil allen ästhetischen Erlebens.**

Wald als Psychotop, als Ort, wo wir – potentiell – unsere Seele spüren, wo wir mit unserem Gefühl, dem inneren Kind wieder in Kontakt kommen, uns selbst finden können: darin liegt ein großer Wert des Waldes, für viele sein größter. Doch in welcher Bilanz erscheint er? Wer spricht darüber? Den ökonomischen Wert kennen wir: er lässt sich – zumindest theoretisch – ausrechnen. Der ökologische wird uns auch mehr und mehr zahlenmäßig präsentiert. Aber der ästhetische Wert, der Erlebniswert? Er ist nicht zu berechnen – nur zu spüren.

Seelenschutzgebiet

Die Welt, bedacht auf platten Nutzen,
sucht auch die Seelen auszuputzen,
das Sumpfentwässern, Wälderroden
schafft einwandfreien Ackerboden,
und schon kann die Statistik prahlen
mit beispiellosen Fortschrittszahlen.
Doch langsam merken's auch die Deppen:
Die Seelen schwinden und versteppen!
Denn nirgends mehr, soweit man sieht,
gibt es ein Seelenschutzgebiet;
kein Wald, drin Traumesvöglein sitzen,
kein Bach, drin Frohsinns Fischlein blitzen,
kein Busch, im Schmerz sich zu verkriechen,
kein Blümlein, Andacht draus zu riechen,
nichts als ein ödes Feld – mit Leuten
bestellt, es restlos auszubeuten.
Drum, wollt ihr nicht zugrunde gehen,
lasst noch ein bisschen Wildnis stehen!

Eugen Roth

1.6 Schon wieder Mensch im Mittelpunkt?

Nun sind wir doch heilfroh, werden manche Natur- und Umweltschützer sagen, dass sich moderne Naturphilosophie allmählich vom **anthropozentrischen Weltbild**[34] verabschiedet und zu einem „biozentrischen"[35] oder auch „physiozentrischen"[36] findet. Der Mensch als Mittelpunkt, als Maß aller Dinge habe ausgedient; die *Natur* bilde den großen Zusammenhang, in den sich der Mensch als eine Art unter vielen einzuordnen habe. Er müsse seinen Dominanzanspruch aufgeben, weil dieser langfristig zur ökologischen Katastrophe führe.

Zusammen mit einer Ethik der **Verantwortung**, die beispielsweise Hans Jonas in seinem 1979 erschienenen Buch „*Das Prinzip Verantwortung*" aufbrachte, hat diese Denkweise Eingang in die Wertediskussion gefunden: Tieren, Pflanzen und anderen Naturerscheinungen wird danach ein „**Eigenwert**" zugesprochen, den sie unabhängig vom Menschen besitzen. Die Mitgeschöpfe sind – wie der Mensch selbst – wertvoll an sich. Der Mensch ist moralisch verpflichtet, ihren Wert zu respektieren und zu erhalten.

Sowohl das Prinzip Verantwortung als auch der Eigenwert wurden bereits in modernen Gesetzen festgeschrieben. Im Bundesnaturschutzgesetz von 2002 heißt es:

> *"Natur und Landschaft sind auf Grund ihres eigenen Wertes und als Lebensgrundlagen des Menschen auch in Verantwortung für die künftigen Generationen im besiedelten und unbesiedelten Bereich so zu schützen, zu pflegen, zu entwickeln und, soweit erforderlich, wiederherzustellen, dass ..."*

Artikel 1 des bayerischen Naturschutzgesetzes von 1998 stellt die Verantwortung an erste Stelle und löst sie sogar aus dem Kontext menschlicher Generationen:

> *„Aus der Verantwortung des Menschen für die natürlichen Lebensgrundlagen sind Natur und Landschaft auf Grund ihres eigenen Wertes und als Lebensgrundlage des Menschen im besiedelten und unbesiedelten Bereich zu schützen ..."*

Angesichts solch hoher Grundsätze wird mancher kritisch fragen, ob es kein Rückschritt sei, wenn jetzt die Ästhetik und mit ihr ein ungewisses menschliches Schönheitsempfinden wieder zum Maßstab dafür werden sollen, wie wir unsere Landschaft bzw. unseren Wald gestalten. In der Ästhetik gehe es letztlich doch wieder um **Eigennutz** des Menschen; diesmal zwar nicht um die Befriedigung materieller Ansprüche, aber immerhin um immaterielle Bedürfnisse, nämlich ästhetischen Genuss.

Diese – durchaus verständliche – Skepsis gegenüber einer Natur-Ästhetik geht sehr tief. Sie berührt das innerste Selbstverständnis des Menschen und die Frage nach seiner Rolle in der irdischen Lebensgemeinschaft. Ästhetik ist – soweit wir das wissen – ein rein menschliches Phänomen: Kein Tier empfindet etwas unabhängig von seinen vitalen Lebensinteressen als „schön". Wenn ich ästhetischen Belangen in der Natur mehr Geltung verschaffen will, bewege ich mich also zwangsläufig in einer **anthropozentrischen Denkweise.**

Nun bekenne ich offen, dass ich anthropozentrisches Denken nicht für unmoralisch halte: Es kommt darauf an, *welcher* Mensch bzw. *welche Seite* des Menschen dabei gemeint ist. Mir drängt sich der Verdacht auf, dass die Kritiker der Anthropozentrik unbewusst und ungewollt das Weltbild ihrer politischen Gegner übernehmen, indem sie den Menschen hauptsächlich als „**homo oeconomicus**", als wirtschaftenden Menschen verstehen. Daneben vielleicht noch als „**homo ludens**", den spielenden Menschen. Wenn wir diese beiden in den Mittelpunkt stellen, dann schaut es freilich schlecht aus für die natürliche Umwelt. Dann werden erstens alle Dinge an wirtschaftlichen Maßstäben gemessen und entsprechenden Interessen untergeordnet; zweitens wird der Rest, inklusive Wald, zu einem großen Fun-Park umgestaltet.

Es gibt aber noch andere Fähigkeiten, andere Grundorientierungen, die wir in uns tragen: den sozialen Menschen, den ästhetischen, beschaulichen, oder auch kontemplativen. Und hinter diesen versteckt sich ein ganz wichtiger, der „**homo amans**" der liebende Mensch. Was ist, wenn wir diesen in den Mittelpunkt stellen?

Alles Theorie? Oder gar Utopie? Der Mensch ist von Grund auf schlecht? Neigt zu Konsumismus, Machtgier und Vergnügungssucht? Sicher ist das ein Teil des Menschen, aber er hat eben noch andere. Leider stoße ich gerade in den Äußerungen der Umweltbewegung immer wieder auf ein ziemlich negatives Menschenbild. Dies ist, meine ich, mit verantwortlich dafür, dass sie in der Gesellschaft nicht jene große Zugkraft hat, die sie für die Gestaltung einer lebenswerten Zukunft so dringend bräuchte.

Nach außen entsteht allzu oft der Eindruck, es gehe im Natur- und Umweltschutz viel mehr um das Wohl einiger Frösche und Kröten als um die Menschen. Statt klar zu machen, was Frösche und Kröten und deren Lebensräume *für den – liebenden – Menschen* bedeuten können, ergeht man sich in theoretischen Diskussionen über deren Eigenwert. Und weil man so auf das Bild des „**homo disturbans**", des störenden oder gar zerstörenden Menschen fixiert ist, will man ihn am liebsten ganz aus dem Zentrum drängen.

Solche Selbstverachtung ist jedoch nicht einmal in Deutschland mehrheitsfähig, in anderen Ländern kann man darüber ohnehin nur lächeln – oder spotten.

Bei aller Sympathie für Frösche und Kröten: Natur und Umweltschutz kann auf Dauer nur Boden gewinnen, wenn er die Menschen annimmt, so wie sie sind; wenn er ihre tiefen Bedürfnisse – eben auch nach Naturschönheit – erkennt, und wo sie verborgen sind, zur Sprache bringt. Ansätze dazu gibt es. Der Schlüssel liegt im sinnlichen Erleben: Werte, die gespürt, empfunden, erlebt werden, sind tief verankert, gegen Anfeindungen von außen resistent.

Im Folgenden möchte ich einige grundsätzliche Gedanken zum Verhältnis des Menschen zur Natur aufzeigen: ein Verhältnis, das heute von **Entfremdung** geprägt ist und deshalb gern als Zweierbeziehung dargestellt wird. Erst durch das auf Descartes zurückgehende „Auseinanderdenken" von Mensch und Natur konnte eine Diskussion über Anthropozentrik und Physio- oder Biozentrik aufkommen. Nach meinem

Empfinden sind die Gegensätze zwischen den Denkrichtungen in der Praxis aber gar nicht so tief, wie es in dem – oft akademisch geführten – Grundsatzstreit hingestellt wird.

1.6.1 Das Besondere am Menschen

Die Existenz des Menschen lässt sich von zwei verschiedenen Blickwinkeln aus sehen: Einerseits ist er Teil der Natur, **„Kind der Evolution"**, wie alle anderen Lebewesen auch. Andererseits steht er der Natur gewissermaßen gegenüber, indem er sie wahrnimmt, für seine Lebensbedürfnisse nutzt und gestaltet. Letzteres ist auch im Tierreich nicht ungewöhnlich. Wahrnehmen und nutzen tun alle ihre Umwelt, aktives Gestalten findet man beispielsweise beim Eichelhäher, der Eichen sät, beim Biber, der Flussläufe aufstaut, bei Korallen, die Riffe bauen oder bei Elefanten, welche ihre Steppen zumindest zeitweise von Akazien freimachen.

Außergewöhnlich ist am Menschen nur das Maß, in dem er seine Umwelt verändert, nicht das Verhalten an sich. Dieses Maß, das viele Zeitgenossen heute als Übermaß empfinden, hänge – so meinen manche – unter anderem mit dem biblischen Auftrag zusammen, der Mensch solle sich die Erde „untertan machen". Abgesehen davon, dass man diese Passage des Urtextes auch anders übersetzen kann, meine ich, sollte man so etwas nicht überbewerten. Verfahren vielleicht Japaner oder Chinesen, die keine Bibel kennen, sanfter mit ihrer Umwelt? Meines Wissens nicht.

Was mit den Worten festgeschrieben ist: „seid fruchtbar und mehret euch ..." ist nichts anderes als das **Prinzip der Evolution**, das alle Lebewesen einprogrammiert haben. Jede Art, ob Pflanze oder Tier, versucht sich auszubreiten und nimmt keine Rücksicht darauf, wie es anderen geht. Es sei denn die anderen werden als Nahrung gebraucht oder bieten andere Vorteile, z.B. in der Symbiose. Für solche Fälle gibt es komplizierte ökologische Regelmechanismen. Ansonsten setzt sich die stärkere Art durch, schwächere sterben aus. Was den Menschen betrifft, war er in diesem Wettbewerb der Evolution – in den letzten Jahrtausenden – wohl unbestritten die erfolgreichste Art.

Soviel zur biologischen Komponente des Menschen. Daneben gibt es aber etwas im Menschen, das ihn von den Tieren – immer mit der Einschränkung unseres Wissensstandes – unterscheidet. Dieses Besondere ist einerseits sein **Denkvermögen**, das ihm enorme technische Möglichkeiten und damit gewaltige Macht über die Mitwelt verschafft, andererseits seine seltsame **Gefühlswelt**.

Diese Gefühlswelt äußert sich z.B. im Staunen über alles, was da ist, in Neugier, die den Menschen zum Forscher macht, in der Freude über Himmel und Erde, die Sterne und alle Lebewesen, kurz über das, was man in der Religion als „Schöpfung" bezeichnet.

Zur Zeit macht sich die Gefühlwelt unter anderem so bemerkbar, dass wir gerade auf der Höhe unseres evolutionären Erfolges plötzlich keine Lust mehr haben, uns zu vermehren. Wohlgemerkt rede ich hier von saturierten Gesellschaften, die – wie Schulze sagte – Sinnkrisen haben, nicht von den sogenannten Entwicklungsländern, die noch in mehr oder weniger tiefen Mittelkrisen stecken. Gleichzeitig überkommen viele von uns merkwürdige Empfindungen, wenn sie unsere Mitwelt, unsere Evolutionskolleginnen und -Kollegen, die Tiere und Pflanzen anschauen, oder auch unsere Flüsse, das Meer, Wälder und Fluren. Es ist eine **Mischung aus Verlustschmerz, Mitleid, Einsamkeit, Langeweile und Sehnsucht**.

Unsere Umgebung ist arm geworden gegenüber der Vielfalt, die unsere Großeltern noch vorfanden; die Fluren sind leer, unsere Flüsse kaum mehr blau; unsere Siedlungen umwuchert von gleichförmig zweckmäßigen „Gewerbeparks“, die in Wilhelmshaven genauso aussehen wie in Berchtesgaden; und auch die Wälder bieten immer weniger von den Resten germanischer Freiheit, die noch Riehl darin sah. Stattdessen wird ihre wirtschaftliche Bestimmung für den Besucher zunehmend deutlich. Viele unserer Mit-Lebewesen sind schon für immer verschwunden, ausgestorben; andere fristen noch in Reservaten, Tier- oder Nationalparks ihr Dasein, was sie dort zu wahren Besuchermagneten macht.

Wohin wir auch blicken, wir sehen überall die Spuren unseres Wirkens, und das verleidet es uns irgendwie, im Mittelpunkt zu stehen. **Der Mittelpunkt ist ja immer nur so viel wert wie sein Umfeld**. Wenn Letzteres kaputt geht, gibt es keinen Mittelpunkt mehr, sondern nur noch Einheitlichkeit und damit Einsamkeit.

In diesem Entwicklungsstadium stehen wir. Und deshalb beginnen wir, Natur und Umwelt zu schätzen. Wir erkennen ihren Wert an sich, den sie – abgesehen von der Ressourcenfunktion – allein durch ihr Dasein hat bzw. hätte. Dafür steht der Begriff „Eigenwert“. Diese Begriffswahl darf uns jedoch nicht darüber hinwegtäuschen, dass wir selbst es sind, die diesen Wert empfinden und brauchen. Wer sonst? Wer leidet denn, wenn der urige Ruf der Hohltauben im Wald nicht mehr zu hören ist, wenn keine Störche mehr unsere Dörfer besuchen, wenn uns sogar die Spatzen verlassen oder wenn der ehemals moosig weiche Waldboden allerorten von Brombeerranken überwuchert wird? Wer wertet überhaupt? Die Natur vielleicht?

Es ist darüber zu reden wer oder was „**die Natur**“ ist, jedenfalls scheint sie nicht irgendwie zu werten oder gar zu leiden. Ohne Pardon hat sie in der Evolutionsgeschichte unzählige Arten ausgelöscht und neue entstehen lassen. Auch so „faszinierende“, wie Dinosaurier, deren gigantische Überreste uns heute noch wehmütig über die versunkenen Biotope sinnieren lassen. Sie lässt auch überall wieder Leben entstehen. Oft denke ich daran, wenn ich Steinbrüche oder Kiesgruben anschaue: Gerade dort, wo alles Leben zerstört wurde, stellen sich wunderbare Tierarten ein: Uhu, Wanderfalke, Libellen und Gelbbauchunken. Sogar zwischen U-Bahn-Gleisen huschen „fröhlich“ Mäuse herum. „Die Natur hilft sich immer“ sagt man, für sie gibt es keine Katastrophe.

Auch die **Tiere** selbst werten nicht, so wie wir es tun. Zwar dürfte der Habicht einen Junghasen wertvoll finden, weil er ihm als Nahrung dient, der Fuchs sein Erdloch, das ihm Schutz und Deckung bietet, der Hund den Baum, an dem er seine Duftmarke anbringt. Aber das bloße Dasein – unabhängig von den eigenen Interessen – lässt Tiere völlig kalt.

Viel habe ich darüber nachgedacht, wenn ich mit meinem Hund unterwegs war. Ein alter Baumbestand, ein Berggipfel oder auch nur die Stille des Waldes gaben mir oft Anlass, stehen zu bleiben, und das Schöne zu genießen. Meinem Hund waren solche Neigungen unverständlich. Warum denn an so einem langweiligen Platz verweilen? Gähnen, Winseln, an der Leine ziehen: Unübersehbar zeigte seine Körpersprache völliges Desinteresse. Wenn es Wild zu sehen gab, gingen unsere Ansichten bisweilen noch weiter auseinander. Dass ich mich – zumindest in der Schonzeit – rein über dessen Anblick freuen konnte, muss ihm absolut dumm vorgekommen sein. Man hätte es doch jagen und fressen können.

Vieles geht vor in seinem Inneren, was wir nicht wissen. Aber ästhetisches Erleben ist mit großer Sicherheit nicht seine Sache.

Mensch-Natur und Tier-Natur haben zwar Gemeinsamkeiten. Beide brauchen sozialen Anschluss, Freundschaft, Zärtlichkeit; und wenn der Mensch wirklich Hunger leidet, wird er genauso „zum Tier“ wie der Hund. Aber darüber hinaus gibt es etwas anderes in der menschlichen Gefühlswelt, das – nach allem, was wir wissen – außer uns niemand hat: Wir können etwas einfach „schön“ finden, wertvoll, bloß weil es da ist. Um es altmodisch auszudrücken: **Wir können – unter anderem die Natur – *lieben.***

Ich mag es wenden, wie ich will: außer dem Menschen fällt mir keine Instanz auf der Welt ein, die anderen Lebewesen einen **Wert beimessen** kann, der über sein Eigeninteresse – Nahrung, Behausung, Deckung usw. – hinausgeht. Kein anderes Wesen kenne ich, das sich einfach über die Welt, über ihre Schönheit, ihre Geheimnisse und die Vielfalt ihres Lebens freuen kann. Zu dieser besonderen Fähigkeit sollten wir uns bekennen. Nicht nur das Denken, das wir schon bei Kleinkindern fördern, macht doch den Menschen aus. Das Denken ermöglicht ihm die materielle Aneignung seiner

Umwelt, die Sicherung seiner Existenz. Das sinnliche Wahrnehmen ist aber ein anderes „Aneignen“. Es bereichert uns, ohne dass es irgendjemand materiell etwas nimmt oder verändert. Es lässt uns Sinn spüren.

Führung als Aufgabe

Der Mensch hat heute die Führungsetage auf der Erde eingenommen, und zwar nicht weil er nur machtgierig sei oder weil die Bibel es vorgeschrieben habe, sondern weil die Evolution darauf hinaus lief. Damit ist es müßig, darüber zu diskutieren, ob wir im Mittelpunkt stehen oder nicht. Wir sollten stattdessen unsere **Führungsrolle annehmen** und unser ganzes Potential – nicht nur an Verstand, sondern auch an Gefühl – nutzen, um die uns zugefallene Führungstätigkeit bestmöglich auszuüben. Neben der Fähigkeit zu klarer wissenschaftlicher Analyse, zum Erkennen ökologischer Zusammenhänge gehören zu diesem Potential unbedingt Emotionen, wie Freude, Mitleid, Schönheitsempfinden und Liebe.

Führen ist Arbeit, egal ob es Menschen, Hunde oder die ganze Lebensgemeinschaft Erde betrifft. Man kann es autoritär betreiben oder kollegial, nach dem Grundsatz: „Leben und leben lassen“. Ein Trugschluss wäre, zu glauben, dass ein autoritärer oder gar diktatorischer Führer – wenn er psychisch gesund sein sollte – glücklich ist. Vielmehr ist er einsam. Je selbstsüchtiger, desto einsamer.

Diese Erkenntnis dämmert uns allmählich; wie in Wirtschaft und Politik, so auch in der Führung unserer natürlichen Mitwelt. Deshalb beginnen wir – zumindest zaghaft – unseren Führungsstil zu überdenken. Manchen mag es zu zaghaft, zu langsam erscheinen, aber immerhin haben wir begonnen. Damit es schneller geht, damit der – wie Biologen sagen – immer noch ungebremste Artenschwund und Ausverkauf der Natur zu einem Ende kommt, **brauchen wir weniger akademische Debatten als vielmehr bodenständige Emotion.**

1.6.2 Alles für „Mutter Natur“?

Wenn ich oben gesagt habe, dass wir uns über unsere natürliche Mitwelt freuen können, und dass wir ihr „Eigenwert“ beizumessen beginnen, so trifft dies bekanntlich nicht für alle Menschen zu. Zumindest gibt es sehr unterschiedliche Intensitäten dieser Gefühle. Keinesfalls ist Naturschutz „mainstream“.

Voraussetzung ist, dass die Menschen einigermaßen gut und sicher leben können. Wer sich um Grundbedürfnisse, Nahrung, Kleidung und Wohnung sorgen muss, wird die Natur eher als Ressourcenlager ansehen. Obwohl die genannten Grundbedürfnisse bei uns erfüllt – teilweise sogar übererfüllt – sind, scheint sich die alte Grundhaltung, das Streben nach Sicherheit und **Lebensstandard**, allerdings ziemlich verfestigt zu haben. **Lebensqualität** suchen viele nicht in der heimischen Natur, sondern in Urlaubsländern oder überhaupt in anderen Lebensbereichen.

Nachdem also andere Werte in unserer Gesellschaft dominieren, erfordert es für die Minderheit der Naturschützer Mut, sich öffentlich zu ihren Werten zu bekennen. Sie brauchen **Zivilcourage**, zumal sie oft wirtschaftliche Entwicklungen behindern. Von „Naturliebe“ traut sich öffentlich sowieso keiner zu sprechen; aber auch wer diese unter der Tarnkappe Ökologie versteckt, läuft Gefahr, als „grüner Spinner“ verspottet zu werden.

Um solcher Kritik auszuweichen, und trotzdem seine Ziele zu verfolgen, bemüht man gerne **übergeordnete Instanzen**, die gewissermaßen personifiziert werden. Nach dem Motto: *Ich tue es ja nicht für mich, sondern* ***für die Natur****, für das Leben, für die Schöpfung; nicht ich stehe im Mittelpunkt sondern die Natur. Die Schöpfung weint, die Natur schlägt zurück, die Erde braucht Freunde, wir sind (selbstlose) Anwälte der Natur* – so wird dann – physiozentrisch – argumentiert.

Aber **Vorsicht**: Wer ist denn diese Natur, die da im Mittelpunkt stehen soll? Mit der wir uns – folgt man Meyer-Abichs Buchtitel „*Wege zum Frieden mit der Natur*“ – im Kriegszustand befinden? Ist Natur – wie im allgemeinen Sprachgebrauch – die nicht vom Menschen gemachte, sozusagen grüne Mitwelt, die uns umgibt? Können wir mit der Frieden schließen? Kann die zurückschlagen? Braucht sie einen Anwalt?

Oder ist Natur ein Wesen, das – wie eine Art Gott oder auch identisch mit diesem – planmäßig das Leben auf der Erde steuert: die „**Mutter Natur**“? Sind wir dann die unartigen Kinder, die Mamas wohlgepflegten und ohne uns Tölpel so wunderbar funktionierenden Blumengarten verwüsten?

Damit kommen wir in **Glaubensfragen** – was jedoch kein Grund sein darf, jetzt das Denken einzustellen: Wenn Natur bloß unsere grüne Umwelt ist, dann kann sie weder zurückschlagen, noch brauchen wir Frieden mit ihr zu schließen, noch braucht sie Freunde. Sie ist ja keine Person.

Wenn sie aber eine göttlich / mütterliche Instanz ist, dann hat sie uns im Wege der Evolution auch bewusst hervorgebracht. Dann sind wir ihre Kinder genauso wie alle anderen Arten. Dann wollte sie, dass sich die Erde mit Menschen bevölkere. Dann hat sie uns unsere Rolle hier bewusst zugeteilt und wirkt in uns. Der Gedanke, dass wir gegen eine solch hohe Instanz Krieg führen könnten oder dass sie einen Anwalt brauche, erscheint mir nicht nur kindisch sondern zeugt geradezu von Größenwahn.

Alles, was wir über die Natur zu *wissen* glauben, ist reine **Spekulation**. Daran möchte ich mich ungern beteiligen, zumal es in der menschlichen Geschichte genügend Leute gab und noch gibt, die sagen: folgt mir, ich *weiß*, was hinter allem steht. Zwar spüren die meisten von uns, dass es eine große Kraft, eine Art Weltgeist oder Weltseele geben mag, die hinter allem oder besser in allem verborgen wirkt. Die Indianer haben es Manitou genannt, die alten Griechen „Logos“ (meist etwas schwach übersetzt als „Wort“, z.B. im Johannes-Evangelium: „Am Anfang war das Wort ...“). Auch, dass diese Kraft in der Materie ihren Gegenpol bzw. ihren Ausdruck findet, und dass sie sich so in ein männliches, geistiges und ein weibliches, gegenständliches Prinzip teilt, dürfte allgemein akzeptiert sein.

Was ist Natur? Was wirkt in allem Lebendigen? Wir können etwas davon in uns *spüren*, aber was wir zu *wissen* glauben, ist nichts als Spekulation.

In der Bibel steht aber (2. Buch Mose 20.4), man solle sich kein **Bild** von dieser Kraft machen und mit ihrem **Namen** vorsichtig umgehen. Das erscheint mir nicht nur weise sondern im Interesse eines friedlichen Miteinander unverzichtbar – obwohl sich auch die Bibel-Schreiber und diejenigen, die sich darauf berufen, nicht immer an ihren Grundsatz hielten bzw. halten. Was erkläre ich meinem Kind, das im Religionsunterricht den Auftrag bekommt, ein Bild „vom lieben Gott" zu malen? Ist das nicht der Anfang aller Glaubens-Streiterei oder weiß die Lehrerin am nächsten Tag gar, wie er tatsächlich aussieht?

Warum kann man dieses Ungreifbare, Große und Großartige, sei es Gott oder Natur, nicht einfach stehen lassen, wie es ist? Warum will man es unbedingt verfügbar machen? Warum gibt man vor, in ihrem Namen, in ihrem Interesse zu handeln? Weil man – so scheint mir – die eigene Schwäche nicht annehmen kann; weil man die Macht einer übergeordneten Instanz im Rücken haben will, um gegen die politischen Widersacher zu bestehen.

Wer sich für die große „**Mutter Natur**" einsetzt, fühlt sich ethisch gut, besser als die anderen, denen es „bloß um die Menschen" oder gar „nur um materielle Werte" geht. Die Menschen sind sowieso egoistisch, behandeln ihre Mutter undankbar, schlecht und beuten sie aus. Vor ihnen will man die „Mutter" schützen – von ihnen „erlösen". Doch vergessen viele dabei, dass sie selbst bloß Menschen sind, genauso wie ihre angeblich so undankbaren, gierigen Brüder und Schwestern. Ob die „Mutter" das braucht? Ob sie nicht – wenn man schon in diesem Bild denkt – die „undankbaren Kinder" genauso wollte und liebt, wie die „braven"?

Immer wieder kommt die Anmaßung zum Vorschein: Die Erde bzw. Natur sei schwach, der Mensch mit seiner Technik stark und tue ihr Leid an. Dieses Denkschema, das **Natur in der Opferrolle** und den Menschen als rücksichtslosen, nur auf seinen Genuss bedachten „Schänder" sieht, entstammt – sagt Theodor W. Adorno[37] – der bürgerlichen Sexualmoral. Nicht die „Natur" wird durch menschliche Technik ausgebeutet oder gar „geschändet", nicht die Natur leidet, sondern wir selbst.

Sicher ist es verständlich, dass der Mensch sich ohne eine greifbare Instanz allein fühlt, hier auf seinem Planeten. Das Kind im Menschen, das Freude und Liebe empfinden kann, spürt auch Angst: **Angst vor dem Alleinsein und vor der Machtlosigkeit**. Es will sich anlehnen; es sucht die Mutter und nennt sie Natur; es sucht den Vater und nennt ihn Gott. Aber eigentlich ist es Zeit, anzunehmen, dass diese nicht irgendwo als Personen „verfügbar" sind, sondern dass wir sie nur in uns selber finden können; in *allen* Menschen, in allen Wesen; verborgen wirkend in allem was ist. Übrigens auch im Motor eines Autos und in den Chips eines Computers.

Das Erwachsenen-Ich im Menschen ist jetzt gefragt. Es sollte dem inneren Kind-Ich erklären, dass es keine Angst zu haben braucht: Es gibt keine „Natur", die zurückschlägt – solches Denken stammt aus dem Mittelalter. Es gibt nur physikalische und ökologische Gesetze. Die kennen wir inzwischen ziemlich gut. Und wenn wir sie umgehen, dann tragen *wir* die Folgen unseres Handelns. **Alles Personifizieren der Natur ist ein Rückschritt vor die Aufklärung.**

Somit leidet die Natur auch nicht, wenn wir uns unseren Teil aus ihr nehmen. Wer leidet, sind die Lebewesen, vor allem auch wir selbst, wenn wir die leidenden Kreaturen wahrnehmen – sinnlich wahrnehmen. Ist das nicht Grund genug, um sich für diese zu engagieren? Und keinesfalls braucht die *Erde* Freunde, sondern *wir* brauchen ein liebevolles Verhältnis zu ihr, damit *wir* uns geborgen fühlen können hier in unserer Existenz. Die Erde kam doch Jahrmilliarden ohne unsere Freundschaft aus.

Selbstverantwortung und Selbsterkenntnis

Wenn es manchen auch schwer fällt, von den althergebrachten Denkmustern Abschied zu nehmen, wenn der Mensch damit auch auf sich selbst zurück geworfen wird, einsam, ohne „Bündnis“ mit einer allmächtigen Instanz: Es ist Zeit, diese Einsamkeit und die damit verbundene Eigenverantwortung anzunehmen. Zumal das „Bündnis“ doch immer nur einige „Auserwählte“ zu haben glaubten, und damit vielleicht mehr Leid in die Welt gebracht als verhindert haben.

Ich denke, die Menschheit hat mit all ihrem Wissen, mit all ihren Fähigkeiten einen **Reifegrad** erreicht, der es nicht nur überflüssig sondern sogar schädlich macht, eigene Bedürfnisse und Gefühle auf höhere Wesen zu projizieren. Weil man über deren „Absichten und Empfindungen“ nur spekulieren kann, provoziert man außerhalb des Kreises Gleichgesinnter nur sinnlosen Streit um die „eine Wahrheit“. Indem man seine Anliegen mit solchen Instanzen aufwerten will, entwertet man gleichzeitig die eigenen, menschlichen Gefühle und das Engagement für sie. Sicherlich schwerer, aber langfristig glaubwürdiger wäre es, zuzugeben, wie sehr man selbst – als Mensch – unter der Zerstörung von Natur und Umwelt leidet.

Beim Schutz des tropischen Regenwaldes hat man erfreulicherweise den Bogen geschlagen vom Eigenwert des Dschungels zu den dort lebenden Menschen: Wer den Wald kaputt macht, heißt es, zerstört damit auch menschliche Kultur. Er zwingt die „Eingeborenen“ in eine andere, naturferne Lebensweise, die sie in schwere seelische – und wahrscheinlich auch körperliche – Nöte stürzt. Diese „neue Anthropozentrik“, die auch **Menschen als Teile der Natur** sieht, hat den Einsatz für den Wald stark aufgewertet, ihm mehr ethische Kraft gegeben. Wahrscheinlich fiel uns das leichter, weil es um *andere* Menschen geht, die weit weg sind. So brauchen wir einerseits nicht eigene Schwäche einzugestehen und können andererseits den Nimbus der Selbstlosigkeit bewahren. Ich hoffe aber, dass sich von dem neuen Denken – zumindest unbewusst – auch bei uns etwas durchsetzt. Auch bei uns ist Waldschutz wie jeder Naturschutz im Grunde Menschenschutz (s. auch Kap. 1.8).

Fast noch schlimmer als die Gefahr, nicht ernst genommen zu werden, erscheint mir, dass die Projektion unserer Gefühle auf „höhere Wesen“ uns von unserem Inneren, vom eigenen Selbst ablenkt. Sie lässt uns außen suchen, was wir nur innen finden können. Schon der christliche Mystiker Angelus Silesius (1624-1677) erkannte, dass das Wichtigste, nach dem der Mensch strebt, in ihm selbst liegt:

> *„Halt ein, mein Freund, wo willst du hin? Der Himmel ist in dir.*
> *Suchst du ihn anderswo, du fehlst ihn für und für.“*

Dort innen finden wir außer dem Himmel, dem Glück auch alle Fähigkeiten, einschließlich des Verantwortungsbewusstseins und nicht zuletzt der Freude und Liebe zur Natur, die wir für unsere Führungsaufgabe auf dieser Erde mitbekommen haben.

Das einzige, was wir über die großen Kräfte, Natur oder Gott, wissen können, ist, was wir *in uns selbst* spüren. Um den Imperativ **„gnoti s'auton“** – **erkenne dich selbst** – kommen wir somit nicht herum. Dies ist der einzige Weg, als Menschheit erwachsen zu werden, und letztlich auch mit der Natur verantwortlich umzugehen. Leider scheinen wir in unserer Kultur – auch ein Jahrhundert nach Siegmund Freud – ziemlich wenig von dem zu wissen, was in uns ist. Über das Paarungsverhalten der Fledermäuse oder die Gesteine auf dem Mond haben viele exaktere Vorstellungen als über ihre eigenen Gefühle.

Unser Problem ist, dass alles **Wissen** um unsere Gefühle im Grunde ein **Spüren** ist. Und das lernen wir nicht. Hier können wir von anderen, weniger verkopften Kulturen, z.B. vom fernen Osten, eine Menge abschauen. Dort soll es sogar eine Religion geben, die ohne Gott auskommt. Wir brauchen aber, meine ich, keine neuen „-ismusse“, die dann wieder als verbindlich hingestellt werden. Es gibt viele Wege zur Erkenntnis. Die ansonsten oft gescholtene Globalisierung eröffnet uns dabei eine Menge neuer Anregungen und Chancen.

Im übrigen hat auch der Wald, unser einfacher Wald um die Ecke, schon manchem auf dem Weg nach innen geholfen. Dabei spielt es gar nicht mal so eine große Rolle, ob dort Fichten, Kiefern oder Buchen wachsen. Wichtiger ist, dass er einigermaßen still und für uns offen ist (s. Kap. 2.4: Ort der Meditation).

1.6.3 Menschliches Empfinden als Grundlage für Naturschutz?

Vorweg möchte ich klarstellen, dass weder Naturschutzverbände noch -Behörden in der Vergangenheit nennenswerten Einfluss auf die Waldbehandlung hatten. Die Forstpartie führte hier das Regiment allein, was nicht heißt, dass im Wald nicht – intern – auch Naturschutz betrieben worden wäre. Ein öffentlicher Disput zwischen Forst und Naturschutz findet aber, ausgelöst durch die weltweite Waldvernichtung, erst seit ein paar Jahren statt.

Nachdem sich Naturschützer heute nicht mehr mit der Zuschauerrolle begnügen, nachdem sie begonnen haben, ihre Wünsche zum Wald handfest geltend zu machen, möchte ich auf deren Beziehung zur Ästhetik eingehen.

Von vielen Naturschutz-Fachleuten – auch innerhalb der Forstpartie – wird Wald- oder allgemein Naturästhetik wenig ernst genommen. Menschliche Empfindungen – sagen sie – dürfen kein entscheidendes Kriterium dafür sein, welche Arten und Biotope in unseren Wäldern geschützt oder gefördert und welche vernachlässigt oder ersetzt werden. Dafür gebe es andere, wichtigere, *ökologische* Kriterien: z.B. **Seltenheit, Vielfalt und vor allem Naturnähe**. Diese werden wissenschaftlich erforscht und Fachleute stellen dann fest, was schutzwürdig sei. Menschliche Gefühle jedenfalls seien viel zu subjektiv und zu unsicher, um darüber zu entscheiden, welche Bäume, Wälder, Arten in einem Land existenzberechtigt seien und welche nicht.

Dahinter steht natürlich auch eine ethische Bewertung: man sucht „objektive" Maßstäbe, die an die Stelle menschlicher Unvollkommenheit treten sollen. Der „Eigenwert" von Tier- und Pflanzenarten – unabhängig vom Menschen – wird betont.

Bei ihrer **kritischen Haltung gegenüber der Naturästhetik** haben die Fachleute unter anderem die Anfänge des Naturschutzes um 1900 vor Augen, die rein ästhetisch begründet waren. Damals schützte man nur, was den Menschen „schön" vorkam, was ihnen gefiel. Und dieses Gefallen war nicht selten von einem gewissen **Ordnungsgeist** geprägt, dem Ödland oder Wildnis suspekt erschienen. Menschlich gepflegte Natur entsprach eher dem Ideal und gerade den Wald befreite man vielerorts von totem, krankem, verrottendem Holz, damit er „schöner" – im Sinne von sauberer – erschien. Nicht irgendein natürlicher Urwald, sondern die Lüneburger Heide, eine intensiv bewirtschaftete und menschlich geformte Kulturlandschaft, war bekanntlich Deutschlands erstes Naturschutzgebiet.

Wenn auch nicht alle so empfanden, wenn es damals auch schon Befürworter der Wildnis gab, erschöpfte sich ästhetischer Naturschutz häufig doch in einer Art gärtnerischer **Verschönerungskunst**, die der natürlichen Entwicklung unserer Landschaft oft kleinkrämerisch „ins Handwerk pfuschte".

Zieht man über die rund 100jährigen Geschichte deutschen Naturschutzes Bilanz, dann hat das Kriterium „Schönheit" jedenfalls nicht ausgereicht, um Vielfalt und Ursprünglichkeit unseres Landes in wünschenswertem Umfang zu bewahren. Die Fluren wurden ausgeräumt, Bäche begradigt, Kleingewässer zu Müllplätzen, und die Wälder vielerorts zu Nadelholz-Äckern umfunktioniert. Ästhetischer Naturschutz hat weitgehend versagt.

Die Frage ist jedoch: Lag dies mehr daran, dass man wertvolle oder ursprüngliche Biotope – Bäche, Hecken, alte Buchenwälder – nicht schön fand? Oder war das **Argument „Schönheit"** einfach zu schwach, um sie gegen wirtschaftliche Interessen zu schützen?

Nachdem man seinerzeit schon über Wildnisgebiete und Urwälder nachdachte (s. Kap. 4), glaube ich, dass ein *selektives* Schönheitsempfinden nicht der entscheidende Grund für die Schwäche des Naturschutzes war.

Für die zweite These – dass „Schönheit" als Argument einfach zu wenig politisches Gewicht hatte – spricht die Tatsache, dass auch die moderne Ökologie **Artenschwund und Landverbrauch** bei uns nicht stoppen konnte. Obwohl sie der Ästhetik seit etwa 30 Jahren die weltanschauliche Führungsrolle in der Natur- und Umweltbewegung

Auch moderner, ökologisch begründeter Naturschutz konnte Landverbrauch und Artenschwund nicht stoppen.

abgenommen hat, schreiten diese Probleme – so sagen Umweltschützer – in Deutschland wie in den meisten anderen Ländern nahezu ungebremst voran. Ökonomische Belange waren früher stärker als landschaftsästhetische; heute sind sie stärker als ökologische.

Was wäre aber, wenn sich Ästhetik und Ökologie zusammenfinden würden? Wenn man den Verstand der Fachleute und das Schönheitsempfinden der breiten Bevölkerung zu einer Koalition verbinden könnte?

Biologische und ökologische Forschung halte ich für gut und notwendig. Sie zeigt uns Zusammenhänge auf und lehrt uns, Folgen und Risiken unseres Handelns abzuschätzen. Man muss die Denkweise unserer Wissenschafts- bzw. Wissensgesellschaft auch für den Naturschutz nutzbar machen, da in einer Welt der Zahlen vieles untergeht, das nicht zahlenmäßig aufbereitet wird.

Wenn es aber an die **Bewertung der Forschungsergebnisse** geht, an die Entscheidung, was schutzwürdig ist bzw. wie der Wald aussehen soll, dann ist die Wissenschaft nur *eine* Kraft unter vielen. Da jeder Wissenschaftler nur einen kleinen Ausschnitt der Welt sehen kann – diesen allerdings sehr genau – muss er seine fachlich begründeten Forderungen mit anderen politischen Wünschen und Bestrebungen in Relation setzen lassen. Meistens sind diese ihrerseits wieder durch andere Wissenschaften untermauert. Auch die Wirtschaft z.B. hat ja ihre Wissenschaft.

Was den Wald angeht, so dient er erstens als forstliche Betriebsfläche der Holzproduktion. Zweitens liefert er sauberes Trinkwasser, gute Luft, schützt Boden, Klima usw. ... Drittens ist er Biotop: er enthält gefährdete und schützenswerte Tier- und Pflanzenarten, und viertens ist er Psychotop: die Menschen brauchen ihn als Erholungs- und Erlebnisraum für Körper und Seele.

Wer vertritt die Menschen?

Für die Holzproduktion sorgt die Forstwirtschaft; für die Schutzfunktionen der Umweltschutz; für Arten und Biotope der Naturschutz. Aber wer vertritt die Menschen? Die große Mehrheit der Waldbesucher, die weder zum Holz, noch zu Fröschen oder Käfern besondere Beziehung hat, sondern den Wald bloß aufsucht, weil er schön ist, und weil sich die Seele dort wohl fühlt? Wer vertritt seelische Bedürfnisse?

Die Forstwirtschaft gibt sich gerne „multifunktional": Wir sorgen für alle und alles, heißt es offiziell, während man vielerorts in Richtung Holzplantage steuert. Wo Waldbesitzer vom Holzertrag leben müssen, kann man ihnen die Maxime nicht einmal verübeln, „von Schönheit könne man nicht runterbeißen".

Und die Naturschützer? …kartieren Rote-Liste-Arten und sprechen von Biodiversität und Nachhaltigkeit. Bei der Schönheit gehe es ja **„nur um Gefühl"** heißt es, so als ob dies das Nebensächlichste von der Welt sei. Lediglich Gebirgs- und Wandervereine kümmern sich um die Menschen – von Ökologen oft belächelt und am Liebsten auf Distanz gehalten: „Stören" die lästigen Wanderer doch immer wieder „wertvolle Biozönosen".

Die einfache Menschenseele, die im Wald nichts anderes als Ruhe, Schönheit und letztlich sich selbst zu finden sucht, hat fast keine Lobby. Es gibt ja so viel „Wichtigeres".

Sicher haben die meisten Biotope auch einen hohen Erlebniswert. Alte Bäume zum Beispiel und Altholzbestände dürften ästhetisch ebenso wertvoll sein wie ökologisch. Feuchtbiotope sind nicht nur für Frösche gut, sondern bieten auch dem Begeher schöne Erlebnisse. Die Forderung, man müsse gerade *Buchenwälder* als wichtigstes deutsches Naturerbe schützen, deckt sich voll mit von Salischs Erkenntnis, die Buche liefere unsere schönsten Wälder.

Ohne Frage empfinde ich es auch als ästhetische Bereicherung, einen gewissen Prozentsatz der Waldfläche – Naturschützer fordern zwischen 2 und 20% – ungenutzt sich selbst zu überlassen. In derartigen **„Prozessschutzflächen"** darf kein menschlicher Eingriff erfolgen, die natürliche Entwicklung kann ihren eigenen Lauf nehmen. Allerdings soll man – wie in Kap. 1.5 schon angesprochen – allen Menschen unbedingt Gelegenheit lassen, dies hautnah zu erleben. Man darf sie nicht aussperren und nur einigen privilegierten Fachleuten Ausnahmen erlauben. Sobald sich die Frage stellt, ob die Natur *vor* den Menschen oder *für* die Menschen zu schützen sei, gibt es aus ästhetischer Sicht eine klare Priorität.

Nicht bei allen Themen laufen aber ökologische und ästhetische Belange parallel. **Ästhetik ergibt sich nicht automatisch im „Kielwasser" der Ökologie**; genauso wenig, wie sie im Kielwasser der Ökonomie entsteht. Während die letztere „unumstößliche Glaubenswahrheit", mit der alten Forstästhetik untergegangen ist, rührt sich bisher kaum Widerspruch gegen erstere. Ökologen beanspruchen – oft wohl eher unreflektiert als absichtlich – für ihre Belange fraglos Vorrang vor der Ästhetik. Die naturschützerische Basis folgt ihnen gläubig. Nur wenigen scheint bewusst zu werden, **dass hier der Mensch fehlt**. Er braucht ja nicht den Mittelpunkt zu bilden, aber er will beachtet werden. Wenn man für Natur- und Umweltschutz Mehrheiten will, dann muss man den Menschen auf jeden Fall mehr beachten als bisher.

Zielkonflikte zwischen Ökologie und Ästhetik (s. Kap. 3.4) können zum Beispiel auftauchen, wenn es um den sogenannten „Dauerwald“ geht, der – so fordern Naturschützer – als weitgehend geschlossene Bestandsform großflächig die bisher übliche „schlagweise Wirtschaft“ ersetzen soll. Auch in der Diskussion um die Existenzberechtigung ausländischer Baumarten kann es unterschiedliche Standpunkte geben, oder beim beliebtesten Zankapfel kämpferischer Verbandsvertreter, dem „Kahlschlag“. Die Bedürfnisse „ganz normaler Waldbesucher“ können durchaus von „naturschutzfachlichen Forderungen“ abweichen.

Waldästhetik – menschliches Erleben – ist eine dritte Kraft neben Ökonomie und Ökologie, die seit Jahrhunderten zum Erhalt unseres Waldes beiträgt. Sie ist viel älter als die Ökologie und bildete den Anfang der Naturschutzbewegung. Ihre Stärke liegt nicht in Objektivität oder Genauigkeit, sondern in der lebendigen Emotion. Sie ersetzt weder ökologische noch ethische Aspekte. Ebenso wenig wie die anderen kann und soll Waldästhetik *alleiniger* Maßstab für unsere Waldbehandlung sein. Aber als Bedürfnis der menschlichen Seele soll sie wahr- und und ernst genommen werden.

1.6.4 Den Wald nach Geschmack gestalten?

Dass ästhetisches *Wahrnehmen* Freude macht, liegt in seinem Wesen. Dies trifft auch für ästhetisches *Gestalten* zu, das gemeinhin als Kunst bezeichnet wird. Im Gegensatz zur – aktiv schaffenden, bildenden – Kunstästhetik verstehe ich Wald- oder allgemein Naturästhetik aber in erster Linie passiv, als Qualität der **Wahrnehmung**. Dies nicht nur deshalb, weil das Gestalten unserer Wälder einer kleinen Minderheit von Forstleuten und Waldbesitzern vorbehalten ist, während die große Mehrheit auf passives Erleben beschränkt ist. Vielmehr hat der Wald auch eine grundsätzlich andere Ausgangslage:

Während das **Kunstschöne** vom Menschen *gemacht* wird, mit dem *Ziel*, ästhetisch – sinnlich – wahrgenommen zu werden, ist das **Naturschöne** – zumindest in seinen Grundzügen und trotz wirtschaftlich bedingter Formung – unabhängig vom Menschen *vorhanden*. Wald wäre auch dann da, wäre auch dann „ästhetisches Objekt“, wenn wir gar nichts machen würden. Darin besteht gerade sein Reiz: In seiner **Ursprünglichkeit** spricht er uns an und ermöglicht uns „Erkenntnis“, die wir in menschlichen Werken nicht finden können.

Wald- und Naturästhetik dienen nach meinem Verständnis dazu, die Menschen möglichst viel dieses Ursprünglichen spüren zu lassen. Es geht weniger darum, Natur so zu umzugestalten, dass sie den Menschen gefällt bzw. „gefällig ist“. Das wäre Kunst, auch Gartenkunst, die in Parks ihren Ausdruck findet. **Vielmehr geht es darum, dass man**

bei allem Wirtschaften darauf bedacht ist, dem Wald oder der Natur möglichst viel von ihrer eigenen Sprache zu *lassen*.

„Beiläufig ästhetisch gestalten"

Die Landschaftsästhetik[38] unterscheidet in diesem Zusammenhang **bewusst künstlerisch** geformte Räume – zum Beispiel Parks – von **beiläufig ästhetisch** gestalteten. Zu Letzteren gehören unsere Wälder. Dort stehen meistens nicht ästhetische Ziele im Vordergrund, sondern einerseits menschliche Nutzungsprozesse (Forstwirtschaft), andererseits natürliche Lebensabläufe. Mehr oder weniger nebenbei entfalten sie auch ästhetische Reize.

Je nach Intensität der Gestaltung gibt es zwischen **Park und Wald** alle möglichen Übergänge. Viel besuchte Erholungswälder in Stadtnähe werden nicht nur *beiläufig* ästhetisch gestaltet, sondern ziemlich *bewusst*. Doch bleibt die wirtschaftliche Nutzung auch dort als – wenn auch noch so untergeordnetes – Ziel erhalten.

Der wichtigste ästhetische Reiz des Waldes liegt in seiner relativen Ursprünglichkeit. Vereinfacht könnte man also sagen: Nicht irgendein Künstler – respektive Förster – soll sich dort verwirklichen, sondern der Wald selbst. Dabei ist jedoch zu beachten, dass es sich bei aller Wirtschaftstätigkeit im Wald um ein **Wechselspiel** handelt: Der Mensch – Förster oder Waldbesitzer – greift ein, um sein Holz daraus zu erwirtschaften, lässt dem Wald aber dann wieder für lange Zeit sein Eigenleben. Aus diesem **Wechsel zwischen Machen und Lassen** entsteht eine Vielfalt, die ohne menschlichen Einfluss nicht in diesem Maße zu finden wäre.

Der Wald „antwortet" sozusagen mit seinen Mitteln, mit Wachsen und Vergehen, auf die Wirtschaftsmaßnahmen des Menschen. Und diese Antworten sind weitaus vielfältiger als es natürliche Abläufe ohne unsere Eingriffe wären. Oft sind gerade sie es, die uns gefallen: „*Das Schönste am Wald ist die Lichtung*", sagt man, zwar etwas ironisch, aber durchaus mit wahrem Kern.

Wir dürfen nicht vergessen, dass unser Wald von Natur aus zwar großartig wäre, aber andererseits ziemlich gleichförmig: Gut drei Viertel wären Buchenwaldgesellschaften. Und dort ginge es uns wohl so wie dem Göttinger Waldbauprofessor Alfred Bonnemann, der nach einer Reise in die Tropen meinte: „*Es gibt nichts Langweiligeres, als acht Tage durch einen tropischen Regenwald zu laufen*" [39]. Solche ästhetischen Eindrücke sollte man sich auch bei aktuellen Diskussionen um das Leitbild „**Potentielle Natürliche Vegetation**" vor Augen halten. Da wir in Deutschland nur minimale Hochgebirgsanteile haben, die natürlicherweise waldfrei wären, gäbe es hierzulande nur Wald, nichts als Wald und noch mal Wald. Und davon weit überwiegend Buchenwald.

Wenn wir aber gar keine Gelegenheit hätten, den Wald sozusagen von außen zu sehen, wenn es praktisch keine Waldränder gäbe, wäre der Wald für uns nichts Besonderes. Damit er in unserem Empfinden „schön" wird, braucht es die Gegenwelt,

Ästhetische Distanz: Der Blick von außen ist notwendig, damit wir den Wald als solchen wahrnehmen und seine Schönheit erkennen. Eintauchen ist nur möglich, wenn es ein Außen gibt.

die Flur und die Stadt. Sie gewähren uns jene „**ästhetische Distanz**", die notwendig ist, um uns am Wald zu freuen. Abgesehen davon, dass uns erst die Forstwirtschaftswege das Begehen, Radfahren und damit vielfach erst das Erleben des Waldes ermöglichen.

So faszinierend also der Gedanke wäre, überall in unserem Land naturbelassene **Urwälder** zu haben, ohne Wege, dafür mit geheimnisvollem Waldesdunkel, Baumriesen und der dazugehörigen Tierwelt: Wenn wir *nur* solche hätten, wären wir damit ebenso wenig zufrieden, wie mit unserem Wirtschaftswald, dem das „Machen" vielerorts allzu deutlich ins Gesicht geschrieben steht. Vor allem waldreiche Gegenden würden damit eintönig.

Nachdem wir aber auch aus ökologischen Gründen unbedingt Holz brauchen, steht großflächiger Nutzungsverzicht ohnehin nicht zur Debatte. Naturschützer fordern einen gewissen Prozentsatz – irgendwo **zwischen 2 und 20%** – **„Referenzflächen"**, die auch aus ästhetischer Sicht notwendig sind, um uns Ursprung, Maß und Möglichkeiten vor Augen zu führen. Auf den übrigen 80 bis 98 % geht es darum, so zu arbeiten, dass auch der Forst Wald bleibt und nicht zur Plantage absinkt. Nicht zu wirtschaften wie Berserker, sondern mehr oder weniger „beiläufig ästhetisch zu gestalten".

Wenn dem Wald möglichst viel von seiner eigenen Sprache gelassen werden soll, dann verlangt dieser Grundsatz vom Bewirtschafter zwei Dinge: Erstens soll er dessen „Sprache" *verstehen,* und zweitens soll er sich selbst soweit *zurücknehmen* können, dass der Wald zur Sprache kommt. Wenn ich dem Textfluss zuliebe oft nur die männliche Form benutze, so möchte ich diese Vereinfachung gerade hier korrigieren: Dass eine Bewirtschafterin diese Fähigkeiten hat, ist vielleicht sogar wahrscheinlicher. Jedenfalls erkennen Waldbesucher eine in diesem Sinne gute Wirtschafterin, einen guten Wirtschafter daran, dass sie am Erscheinungsbild des Waldes möglichst wenig von ihr bzw. von ihm bemerken.

Vielen Forstleuten traue ich entsprechende Sensibilität zu. Wer dem Wald sein berufliches Leben widmet, hat meist einen „Draht" dazu. Wie sehr dieser Draht in Ausbildung und beruflichem Alltag verbogen wird, ist eine andere Sache (s. Kap. 2.9). Ganz wichtig wäre, was heute am knappsten geworden ist: **Zeit zum Beobachten und Einfühlen**. Für die Ästhetik, das sinnliche Wahrnehmen gibt es ja kaum Regeln. Sicher ist jedenfalls, dass die Sprache des Waldes eine andere ist als die der Holzindustrie.

1.6.5 Ästhetik als menschlicher Eigennutz?

Manche Kritiker bemängeln, dass es in der Ästhetik hauptsächlich um menschlichen „**Genuss**" gehe, also letztlich um menschlichen Egoismus, der die Natur zwar nicht materiell ausbeute, aber sie doch zu einer Art „**Lustobjekt**" degradiere. Diese Denkweise führt wieder zur These Adornos, dass unser Verhältnis zur Natur etwas mit (antiquierter) Sexualmoral zu tun habe. Das bloße Anschauen galt dort bereits als Sünde und verursachte ein schlechtes Gewissen. Trotz aller äußeren Emanzipation hat sich in unseren Köpfen einiges davon erhalten. Zwar bemüht sich die **Kunst** schon lange, zwischen „ästhetischem" und „begehrlichem" Betrachten zu unterscheiden. Aber in der Tat ist dies nicht immer leicht.

Was die Natur angeht, meine ich, sollten wir uns auf jeden Fall von solcher Befangenheit lösen. Ästhetisches Wahrnehmen und Genießen, sich über die Mitwelt freuen, ist nicht nur menschliches Recht, sondern ich meine sogar unsere Pflicht. Warum sonst hätte uns die Evolution diese Gefühle verliehen?

Natur zu genießen heißt nicht, die **Würde des Lebens** zu missachten, die allen Lebewesen ebenso zu eigen ist, wie dem Menschen. Eine gewisse „Scheu" vor der Urkraft des Lebens, die uns in jedem Grashalm, in jeder Schnecke ebenso begegnet wie im röhrenden Hirsch, ein tiefer **Respekt**, meine ich, ist von Haus aus im Menschen angelegt. Wenn dieser Respekt bisweilen fehlt, wenn manche die Natur und ihre vielfältigen Wesen vermenschlichen, sie in kitschiger Kunst banalisieren, dann sollten wir uns sehr wohl die aufkommende Gänsehaut bewahren.

Staunendes Wahrnehmen ist etwas anderes. Albert Schweitzer hat es wohl gemeint, als er seine „**Ehrfurcht vor dem Leben**" formulierte. Leider enthält dieser Begriff mit „Ehre" und „Furcht" zwei Wörter, die vielen von uns nach allen bitteren Erfahrungen des 20. Jahrhunderts nicht mehr ganz geheuer sind. Wird da nicht wieder etwas unerreichbar Großes aufgebaut, das uns in die Rolle der braven Kinder drängen will? Viel näher und wärmer empfinde ich Erich Fromms Formulierung von der „**Liebe zum Leben**"[40]. Oft hat er sie auch als „Biophilie" bezeichnet.

Wahrnehmung, sinnliches Erkennen, ist der Beginn aller Liebe. Sie darf und soll Freude machen. So verstanden hat sie nichts mit Eigennutz zu tun, im Gegenteil. Auch wenn unsere religiöse Tradition, vor allem die protestantische, allen irdischen Freuden skeptisch gegenüber steht: Wer diese Freude ablehnt, lehnt auch die Liebe ab.

Zur Frage, was ästhetisches Wahrnehmen mit Nutzen zu tun hat, möchte ich noch einen Seitenblick auf die **Kunst** werfen: Tausende Kunstliebhaber „nutzen" beispielsweise ein Museum, indem sie die dort ausgestellten Gemälde betrachten. Sie zahlen auch für diesen Genuss, was der Museumsdirektion sehr wichtig ist. Subjektiv wollen die Besucher aber nichts „nutzen", sondern nur – ästhetisch – wahrnehmen und Freude daran haben. Die Bilder bleiben von dieser Wahrnehmung unberührt, sie verändern sich nicht, ob sie täglich von tausend Leuten angeschaut werden oder von niemandem. Wenn hier also von „nutzen" gesprochen wird im Sinne von „benutzen", dann ist dies **nur unter geschäftlichem Blickwinkel** richtig.

Offenbar ist unser Empfinden jedoch so ökonomisch – um nicht zu sagen kapitalistisch – geprägt, dass wir alles, was Freude macht – auch das bloße Wahrnehmen – irgendwie als „benutzen" verstehen. Häufig ist dies mit dem Gefühl verbunden, dafür einen Gegenwert liefern zu müssen. Dem entsprechend gibt es auch im Bezug auf Wald und Landschaft den Begriff „**Erholungsnutzung**" und in manchen Ländern, den Niederlanden z.B. (s.Kap. 1.5), wird dafür tatsächlich Geld bezahlt.

Sogenannten „Naturvölkern" erscheint solches Denken absurd. Was Naturschönheit betrifft, gehen sie davon aus, dass diese unter anderem geschaffen ist, damit sich die Menschen über sie freuen. Weil es in solchen Kulturen meist keinerlei Eigentumsrecht an Grund und Boden gibt, käme man dort nie auf den Gedanken, jemandem irgendetwas schuldig zu sein, bloß um Freude an der Natur haben zu dürfen. Andererseits ist in diesen Menschen aber – wie z.B. in Marlo Morgans Buch „Traumfänger" über die australischen Aborigines geschildert – eine tiefe **Dankbarkeit** gegenüber einem wie auch immer gearteten Schöpfer verwurzelt.

Auch bei uns war eine solch freie Einstellung zur Natur, insbesondere zum Wald bis ins Mittelalter hinein üblich. Der Wald war freies Gut und jeder konnte ihn nicht nur betrachten, sondern sogar Früchte sammeln, Holz machen, Vieh weiden. Erst die mittelalterlichen „Einforstungen" der Landesherren machten aus dem Allgemeingut Wald teilweise Privateigentum der Herrschenden. Vor dieser vorkapitalistischen Aufteilung des Waldes wäre es auch bei uns niemandem eingefallen, das Wahrnehmen der Natur mit Nutzen in Verbindung zu bringen.

Sicherlich ist klar, dass ein **Eigentumsrecht am Wald** unter unseren klimatischen und gesellschaftlichen Bedingungen Vorteile gebracht hat: Wenn der Wald freies Gut geblieben wäre, hätten wir heute wahrscheinlich kaum noch welchen. Auch lässt sich das ästhetische Wahrnehmen des Waldes – insbesondere in Zeiten der „Massengesellschaft" – nur bedingt mit dem Genuss von Kunstwerken vergleichen. Wir stehen eben nicht *vor* dem Wald wie vor einem Gemälde, sondern wir bewegen uns *darin*, wir benutzen zumindest die Wege, zertreten unter Umständen Vegetation oder stören Tiere, wenn wir die Wege verlassen.

Insofern ist ästhetisches Wahrnehmen, Erkennen oder auch Genießen der Natur mit ihrer Benutzung *verbunden*. Das Wahrnehmen selbst als Nutzung zu definieren, ginge jedoch erheblich zu weit. Mit solchem Denken würden wir wirtschaftliche Maßstäbe an die elementare Existenz des Menschen anlegen. **Wald ist Lebenswelt**, zur Ware wird erst das Holz. Wenn manche Umweltschützer oder auch Naturphilosophen ästhetisches Wahrnehmen als Nutzen bezeichnen, dann bewegen sie sich damit in kapitalistischen Denkmustern.

Zusammengefasst beruht die vielfach beschworene Spannung zwischen Anthropozentrik und Bio- bzw. Physiozentrik, zwischen Wert der Natur für den Menschen und ihrem Eigenwert, hauptsächlich auf unserer **eingleisig wirtschaftlichen Denkweise**. Sie existiert für den „homo oeconomicus", während für den liebenden Menschen Eigenwert und Wert für ihn letztlich identisch werden. Deshalb den Menschen aus dem Zentrum seines *eigenen* Denkens zu rücken wäre selbstzerstörerisch. Es funktioniert auch nicht, weil der gesunde Mensch, wie alle Lebewesen auf der Erde, das Überleben und Wohlergehen der eigenen Art als Ziel einprogrammiert hat. **Der Weg geht vielmehr dahin, die *gesamte* innere, gefühlsmäßige Ausstattung des Menschen bewusst zu machen, vor allem die Liebe zur natürlichen Mitwelt. Diese ist Grundlage, um die menschliche Führungsrolle auf der Erde zu leben.**

1.7 Naturliebe – ein Begriff aus der Mottenkiste?

> *„Den Deutschen wird oft nachgesagt, sie hätten zum Wald ein sehr emotionales Verhältnis, **sie würden ihn lieben**. Das ist – falls es stimmt – gut so. Noch besser ist es, ihn auch aus rationalen Gründen zu schätzen und zu schützen. Erst dann erhält unser Engagement für naturnahe Wälder **politische Kraft**."*

So steht es in einem Artikel der Zeitschrift „Natur und Umwelt"[41], der überschrieben ist: „*Waldschutz – warum?*" Es folgt eine Zusammenstellung verschiedenster Daten und Fakten: dass zum deutschen Wald beispielsweise 30000 Arten gehören, dass 97% Altersklassenwälder sind, dass sein Freizeitwert auf etwa 800 – 900 Euro pro Jahr und Hektar geschätzt wird, dass er für Bodenschutz und Trinkwasser unentbehrlich ist, dass nur 8 Promille bei uns vollkommen ungenutzt bleiben, dass weltweit ein Hektar pro Sekunde vernichtet wird usw.

So sind wir es gewohnt. Aber ob hier die entscheidende **politische Kraft** liegt, die wir brauchen? Natürlich benötigen wir für den politischen Aushandlungsprozess Daten. Jede Zahl hat argumentativen Wert. Aber wen betrifft es persönlich, wen hebt es vom Sofa, ob im Wald nun 30000 Arten oder 29000 gezählt werden? Ob 97% Altersklassenwälder sind, die kaum ein Waldbesucher von „naturnäheren Plenterwäldern" unterscheiden kann? Und ob der „Freizeitwert" nun 500 oder 1000 Euro pro Hektar beträgt? Haben sich Zahlen hier nicht verselbständigt? Wird solches

Wissen eine Wählerin, einen Wähler im Zweifelsfall für waldfreundlichere Politik stimmen lassen?

Oder tritt vielleicht der Fall ein, dass die Wald-Zahlen mit völlig anderen Zahlen verglichen werden, z.B. über Arbeitsplätze, die in einem neuen Gewerbegebiet entstehen, Wachstumschancen, die eine neuen Startbahn für den Luftverkehr eröffnet, Zeitersparnis, die eine neue Autobahn bringt? **Zahlen suggerieren Austauschbarkeit**, sie verleiten zum „Aufrechnen". Kann man verschiedene Werte aufrechnen? Besteht nicht die Gefahr, dass bei diesem Versuch Werte, die unmittelbar den Geldbeutel der Menschen berühren, besser wegkommen als ideelle, die aber für unser Wohlbefinden mindestens ebenso wichtig sind?

Wenn wir auf die **Werbung** schauen, dann finden wir dort viele schöne **Bilder** von Wald, Wasser und Natur; auch Hörbilder wie Vogelgesang oder Meeresrauschen. Waldbilder stehen meist symbolisch für natürliche Gesundheit, Ruhe und Entspannung. Sie verkörpern die Gegenwelt zu Lärm und Stress unserer Alltagswelt, eine Art gelobtes Land für zivilisationskranke oder -müde Menschen. Inwieweit unsere gegenwärtigen Wälder diese ersehnten Eigenschaften tatsächlich bieten, ist eine andere Frage.

In der Werbung steht Wald, meist zusammen mit Wasser, für natürliche Gesundheit, Ruhe und Entspannung. Dass diese Werte in unseren Wäldern tatsächlich zu finden und langfristig gesichert sind, ist keinesfalls selbstverständlich. (Bild abgedruckt mit freundlicher Genehmigung von Dr. Mann Pharma, Berlin)

Zahlen erscheinen jedenfalls in der Werbung nur, wenn sie klar und einfach sind und die Zielgruppe hautnah betreffen: zum Beispiel Preise. Ansonsten arbeitet die Branche weitestgehend mit **Gefühlen.** Die Psychologie weiß genau, dass Emotionen viel größeren Einfluss auf unsere Entscheidungen haben als rationale Überlegungen. Bekanntlich gilt das nicht nur für den Konsum, sondern in hohem Maße auch für die Politik. Die Erfolge geben der Werbe-Wirtschaft Recht; Forstwirtschaft und Naturschutz könnten davon lernen.

Es geht um die **Gewichtung von Verstand und Gefühl**. Der Verstand hat Werkzeugfunktion. Er kann untersuchen, durchblicken, wissen. Aber er kann nicht werten: Was ist gut oder schlecht, was gefällt mir, was nicht? **Die entscheidenden Antriebe und weltverändernden Kräfte kommen immer aus der Emotion**.

Horst Stern sagte in seiner Rede „*Mut zur Emotion*“[42], die er 1974 anlässlich der Verleihung des Bayerischen Naturschutzpreises hielt:

> „*Die eigentlich menschenfeindliche Leistung unserer Gesellschaft ist nicht die Technik: Es ist die große Denunziation der menschlichen Emotion. Die weit vorgeschrittene* ***Vergötzung des Verstandes und die Verketzerung des Gefühls*** *führten zu einer Computergläubigkeit mit schon religiösen Zügen ...*“

Bezeichnend ist, dass Natur in der Werbung nur als Hintergrund eingespielt wird. Die schönen Bilder sprechen nicht für den Wald selbst, sondern für Bier und Zigaretten, Medikamente, Körperpflege- und Reinigungsmittel. Dass es Naturschönheit gibt, wird vorausgesetzt. Und dass die Natur zusammen mit den **Werbebildern** im städtischen Raum präsent wird, also ins (Unter-) Bewusstsein der Menschen dringt, ist ein Begleiteffekt, dessen positive Wirkung für den Naturschutz nicht zu unterschätzen ist. Ein wenig weckt das Zigaretten-Plakat doch bei vielen die Sehnsucht nach Wildnis. Um die Wirkung zu verstärken, investieren nicht wenige Firmen tatsächlich in Naturschutz-Projekte.

Die Situation ist ziemlich paradox: Die Wirtschaft benutzt mit großem Erfolg das gefühlsmäßig **Schöne an Wald und Natur**, unsere Naturliebe, für ihre Zwecke, während der Naturschutz, der eigentlich für den Erhalt der Natur kämpft, Hemmungen hat, es an- bzw. auszusprechen. In professionellen Naturschutz-Kreisen erscheint dies beinahe tabu, dort zählen Daten und Fakten. Offenbar hat man Sorge, vom Naturschönen zu sprechen, würde zopfig, antiquiert oder auch realitätsfern wirken. Eine Sorge, die zumindest in der jüngeren Vergangenheit nicht unbegründet war: „*Wer vom Naturschönen redet*“, sagte Adorno, „*begibt sich an den Rand der Afterpoesie*.“ [43] Gilt dieses Wort heute noch? Oder dürfen wir uns nicht allmählich wieder trauen?

Das Spiel wäre ja in Ordnung, wenn es funktionieren würde; wenn die intakte Landschaft, die Ruhe, Wald- und Naturschönheit, welche man uns in der Werbung präsentiert, draußen ohne Weiteres zu finden und auch langfristig im Bestand gesichert wären. Und wenn der Naturschutz mit seinen **Daten und Fakten** den nötigen Erfolg hätte. Dies trifft aber keineswegs zu. Eines der größten Probleme heutigen Naturschutzes besteht in der Zerschneidung und Zerstückelung bisher „intakter“ Landschaften, eben jener „gelobten Länder“, welche uns die Werbung zeigt. Für viele (Stadtbewohner) rücken sie in immer weitere Ferne. Rechnerisch gleicht man natürlich alle Biotopverluste aus. Die Kröten bekommen unter der Autobahn ein paar Durchlässe, die Frösche in der Auffahrtsschleife neue Teiche, für die Hohltauben werden ein paar Stämme Totholz stehen gelassen, und für die Käfer wird auch mal ein Biotop verpflanzt. Alles machbar.

Aber wenn wir vor lauter Lärm weder das Plätschern des Baches noch den Ruf der Hohltaube hören? Wenn uns auf Schritt und Tritt die Zivilisation begegnet, der wir doch wenigstens in der Freizeit ausweichen wollten? Wenn wir immer mehr Verkehr verursachen, um Wälder zu finden, die vom Verkehr noch einigermaßen verschont geblieben sind? Und wenn dann die Wälder selbst verlichtet und schachbrettartig von Maschinengassen durchzogen sind, so dass sie kaum noch jenen Hauch von Wildnis spüren lassen, den wir dort suchen? Dann hat irgendetwas in unserer Rechnung nicht gestimmt. **Dann haben wir vor lauter Zahlen eine entscheidende „Bezugsgröße“ vergessen: den Menschen und sein lebendiges Gefühl.**

Der Landschaftsplaner Erich Bierhals[44] sagt:

> *„Der Naturschutz befindet sich in einem großen Dilemma. Er hat – aus der Geschichte verständlich – die eigentlich tiefste emotionale, seelische Beziehung des Menschen zur Natur ausgeblendet und auf das Rationale, Objektive, auf die Ökologie, auf Monetarisierung gesetzt.“*

Altmodisch ausgedrückt ist diese „tiefste emotionale, seelische Beziehung“ nichts anderes als „Naturliebe“. Aber **warum** haben wir die ausgeblendet und **warum** tun wir uns so schwer damit?

1.7.1 Das Problem mit der Liebe in unserer Gesellschaft

Folgt man kritischen Sozialphilosophen, und –Psychologen, dann fristet nicht nur die Naturliebe in unserer Gesellschaft ein Schattendasein, sondern auch die Liebe unter den Menschen. „*Entweder wird darüber gespottet*“, schreibt Peter Lauster[45], „*oder sie wird in strahlendem, kitschigem Glanz dargestellt*“. Diese **Distanz zum tiefen Gefühl** hat verschiedene Gründe, die teils schon in der traditionellen Denkweise des „christlichen Abendlandes“ begründet sind, teils in unserem davon nicht klar zu trennenden Wirtschaftssystem:

Liebe als Gebot

Indem die Religion die Liebe zum Gebot erhob, und mit dem Imperativ „du sollst“ verband, entrückte man sie für viele Normalmenschen ins Heilige, Unerreichbare. Nur wenigen ist es ja möglich, tatsächlich die Nächsten genauso zu lieben wie sich selbst. Alle anderen befinden sich in einem ständigen moralischen Defizit, in meist unbewussten Schuldgefühlen, weil sie es nicht schaffen. Damit stecken wir im Teufelskreis: Schuldgefühl erschwert die Selbstliebe, welche eigentlich Voraussetzung wäre, um auch die „Nächsten“ (genauso) zu lieben. Außerdem veranlasst Schuldgefühl zu allerhand **Verdrängungen und Ausflüchten**: Bei uns führte es unter anderem zu einer strikten Trennung von Religion und Alltag.

In der Sonntagswelt hat Religion ihren Platz. Dort mag der Pfarrer von Nächstenliebe reden und auch seine Aufrufe zur Bewahrung der Schöpfung nimmt man ihm ab. Am Montag in der Geschäfts- und Arbeitswelt sieht das Leben anders aus. Dort ist „sich jeder selbst der Nächste“. Die Werte sind Erfolg, Wohlstand, Gewinn.

Über die Weltgeschichte betrachtet, konnte das Liebesgebot den Christen wohl keinen liebevolleren Umgang mit sich selbst und anderen abnötigen, als er im Durchschnitt der Welt-Religionen üblich ist. Angesichts der vielen Konflikte und Kriege, die im christlichen Abendland ihren Ausgang nahmen oder noch nehmen, könnte man beinahe zum gegenteiligen Eindruck kommen. Religionsübergreifende Denkansätze hinterfragen deshalb das christliche Gebot und lassen es in neuem Licht erscheinen.[46]

Das Prinzip Verantwortung

Liebe ist prinzipiell mit Freiwilligkeit und Freude verbunden. Während man die Freude in allerlei Psalmen und Chorälen besang, bestimmten Gebote, Verbote, Dogmen und Drohungen die religiöse Praxis. Eugen Drewermann spricht von „*Drohbotschaft statt Frohbotschaft*“. Vor allem laufe das ganze Leben – so diese Glaubenslehre – letztlich auf das „Jüngste Gericht“ hinaus, also auf eine Art **Generalabrechnung**, bei der alle guten und bösen Taten des Menschen aufgewogen würden und gegebenenfalls Himmel, Hölle oder Fegfeuer auf ihn warteten.

In diesem Geiste wurde Gottesfurcht letztlich zur wichtigeren Tugend als Liebe. Da man Ge- und Verbote verstandesmäßig lernen kann, das „Erlernen“ der Liebe aber nur ein inneres Entdecken ist, verstärkte diese Glaubenslehre außerdem die Vorherrschaft des spekulierenden, kontrollierenden Verstandes gegenüber dem lebendigen und freien Gefühl.

Das kapitalistische Wirtschaftssystem

In unserem Wirtschaftssystem werden nicht nur Grund und Boden, sondern auch menschliche Arbeitskräfte gehandelt wie Sachwerte. Gerne spricht man von „**Humankapital**“, in das sogar Bildung „investiert“ wird. Eine „Arbeitskraft“, die „Kompetenzen“ anzubieten hat, welche am Arbeitsmarkt gefragt sind, kann einen hohen Marktwert ihrer Person erzielen. Intelligenz und Wissen erhöhen diesen Wert, in letzter Zeit auch „Sozialkompetenz“, wie Fairness, Führungs- und Teamfähigkeit.

Doch Letztere dienen dem Unternehmenserfolg, nicht den Menschen an sich. Ist doch bekannt, dass ein Mensch, der sich gut fühlt, auch mehr zu leisten vermag – ähnlich wie die „glückliche Kuh" auch mehr Milch gibt.

Dieses wirtschaftlich geprägte Denken hat sich in unserer Kultur verfestigt, und auf alle Lebensbereiche ausgedehnt, was Erich Fromm in seinem 1956 erschienenen, immer noch aktuellen Buch „Die Kunst des Liebens" sehr klar dargestellt hat:

> *„Trotz unserer tiefen Sehnsucht nach Liebe halten wir doch fast alles andere für wichtiger als diese:* ***Erfolg, Prestige, Geld und Macht****. Unsere gesamte Energie verwenden wir darauf zu lernen, wie wir diese Ziele erreichen, und wir bemühen uns so gut wie überhaupt nicht darum, die Kunst des Liebens zu erlernen."*

Die Überhöhung der Liebe in Kunst und Medien

In sogenannten Liebesromanen, Film, Fernsehen aber auch in klassischen Opern und Operetten wird die Liebe oft **idealisiert** oder unwirklich überhöht. Die große, tragische Liebe, sagte ein Kritiker, sei eigentlich eine Erfindung der Oper. Ob es die Oper war oder der Roman, der letztlich den Begriff „Romantik" prägte, ist eine kunsthistorische Frage. Jedenfalls wird darin zwar einerseits die Liebe, das Gefühl allgemein hervorgehoben, andererseits aber von der alltäglichen Lebenswelt der Menschen entfernt, abgehoben.

Ohne den künstlerischen Wert zu unterschätzen, die Chance zur Erkenntnis, die gerade in dieser Loslösung vom Alltäglichen liegt: Je mehr sich diese Kunst von der Alltagswelt entfernt, je mehr sie die ganz normalen menschlichen Schwächen, Sorgen und Nöte ausblendet, macht sie sich anfällig für Witz und Hohn. Die solchermaßen abgehobenen Gefühle werden von Zeitgenossen ironisiert, „durch den Kakao gezogen" und damit zerstört. Leider sind nicht nur schnulzige Kulturprodukte von diesem Spott betroffen, sondern die Liebe, das tiefe menschliche Erleben wird insgesamt als sentimental abgetan und abgewertet.

Die Schwäche des Liebenden

Hier dürfte das Hauptproblem liegen, das wir mit der Liebe haben: Wer liebt, ist offen, weich und in gewisser Weise kindlich. Damit zeigt er Schwäche, die in der Redewendung zum Ausdruck kommt: „ich habe eine Schwäche für ..." Wer aber Schwäche zeigt, ist **verletzbar** und wird vom Kindergarten bis zum Geschäftsleben häufig ausgenutzt oder nicht ernst genommen. Dort setzen sich Leute durch, die stärker, cleverer oder pfiffiger sind. Hinzu kommt, dass die meisten eine Erwiderung ihrer Liebe erwarten und enttäuscht oder verletzt sind, wenn die anderen ihnen gleichgültig oder gar ablehnend begegnen.

Verletzte Liebe ist nach P. Lauster[47] die schlimmste Kränkung, die ein Mensch erfahren kann. Der psychische Schmerz „*... trifft uns so heftig, dass die Reaktion darauf Hass, Zerstörung, Depression, Mord oder Selbstmord sein kann.*" Um das zu verhindern, hüten wir uns strikt und haben oft sogar **panische Angst davor, Liebe zu zeigen**. Was aber niemand zeigt, wird in tiefe Schichten der Psyche verdrängt und führt dort ein Schattendasein. In Ersatzhandlungen wie Arbeitssucht, Konsum, Machtstreben oder auch Aggression bricht es sich Bahn.

1.7.2 Suspektes Gefühl: Naturliebe

Soviel zum Dilemma der Liebe allgemein in unserer Gesellschaft. Speziell bei der Naturliebe kommen noch andere Gründe hinzu, die sie vielen fremd oder gar suspekt erscheinen lässt:

1.7.2.1 Die ethische Lücke im Humanismus

Mit der Renaissance – der Wiederentdeckung der Antike – verbreitete sich zu Beginn der Neuzeit im Europa des 15./16. Jahrhunderts der Humanismus. Orientiert am klassischen griechisch/römischen Vorbild, gab man die religiöse Jenseitsbezogenheit des Mittelalters auf und wandte sich der diesseitigen Welt, vor allem dem Menschen zu. Seither prägte die „**humanistische Bildung**", das Studium der alten Sprachen und Philosophen, unsere Kultur. Erst im Verlauf des 20. Jahrhunderts traten die Naturwissenschaften in den Vordergrund.

Ich hatte noch Gelegenheit, diese Schule am eigenen Leibe zu erfahren. Dass die „Pauker" bzw. ihre Methoden dem Humanitätsideal nur selten entsprachen, war in der Nachkriegszeit üblich und ein anderes Problem. Mir fehlte inhaltlich etwas: es ging um Sprache, Geschichte, Literatur, Herrscher, Kriege, Kunst, also immer um **Menschen**. Weder die alten Griechen, und schon gar nicht die Römer schienen irgendeinen Bezug – geschweige denn Liebe – zur Natur zu haben. Rainer Maria Rilke[48] schreibt über diese Mensch-Bezogenheit der Antike:

> *„Der Mensch, obwohl seit Jahrtausenden dauernd, war sich selbst noch zu neu, zu entzückt von sich, um über sich fort oder von sich abzusehen. Die Landschaft, das war der Weg auf dem er ging, die Bahn, darin er lief ... die Täler, in denen das Heer sich versammelte ..."*

Dieses **praktisch nicht vorhandene Verhältnis zur Natur** empfinde ich bis heute als tiefe Lücke im Humanismus, der ansonsten wertvolle Orientierung im Leben geben kann. Seine alleinig menschliche „Nabelschau" mag so lange in Ordnung gewesen sein, wie der Mensch von seiner Umwelt noch aus dem Vollen schöpfen konnte; wie er sich auch selbst daran messen und ihr seinen Raum, seine Kultur abringen musste. In dem Maße, wie wir aber diese Umwelt beherrschen, wie diese ärmer wird oder gar verloren geht, wird die **Selbstbetrachtung** langweilig.

Im Mittelpunkt einer lädierten Welt zu stehen, macht wenig Spaß. Es ist ein Unterschied, ob unsere Vorfahren unser Wappentier, den Adler als starken „König der Lüfte" erlebten, dessen Kraft sie bewunderten und sich zu eigen machen wollten, oder ob wir ihn heute als bedrohte Art auf der roten Liste sehen: wo er noch horstet, ängstlich sein Junges verbergend vor Freikletterern, Drachenfliegern, Hubschraubern, oder in einer Hochspannungsleitung armselig verendet.

Die gesamte Geschichtsschreibung war bis in allerjüngste Zeit nur eine **Menschengeschichte**. In dem Maße, wie aber die andere Welt, die nicht gemachte, sondern von selbst und aus eigener Kraftquelle entstandene verschwindet, wächst die Sehnsucht nach ihr. Sie gehört zum modernen Menschen, wenn sie auch nicht jeder gleich tief oder gar brennend spürt. Allmählich wächst das Bewusstsein dafür.

Um meinen Frust über die altertümlich naturferne Bildung ein wenig auszugleichen, wandte ich mich eine Zeit lang mehr den naturwissenschaftlichen Fächern zu: Vor allem die Biologie, die Wissenschaft vom Leben, interessierte mich. Wenn der Lehrer von seiner Heimat im Emsland erzählte, von der Weite des Landes, von den Stichlingen in Bächen und Tümpeln, dann spürte ich jene Lebendigkeit und Begeisterung, die mir bei den antiken Feldherren und Philosophen so fehlte.

In den höheren Klassen änderte sich das. Nun ging es auch in den **Naturwissenschaften** nicht mehr um lebendige Natur, sondern um Gesetze und Systeme, Zellstrukturen und was der Mensch damit machen kann. Der Lehrer hütete sich jetzt auch, seine persönlichen Naturerlebnisse – seine Stichlingsgeschichten – zum Besten zu geben, wäre ihm doch der Spott vieler „pragmatisch“ denkender Schüler sicher gewesen. Bisweilen erschien mir das Ganze noch kälter, noch theoretischer, liebloser, noch weiter weg vom lebendigen Gefühl als Latein und Philosophie.

Naturwissenschaft kann die Lücke nicht füllen, die der Humanismus in der Naturbeziehung aufweist. **Ihr fehlt das Gefühl**: Sie ist einseitig am Verstand orientiert. Ihre Welt ist Sache, nicht Seele. Provozierend fragte wiederum Horst Stern 1973 in einer Rede vor Preisträgern des Wettbewerbs „Jugend forscht“: „*Was ist an den Naturwissenschaften noch natürlich*?“[49]

1.7.2.2 Naturverklärung in der Romantik

Vorweg gesagt: Kaum ein Kunstbegriff ist so schillernd und vieldeutig wie die „Romantik“. Zumal das Wort in unserer Alltagssprache immer noch quicklebendig ist, lässt es sich wissenschaftlich nur bedingt als Stilepoche fassen und nach festen Kriterien abgrenzen. Kunsthistorisch war es etwa das halbe Jahrhundert zwischen 1790 und 1840; kulturell dagegen gibt es bis heute kein Ende[50]: ob es die romantische Straße ist, Romantikhotels oder eine wildromantische Bergwelt.

Verbindend für alles Romantische ist jedenfalls eine starke Betonung des Gefühls. Nach dem Jahrhundert der **Aufklärung** „zelebrierte“ die Romantik gleichsam die menschliche Sehnsucht nach Gemüt, Geborgenheit und Liebe, nach Aufgehobensein in der Natur, nach Heimat in der Welt. Sie wollte die Einsamkeit des Menschen im unendlichen Kosmos aktiv durchleiden und damit überwinden, die mit dem Aufkommen der Naturwissenschaft und Abkehr vom religiös geschlossenen Weltbild für viele schmerz-

Charles Jacques (1813 – 1894): **Schäferin mit Herde** (Niedersächsisches Landesmuseum Hannover). Die Einsamkeit des Menschen in der Gesellschaft und sein gleichzeitiges Aufgehobensein in der Natur waren ein zentrales romantisches Motiv. Später entstand daraus häufig eine naive Verklärung der Natur und des ländlichen Lebens.

lich bewusst geworden war. Es war auch eine Sehnsucht nach der Gottheit, welche man jetzt als „Weltgeist“ – pantheistisch – in allem Lebendigen, in der ganzen Schöpfung erkannte; und da man diese Gottheit vor allem im eigenen Inneren spürte, war es letztlich auch eine **Sehnsucht nach der eigenen Seele, nach sich selbst**. „*Eines zu sein mit allem, das ist das Leben der Gottheit, das ist der Himmel der Menschen*“, heißt es in Hölderlins Hyperion und weiter: „*O Seele! Seele! Schönheit der Welt! Du unzerstörbare! Du entzückende ... du bist.*“

Berühmte Dichter wie Novalis, Brentano, Eichendorff entstammen dieser Zeit um die Wende vom 18. zum 19. Jahrhundert. In der Malerei sind Philipp Otto Runge, Caspar David Friedrich, Ludwig Richter wohl die bekanntesten; auch die deutschen Märchen der Gebrüder Grimm wurden in der Romantik niedergeschrieben und viele Volkslieder haben sich daraus erhalten: „*Wer hat dich, du schöner Wald ...*“

C.D. Friedrich (1774 – 1840): **Der Abend** (Niedersächsisches Landesmuseum Hannover). Bis heute sind Friedrichs Naturdarstellungen Inbegriff deutsch-romantischer Weltsicht. Aber auch damals war seine kontemplative Sicht der Natur schon etwas Besonderes, Wegweisendes. Für den tief religiös empfindenden Maler lag im Wahrnehmen der Natur ebenso wie im Malen eine Art Gebet; heute würden wir wohl eher von Meditation sprechen.
„Die Abende gehe ich aus über Feld und Flur, den blauen Himmel über mir, um und neben mir grüne Saat, grüne Bäume, und bin nicht allein; der, so Himmel und Erde schuf, ist um mich und seine Liebe stützet mich.“ (Zitat aus der Friedrich-Monographie von Gertrud Fiege)

Nebenbei beachte man auch den Waldzustand. Das Gemälde entstand um 1820.

Während ältere Mitbürger diese Kulturgüter vielleicht noch bei Liedertafeln pflegen, hat die Jugend weitgehend den Bezug dazu verloren. Als „**Weicheier der Nation**" passen Eichendorff und Co. nicht mehr in unsere Computerwelt. Wenn es erklärtermaßen um Gefühl geht, z.B. in Heiratsanzeigen, gibt es aber noch erstaunlich viele „romantische Sies", die einen „naturverbundenen Er" kennen lernen möchten.

Wie viele große Geistesbewegungen war die Romantik zunächst nur von relativ wenigen – Künstlern und Intellektuellen aus städtischem Milieu – getragen. Sie sahen die Natur eben nicht als Arbeitsplatz, als Alltagswelt, sondern gewissermaßen aus der **Ferne**. Und aus dieser Perspektive erschien die Landschaft und das bäuerliche Leben darin weitaus idyllischer als es die hart arbeitende und oftmals ausgemergelte Landbevölkerung empfinden konnte. Für sie gab es keine Romantik. Zu Eichendorffs Weltsicht schreibt Lothar Pikulik:[51] „*So ist in seinem Werk nicht nur alles fern, was erfreulich ist, es ist auch alles oder fast alles erfreulich, was fern ist und weil es fern ist. Enttäuschungen stellen sich erst ein, wenn aus der Ferne Nähe wird.*"

Breitere Volksschichten erfasste die romantische Weltsicht erst, nachdem sie als Kunstepoche schon vorbei war. Die **industrielle Revolution**, zunehmende Verstädterung und der Verlust an natürlicher Umwelt ließen romantische Sehnsucht nach der verlorenen Harmonie gegen Ende des 19. Jahrhunderts für viele zum Lebensgefühl werden. Volkstümliche Schriftsteller wie Ludwig Ganghofer (1855 - 1920) oder Hermann Löns (1866 - 1914) traten – wohl auf einem anderen Niveau – das Erbe der ursprünglichen Romantik an.

Die Romantiker selbst – bis heute ist umstritten, wer inwieweit dazu gehörte – stellten sich sehr unterschiedlich dar. Es gab – bei Hölderlin z.B. – klare Bekenntnisse zu einer tiefen **Menschenliebe**:

> *„Meine Liebe ist das Menschengeschlecht ... Ich liebe die große, schöne Anlage auch in verdorbenen Menschen. Ich liebe das Geschlecht der kommenden Jahrhunderte.“*[52]

Auf der anderen Seite gab es ebenso die **Flucht** aus der „harten, kalten Welt", von den oft als gefühllos empfundenen Menschen hin zu einer idealisierten und harmonisch verklärten Natur. In Eichendorffs „Abschied" heißt es:

> *„O Täler weit, o Höhen, o schöner, grüner Wald,*
> *du meiner Lust und Wehen andächtger Aufenthalt!*
> *Da draußen, stets betrogen, saust die geschäftge Welt,*
> *schlag noch einmal die Bogen um mich, du grünes Zelt!“*

Wenn in der Romantik bisweilen eine negative Menschensicht, eine Abkehr von der Welt und Flucht in die Natur oder in Traumwelten zum Ausdruck kommt, dann hängt dies untrennbar mit den **politischen und gesellschaftlichen Umwälzungen** dieser Zeit zusammen, deren Ausmaß und Tempo auch für heutige Verhältnisse dramatisch erscheinen müssen. Die Aufklärung hatte bis zum Ende des 18. Jahrhunderts viele überkommene Wertvorstellungen auf den Kopf gestellt. Adel und Klerus standen mit dem Rücken zur Wand, und in der französischen Revolution von 1789 brach sich das Neue schließlich mit Gewalt und Blutvergießen Bahn.

Doch die große Hoffnung auf Freiheit, Gleichheit und Brüderlichkeit, die auch in Deutschland viele mit den Umstürzen verbanden, wich bald tiefer **Enttäuschung**. Die alte feudale und religiöse Ordnung war zerstört, aber eine neue, gerechtere, liebevollere keinesfalls gefunden. Stattdessen herrschten Chaos und Orientierungslosigkeit, soziale Kälte und Grausamkeit. Napoleon nutzte die Chance und begann in kürzester Zeit seine expansive Großmachtpolitik, die schließlich im Desaster der Unterwerfung und Besetzung Deutschlands mündete.

Gerade diese förderte nun hierzulande die **Rückbesinnung auf „deutsches Empfinden“**, auf germanische und mittelalterliche Tradition. Nicht nur die französischen Eindringlinge, sondern der gesamte seit der Renaissance so massive romanische (ohne t!) Einfluss wurden in Frage gestellt: Warum orientieren wir uns an Griechen und Römern, wo wir doch selbst eine große germanische Vergangenheit haben? Eine Art „**Kulturkrieg**“ zwischen den an deutscher, christlicher Tradition orientierten Romantikern und an antiken Idealen festhaltenden Klassikern wurde ausgetragen. Deutsche Sagen wurden wieder ausgegraben und in Büchern (Gebr. Grimm) veröffentlicht. Die lateinische Sprache, die bis dahin das gesamte deutsche Gelehrtentum beherrschte, – auch Baumgartens Aesthetica 1750 war ja noch lateinisch verfasst – wurde bald durch die deutsche ersetzt.

Und nicht zuletzt wurde die deutsche **Landschaft als Heimat** entdeckt, vor allem der deutsche Wald, der die germanische Kultur grundlegend geprägt hatte. Wenn die aufkommende rationelle Forstwirtschaft dessen Gesicht jetzt in kurzer Zeit drastisch veränderte, dann verstärkte sie damit die nostalgischen Gefühle: die Wehmut und Sehnsucht nach gewachsener Schönheit. Man sah deren Ende vielerorts unausweichlich bevorstehen. Dunkle Ahnungen am Vorabend des Industriezeitalters, die sich leider großflächig bewahrheiteten. Vor allem im Osten Deutschlands ließ der Kiefern- und Fichtenanbau ja kaum noch Reste ursprünglicher Waldschönheit überleben.

Insgesamt war die romantische Bewegung einerseits ein **Gegenstrom** zur rationalistischen Weltsicht der Aufklärer – einschließlich ihrer ökonomischen Ausprägung – andererseits eine **Rückbesinnung** auf deutsche Kultur und „deutsches Empfinden“. Beides wurde oft als Einheit gesehen: gerade das gefühlvolle, melancholische, introvertierte Element, der tiefe Bezug zur Natur, zum Wald, das Suchen und die Sehnsucht seien typisch für die ursprüngliche, deutsche Mentalität. So findet man in romantischer Kunst kaum mehr die helle, offene, mediterrane Landschaft, sondern häufig Dämmerung, Mondlicht, Waldesdunkel. Dass Maler wie C.D. Friedrich, der solches meisterhaft darstellen konnte, auch heute noch hoch geschätzt sind, deutet auf eine tiefe Wahrheit dieser Charakterbeschreibung hin.

Nicht zu verkennen ist, dass die Rückbesinnung der Romantiker auf alte deutsch/christliche Werte oft **restaurative Züge** trug. Nachdem sie gerade im aufgeklärten Preußen Friedrichs des Großen eine „seelenlose Kälte“ empfanden, wollten viele der eben erst durchgeführten Säkularisation und allgemeinen „Verweltlichung" wieder eine sichere, haltgebende Macht von Kirche und Adel entgegensetzen.

Auch das Verhältnis zur Natur, das die Aufklärer „entmystifiziert" hatten, wurde von etlichen Romantikern „remystifiziert": Die Wälder wurden wieder mit **Geistern und Elfen** bevölkert, schaurig-schön, geheimnisvoll, ahnungsschwer und von unfassbaren Mächten durchwoben. Carl Maria von Webers romantische Oper *„Der Freischütz"* (1821) bietet eine komplette Musterschau solcher Klischees: Der Wald, ein Jäger, eine Jungfrau, die große Liebe, deutsche Biederkeit, ein gütig strenger Landesvater, ein Eremit und allerhand magische Kräfte, von denen letztlich die guten siegen, werden dort vorgeführt. *„Wer rein ist von Herzen und schuldlos im Leben, darf kindlich der Milde des Vaters vertraun!"* – tönt es im Schlusssatz.

Mag es auch Spaß machen, sich hie und da solche „Schnulzen reinzuziehen", über der einfachen Schwarz-Weiß-Darstellung von Gut und Böse, über der Illusion von Herzensreinheit, Schuldlosigkeit und sicherer Weltordnung, über den Harmonien der Musik die Alltagswelt zu vergessen: wenn ein solches Kunstwerk mit der Wirklichkeit verwechselt wird, ist dies nicht nur blauäugig sondern ausgesprochen gefährlich.

Die romantische Flucht in eine „heile Welt" löst keine Probleme. Stattdessen lässt sie zugleich mit der tatsächlichen Kälte und Härte unserer Welt auch deren schöne und liebevolle Seiten aus dem Bewusstsein verschwinden. Die Welt ist schlecht, die Menschen sind niederträchtig, selbstsüchtig und habgierig, die Oberen machen, was sie wollen, man kann sowieso nichts ändern ... Voll **Weltschmerz**, voll Verachtung ziehe ich mich zurück, suche Harmonie in meiner persönlichen Traumfabrik. Aber da bin ich natürlich allein und finde statt der Liebe, die ich suche, nur Illusion. Erhabenheit über die „schlechte Welt" macht einsam. Das ist die Kehrseite der Romantik.

Die Welt ist offenbar so aufgebaut, dass wir Probleme und Unannehmlichkeiten mitnehmen müssen, wenn wir Schönheit und Liebe finden wollen. Irgendwie scheinen Letztere sogar mit den Ersteren zu wachsen. In Kapitel 2.13 wird vom **Hässlichen** die Rede sein und davon, dass es auch im Wald seinen Platz haben muss. Der Versuch, das Böse zugunsten des Guten auszurotten, hat sich jedenfalls nicht bewährt. Er hat im Gegenteil immer wieder neues Unheil in die Welt gebracht. Die **„Weisheit des Ostens"**, im Yin-Yang-Symbol auf den Punkt gebracht, sieht schwarz und weiß als Einheit. Jedes trägt den Keim des anderen in sich. Wenn man diese Erkenntnis ernst nimmt, erübrigen sich viele Kämpfe ebenso wie viele Träumereien.

Weisheit des Ostens: schwarz und weiss – gut und böse – schön und hässlich, alles nur Kehrseiten einer Medaille; alles braucht den Gegenpol, um zu existieren; und alles trägt den Keim des Gegenpols in sich.

Aus diesen Gründen halte ich gerne eine gesunde **Distanz zu aller Romantik**, ohne jedoch die kulturelle Leistung der Romantiker gering zu schätzen. Sie setzten einer zur Absolutheit hochstilisierten Vernunft Gemüt, Liebe, und menschliche Sehnsucht entgegen. Das war damals sicher ebenso wichtig und ebenso schwierig wie heute. Sie bejahten die Einsamkeit menschlicher Existenz, suchten den Blick nach innen und die Gefühlsbeziehung – die Liebe – zu allem Lebendigen. Sie entdeckten die **Schönheit der heimischen Natur**, namentlich des Waldes, und ihre Entsprechung in der melancholische Seite der „deutschen Seele". Damit sprechen ihre Kunstwerke bis heute vielen Landsleuten aus derselben, (was nicht heißt, dass es in anderen europäischen Ländern nicht Ähnliches gegeben hätte).

Sich berühren zu lassen von diesen Bildern, von dem Lebensgefühl, das sie ausdrükken, kann wunderbar sein; es heißt nicht, hoffnungslos darin zu versinken.

1.7.2.3 Vermenschlichte Natur

Um die Wende vom 19. zum 20. Jahrhundert waren Verstädterung, Industrialisierung und Naturentfremdung, die sich in der Romantik abzuzeichnen begannen, rapide fortgeschritten. Die Sehnsucht nach der verlorenen Heimat, nach Harmonie in einer natürlichen Umgebung wurde zum verbreiteten Lebensgefühl. Diese Zeit bildete – literarisch betrachtet – auch die Blütezeit der **Tiergeschichten**.

Hermann Löns war wohl der bekannteste deutsche Vertreter dieser Richtung; sein plattdütsch sprechender Hase Mümmelmann, Glitsch, der Otter, Murrjahn, der Dachs oder Knickschen, die Wasseramsel werden manchen noch als Jugendliteratur der Nachkriegsjahre in Erinnerung sein. In England brachte Rudyard Kipling 1894 seine Dschungelbücher heraus und der Däne Svend Fleuron veröffentlichte neben vielen ähnlichen Geschichten (1920) seine „Welt der Tiere".

Irgendwie waren sie ja rührselig, diese einfühlsam dargestellten Tierschicksale. Vor allem zeugten sie von einer heute fast unvorstellbar genauen **Naturbeobachtung**. Wer kann sich in unserer Medienwelt noch so tief in das stille Leben von Wald und Heide versenken? Wer findet überhaupt die Zeit dazu oder besser: Wer kann die Zeit so vergessen? Ganz wohl war mir beim Lesen aber damals schon nicht, konnte ich es doch nicht glauben, was der gute Löns so alles in die Tiere hineininterpretierte.

Eine kleine Kostprobe aus Hermann Löns' „*Auf der Murke*":

> *„Wieder stehe ich an dem Kohlenwege und lasse die Augen umhergehen. Im Graben raschelt es. Ein Waldmäuschen kommt unter den Wurzeln eines dicken Eichenstuken hervor; da fällt von einem gelb blühenden Weidenschäfchen ihm ein dicker Wassertropfen auf die Nase, und ganz konsterniert über solche Gemeinheit verschwindet es in seiner Wohnung und schimpft, einmal übellaunig geworden, mit seiner Frau, weil sie schon wieder alte schimmelige Eicheln und ranzige Bucheckern auf den Tisch gebracht hat. Frau Maus bleibt ihrem Herrn*

Mäuserich die Antwort nicht schuldig, zumal sie Migräne hat, weil die Wohnung zu feucht ist. Schließlich kommt es sogar zur Balgerei; es sind eben gewöhnliche Leute ...“

Ganz anders wurde mir bei Löns′ frisch-fröhlichen **Wertungen** zumute. Er teilte offenbar – ähnlich wie man es damals mit den Menschen hielt – auch die Tiere nach gut und böse ein: In „*Der braune Tod*“[53] heißt es:

„ Der Wanderfalke saß auf seinem Luginsland ... offen und frei ..., und wenn die Tauben heimflogen, sauste er ihnen entgegen und schlug sie in der Luft. Der Bussard saß sichtbar auf einem Grenzsteine und wartete auf Mäuse, der Turmfalke rüttelte über der Heide. Sie alle jagten offen und ehrlich. Der Habicht aber raubte nach Buschklepperart und Strauchritterweise. Fest an den Stamm eines Baumes am Waldrande gedrückt saß er da und spähte mit den gelben Mörderaugen umher ...“

Eine seltsame Naturliebe kam da heraus. Weniger dankbar und beschaulich, die Tiere so lassend wie sie sind, sondern sie irgendwie in Besitz nehmend und menschlichen Maßstäben unterordnend. Der Mensch mit seiner Kultur stellte sich – für heutiges Empfinden penetrant – in den Mittelpunkt, benutzte die Tiere als **Projektionsfläche für eigene Gefühle**. Vor allem der Jäger, der Herr über Leben und Tod, wurde von erwachsenen Männern in einer Weise idealisiert, die mich stark an jugendliche Größenphantasien erinnert. Karl May wirkte mit seinen Reiseerzählungen ähnlich. Ursprünglich für Erwachsene geschrieben, wurden die Geschichten schließlich auch (fast) nur noch von Jugendlichen – vor allem Jungen – gelesen.

Tiefe Gefühle, innere Konflikte, Zweifel, Schuld, oder auch Zuneigung, Menschenliebe kamen praktisch nicht vor. Davor hat man ja – gerade in der Pubertät und ihr entsprechenden Kulturstufen – große Angst. Alles spielte sich deshalb außen ab, alles blieb an der **Oberfläche**. Wenn auch die Natur wieder Thema war, bewegte man sich hier auf ganz anderem Niveau als in der eigentlichen Romantik.

Trotz allem war zwischen den Zeilen aber die alte Sehnsucht spürbar nach dem Anderen, nicht vom Menschen Gemachten, nach Natur, nach Freiheit, die man in den Städten immer weniger fand. Manchmal denke ich, dass diese Naturbeziehung trotz Vermenschlichung und Größenwahn doch viel **tiefer und herzlicher** war als unsere heute so kühle, sachlich distanzierte, wissenschaftliche Natursicht. Wenn man zudem weiß, dass Hermann Löns schon als Schüler eine Liste der von ihm beobachteten 130 Vogelarten seiner Heimat um Deutsch Krone (heute Walcz, Polen) erstellte, dann erscheint seine Naturbeziehung in einem anderen Licht: Löns als Vorläufer eines modernen, wissenschaftlich orientierten Artenschutzes?[54]

Es fällt schwer, die Gefühle einer Zeit nachzuvollziehen, die so anders war als unsere. Aber näher an der Natur waren diese Leute auf jeden Fall. Gab es doch noch keinen Fernseher, dafür aber draußen vor der Haustür ungleich mehr zu erleben. Und wer Natur intensiv erlebt, hat auch zum **Tod** ein anderes Verhältnis. Töten, Fressen und Gefressenwerden sind dort ja selbstverständlich. Wenn wir diese Dinge heute aus der

Zeitgeist anno 1918: Titelbild eines Hermann-Löns-Buches. Aber hinter allem Imponiergehabe gab es eine tiefe Naturliebe.

Menschenwelt verdrängt haben, sollten wir sie zumindest in der Natur akzeptieren. Was wir distanziert und vornehm als „Greife“ und „Prädatoren“ („Beutemacher“) bezeichnen, tut auch nichts anderes als Löns' „Brauner Tod“.

Wie dem auch sei: die meisten Zeitgenossen – da schließe ich mich ein – können jene Art von Naturliebe, die in den Tier- und Jagd-Geschichten zum Ausdruck kommt, nicht mehr so recht nachvollziehen oder gar als Vorbild sehen. Hin- und hergerissen zwischen Rührseligkeit, Lächerlichkeit und Grausen fällt es oft schwer, das zweifellos Wertvolle darin zu erkennen.

Wenn Naturliebe heute in Deutschland so schwierig ist, wenn Adorno sie mit dem Wort „Afterpoesie“ in Verbindung bringt, dann hängt das auch mit solchen Geschichten zusammen, die ja unter anderem im Gedankengut des **Nationalsozialismus** gepflegt wurden.

Die Gebeine Hermann Löns´ wurden übrigens 1935 von einem Soldatenfriedhof in Frankreich, wo er im ersten Weltkrieg gefallen war, in die Lüneburger Heide überführt und dort „mit persönlicher Einwilligung des Führers" unter militärischen Ehren bestattet.[55]

Das Gefühl der Naturliebe von all diesem Ballast zu befreien, ihren tief menschlichen Kern zu finden, und dabei nicht sentimental zu werden, ist schwer. Noch schwerer ist es, diesen Kern (wieder) an die Öffentlichkeit zu holen. Andererseits haben wir inzwischen eine so lange Zeit des gefühlsmäßigen Vakuums hinter uns, eine so lange Periode der Verdrängung, dass viele Menschen die alte Sehnsucht sehr deutlich spüren, ähnlich wie seinerzeit die Romantiker. Ich möchte deshalb ein paar Bemerkungen zu einer zeitgemäßen Form der Naturliebe machen:

1.7.3 Gedanken zu einer zeitgemäßen Naturliebe

1. Die liebende Grundhaltung:

Liebe – egal ob zu Menschen, Bäumen, Tieren oder Landschaften – lässt sich mit ein paar einfachen Sätzen umschreiben:

> *Ich freue mich, dass es dich gibt. Du bist für mich schön. Ich schaue dich gerne an, bin gerne in deiner Nähe und gehe / fahre meilenweit, um bei dir zu sein. Aber ich will dich nicht besitzen. Ich freue mich, wenn es dir gut geht und habe Mitleid, wenn es dir schlecht geht.*

Das Ganze hat sehr viel mit **Freude** zu tun. Achtung, Verantwortung und Fürsorge, die neben der Erkenntnis, der sensitiven Wahrnehmung, nach Erich Fromm untrennbar zur Liebe gehören, stellen sich damit von selbst ein. Der „*Eigenwert*" des geliebten Wesens – die Grundlage meiner Achtung – und sein Wert *für mich* als Liebendem werden identisch.

2. Die Einheit von Natur- und Menschenliebe

Nach allem, was wir von Fromm und anderen gelernt haben, die sich mit dem Phänomen Liebe beschäftigen, ist Liebe ein **universelles Lebensgefühl**, das seinem Wesen nach nicht teilbar ist.

> *„Liebe ist nicht in erster Linie eine Bindung an eine bestimmte Person. Sie ist eine Haltung, eine Charakter-Orientierung, welche die Bezogenheit eines Menschen zur Welt als Ganzem und nicht nur zu einem einzigen „Objekt" der Liebe bestimmt."* [56]

Genauso wenig wie wir nur *einen* Menschen lieben können und andere nicht, können wir nur die Natur allein lieben und die Menschen ausschließen (und umgekehrt). Dies hatte schon Wilhelm Leopold Pfeil erkannt (s. Kap. 3), indem er sagte: ***„Die wahre Liebe zum Wald gehet aber immer Hand in Hand mit derjenigen zu den Menschen."***

3. Sensitivität als Schlüssel

„Von ganz besonderer Bedeutung für die Entfaltung der Liebesfähigkeit ist die Sensitivität," schreibt Peter Lauster.[57]

> *„... **Aus der Sensitivität ergibt sich alles andere von selbst**. Die Sensitivität ist der Schlüssel zum Glück".* Und an anderer Stelle: *„Der Verstand gilt für „klüger" als die Sensitivität, weshalb sie sich angeblich der „höheren Instanz des Denkens" unterzuordnen hat. Mit dieser Einstellung machen wir unsere Sinne stumpf und zerstören unsere Liebesfähigkeit ...Der Verstand muss schweigen, damit die Liebe sich entfalten kann."*

Wenn Ästhetik sensitive Wahrnehmung bedeutet, dann liegt genau in ihr, nicht in der ökologischen Wissenschaft, der Schlüssel zur Naturliebe und damit zu einem achtsamen, verantwortungsvollen Umgang mit unserer Umwelt. Die Wissenschaft kann wertvolle Grundlagen, Handwerkszeug und Hilfen liefern, aber nicht die innere Einstellung.

4. Ja zu den eigenen Lebensinteressen

Dass wir Stechmücken weniger lieben als Rotkehlchen, ist menschlich. Berühren Erstere uns doch hautnah anders als der süße Gesang der Vögelchen. Hier spielen vitale Lebensinteressen herein, die unser Empfinden beeinflussen. Schon beim sinnlichen Wahrnehmen, bei der Ästhetik, hatte ich geklärt, dass vollkommen interesseloses Wahrnehmen in der Natur nicht möglich ist. Für die darauf aufbauende Liebe gilt dies noch mehr.

Vitale Lebensinteressen stehen dem Menschen ebenso zu wie jeder anderen Art. Sie sind absolut zu bejahen; ebenso das Töten, das daraus resultiert. Mir würde es viel Lebensfreude nehmen, wenn ich mich dauernd stechen lassen müsste oder gar, wie eine indische Religionsgemeinschaft, immer mit einem Mundschutz herumlaufen sollte, um keine Fliege zu verschlucken und damit zu töten.

In dieser Beziehung können wir von Naturvölkern lernen, die aus dem inneren Zwiespalt zwischen Liebe und Eigeninteresse heraus um eine Art „Entschuldigung" bitten. Es mag für manchen vielleicht lächerlich wirken, wenn jemand sagt: „meine liebe Mücke, ich respektiere dein Leben, aber meine Haut ist mir jetzt wichtiger ... Patsch". Im Prinzip ist das aber genau die bewusste, achtsame, liebende Grundhaltung, die unserer Kultur weitgehend fehlt.

5. Liebe und Wissen

Vorsicht ist unbedingt geboten, wenn wir die eigenen Wertmaßstäbe auch in den Fällen anlegen, wo wir nicht selbst betroffen sind: wenn wir den Wolf z.B. als böse einstufen, Bambis aber als nett und lieb (über die jagdliche Komponente dieses Vergleiches ist zu reden). Sicher spielt hier ein natürliches Mitleid herein, das wir mit dem „wehrlosen Geschöpf" haben; aber deswegen das Lebensrecht des „wehrhaften

Geschöpfes“, das nun einmal kein Gras fressen kann, und nur seine „biologische Pflicht tut“, zu verneinen, wäre anmaßend.

Glücklicherweise hat uns die moderne **Ökologie** mit ihren wissenschaftlichen Erkenntnissen über die Rolle der Raubtiere bzw. Prädatoren im Naturhaushalt die Augen geöffnet. Das haben wir Löns voraus: **Mit unserem Wissen tun wir uns leichter, auch die unbeliebten Arten zu lieben.**

6. Der Weg nach innen

Die Natur wahrzunehmen, zu lieben, „funktioniert“ nur in dem Maß, wie ich mich selbst wahrnehmen und lieben kann. Die Freude darüber ist immer zugleich eine Freude über das *eigene* Dasein. Erinnert sei an Plotin (S. 40), der schon erkannte, dass intensive sinnliche Wahrnehmung eine Art **Verschmelzung von Subjekt und Objekt** bedeutet. Auch die Quantenphysik hat uns ähnlich verblüffende, mit dem Verstand kaum noch nachvollziehbare Erkenntnisse gebracht.

So ist es wohl aufzufassen, wenn der Kirchenvater Augustinus in seinen „Confessiones“ vor Menschen warnte, die staunend die Gipfel der Berge und die Fluten des Meeres ohne Grenzen sähen, aber nicht acht ihrer selbst hätten. Vordergründig wird hier die Naturliebe verworfen, tatsächlich aber vor allem eine übermäßige Außenorientierung. Leute wie Franz von Assisi haben später die Verbindung gesucht: achtsam gegenüber sich selbst *und* den anderen Lebewesen zu sein. Wenn sie auch Einzelerscheinungen geblieben sind, sind sie doch beispielhaft: **Der Weg in die Natur führt auch ins eigene Innere und umgekehrt.**

7. Religiöse Zurückhaltung: Mission unerwünscht

Selbstverständlich kann jeder in der Natur empfinden, was ihm in den Sinn kommt. Der eine mag sie als Werk eines personalen Schöpfers sehen, der andere mag darin den Teufel, Trolle, Feen und Elfen entdecken; und wieder ein anderer mag im Regenwurm den Geist eines wiedergeborenen Menschen spüren. Aber dies alles ist subjektiv und nicht notwendig, um die Natur zu lieben.

Sinnliches Erleben, sensitives Wahrnehmen ist eine Sache, **übersinnliches** Empfinden bzw. über Übersinnliches zu spekulieren eine andere. Davon zu reden sollte – wenn es sich gar nicht vermeiden lässt – äußerst vorsichtig und achtsam gegen die Gefühle anderer geschehen; vor allem ohne die Absicht, jemanden zu überzeugen.

Wer sich kontemplativ in die Natur, in den Wald versenkt, wird auf seine persönliche Weise die **Kraft des Lebens** erfahren, die in allem wirkt, was ist. Er wird spüren, dass er selbst ein Stück Erde ist, das diese Kraft in sich trägt; dass er – wenn man so will – Kind der beiden ist: des väterlichen Geistes und der mütterlichen Materie. Dies ist so wenig und zugleich so viel, so selbstverständlich und zugleich so großartig, dass sich weitere Spekulation erübrigen mag.

1.8 Naturschutz – alles öko ...

Neben den Religionsgemeinschaften und Hilfsorganisationen, neben Frauen- und Friedensbewegung gehören die Naturschutz- und Umweltverbände zu den Gruppen in unserem Land, die sich für immaterielle, ethische oder moralische Werte einsetzen. Als Vorreiter eines „**postmaterialistischen Wertewandels**“ bilden sie ein Gegengewicht zum verbreiteten ökonomischen Denken. Während sich Erstere direkt um die Menschen kümmern, haben Natur- und Umweltschützer primär den Erhalt oder die Wiederherstellung einer vielfältigen **natürlichen Mitwelt** zum Ziel. Die Frage ist: für wen?

Naturschutz vor den Menschen oder für die Menschen? Nicht immer lässt sich diese Frage einfach beantworten. Im Zweifelsfall aber gilt aus waldästhetischer Sicht eine klare Priorität „für“.

Für wen Naturschutz?

Bis heute kommt es oft so rüber, dass die natürliche Mitwelt – die „Natur“ – *selbst* Zweck des Einsatzes wäre, der Mensch dagegen untergeordnet.

Beispielsweise erinnere ich mich an ein Comic aus einem Umweltmagazin der 90er Jahre: Eine Gruppe von Tieren stand wie in der Schule vor einem Plakat, auf dem ein Mensch abgebildet war. Der Fuchs dozierte: *„Was seine Nützlichkeit betrifft, ist er völlig überflüssig!“* Doch wer entscheidet, was auf der Erde überflüssig ist? Die Tiere vielleicht? Fänden die sich nicht gegenseitig überflüssig, das Reh den Wolf zum Beispiel, der ihm nur nach dem Leben trachtet?

Wenn es auch nur eine Karikatur war, sie war bezeichnend für die dahinterstehende Weltanschauung. Hier wurde nicht nur ein **geringschätziges Menschenbild** gezeichnet, sondern auch ein übergeordneter – gewissermaßen göttlicher – Standpunkt eingenommen. Dem Empfinden vieler Insider mag der Witz entsprochen haben; menschenfreundlichere Zeitgenossen hat er wohl eher abgestoßen.

Doch allmählich kommt Bewegung in dieses Selbstbild. In seinem Leitartikel für „*Natur und Umwelt*" 2/2002 schreibt Hubert Weinzierl:

> *„In meinen jüngeren Jahren habe ich immer mit der Unwichtigkeit der Art Mensch kokettiert und deren Bedeutungslosigkeit im Lebens- und Weltenspiel aufzuzeigen versucht. Erst viel später habe ich mich der* ***vergessenen Art Mensch*** *zurückbesonnen und begreifen gelernt, dass Menschenliebe und Artenschutz, Naturschutz und Menschenschutz viel miteinander zu tun haben. ... Auch ich selbst betreibe Naturschutz letztlich aus Egoismus und als ein Stück Hoffnung ..."*

Diese Worte von einem „Häuptling" der Natur- und Umweltschützer zu vernehmen, hat mich außerordentlich gefreut: **Die Umweltbewegung entdeckt den Menschen!** Der besagte Artikel trug die Überschrift: „*Die vergessene Art*". Wenn ich bisher auch nur wenig Resonanz darauf gehört habe, verbinde ich damit doch große Hoffnung: dass der Naturschutz endlich aus dem Schatten von Gottesfurcht und Gewissen herauskommt, dass er sich vom erhobenen Zeigefinger und vom zweifelhaften Bündnis mit höheren Mächten verabschiedet, sich aktiv zu den Menschen und zum Prinzip Freude wendet und damit irgendwann sogar mehrheitsfähig wird.

Dies ist sicher ein langer Weg, bei dem viele Hindernisse zu überwinden sind. Überaus hilfreich kann dabei die Rückbesinnung auf die eigenen Wurzeln sein. Zwar wird die Naturschutzgeschichte erst allmählich erforscht, aber soviel steht fest: Ursprünglich ging es nicht um Ökologie und Biodiversität, nicht um Biozentrik und Eigenwert, sondern ganz einfach um **Schönheit**. Rein ästhetisch waren die Beweggründe, aus denen sich gegen Ende des 19. Jahrhunderts die Heimat- und Naturschutzbewegung bildete.

Die Wurzeln des Naturschutzes

Zwei Großrichtungen lassen sich unterscheiden: zum einen der Schutz der **Landschaft**, die damals enormen Eingriffen unterlag. Zum anderen der Schutz besonders schöner **Arten**, die von sogenannten Liebhabern in Unmengen gesammelt und gehandelt wurden. Eine ziemlich deprimierende Bestandsaufnahme veröffentlichte im Jahr 1905 G. Eigner in der Naturwissenschaftlichen Zeitschrift für Land- und Forstwirtschaft. Einige Stichworte daraus mögen die Probleme der Zeit, die großenteils noch heute aktuell sind, beleuchten:

> *„Grundstücksspekulation; geradlinige Straßenzüge; Reklame, die sich in Gestalt von Tafeln, Plakaten, Beschreibungen an Felsen usw. in einer das Landschaftsbild überaus störenden Weise geltend macht; Villen und Privatgärten, die an den Seeufern kaum noch einen Quadratfuß Uferlandes übrig lassen, von wo aus ein nicht privilegierter Besucher die Schönheit des Sees genießen kann; Korrektionsbauten, die unsere Flussläufe einzwängen; eine Steinindustrie, der interessante Felsgebilde und ganze Berge zum Opfer fallen; Eisenbahnen, die einerseits manche Naturschönheit leichter zugänglich machen, aber andererseits vielfach die Majestät und Ruhe der Gipfel und Täler*

zerstören; Hotels und Gasthäuser, die an den schönsten Aussichtspunkten errichtet werden; Trockenlegung von Sümpfen und Filzen; Nadelholzforste an Stelle ursprünglicher Laubwaldungen ...“

Zum Problem des **Artenschutzes** schreibt Eigner:

„Wildwachsende Blumen und Pflanzen sind Handelsartikel geworden. ... Die sogenannten Kräutlweiber plündern vom ersten Frühjahre bis in den Winter hinein die Umgebung der Stadt auf Meilen hinaus, um ihren Raub teils im Hausierhandel, teils auf den Märkten abzusetzen. ... Um zehn bis zwanzig Pfennige ist z.B. ein großer Strauß von ...Frauenschuh, unserer wohl schönsten und interessantesten Orchidee, käuflich. ... Ein Davoser Händler annoncierte, dass er 50 bis 100 Kilo Edelweißpflanzen kaufe. In alpinen Zeitungen werden für Kostümfeste und ähnliche Gelegenheiten ...Edelweiß, Schneerosen, Enzian, Primeln zum Verkauf ausgeboten. Namentlich nach England wird ein schwunghafter Handel mit Alpenblumen betrieben. Im Bayerischen Walde ... steht die Bärwurz infolge Verwendung zu Schnaps auf dem Aussterbeetat. .. Auf den beliebteren Ausflugstouren sind an jedem Wege, in den Gasthäusern, in den Eisenbahnwagen überall die weggeworfenen verwelkten Blumensträuße zu finden ...“

Gegen solchen **Ausverkauf der Heimat** regte sich bei vielen Naturfreunden Zorn und Widerstand. Dazu Eigner:

„So ist in den letzten Jahrzehnten eine lebhafte Bewegung zum Schutze der Landschaft gegen Verunstaltung und zur Erhaltung besonders bemerkenswerter Naturgebilde (Naturdenkmäler) entstanden. Unterm 10. März 1904 wurde zu Dresden von einer großen Anzahl ***für die Schönheiten der deutschen Heimat begeisterter Männer****, unter denen sich namhafte Gelehrte, Künstler, Lehrer und Beamte befanden, der Deutsche Heimatschutzbund gegründet.“*

Das sind die **Wurzeln des Naturschutzes: Emotion, Begeisterung für die Schönheit der Heimat**. Und was ist davon heute übrig? Nach *außen* zumindest jede Menge Sachlichkeit: Populationen, Biozönosen, Habitate, Biotopmanagement, Rote Listen, naturschutzfachliche Stellungnahmen, ökologische Ausgleichsmaßnahmen, Kartierung von Gefährdungspotenzialen und und und. „**Scientismus**“ hat Carl Friedrich von Weizsäcker[58] diese nicht nur im Naturschutz Platz greifende „Verwissenschaftlichung“ genannt. Der Verstand bläht sich auf und drückt unsere Gefühle gefährlich weit an die Wand. Hoffentlich hat man sich zumindest *innen* einen kleinen, glimmenden Funken von Begeisterung erhalten.

Speziell beim Naturschutz liegt unser Problem mit der Emotion nicht zuletzt darin, dass man die tiefe Natur- oder auch Heimatliebe, die früher viele Menschen bewegte, im Nationalsozialismus benutzte und daraus faschistische Ideologien wie die von „***Blut- und Boden***“ schmiedete.

„Die neue Volksgemeinschaft soll werden aus Blut und Boden, d.h. aus den urtümlichen Kräften des Leibes und der Seele, die unserer Rasse eigen sind, und

Märzenbecher (oben),
Waldschlüsselblume (unten links.),
Seidelbast (rechts):
Die Sorge um schöne (Wald-) Blumen war gegen Ende des 19. Jahrhunderts eine der zentralen Wurzeln des Naturschutzes.

aus der naturgewollten Verbundenheit, die zwischen uns und der heimatlichen Scholle besteht.“[59]

Neuere Forschung zur Naturschutzgeschichte bestätigt, dass durchaus Verbindungslinien vom Natur- bzw. Heimatschutz zum braunen Regime bestanden. Auch gab es reaktionäre Tendenzen im Heimatschutz, welche der Utopie einer Rückkehr zu feudalen Agrarstrukturen huldigten. Nach allem, was die deutsche Geschichte aus dieser Zeit belastet, können wir jedenfalls den emotionalen Aspekt des Natur- und Heimatschutzes nicht unbefangen übernehmen. Schon das Wort **Heimat** wird zu oft ironisiert und ins Lächerliche gezogen, als dass wir es einfach aufgreifen könnten.

In der Nachkriegszeit war noch einiges von diesen Gefühlen lebendig, schließlich lassen sich gewachsene Empfindungen nicht von heute auf morgen umkrempeln. Mein Großvater zum Beispiel hat mir ein Stück dieser einfachen, **bodenständigen Naturliebe** vorgelebt. Zugegeben war diese Liebe ziemlich selektiv, das Heimische galt mehr als das Fremde, und schöne Pflanzen und Tiere unterschied er deutlich von hässlichen oder unbeliebten. Wenn er beispielsweise im Wald einen Efeu entdeckte, der einen Baum „würgte“, dann wurde das Taschenmesser gezückt und der „arme Baum“ von dem widerwärtigen Schlinggewächs befreit. Sein Mitleid war ausgeprägt und wenig von intellektuellen Überlegungen getrübt. Mögen moderne „Prozessschützer“ sich schaudernd abwenden – ehrlich gesagt hätte ich das manchmal auch gerne getan – doch diese Naturbeziehung war so **lebendig und freudig**, wie es sie wohl nur damals gab. Vielleicht eben deshalb, weil sie aus dem Herzen kam und nicht aus dem Kopf.

Die Verbindung mit dem Umweltschutz

In den sechziger Jahren ereignete sich dann eine entscheidende Wende: das **Zeitalter des Umweltschutzes** brach an. Großes Aufsehen erregte die amerikanische Biologin Rachel Carson 1962 mit ihrem „Stummen Frühling“: einem Buch über die verheerenden Auswirkungen, die DDT und andere Umweltgifte auf die Tierwelt haben. In Europa griffen vor allem die „Achtundsechziger“ – die gegen Rüstung und Wirtschaftssystem protestierenden Studenten – das Thema auf. Nicht nur die arbeitenden Menschen, sondern auch Natur und Umwelt wurden jetzt als **Manipuliermasse der kapitalistischen Wirtschaft** verstanden.

Ganz neue Konfliktfelder kamen auf: die Atomversuche, die in der Südsee und anderen menschenleeren Gegenden bis heute verwüstete Landschaften hinterlassen haben; die sogenannte friedliche Nutzung der Atomenergie, Wiederaufbereitung, Atommülllager usw. Dann die Abfallentsorgung, Müllverbrennung, diverse Skandale in der Landwirtschaft, Nutztierhaltung, Ozonloch, Klimaerwärmung, schließlich das Waldsterben, die Tropenwaldvernichtung usw. Nachdem über den Umweltgedanken ein neuer Personenkreis zum Naturschutz gestoßen war, entwickelte sich auch eine Beziehung zur Friedensbewegung, zu emanzipatorischen Frauengruppen, und über die Suche nach neuen spirituellen Inhalten schließlich auch zur Esoterik.

Hatten die wenigen Nachkriegs-Naturschützer ihren Blickwinkel noch ausschließlich auf Landschaften, Tiere und Pflanzen der Heimat gerichtet, und waren sie von der Gesellschaftsmehrheit oft als ewig Gestrige, als „**Naturapostel**" belächelt worden, so wurden sie jetzt zum Teil einer großen, durchaus politisch motivierten Szene. War es doch objektiv unmöglich geworden, die Probleme beschränkt auf den kleinen Ausschnitt „Heimat" zu sehen.

Die Ökologie erstarkte innerhalb kurzer Zeit zur Leitwissenschaft der Bewegung. Als Lehre von den Beziehungen der Lebewesen untereinander und zu ihrer Umwelt lieferte sie Daten und Fakten, welche die Veränderung und Gefährdung der natürlichen Mitwelt hieb- und stichfest belegten. War ihr Begründer, Ernst Haeckel (1866) seiner Zeit entsprechend noch hauptsächlich von der Schönheit der Natur bewegt – er wollte ursprünglich Landschaftsmaler werden – **kamen Naturschwärmerei und Gefühl zusehends aus der Mode, Wissen und Fakten wurden „in"**.

Indem das Wort Ökologie schließlich Eingang in die tägliche Umgangssprache fand, veränderte sich sein Bedeutungsinhalt. In die ursprünglich neutrale Wissenschaft kam landläufig eine positive Wertung hinein, so dass ökologisch heute gleichbedeutend mit umweltverträglich, sauber, rücksichtsvoll verwendet wird. Für viele steht es einfach für „gut". Öko-Gärten, Öko-Häuser, Öko-Landwirtschaft, Öko-Bier – alles ist zumindest den „Gläubigen" fast zu einem Synonym für Lauterkeit und reines Gewissens geworden.

Aber spätestens seit eine **Steuer** diesen Namen bekommen hat, mehren sich die „Andersgläubigen", die von Öko- nichts wissen wollen, die darin sogar Unheil wittern und „Öko-Diktatur" oder gar „Öko-Faschismus" befürchten.

An dieser Schwelle ist – meine ich – Nachdenken angesagt. Sicher lassen sich Naturschutz und Umweltbewegung heute nicht mehr auseinander dividieren. Aber so einfach alles in einen Topf zu werfen, ist gefährlich. **„Öko" ist dabei, die Gesellschaft zu polarisieren**: in Freunde und Feinde. **In Gute und Schlechte**. Schon die simple Gegenüberstellung von Ökologie und Ökonomie grenzt aus. Sie stempelt viele Nutzer, die sich nicht an die „Glaubensregeln" halten, zu Feinden ab. Am liebsten zu Feinden „der Natur", jener angeblich höheren Macht, für die „Öko" als Streicheleinheit gedacht ist.

Stellt sich doch schon die ursprüngliche Motivation von Natur- und Um-

Natur- contra Umweltschutz

Ein Beispiel dafür, dass Natur- und Umweltschutz eigentlich völlig verschiedene Dinge sind, ist die **Wasserkraft-Nutzung**. Strom aus Fluss- oder Gezeitenkraftwerken wird gerne als „saubere Energie" verkauft. Dies trifft insofern zu, als damit keine direkten Immissionen verbunden sind. Dass mit den Stauwehren aber lebendige Flussläufe zu Badewannen umfunktioniert, Fischen die Wanderwege abgeschnitten und eine Reihe von Folgeproblemen geschaffen werden, fällt bei dieser Reklame unter den Tisch. Dazu ein treffendes Zitat von Bernd Uhrmeister (in Natur und Umwelt 2/04, S. 12): *„Umweltschutz wäre es, den Schaffhausener Rheinfall in die Röhre zu stecken, Naturschutz, ihn weiter „unnütz" herunterdonnern zu lassen."* Zu den Problemen der Windkraft siehe Kap. 3.3.4.

weltschutz verschieden dar: Naturschutz beruht auf positiver Emotion: auf **Liebe** zu Tieren und Pflanzen, zur Landschaft, zur Heimat, die man sich als Gegenstand ästhetischen Erlebens, als Quelle der Freude und Erholung bewahren wollte.

Umweltschutz dagegen beruht auf **Angst**: Angst vor Umweltgiften, chemisch veränderter Nahrung, Castor-Transporten, Ende der Ressourcen, Gentechnik, Elektrosmog usw. Wer aber wenig Angst hat vor Technik und Chemie, wer auf die Entwicklungsfähigkeit der Menschen und ihren Erfindergeist vertraut, weil er vielleicht selbst in einem entsprechenden Beruf arbeitet, kann sich in der Umweltbewegung kaum heimisch fühlen. Und das sind in einem immer noch industriell geprägten Land wie Deutschland sehr viele.

Mögen sie für die Schönheit von Natur und Landschaft durchaus ein offenes Herz haben – sobald sie **Umweltmagazine** mit allen Horrormeldungen über den Kampf gegen Atomkraft, die Gefahr durch Gentomaten, die Verantwortung bei jedem Handy-Telefonat aufschlagen, werden sie diese bald wieder weg legen. Ich selbst fühle mich nach entsprechender Lektüre am Feierabend oft ein paar Zentner schwerer. Wenn ich mir diese Literatur trotzdem regelmäßig aufbürde, dann um auf dem Laufenden zu bleiben und weil ich die meisten Anliegen im Grunde für gut und richtig halte.

Hinterher hab ich aber oft zu tun, um psychisch wieder klarzukommen mit dieser „fürchterlichen Welt". Der Gedanke hilft mir dabei, dass auch Autobahnen wertvoll sind, weil sie genauso wie Flughäfen Menschen verbinden, oder dass sich im neuen Gewerbegebiet vielleicht eine Firma für Solarenergie ansiedelt. Und die ganze Agro-Chemie beschert mir wenigstens einen schönen Blumenkohl ohne Schnecken und Würmer, dessen Anzucht ich im Garten längst aufgegeben habe.

Damit zu leben, dass **andere Werte** für andere Menschen wichtiger sind als meine, dass ich den daraus resultierenden gesellschaftlichen Prioritäten bisweilen machtlos gegenüberstehe, ist schwer. Es erfordert eine gewisse Demut, dies zu akzeptieren und daran zu glauben, dass alles auf dieser Welt letztlich seinen Sinn haben wird. Aber schließlich bleiben doch eine Menge Dinge übrig, über die ich mich freuen kann und will.

Sicher ist auch der klassische Natur- und Landschaftsschutz mit Angst verbunden: eben der Angst, dass die Wirtschaft die geliebte Landschaft, die Pflanzen und Tiere, den Wald und den Bach kaputtmacht. Aber diese Angst hat nichts mit der eigenen Gesundheit zu tun, sondern mit der Möglichkeit, sein Leben auch in der Heimat – und nicht nur irgendwo im Urlaub – sinnvoll zu gestalten. Beim eigentlichen Naturschutz geht es um ästhetischen oder Erlebniswert. Der wäre aber, wenn wir an Gerhard Schulzes Erlebnisgesellschaft denken, im Gegensatz zu manchen ökologischen Werten in der Bevölkerung prinzipiell mehrheitsfähig.

Neue Kraft für den Naturschutz

Der Schlüssel zu einem besseren Schutz der Natur, zu einer breiteren Akzeptanz in der Bevölkerung liegt darin, ihre Schönheit ins Bewusstsein zu rufen und wo möglich zu steigern. Dies freilich, ohne sie touristisch zu „verrummeln". Der Naturschutz müsste sich selbst als Schützer von *Erlebniswerten*, als Garant für die greifbare Schönheit unserer Lebenswelt – unserer Heimat – profilieren, als Anwalt für menschliches Gefühl. Naturschutz für die Menschen und nicht gegen sie. Raus aus der Angstmacher-Ecke hin zu **positiven Werten**; ästhetischen Werten, die nicht nur im Kopf einiger Fachleute existieren, sondern tatsächlich spürbar, erlebbar sind **mit den Sinnen.**

Angesichts des enormen Landverbrauchs für Verkehr, Wirtschaft und Siedlung kommt man auch in der **Landschaftsplanung** zu der Erkenntnis, dass die bisherigen Argumente für einen wirksamen Schutz nicht ausreichen. Werner Nohl (2001)[60] schreibt,

> *„ ... dass ökologische Ziele und Maßnahmen, wie sie in den Landschaftsplänen gefordert werden, längerfristig nur durchsetzbar sind, wenn die Bevölkerung auch deren ästhetische Notwendigkeit bejaht und akzeptiert. Die Vermeidung von Übernutzung und Zerstörung ökologisch sensibler Landschaftsbereiche und Naturressourcen ist auf Dauer nur möglich, wenn eine* ***ästhetisch-emotional verankerte Akzeptanz*** *für ökologische Ziele in der Bevölkerung geschaffen werden kann.*
>
> ***Es kommt deshalb in den nächsten Jahren darauf an, dem gesetzlich festgeschriebenen, aber bisher vernachlässigten Auftrag der Landschaftspflege, auch die ästhetischen und rekreativen Belange zu berücksichtigen, in der Praxis der Landschaftsplanung zu mehr Realität zu verhelfen.*** *"*

Diese Erkenntnis Nohls muss meines Erachtens auf die gesamte Landschaft angewandt werden, also auch auf die Wälder. Schaut man sich jedoch die Positionen des Naturschutzverbände zum Wald an, dann lesen sie sich wie eine Mischung aus Doktorarbeit und Gesetzestext: *Sicherung der Waldfunktionen, Sicherung und Schaffung standortsspezifischer Waldökosysteme durch standortheimische Baumarten und -rassen, Umbau des schlagweisen Hochwaldes in Dauerwaldformen, Förderung reifer Wälder einschließlich deren Zerfallsphasen, Sicherung der Dynamik des Ökosystems Wald, Sicherung seltener und gefährdeter Waldtypen und typischer Kleinstrukturen usw.*[61]

Wo ist da Gefühl? Wo kann der „**normale Waldbesucher**" sich wiederfinden, wo kann er erkennen, dass hier für ihn gesprochen wird? Oder will man vielleicht gar nicht für die breite Bevölkerung sprechen? Will man lieber Naturschutz für Fachleute betreiben als für die „einfache Menschenseele"? Dann braucht man sich über Skepsis in der Bevölkerung allerdings nicht zu wundern.

Wie zu Zeiten Ernst Rudorffs und Hugo Conventz' liegt auch heute noch die Kraft in der Emotion. Und diese Kraft wird dringend gebraucht, um den Zielen des

Naturschutzes – unter anderem in der Forstpolitik – Geltung zu verschaffen. **Naturschutz braucht weniger Ökologie und weniger Gewissen, sondern er braucht ein positives, ästhetisches Leitbild.**

Anlässlich der Vilmer Sommerakademie 2001 haben Landespfleger und andere Interessierte den ebenso geschichtlich belasteten wie naturschützerisch unentbehrlichen **Heimatgedanken** aufgegriffen. In den daraus resultierenden „**Vilmer Thesen**" heißt es unter anderem:

> *„Der Naturschutz macht sich durch die Deklaration „objektiver, ökologischer Sachzwänge" unglaubwürdig. Er unterschlägt die jedermann offenkundigen, für seine Legitimation relevanten, emotionalen und ästhetischen Beziehungen zur Natur ... Die notwendige Verstärkung der kulturellen Ebene des Naturschutzes wird nicht um die kritische Thematisierung der konservativen Gehalts und um eine* ***Neuinterpretation des Heimatbegriffs*** *herumkommen ...".*[62]

Die derzeit so rasant galoppierende „Globalisierung" fördert diese Besinnung und Neuinterpretation der Heimatbegriffs ihrerseits. Da es für die Menschen unmöglich ist, sich nur als „Europäer" zu fühlen, provoziert die Globalisierung sozusagen im Rückstromprinzip eine Tendenz zur „**Regionalisierung**". Die Nationalstaaten sind dabei, ihre Souveränität teilweise aufzugeben und verlieren Integrationskraft, sofern sie diese überhaupt jemals hatten; im Falle Deutschlands identifizierte sich die Bevölkerung im Grunde wohl immer mehr mit der jeweiligen Region als mit dem Nationalstaat.

Naturschutz war immer und ist auch heute noch Heimatschutz. Im Bild: Perasdorf, Naturpark Bayerischer Wald.

Region ist aber nicht nur die Stadt, in der man lebt, der Fußballverein, sondern auch die Landschaft, zu der – je nach Ausgangslage – der Wald als zentrales Element gehört. Diese Landschaft ist in ihrer Eigenart und gegebenenfalls Schönheit unverwechselbar. **Da die Region ideologisch relativ unbelastet ist, könnte mit ihr auch der Heimatbezug wieder in gesunder Ausprägung wachsen**. Heimat erschiene dann in einem neuen Licht, als Wert, den man neu erkennt und für dessen Schutz man sich engagiert. Daraus kann der Naturschutz durchaus neue, emotionale Kraft schöpfen. Auch der Wald als wichtiger Teil der Natur kann an Wertschätzung und Zuneigung gewinnen.

2 Wie wir Wald – sensitiv – erleben

„*Mit allen Sinnen Wald erleben*" heißt der Slogan moderner Waldpädagogik. Dazu gibt es ganze Bücher und Ordner voll Übungen sowie einen „Walderlebniskoffer", mit dessen Hilfe FörsterInnen und WaldpädagogInnen Kinder wie Erwachsene in die unbekannte grüne Welt begleiten. Kurzweilig soll es sein und vielseitig, ein richtiges „event", das man nicht so schnell vergisst, weil es mehr anspricht als die übliche Hören-Sehen-Kombination der Medien. Man geht barfuß übers Laub, schnuppert die vielfältigen Gerüche, versteckt sich im Gebüsch, fängt Bodenlebewesen oder lauscht mit verbundenen Augen den leisen Stimmen des Waldes.

Wenn diese Methodik auch manchen seltsam anmutet: wer Bewusstsein schaffen will, muss die Menschen da abholen, wo sie stehen. Und die allermeisten stehen wohl mit dem Kopf in der Erlebnisgesellschaft, mit den Füßen aber tief in einer (städtischen) Zivilisation. Die Gruppensituation und eine fachkundige Führung erleichtern den Sprung in die andere Welt. Allein traut sich nicht jeder. Und wer käme schon auf die vielen interessanten Ideen?

Mit allen Sinnen Wald erleben, heißt auch, sich selbst erleben. Tastsinn und Sinn für die Eigenbewegung – entwicklungsgeschichtlich weitaus älter und ursprünglicher als Auge und Ohr – beziehen den Erlebenden ganzheitlich ein. „*Wenn ich etwas berühre*", sagt Meyer-Abich (s.Kap 5), „*so bin ich gleichzeitig berührt – wenn ich mich bewege, so bin ich gleichzeitig bewegt.*" Da wir draußen niemals nur *vor* der Natur, sondern auch *in* ihr stehen, kommt weniger jene „**ästhetische Distanz**" auf, mit der wir beispielsweise ein Gemälde betrachten können. Sicher gibt es diese Distanz draußen auch; ohne sie, ohne einen gewissen inneren Abstand, gäbe es keine Ästhetik. An markanten Aussichtspunkten zum Beispiel, wo wir mehr *auf* die Landschaft schauen, als *in* ihr stehen, dominiert diese Distanz häufig unser Empfinden. Sobald wir aber weiter gehen, wieder in die Landschaft, in den Wald eintauchen, wird sie geringer oder verschwindet.

In diesem Wechsel liegt ein großer **Reiz des Naturerlebens**: Betrachter sein und zugleich Bestandteil der Natur. Mal mehr das eine, mal mehr das andere. Mal mehr nach außen orientiert, mal mehr nach innen. Die alte Forstästhetik legte (zu) großen Wert auf die Betrachtung. Man wollte Wald oder Natur schön arrangieren, einen schönen Anblick schaffen. Nachdem unsere Entfremdung von der Natur aber in den letzten Jahrzehnten gewaltig vorangeschritten ist, glaube ich, **dass wir heute viel mehr Wert auf das Zugehörigkeitsgefühl Mensch – Natur legen müssen, als auf den „schönen Anblick".**

Man braucht bloß einige Zeit auf einem Berggipfel zu verweilen oder an einem berühmten Aussichtspunkt, wie den Kreidefelsen von Rügen: Wer aufmerksam für das eigene Innere ist und ebenso aufmerksam die Menschen beobachtet, die dort ankommen, stellt häufig eine gewisse Enttäuschung fest. Bemerkungen wie „schön, schön, aha, das also ist ..., machen wir ein Photo ..., jetzt hab ich aber Durst, ... wo steht denn unser Auto, ... wo ist das Wirtshaus ..." lassen sich dort viel häufiger vernehmen als Äußerungen tatsächlicher Begeisterung.

Stefan Rudolf [63] erkennt sogar eine gewisse Angst vor tieferem Erleben:

> *„Der Schönheit der Natur begegnend, in Gefahr von ihr bewegt, gerührt zu werden, zücken wir reaktionsschnell die Kamera, drücken ab und steigen beruhigt wieder ins Auto, um uns das Bild Wochen später,* ***ohne die Gefahr eines Erlebnisses****, mit dem Projektor an die Wand zu werfen."*

Psychologisch ist solches Verhalten durchaus erklärbar, haben wir doch vor den Gefühlen, die wir am meisten ersehnen – z.B. auch vor der Liebe – die größte Angst. Gerade wenn wir uns von Mitmenschen beobachtet wissen, bleiben wir auf alle Fälle lieber „cool". Dem entsprechend ist die Verweildauer der meisten Besucher an solchen markanten Aussichtsplätzen auch kurz. Zwar brauchen wir Attraktionen, damit wir überhaupt ein Ziel haben, im Grunde ist in der Natur aber der Weg das Ziel (s. Kap. 3.3.9). Und der Weg sollte einerseits Reize bieten, andererseits eine gewisse Einsamkeit, damit wir uns zumindest der Natur bzw. uns selbst gegenüber öffnen können.

Heutige Naturästhetik soll nicht nur den Blick nach außen fördern, sondern auch den nach innen. Es geht weniger ums Anschauen als vielmehr ums Eintauchen. Raum zu bieten ist mindestens ebenso wichtig wie Schönheit.

Ästhetik und Ethik

Leitgedanke ist, dass ich mich in einer anderen Umgebung auch *selbst* anders wahrnehme. Im Urlaub im Bayerischen Wald bin ich *„ein ganz anderer Mensch"* als an meinem Schreibtisch in Gelsenkirchen; am stillen Waldsee ein anderer als in der vollen U-Bahn; unter einer alten Buche im Hainich verweilend ein anderer als auf der Straße vor der roten Ampel wartend. **Und dieser „andere Mensch" ist offener, sensibler, freier, froher sowie innerlich weicher und liebevoller als der alltägliche**. Die Freude über den Wald, den See, die Stille als meine augenblickliche Lebenswelt ist immer auch eine Freude über das eigene Dasein – als wahrnehmender Teil der irdischen Lebensgemeinschaft.

Hier berühren sich Ästhetik und Ethik. Das Schöne verändert uns, schafft andere Stimmung und anderes Bewusstsein. Es fördert positive Empfindungen und Eigenschaften in uns zu Tage, die sonst oft verschüttet sind. **Indem das Schöne den Menschen innerlich berührt, bricht es die Mauern ein, die wir im Alltag errichtet haben, um unsere Seele zu schützen. Schönheit weckt Liebe, viel leichter als alle Gebote.**

Über den „Umweg" des menschlichen Gefühls kann eine schönere Welt also durchaus eine bessere werden. Wenn wir „gut" weniger an objektiven Tatbeständen festmachen als vielmehr an Gefühlen, ist dieser Weg nicht einmal ein Umweg, sondern ein durchaus geradliniger. So gesehen ist das Schöne ein überaus kraftvoller Wegbereiter des Guten.

Verschiedene Blickwinkel

Im Folgenden möchte ich verschiedene Facetten des Walderlebens beleuchten, die mir besonders wichtig erscheinen, und auf die es in der Praxis zu achten gilt. Je nach **persönlicher Veranlagung, Herkunft, Beruf** usw. gibt es dabei Unterschiede zwischen den Menschen. Die Empfindungen, die tief im Unterbewusstsein verankert sind, dürften zwar ziemlich gleich sein. Daneben gibt es aber auch Emotionen, die stark durch die jeweilige Sozialisation geprägt sind: Wo jemand aufgewachsen ist, wo er wohnt, in der Stadt oder auf dem Land z.B., kann großen Einfluss auf die Naturbeziehung haben. Elternhaus, Großeltern, positive und negative Erfahrungen und vor allem auch die berufliche Aufgabe, alles spielt mit beim sinnlichen Erleben. Alles hat Einfluss darauf, ob wir Wald als schön erleben können, und wenn ja, welchen Wald wir schön finden.

Unterstützt hat mich beim Zusammenfügen der vielen verschiedenen Erlebnisweisen, dass mit der Aufwertung der allgemeinen Ästhetik in der neueren **Philosophie** auch die Naturästhetik einen Platz gefunden hat. Martin Seels Buch „Eine Ästhetik der Natur" (1991) beispielsweise bildet eine fundierte geisteswissenschaftliche Grundlage, die weder Mystik noch Metaphysik bemüht, um das Phänomen unserer ästhetischen Naturbeziehung klärend zu bearbeiten.

Außerdem ist auch bei Landschaftsarchitekten ein deutlicher Trend zu beobachten, sich wieder mehr mit der **Landschaftsästhetik** zu befassen, nachdem in den letzten Jahrzehnten die Landschaftsökologie sehr stark das Feld beherrschte. Hans Hermann Wöbse z.B. stellt in seinem Buch „Landschaftsästhetik" umfangreiches Material dazu vor und Werner Nohl beleuchtet in seiner „Landschaftsplanung" tiefgehend die ästhetischen und rekreativen Aspekte.

Auch Psychologen und Volkskundler entdecken wieder die Landschaft, die nach wie vor in enger Beziehung zu unserem Seelenleben steht. Obwohl wir uns äußerlich davon gelöst zu haben scheinen, wirkt sie auf unser Gemüt. Die weltweit unübertroffene Reiselust der Deutschen, der Trend zur Zweitwohnung in landschaftlich schöner Gegend – bei denen, die es sich leisten können –, die nach wie vor hohen Einschaltquoten bei Naturfilmen oder auch die tausendfache Verwendung von Wald und Natur in der Werbung, all das zeigt unsere tiefe **Sehnsucht nach landschaftlicher Schönheit**, welche aus unserem Wohn- und Arbeitsumfeld traurigerweise verschwunden zu sein scheint.

2.1 Wald-Freiheit

> *„Wenn der Bauer ruht, wächst das Korn weiter, wenn der Tischler ruht, wächst der Tisch kein bisschen",*

schreibt Martin Seel, um den Begriff Natur einzugrenzen. Mag sie auch noch so sehr vom Menschen beeinflusst sein, immer spielt sich in der „Natur" etwas **von selbst** ab, ohne menschliches Zutun. Dieses „von selbst" können wir auch als „frei" bezeichnen, nach eigenen Regeln ohne „künstlichen" Einfluss. Gerne sprechen wir deshalb auch von der „**freien Natur**".

Das meiste, was im Wald wächst und stirbt, tut dies „von allein": nach eigenen Gesetzen und ohne menschlichen Zweck.

Verschiedene Grade dieser Eigenständigkeit können wir in unserer Landschaft unterscheiden. Eine **Stadt** zum Beispiel ist in hohem Maße „gemacht". Spatzen, Kanalratten oder Blattläuse auf den öffentlichen Blumenrabatten mögen zwar ein gewisses Eigenleben führen, sonst ist aber alles ziemlich geregelt, nach menschlichen Zwecken gestaltet und gesteuert.

Wenn der Mensch sich zurückzieht, nicht mehr ständig Energie investiert, verwildert das Ganze. Die natürliche Sukzession setzt ein und lässt eine („schaurig-schöne") Ruinenlandschaft entstehen, die – wie etwa die alten Inka-Städte – nach Jahrtausenden nur noch schemenhaft zu erkennen ist.

Die **Feldflur** stellt sich schon ganz anders dar, weit weniger „künstlich", als eine Stadt. Der Bauer greift nur alle paar Wochen irgendwie ein, durch Pflügen, Säen, Spritzen, Ernten usw. Dazwischen wächst alles von allein: frei, wenn man so will.

Dem **Wald** schließlich ist die – für eine Kulturlandschaft – **höchste Form der „Freiheit"** belassen. Moderne Forstwirtschaft kommt statistisch mit 5 bis 10 Arbeitsstunden pro Jahr und Hektar aus, an durchschnittlich 364 Tagen vom Jahr herrscht also Ruhe. Wenn man heute Land- und Forstwirtschaft oft in einem Atemzug erwähnt, dann sollte man diesen Unterschied bedenken; vor allem auch die Tatsache, dass Wald die ursprüngliche Vegetation in unserem Land bildet, und dass er alle Flur in kurzer Zeit wieder besiedelt, wenn man ihr die „Freiheit" gibt, sie also brach liegen lässt.

Da auch die Gewässer bei uns weitestgehend menschlich gebändigt sind, und sogar der Himmel vielerorts von den Kondensstreifen der Flugzeuge gezeichnet ist, bleibt der Wald – in aller Unvollkommenheit – eine Oase des relativ Natürlichen, Freien, nicht Gemachten. Das Meiste, das hier steht und liegt, wächst und stirbt, „kreucht und fleucht", tut dies völlig ohne menschlich zu messenden Zweck und nach eigenen Gesetzen. Die Gräser, das Moos, Schmetterlinge und Vögel, alles ist einfach da, und **findet sein alleiniges Ziel in seinem Dasein**.

Dieser Eindruck wirkt auf unser Gemüt. Indem wir die relative Freiheit *der* Natur erleben, spüren wir auch eine gewisse Freiheit *in der* Natur. Von Salisch hat dies in seinem Kapitel über die Tiere des Waldes recht originell formuliert:[64]

> ***„Wir fühlen uns selbst mit frei, wo wir andere, wenn auch niedriger organisierte Wesen, im Genuss der Freiheit sich tummeln sehen."***

Verbunden mit der Möglichkeit, dass wir uns selbst im Wald wesentlich freier „tummeln" können als in der Stadt, dass wir kaum Beobachtung und Kontrolle unterliegen, unsere Schritte lenken können, wohin wir wollen, macht diese ganz real andere Lebensqualität einen wesentlichen Teil des – sinnlichen – Walderlebens aus. Diesen – im hier unterstellten Sinn durchaus ästhetischen – Wert hat der Wald wohlgemerkt auch dann, wenn er ansonsten nicht sonderlich schön ist.

In einem **Park** herrschen ganz andere Verhältnisse. Der mag dem Spaziergänger zwar schöne Anblicke bieten, ehrwürdige Baumgestalten, reizvolle Seen, prächtige

Blumen, weil er ja nach ästhetischen – künstlerischen – Gesichtspunkten gestaltet ist. Aber mit der Freiheit ist es dort häufig schlecht bestellt. Schilder verweisen uns in den meisten Parks auf die Wege, Hunde an die Leine, Radfahrer auf die Radwege. Auch die halbzahmen Enten zu füttern, ist verboten, und überall laufen, gehen, sitzen Menschen herum, die einander beobachten.

Hier wird die Problematik moderner Naturästhetik sehr deutlich: Wenn ich als Ziel unterstelle, dass sich die Menschen im Wald wohlfühlen sollen, und wenn ich ihn so gestalten möchte, dass sie sich dort wohlfühlen, **dann gilt es, andere Dinge zu beachten als nur eine schöne Optik.** Die Stärke oder auch die Anziehungskraft des Waldes liegt, wie schon Riehl (s. S. 65) erkannte, wesentlich in dem Gefühl der Freiheit, das er uns ermöglicht. Wer Freiheit und Einsamkeit sucht, geht in den Wald; wer nur Schönheit sucht, geht in den Park.

Natürlich heißt das nicht, dass sich Waldästhetik nun von der Schönheit verabschieden könne, so wie das moderne Kunst zugunsten anderer Aussagewerte bisweilen tut. Aber Schönheit ist eben nicht alles. Wie in der Kunst gibt es andere, ebenso wichtige ästhetische Werte bzw. Kriterien. Im Wald gehört dazu besonders die Freiheit; sie ist zu pflegen und möglichst wenig zu beschneiden.

2.2 Angesprochensein

„Die Seele wird vom Pflastertreten krumm.
Mit Bäumen kann man wie mit Brüdern reden.
Und tauscht bei ihnen seine Seele um.
Die Wälder schweigen, doch sie sind nicht stumm.
Und wer auch kommen mag, sie trösten jeden."

Erich Kästner

„Ein Baum spricht: In mir ist ein Kern, ein Funke, ein Gedanke verborgen, ich bin Leben vom ewigen Leben."

Hermann Hesse

„Wer mit einem Baum sprechen kann, braucht keinen Psychiater. Nur meinen die meisten Menschen das Gegenteil."

Phil Bosmans

Noch viele Zitate ließen sich nennen, in denen Dichter und Literaten uns auf die **Sprache der Bäume und Wälder** hinweisen. Eine andere Sprache ist hier gemeint, als die normale menschliche. Fehlen ihr doch Begriffe, Worte, Vokabeln – Dinge, die für Letztere unverzichtbar sind. Deshalb lässt sich diese Sprache auch nicht schreiben,

„Die Wälder schweigen, doch sie sind nicht stumm ...“

lediglich umschreiben. Und deshalb erscheint uns das „Lesen im Buch der Natur", das man uns früher vielleicht beibringen wollte, heute ziemlich naiv. Es ist eben soviel anders und nicht technisch erlernbar, wie die menschliche Schrift.

Näher kommen wir der Sache schon mit unserer „Körpersprache". Diese verwenden wir meist unbewusst, dafür aber ständig und in der Regel viel ehrlicher als die Wort-Sprache. Oder die Musik, die Malerei, überhaupt alle Kunst: sie enthält eine wortlose Sprache, die uns sehr viel sagen kann. Wer könnte sich ein Leben ohne Musik vorstellen? Wie viele Millionen und Milliarden lassen wir uns dieses flüchtige, ästhetische Erleben kosten, das – kaum gehört – schon verklungen ist, das in uns aber soviel auslöst, unsere Innenwelt so sehr verändert?

Musik, sagt man, enthalte **Wahrheit**. Aber was für eine Wahrheit? Logisch ist sie auf keinen Fall und auch nicht wissenschaftlich nachprüfbar. Aber dennoch spüren wir, dass da etwas „stimmt". Die Töne rühren etwas in uns an, holen aus der Tiefe hervor, was irgendwo in uns lebt, aber meist nicht präsent, nicht bewusst ist. Etwas Schönes muss da verborgen sein. Eine Harmonie, oder auch ein Rhythmus, die diesem Schönen in unserem Inneren – unserer Seele – entsprechen, wecken es zum Leben. Wahrheit als Übereinstimmung von äußerem Sinneseindruck und innerem Gefühl: wir „verstehen" und fühlen uns „verstanden". Tiefe Freude entspringt dem ästhetischen Erleben.

Bezeichnend für die Sprache von Kunst und Natur ist, dass **Empfangen** viel wichtiger ist als **Senden**; auch der Aktive, der Klavierspieler zum Beispiel, braucht als Grundvoraussetzung ein „musikalisches Gehör" – hoch sensible Antennen, um wahrzunehmen, was aus seinem Instrument erklingt. Diese sinnliche Wahrnehmung hat nichts mit Intelligenz zu tun, sondern ist irgendwo in der rechten Gehirnhälfte angesiedelt, teils wohl auch in den älteren Partien unseres Gehirns. Und nicht jeder hat die Antennen im gleichen Maße.

Doch scheint jeder Mensch auf ästhetischen Gebiet einen eigenen Schwerpunkt zu haben, auf dem er besonders sensibel ist. Es gibt mehr optische, mehr akustische Typen oder auch solche, die an Bewegung und Tanz ihre Freude haben. Selbst bei denjenigen, die das alles kalt lässt, die sich gerne als „Tatsachenmenschen" geben, findet man oft immerhin eine Neigung zur sogenannten **Warenästhetik**, zu schönen Autos oder Motorrädern zum Beispiel.

Und dann gibt es eben die „Naturmenschen", die sich von Wald und Flur angesprochen fühlen und deshalb ihre Freizeit oder auch ihren Beruf am liebsten dort verbringen. Dazu gehören nicht zuletzt viele ältere und „einfache" Leute, die der (großen) Kunst oft ratlos gegenüber stehen, im Gegensatz zu manchen Bildungsbürgern aber weder Geld noch Lust haben, so zu tun, als gäbe sie ihnen etwas ab. Weil sie auch kaum Mittel für teure Auslandsreisen haben, ist der heimische Wald für sie oft die wichtigste Quelle ästhetischen Erlebens und damit der Lebensfreude. **Waldästhetik hat unter diesem Blickwinkel immer noch einen hohen sozialen Stellenwert**.

Wer die Sprache des Waldes, die Art wie er uns anspricht, in Worte fassen will, muss sich hüten, ins kitschig-Sentimentale abzugleiten. Eigentlich kann nur Kunst, wie

Adorno[65] sagt, „*mit menschlichen Mitteln das Sprechen des nicht Menschlichen realisieren.*" Doch auch Kunst bedarf „*der Philosophie, die sie interpretiert, um zu sagen, was sie nicht sagen kann, während es doch nur von Kunst gesagt werden kann, indem sie es nicht sagt.*" (Ob sie – die Philosophie – es denn immer so kompliziert sagen muss?)

So möchte ich das Risiko eingehen und ein paar einfache „Botschaften" formulieren, die mir der Wald vermittelt. Bemerkenswert ist dabei, dass der Wald – materiell gesehen – eigentlich nur aus der Ferne betrachtet existiert. Sobald ich näher hinschaue, hineingehe, löst er sich auf in Bäume, Kräuter, Moose, Pilze usw. **Wald ist, ähnlich wie Gesellschaft, ein Gesamteindruck, ein Wirkungsgefüge**, in dem jedes Individuum seine Rolle spielt. Eigentlich spricht uns also nicht der Wald an, als vielmehr seine Wesen, die vielfältig miteinander verbunden sind.

> *„Ich bin nicht gemacht, sondern geworden"*, sagt mir die Fichte, *„genau wie du, Mensch, der mir jetzt gegenüber steht. Weil ihr Menschen so viel macht, vergesst ihr das ja oft und meint, dass ihr Euch selbst auch machen könnt. „Self made man!?"*
>
> *In mir wirkt ein uraltes Wesen, das manche von euch als Gesetz, andere als Gott bezeichnen. Aber es ist viel weicher. Es lässt mich atmen, wachsen, Wasser aufnehmen, nach Licht streben und mich ausbreiten. Wirkt das in dir nicht genau so?*
>
> *Wie ich hier her gekommen bin? Als Same mit vielen tausend anderen. Ich hatte Glück und traf auf ein schönes Fleckchen Erde zum Keimen. Eine Wildsau hatte den Boden aufgewühlt. Seitdem tu ich, was ich kann, hab schon etliche Nachbarn niedergerungen und freu mich über jeden Tag, an dem die Sonne aufgeht und ich lebe.*
>
> *Warum ich da bin? Darüber mach ich mir keine Gedanken. Weil ich dazu gehöre, zur Erde. Ohne uns Lebewesen wäre es hier wohl ziemlich öde.*
>
> *Die Borkenkäfer? Ja, die sind übel. Aber es gibt kein Leben ohne Leiden und bis jetzt hab ich alle totgeharzt, die meine Rinde durchbohrt haben. Ob es mir im nächsten Frühjahr wieder gelingt?*
>
> *Irgendwann wird uns wohl der Förster auszeichnen und die Säge wird unser Leben beenden. Aber davor habe ich keine Angst. Schließlich sehe ich jeden Tag Leben und Sterben um mich herum und bin selbst auch kein Engel.*
>
> *Die Kleinen am Boden, denen meine Wurzeln jetzt Wasser und meine Krone Licht nehmen, werden dann tun, was ich auch in meinem Leben tue: atmen, wachsen, Nachbarn niederringen, die Sonne genießen ... Ist es denn wichtig, ob´s ich bin oder ein anderer?"*

Wir warten nicht lange genug ,
zu früh hören wir auf,
mit unserem Wesen zu lauschen.
Ehe die Landschaft zu reden beginnt,
haben wir uns schon wieder
in Schnelligkeit verstiegen.

Oder denkst du nicht, dass der Wald,
der sich so angestrengt
in den Himmel hineinstreckt,
dass dieser Wald
jeden Tag sein Gebet spricht,
sein Lied singt
und sein Leid hinausschreit
in den Himmel
und dieser auf seine Weise antwortet?
Und hörst Du die Verlorenheit des Haubentauchers,
den Elch, das zarte Singen der Zwergkiefern,
die Geschmeidigkeit der Forelle?
Sie alle sind Sprache.

Die Dialoge, die um uns passieren,
brauchen uns nicht,
um wirklich zu sein,
aber vielleicht brauchen wir sie,
wenn wir überleben wollen
im Stahl- und Betonwald unserer Städte.

Aus: Ulrich Schaffer, Wildnis in uns;
© Kreuz Verlag, Stuttgart 1989, S. 15

2.3 Wald als Symbol

Mythisches Denken

Geradezu professionell haben unsere germanischen Vorfahren die Sprache des Waldes beherrscht. Da sie weit weniger intellektuell dachten, sondern ähnlich wie heutige Naturvölker überwiegend von der rechten Gehirnhälfte gesteuert waren, hatte für sie jeder Baum, jeder Bach, jede Wolke Seele. Ihre **Mythen** waren verschlüsselte Wahrheiten, für damaliges Empfinden genauso klar wie heute ein Aktienindex; natürlich auf einer ganz anderen Ebene als Ratio und Logik. Niemand brauchte die Geschichten zu „interpretieren", jedes Kind verstand, was sie sagten.

Mit Beginn der Neuzeit und Aufkommen der Naturwissenschaften ging dieses Verstehen allmählich verloren; und damit auch die Erkenntnisse und Wahrheiten, die darin verborgen liegen. Unsere Tagwelt ist entmythisiert, doch nachts im Traum – das lehrten uns Siegmund Freud und C.G. Jung – holen uns die alten Bilder und Symbole wieder ein. Dort steht der Wald für **das Unbewusste, Wilde in uns**. Man kann sich darin verirren, im Dunkel der unbewussten Wünsche und Triebe den Weg verlieren, den unser Intellekt so klar und einfach zu sehen vorgibt. Doch die Seele ist viel tiefer, organischer und oft beängstigend irrational, so dass der logische Verstand ihr nicht selten „verständnislos" gegenübersteht. Wir sind mit uns selbst eben nicht ein Herz und eine Seele!

Mühsam tasten sich Philosophie und Psychologie deshalb wieder heran, an die alten Weisheiten, wobei es auch den meisten Geisteswissenschaftlern ungeheuer schwer fällt, mit der anderen Gehirnhälfte zu denken oder besser gesagt zu empfinden. Ein sehr umfassendes Werk, in dem die Autorin gerade die Verbindung von rationalem und intuitivem Denken sucht, ist beispielsweise *„Wälder und Wege"* von Pia Mayer-Gampe.

Da in unserem ästhetischen Walderleben wohl immer noch **uralte Instinkte** mitschwingen – die paar Jahrhunderte seit der Aufklärung konnten unsere innere Ausstattung ja nicht komplett umkrempeln – möchte ich einige Gedanken auf die Symbolik des Waldes und seine Bedeutung in der Mythologie verwenden:

Zunächst gilt es, den verbreiteten Irrtum auszuräumen, die **germanische Kultur** sei ursprünglich eine Waldkultur gewesen. Im Gegensatz beispielsweise zu südamerikanischen Indianerstämmen, die mitten im Regenwald als Jäger und Sammler von dessen Tieren und Früchten leben, waren die Germanen bereits Landwirte. Wälder bildeten zwar ihre Umgebung – zwischen den kleinen Königreichen gab es breite bewaldete „Niemandsländer" – aber ihre unmittelbare Lebenswelt war für Ackerbau und Waldweide teils gerodet, teils zum Hutwald aufgelichtet. Auch *vor* den Germanen hatte sich keine richtige Waldkultur bei uns entwickeln können, weil die Eiszeit ja bis in die Mittelsteinzeit hinein nur Tundrenvegetation zuließ. Die Wiederbewaldung setzte erst vor etwa 10 000 Jahren ein.

Somit können wir die Kultur unserer germanischen Vorfahren besser als „**Waldrandkultur**" bezeichnen. Sie erlebten den Wald damals schon als „andere Welt", als Gegensatz zur gerodeten, ernährenden Flur und zur dörflichen Umgebung. Natürlich waren die Siedlungsstrukturen viel kleinräumiger als heute, die Berührung mit Bäumen und Wäldern damit unvergleichlich intensiver.

Das **Lebewesen Baum** empfand man als ganz nah verwandt mit dem Lebewesen Mensch: die Wurzel im Boden, in der Materie; die Krone im Himmel, im Geist. Unübersehbar die Symbolik für Fuß und Kopf. Dazwischen der Stamm, Phallussymbol, Brücke zwischen den beiden Polen, der weiblichen Erde und dem männlichen Himmel, so wie er ja auch tatsächlich Mann und Frau in der Sexualität verbindet, woraus dann wieder neues Leben entsteht.

Wie der Baum mit jedem Jahresring an Umfang und Stärke zulegt, wie er praktisch die Zeit in Holz, in Materie verwandelt, wächst auch die menschliche Seele mit jedem Jahr, mit jedem Sommer an Erfahrung, an Weisheit. Die **Persönlichkeit** reift, wird standfester, sicherer, bietet sich selbst und anderen Halt.

Baum und Wald

Im Boden, mit den Wurzeln, berühren sich die Bäume; ebenso mit ihren Kronen. Gemeinsam bilden sie den **Wald, ein kollektives Phänomen**, wie die menschliche Gesellschaft. Das Individuum geht darin einerseits auf, andererseits bleibt es allein, lebt sein eigenes Leben, stirbt seinen eigenen Tod. Nur ist das Individuum nicht so im Mittelpunkt, nicht so wichtig für das Ganze, es ist ja eingebettet in den großen Zusammenhang. Wald bleibt Wald, auch wenn Bäume darin sterben; immer wieder keimen Junge, wachsen, werden, blühen, fruchten. Eine ganz andere Sichtweise kommt hier zum Tragen als die christlich abendländische, die das **Individuum** so sehr betont, seine individuelle Auferstehung, seine Unsterblichkeit.

In der lichten Landschaft des vorderen Orients entstanden, galt dem Christentum der Wald als Finsternis. Christliche Denkweise richtet sich auf das Licht, auf den Himmel, auf den Geist. Die Erde, die Materie wurden gering geschätzt, oft sogar verachtet und entsprechend behandelt. Irdische Freuden, die Lust des Fleisches, galten als minderwertig, und nicht umsonst spricht man auch heute noch vom Beruf des „Geistlichen".

Folgerichtig zerstörte man die bodenständigen Kultstätten, die „**Heiligen Haine**" der Germanen, die ja keine Tempel kannten, sondern ihre Religion in freier, natürlicher Umgebung, auf der Erde und unter Bäumen pflegten. Die Geschichte von Bonifatius (672 - 754), der um 725 als „Apostel der Deutschen" die den Germanen heilige Donars-Eiche (in der Nähe von Fritzlar, Hessen) umschlug, ein Wahrzeichen germanischer Religiosität, steht stellvertretend für diese gewaltsame Missionierung. Immerhin baute man später mit den gotischen **Kathedralen** wieder Ersatz: Eindeutig sind die schlanken, aufstrebenden Säulen, die das Deckengewölbe, den „künstlichen Himmel" tragen, den mitteleuropäischen Buchenwäldern nachempfunden.

Man muss nicht ganz so weit gehen wie manche fernöstlichen Gurus, die das im christlichen Abendland so gefeierte Individuum als reine Fiktion, als Wunsch- und Trugbild des „Ego" ansehen. Wenn wir uns als Einzelne aber so wichtig nehmen, wie es in unserer westlichen Welt üblich ist, dann kann daraus „**Egomanie**" werden. Der durchaus gesunde Drang nach Selbstverwirklichung mündet in den persönlicher Druck: Du *musst* dein Leben leben, Freude haben, etwas bewegen, darfst nichts verpassen usw. Im Wald wird dieses Empfinden relativiert, das „Ich" in einen großen Kontext gestellt, die eigene Wichtigkeit zurechtgerückt auf ein vernünftiges und damit beruhigendes Maß. Unter anderem auf dieser unbewussten Symbolwirkung des Waldes dürfte sein Erholungseffekt beruhen.

Ein interessanter Denkansatz zur Spannung zwischen dem **„Individuum“ Baum** und dem **„Massenphänomen“ Wald** findet sich in der neueren Volkskunde:[66] Man geht von der Beobachtung aus, dass sich ältere Mitbürger eher seelisch vom Wald angesprochen fühlen, während ihn jüngere mehr als Freiraum und Freizeitgelände nutzen. Dies kann damit zusammenhängen, dass die älteren noch mehr kollektiv sozialisiert sind. Die jüngeren, viel mehr individuell und intellektuell sozialisierten Generationen, fühlen sich weniger zum **Wald** hingezogen sondern bevorzugen deutlich den **Einzelbaum**. Diese These erscheint mir einleuchtend: Wenn ich in Buchhandlungen Wandkalender oder Bildbände studiere, finde ich dort viel mehr über Bäume als über Wälder.

Der **Baum als Einzelwesen** findet in unserer individualistisch geprägten Gesellschaft mehr Beachtung als der Wald, das Kollektiv. Waldästhetik muss dem Rechnung tragen: sie darf vor lauter Wald die Bäume nicht übersehen.

Wohlgemerkt gilt dies nur im gefühlsmäßigen, künstlerischen Bereich. Die Naturwissenschaft, insbesondere die Ökologie beschäftigt sich durchaus mit dem Wald.

Für die Waldästhetik wäre es sehr interessant, die unterschiedlichen Neigungen der Generationen weiter zu beobachten: Entsteht nicht durch die starke Vereinzelung gerade wieder die Sehnsucht nach der Geborgenheit in der Gruppe? Wird der Wald damit vielleicht wieder mehr ins Bewusstsein kommen als der Einzelbaum? Wie machen sich beispielsweise neuere religiöse und esoterische Strömungen bemerkbar?

Eine wichtige Konsequenz, die sich praktisch aus der modernen Bevorzugung des Einzelbaumes ziehen lässt, ist jedenfalls: **Waldästhetik darf „vor lauter Wald die Bäume nicht übersehen“**.

Sie muss ihr Augenmerk auch auf die markanten Einzelwesen richten – ohne freilich das Wesen des Waldes aus den Augen bzw. aus dem Sinn zu verlieren.

Viel ließe sich noch über die Beziehung bzw. Spannung zwischen Baum und Wald, Individuum und Gruppe nachdenken. Aus einer anderen Warte beleuchtet sie eine chinesische Weisheit, die Lao Tse formulierte:

Dreißig Speichen treffen die Nabe,
aber das Leere dazwischen erwirkt das Wesen des Rades.
Aus Ton entstehen Töpfe;
das Leere in ihnen wirkt das Wesen des Topfes.
Mauern mit Türen und Fenstern bilden das Haus;
aber das Leere zwischen ihnen erwirkt das Wesen des Hauses.
Das Stoffliche birgt Nutzbarkeit – das Unstoffliche wirkt Wesenheit.

Für was steht der Wald?

Um auf die Mythologie zurückzukommen: Bei den Germanen galt der Wald auch als **Reich der Toten**. Diese Assoziation wird beispielsweise auch in Indien empfunden. „*Ich gehe in die Wälder*", sagt der alte Fährmann Vasudeva in Hermann Hesses „Siddhartha". „*Ich gehe in die Einheit.*" Doch nicht mit Angst oder Trauer sagt er das, sondern mit tiefer Freude; den Tod nicht als Ende sehend, sondern als lange erwartete Veränderung. Ende und Ver-Änderung – wo ist der Unterschied?

Das „Andere", die Andersartigkeit des Waldes kommt auch in vielen **Märchen und Legenden** zum Ausdruck, die bis in unsere Zeit lebendig sind. Immer galt der Wald beispielsweise als **Raum ohne Gesetz**. „*Im Wald da sind die Räuber*", singen wir heute noch in fröhlicher Runde, obwohl selbige schon lange in den Großstadtdschungel abgewandert sind. Zwischen den Zeilen spielen wir natürlich auf die „freie Liebe" an, die im Wald ohne gesellschaftliche Kontrolle so reizvoll ist. Dass die weicheren und meist Ameisen-freien Autositze heute dem vielfältig belebten Waldboden vorgezogen werden, hängt wohl mit unseren überempfindlich gewordenen Gesäßen zusammen. Oder auch damit, dass uns heute immer weniger weiches Moos, sondern vielerorts dornige Brombeerranken empfangen.

Trotz aller Gesetzlosigkeit scheint es im Wald eine Art **Naturrecht** zu geben, das beispielsweise ein Robin Hood – heute neu belebt in der Umweltorganisation Robin Wood – von außen wieder in die marode, unmoralische Gesellschaft einbringen wollte. Der Keim einer höheren Gerechtigkeit im (halb-) wilden Waldmenschen – dieses Bild taucht auch in unserer modernen Verehrung indianischer Kulturen wieder auf. Es kann ja – wie alle Mythen – ein Körnchen Wahrheit enthalten. Ob uns allerdings die dort verbreitet anzutreffenden Marterpfähle oder der gute alte Brauch des Skalpierens auch so erstrebenswert sind?

Gerne wurde und wird der Wald in Mythos und Realität als **Zufluchtsort** für Verfolgte aller Art benutzt. Ob es das Schneewittchen im Märchen war, die Germanen, die vor den Römern flohen, ob es Deserteure im Krieg waren, Nazis, die sich nach der Niederlage dort noch lange versteckt hielten, oder ob es moderne Erholungssuchende sind, die sich vor den unmenschlichen Anforderungen der Leistungsgesellschaft flüchten: allen bietet der Wald elterlichen Schutz, gelegentlich auch Nahrung in Form von Beeren, Pilzen usw.

Insgesamt liegt im Wald eine sehr urtümliche Symbolik, die viel mit Leben und Tod zu tun hat, sich aber weder auf gut oder schlecht noch auf männlich oder weiblich fixieren lässt. Geld, materieller Wert, spielt dort – mythologisch betrachtet – jedenfalls keine nennenswerte Rolle.

Leben, einzeln und frei wie ein Baum
und brüderlich wie ein Wald,
ist unsere Sehnsucht.
Nazim Hikmet

2.4 Ort der Meditation

„Als Zarathustra dreißig Jahre alt war, verließ er seine Heimat ... und ging in das Gebirge. Hier genoss er seines Geistes und seiner Einsamkeit und wurde dessen zehn Jahre nicht müde ...“

so beginnt Nietzsches Werk über den großen orientalischen Weisen. Jesus ging mit ähnlichen Absichten in die Wüste und in unseren Breiten war es der Wald, der immer wieder **Rückzugsraum** bot für Leute, die einen neuen Zugang zu sich selbst, zur spirituellen Welt und zur menschlichen Gesellschaft suchten. Einsiedler gab es früher in allen größeren Wäldern, manche von ihnen wurden später zu Heiligen.

Einer der letzten, der sich – ganz profan und nur „versuchsweise“ für zwei Jahre – zurückzog in die Wälder, war der amerikanische Lehrer und Landvermesser **Henry David Thoreau**. 1854 veröffentlichte er sein Buch *„Walden oder Leben in den Wäldern“*. Seither erscheint ein solches Einsiedlerleben zwar vielen erstrebenswert – die Hippies der 60er Jahre z.B. machten Thoreau zur Kultfigur – tatsächlich findet es aber im westlichen Kulturkreis kaum noch statt. Über die Ursachen wäre nachzudenken. Wahrscheinlich hängt es damit zusammen, dass unsere Welt sehr viel „durchsichtiger“ geworden, und richtige **Einsiedelei** nicht mehr möglich ist. Außerdem dürften unsere Ansprüche gestiegen sein. Ganz praktisch geben die Behörden auch keine Baugenehmigung für eine „Eremitage“. Und nicht zuletzt können wir dank unserer Autos immer wieder kurzzeitig den Wald besuchen, um dort „abzuschalten“ und zu uns zu finden. Ob das allerdings so funktioniert, wie wir es uns wünschen?

In Amerika hat man – sicher auch durch Thoreau inspiriert – große Wildnisgebiete ausgewiesen, die nur zu Fuß, nicht einmal mit Mountainbikes benutzt werden dürfen.

Man muss sich bei der jeweiligen Verwaltung anmelden und diese sorgt dafür, dass nicht zu viele Menschen auf einmal im Gebiet sind. Sonst geht ja genau jene Einsamkeit verloren, die man dort sucht.

Uns bleibt in den heimischen Wäldern zumindest eine **relative Einsamkeit**, die ein wenig Ahnung von der großen Weite der Wildnis vermitteln kann. Doch hat es den Anschein, dass sogar die traditionell waldverbundenen Deutschen von dieser Erlebnismöglichkeit nur extensiv Gebrauch machen. Obwohl ich ziemlich viel Zeit draußen verbringe, sehe ich selten Menschen, die **innehalten**, um den Wald intensiv – meditativ – wahrzunehmen. Man muss dazu ja nicht unbedingt mit gekreuzten Beinen unter einem Baum sitzen, so wie es **Buddha** tat. Er suchte zur Meditation gerne einen schönen Wald auf und bekanntlich kam ihm die Erleuchtung unter einem Bodhi-Baum.

Wenn dieses ausgiebige **Meditieren in der Natur** nach dem großen Vorbild auch sehr gut sein kann – vielleicht dient sein Beispiel dem ein oder anderen als Anregung – für den Anfang bringt es auch schon etwas, stehen zu bleiben, zu schauen, zu lauschen und einfach ganz wach gegenwärtig zu sein. Sind wir dazu innerlich vielleicht gar nicht mehr recht bereit? Ist der innere Lärm so laut, dass wir uns kaum mehr einlassen können auf die – im Vergleich zur Menschenwelt bescheidene – Lebendigkeit des Waldes? Sind wir so im Hetzen und Rennen, dass wir im Wald letztlich genau wieder das Gleiche tun müssen wie draußen?

Innehalten, sich hinsetzen, den Wald als Raum des Lebens, auch des eigenen Lebens wahrnehmen – so ungewöhnlich, dass wir dafür ein Fremdwort brauchen: Meditation?

Oder hat man uns gar die „*vita contemplativa*" – das beschauliche, besinnliche Leben – suspekt gemacht, indem man die früher meist religiös motivierten Aussteiger, die es pflegten, zu Heiligen erhoben hat? Wer will schon heilig sein, wo sich doch bereits viele derjenigen zu Lebzeiten dagegen wehrten, die man posthum mit diesem Prädikat auszeichnete? Wer will gar ein weltfremder „Wald-Heiliger" werden? Und überhaupt: Warum pflegen wir diese Besinnung und Beschaulichkeit nur (noch) mit einem Fremdwort auszudrücken: Meditation?

Unsere Prioritäten haben sich verschoben, vor allem auch unser Umgang mit der **Zeit**. Nicht derjenige gilt heute etwas, der Muße hat, beschaulich lebt. Weitaus mehr Ansehen genießt, wer den meisten Stress vorweisen kann – und dabei natürlich „cool" bleibt. Politiker, Manager, Ärzte ... Termine sind ihr Statussymbol geworden. Wer Muße zeigt, muss entweder faul sein oder vom Typ her nicht gefragt.[67]

Zeit ist aber Grundbedingung für alle Meditation. Müßiggang ist eben nicht nur aller Laster Anfang, sondern auch Voraussetzung, um „abzuschalten", vom Denken ins sensitive Wahrnehmen zu kommen. Deshalb würde ich gerne dazu ermuntern, es zu versuchen. Natürlich kann ich den Wald auch nebenbei erleben, auch im Joggen, Radfahren, Reiten usw. Aber dies ist oberflächlicher im Vergleich zum intensiven meditativen Erleben. Auch wenn man nur mal kurz durch den Wald geht, kann eine Minute Innehalten schon sehr wohltuend und anregend sein.

Praxis der Meditation

Meditation heißt Wahrnehmen ohne zu denken – für uns westliche Verstandesmenschen eine ungewohnte Sache. Was können wir auf diese Weise wahrnehmen? Eigentlich alles. Im Wald zum Beispiel eine Menge „Objekte": Bäume, Farnkräuter, Steine, Gräser ... Bei dieser „**gegenständlichen Meditation**" geht es darum, nur die *Erscheinungen* in sich aufzunehmen. Sobald wir über Art oder Sinn der Objekte nachzudenken beginnen, sind wir schon nicht mehr beim Meditieren, sondern beim Spekulieren.

Wenn ich einen Vogel pfeifen höre, und überlege, wie er wohl heißt, ist bereits die Denkmaschine ein- und die Meditation abgeschaltet. Es gibt in der Meditation nichts zu verstehen und nichts mit Worten zu sagen. Auch gibt es keinerlei Wertung in schön oder hässlich. Alles ist „schön", weil es mir die **Freude des Wahrnehmens** bereitet, weil es einfach da ist.

Sicher kann ich auch ein Auto meditativ betrachten, einen Stuhl oder eine Bierflasche. Bei diesen Dingen ist es aber oft viel schwerer, von ihrer Zweckbestimmung, ihrer Funktion abzusehen, sie rein als seiend wahrzunehmen. Ganz wichtig ist bei aller meditativen Betrachtung, dass wir die **Einmaligkeit** des jeweiligen Gegenübers spüren, seine Einzigartigkeit, Ungleichheit. Auch wenn es Millionen Bierflaschen gibt: diese, die jetzt vor mir steht, gibt es nur einmal, nur hier. Da in der Natur schon optisch alles ein wenig verschieden ist, fällt es uns dort leichter, diese Einmaligkeit zu erkennen. „*A jede Ficht hat a anders G'sicht*" sagten die Holzhauer in Bayern, zu einer Zeit, da noch nicht 20 Festmeter pro Mann und Stunde geerntet wurden.

Das Zweite, was wir meditativ erfahren können ist der Raum. Er ist sozusagen das *Nichts*, in das die Gegenstände hineingestellt, hineingewachsen sind. Natürlich ist dieser Raum auf der Erde luftgefüllt, also eigentlich kein „Nichts". Da aber die Luft unsichtbar ist, und das Sehen der zentrale Sinn bei der gegenständlichen Meditation ist, stört Luft wenig beim Wahrnehmen des Raums.

Raum-Meditation wird immer wichtiger, je mehr wir in **virtuellen Welten** leben, also den Raum geistig überwinden. Wer in den Fernseher oder ins Internet schaut, ist geistig vielleicht in Amerika oder sonst wo. Aber eben nur mit dem Gehirn. Das Bewusstsein löst sich vom Körper, der Mensch wird damit gespalten. Wenn dieser Zustand zur Normalität wird, beginnt der vergessene Körper sich – oft durch Krankheit oder psychosomatische Symptome – bemerkbar zu machen. Deshalb geht es auch in der Waldästhetik wesentlich darum, den Menschen **Raumerleben** zu ermöglichen. Dass allerdings ein schöner, ansprechender Wald dazu mehr reizt als ein finsterer Holzacker, hatte schon Buddha so empfunden.

Das dritte, das wir meditativ erleben können, sind schließlich wir selbst. Wenn wir die Augen schließen, kommen wir am intensivsten „in uns hinein". Ansonsten ergibt sich die Selbstwahrnehmung auch nebenbei in der gegenständlichen und Raummeditation. Diese ist eine Art sanftes hin und her zwischen den Objekten, dem Raum und mir selbst als wahrnehmendem Subjekt.

Wenn der Meditierende auch äußerlich passiv erscheint, ist **Meditation doch ein ausgesprochen aktiver Prozess**. Leider verstehen wir landläufig unter Aktivität meist nur eine Handlung, bei der sich etwas erkennbar bewegt. Bei solchem Tun kann es sich aber, wie Erich Fromm sagt, auch um „entfremdete Aktivität" handeln, um reine „Geschäftigkeit", die uns innerlich kalt lässt. Ein äußerlich aktiver oder gar hektischer Mensch kann im Grunde völlig gelangweilt sein, während der (nur) schauende wirklich gegenwärtig ist, und damit *„alles zum Leben erweckt, was er berührt"*.[68]

Der Wald bietet sich wie kaum ein anderer Ort in unserer Landschaft zu dieser inneren Aktivität, zur Meditation an. Viel leichter als anderswo lässt sich dort ein ruhiger, **ungestörter Platz** finden, an dem wir allein sein, verweilen und betrachten können. Auf unserer Suche nach dem schönen, lebenswerten Leben kann er uns damit zur wichtigen Station werden.

Versprich mir eine Viertelstunde Betrachtung täglich
und ich verspreche dir das Himmelreich
Theresa von Avila

2.5 Die Zeit im Wald

Lineare und zyklische Zeit

Im Wald gehen die Uhren anders, könnte man sagen, wenn es dort welche gäbe. Tatsächlich herrscht aber hier keine „***lineare***" – mit Uhren messbare – sondern eine „***zyklische Zeit***", das ständige Wiederkehren der Tage und Jahreszeiten. Die lineare Zeit, welche nach wissenschaftlicher Einschätzung mit dem Unknall begonnen hat und seither wie ein Pfeil voranschreitet, ist ja eine menschliche Empfindung oder auch Erfindung. Im Wald ist sie jedenfalls nur sehr indirekt spürbar: meist an Zeugnissen menschlicher Kultur, an Wegkreuzen, Gedenktafeln, Grenzsteinen oder Ruinen.

Ansonsten spüren wir im Wald viel mehr das natürliche Werden und Vergehen, das **ständige Wiederkehren**, nicht der Individuen – die sind sterblich – sondern des Lebens. Wie eine Spirale verläuft diese Zeit. Die jeweils nächste Windung ist nur geringfügig, bei oberflächlicher Betrachtung überhaupt nicht anders als die vorhergehende. Das hellgrüne Laub der Buchen entfaltet sich im Mai 2003 genauso zart wie im Mai 2004. Der Buchfink schmettert sein Lied darin genauso, wie ihn – besser gesagt seinen Urahnen – vielleicht schon mein Großvater gehört hat. Vor 50 Jahren war hier alles nicht viel anders und in 50 Jahren wird es hoffentlich auch nicht viel anders sein. Für unsere Lebensspanne unmerklich langsam fließt die Evolution.

Ein Tag gleicht dem anderen und doch ist er nie der selbe. Früh wird es hell, die **Dämmerung** bildet den sanften Übergang von der dunklen Nacht zum hellen Tag. Die Romantiker liebten sie; wir kennen sie kaum noch. Mit dem elektrischen Licht haben wir sie ausgelöscht. Dann vertreibt die Sonne die Dämmerung, schafft Licht und Schatten, erst lange, dann immer kürzere. Vögel singen, wenn ihre Zeit da ist. Im Zenit beginnt sich der Tag wieder zu neigen, bis die „Uhlenflucht", von Hermann Löns so oft und bewegend geschildert, schließlich aus den Dickungen kriecht, wo sie den ganzen Tag gegenwärtig war, und eine neue Nacht einleitet.

Regenwolken kommen und gehen, Wind erhebt sich und legt sich. Frühling kommt, Sommer, Herbst und Winter. Kälte, Wärme alles kommt und geht von selbst, und die Wesen bewegen sich darin. Alle haben ihre Zeit, keines – außer dem Menschen – hat Termine. Das beruhigt, auch wenn man es nur „als Besucher aus einer anderen Welt" erlebt.

Die **Geschichte**, dieser zutiefst menschliche Rückblick auf das Vergangene, erscheint uns darüber in einem anderen Licht. Merkwürdig berühren uns das Hügelgrab oder die Grundmauern des verfallenen Hofes, der hier vor Jahrhunderten aufgegeben, und wieder vom Wald überwachsen wurde. Wie mögen die Menschen hier gelebt haben? Wie haben sie gearbeitet, geschlafen, gefeiert, geliebt, gelitten? Die Kinder, wie haben sie gespielt, gelacht, geweint? Warum sind die Bewohner hier weggegangen, wohin?

Vor Jahrhunderten stand hier ein Bauernhof inmitten von Wiesen und Feldern. Wie mag es damals hier gewesen sein?

Eben weil die zyklische Zeit im Wald so gegenwärtig ist, macht sie uns die lineare Zeit bewusster: „Geschichte", die immer auch unsere eigene Geschichte ist.

Sicher war die „Erfindung" der Uhrzeit für die Menschen hilfreich: Nur dadurch, dass man die individuell empfundene Zeit normierte und allgemein verbindlich machte, konnte man in größeren Gemeinschaften zusammenarbeiten, überhaupt zusammenleben. Doch indem wir die alte **Herrscherin Zeit** entthront und zum Objekt gemacht haben, indem wir sie uns nehmen, verbrauchen, verkaufen oder „arbeiten lassen", lernten wir die Zeit auch von einer anderen Seite kennen. Nicht nur im Sport und in der täglichen Rush-hour wurde sie zur **Gegnerin**. Der ständige Kampf gegen Schulglocken, Fahrpläne, Stechuhren macht uns mürbe, oft sogar krank. Deshalb sind wir dabei, auch wieder *unsere* zyklische Zeit, unseren „Biorhythmus" zu entdecken. Der Wald kann uns dabei helfen.

Lange bevor die Zeit „Geld" wurde, war sie schon „Leben". Ohne Zeit wäre alles starr, es gäbe keine Bewegung, keine Entwicklung – allerdings auch keinen Tod. Weil dieser für unser „Ego" gefährlich ist, verdrängen wir ihn gerne zusammen mit dem gesamten zyklische Zeitbewusstsein. Auch im Wald haben wir das lange getan. Im Zuge der „**sauberen Wirtschaft**" wurde jeder kranke, morsche, tote Baum sofort gefällt und verwertet. Gesundheit und Vitalität, die Ideale unserer Kultur, blieben übrig. Doch damit wurde der Wald sehr viel ärmer. Auf extremen Standorten im Hochgebirge blieb sogar die Verjüngung aus, weil die Samen dort totes Holz zum Keimen brauchen und junge Bäume nur im Schutz umgestürzter Stämme aufwachsen können.

Dies ist – zumindest in den meisten Staatswäldern – Vergangenheit: Aus Gründen der ökologischen Vielfalt, im Gebirge auch wegen der hohen Bringungskosten, beginnt man hie und da, ein paar **tote Stämme** stehen oder liegen zu lassen. Nicht jeder ist glücklich damit, drängt sich doch der Tod mit diesem Anblick wieder ins (Unter-) Bewusstsein. Aber der gehört halt zum Leben.

Die Zeit der Forstleute

Ein handfester Konflikt über die Zeit trennt Naturschützer und Forstleute, wenn es um **alte Bäume** geht. Möglichst viele davon möchten Naturfreunde im Wald sehen, möglichst hoch sollte deshalb das Erntealter, die sogenannte Umtriebszeit, bemessen werden. Forstleute argumentieren, dass die Zeit ab einem gewissen Baumalter zerstörend wirke: In Buchen zum Beispiel entwickelt sich ab etwa 120 bis 160 Jahren ein „Rotkern", eine Verfärbung des Stammholzes, die erheblich den Verkaufspreis mindert. Diesem Wertverlust im Holz stehe zwar eine ökologische und ästhetische Wertsteigerung des Waldes gegenüber, aber dafür zahle niemand.

Im übrigen müsse man Wald immer „**dynamisch**" sehen: Erstens werden die Nachbarbestände, die jetzt 100 Jahre alt sein mögen in ein paar Jahrzehnten ebenso ehrwürdig da stehen, wie die geliebten, aber zur Fällung eingereihten heute; zweitens wachse unter den Altbuchen ja schon jede Menge Naturverjüngung, die jetzt Licht brauche, damit sie in 10 bis15 Jahrzehnten wieder zu einem prächtige Altholz heranwachse.

Förster denken langfristig. Mit wohlwollendem Schulterklopfen bestätigen sie sich das selbst immer wieder. Heute sorgen sie für den Rohstoff, der im 22. Jahrhundert zu ernten ist. Stehen sie vor einem Buchenaltholz, kreisen ihre Gedanken bereits um dessen Verjüngung. Genaue Vorstellungen über „Qualitätserwartung", „Verjüngungsziel", „Bestockungsziel" usw. erscheinen vor dem geistigen Auge. Wie wird es hier in 20, 50, 100 Jahren aussehen? Das ist forstliches Denken, wie es an Hochschulen gelehrt und in allen Prüfungen verlangt wird. Übrigens auch bei den „Naturgemäßen". Sicher ist das notwendig und eine große Stärke in unserer schnelllebigen Zeit.

Doch was ist mit der Gegenwart? Der Waldbesucher lebt jetzt, vielleicht hat er noch 10, 20, oder ein paar mehr Jahre vor sich. *Heute* steht er bewundernd vor den Baumriesen, *heute* hat er seine Freude daran. Was bringt es ihm, wenn der Förster in herrlichen Zukunftsvisionen schwelgt, aber den vorhandenen Erlebniswert in „Kohle" umwandelt? Plakativ möchte ich sagen: **Der Wanderer freut sich über das, was ist, der Förster über das, was wird**.

Zwei Arten von Freude sind das, die sich nicht immer verbinden lassen. Die eine beruht mehr auf dem sinnlichen Erleben, die andere mehr auf Gedanken, ist genau genommen eine **Vorfreude**. Natürlich haben auch Försterinnen und Förster Freude am gegenwärtigen Wald. Aber in aller Regel ist diese mehr oder weniger unbewusst vermischt mit Zukunftserwartungen. „*Wir sind zu verjüngungsgeil*", hat ein fränkischer Forstamtsleiter es mal selbstkritisch formuliert. Seit einigen Jahren versuche ich deshalb, den Wald zumindest zeitweise wieder so zu erleben, wie ich es in jungen Jahren tat, vor dem forstlichen Studium. Dies ist nicht immer leicht, aber notwendig, wenn man sich mit Waldästhetik beschäftigt.

Ein weiterer Konfliktherd zwischen Förstern und Naturfreunden liegt im zeitlichen Ablauf der Forstwirtschaft selbst. Menschen die in der Stadt leben, erwarten im Wald eine gewisse **Langsamkeit** als Gegenpol zu ihrer Alltagshetze. Da stört es schon, wenn der Förster im Auto flott an den Spaziergängern vorbeirauscht. Dass er fürs Trödeln oder gar fürs stundenlange Zu-Fuß-Gehen nicht bezahlt wird, und dass der Bund der Steuerzahler es sofort in die Bild-Zeitung bringen würde, wenn es so wäre, spielt in dem Moment keine Rolle. Erleben ist Emotion.

Wie kaum ein anderes Phänomen repräsentierte die Langsamkeit der Waldarbeit bis vor wenigen Jahren das **Rückepferd**. Noch in den 90er Jahren zeigten alle Hochglanzbroschüren über naturnahe Forstwirtschaft Bilder, auf denen kräftige Pferde Baumstämme aus dem Bestand zogen. Hie und da gibt es sie tatsächlich noch, und sie leisten gute Arbeit. Deshalb dürften sie auch eine gewisse Nische behaupten. Aber großflächig sieht die Realität anders aus. Vor allem im Nadelholz prägen Großmaschinen, Prozessoren die Arbeitsweise moderner Forstwirtschaft. Begegnen tun wir ihnen selten. Innerhalb weniger Tage haben sie zig Hektar durchgearbeitet und sind schon wieder fort. Aber Spuren hinterlassen sie: in einer ganz anderen Dimension als Hufeisen und Pferdeäpfel.

Das Rückepferd repräsentiert(e) die Andersartigkeit und Langsamkeit der Waldarbeit.

Forstwirtschaft ist zum just-in-time-Geschäft geworden. Das **Zeitmanagement der Holzindustrie** hat den Wald erreicht. War es früher – bis in die 80er Jahre – die Langsamkeit der Waldwirtschaft, welche den Produktionsrhythmus der Holzindustrie prägte, so bestimmen heute deren Forderungen – bisweilen eher *Diktate* – das Geschehen im Wald. Die Holzkultur ist dabei – sagt der Freiburger Forstpolitik-Professor Karl Reinhard Volz – die traditionelle Forstkultur zu verdrängen.

Dies spürt auch der Waldbesucher. Zwar verfügen wir nicht über ein eigenes Sinnesorgan für die Zeit, aber an unzähligen Indizien erleben wir sie – durchaus sinnlich: an Wind und Wetter, an den Tieren, am eigenen Körper, am Holz, das am Straßenrand lagert, und eben auch am Treiben von Menschen und Maschinen, die uns im Wald begegnen. **Insofern ist Zeiterleben eine ästhetische Erfahrung**, die sich beeinflussen lässt; und sie spielt mit, wenn Naturschützer gegen Großmaschinen im Wald wettern. Man spricht von ökologischen Schäden, doch im Grunde leidet die Seele.

Eintauchen in eine andere, langsamere Welt, in die zyklische Zeit der Natur, das ist tiefes Bedürfnis der Menschen. Wenn aber im Wald Prozessoren herumfahren, wenn Bäume im „Schnellwuchsbetrieb" gemästet, alle 20 Meter Maschinengassen eingelegt werden, dann verliert der Wald seinen Charakter, wird zum Holzacker, zur Plantage.

Es gehört zur Waldästhetik, andere Qualitäten der Zeit erlebbar zu machen: die zyklische Zeit der Natur, die Wirksamkeit, die auch in der Langsamkeit steckt, sowie die Geschichtlichkeit.

Holz: ein besonderes Material

Kann man **Holz** nicht auch als **Materie gewordene Zeit** erleben? Der Marketing-Experte Roman Antonoff sieht darin sogar die entscheidende Eigenschaft des Holzes. ***„Holz ist ein ethisches Material.***"[69] Weil es von einem lebendigen Wesen stammt, von einer „Baum-Persönlichkeit", wenn man so will, behält es auch als Werkstoff einen Hauch von Persönlichkeit, die emotionalen Bezug schaffen kann. Dieser Bezug ist positiv, wenn der Wald schön ist, aus dem es stammt; wenn er uns anspricht. Er kann negativ werden, wenn das Holz nicht natürlich *wächst*, sondern plantagenmäßig *produziert* wird. Dann hat Holz künstlich erzeugten Stoffen wie Plastik, Beton, Aluminium nicht mehr viel voraus. Im Gegenteil. Wie bei Mastkälbern werden viele Verbraucher es dann nur noch mit schlechtem Gewissen verwenden. Es gab ja schon den Slogan „Baum ab – nein danke".

So gesehen ist Waldästhetik von vitalem Interesse für die Forstwirtschaft. Der Wert ihres Produktes – Holz – steigt und fällt mit dem Wert des Waldes im Bewusstsein der Menschen. Antonoffs Denkansatz ist weitaus elementarer und verdient mehr Beachtung als ihm die Forstpartie im Druck des Tagesgeschäfts einräumt. Es geht nicht nur um Träumerei, sondern langfristig handfest ums Geldverdienen. Dass das Kommunikationskonzept der Branche darauf eingehen soll, ist selbstverständlich, und teilweise schon realisiert. Aber Praxis der Forstwirtschaft und Erscheinungsbild des Waldes müssen mit dessen Botschaften übereinstimmen.

2.6 Wald und Kunst

Dichtung / Literatur

Im gleichen Maß, wie sich die neuzeitliche Zivilisation von der Natur entfremdete, begann die Kunst die Natur zu entdecken. Der erste, der von einer touristischen Bergwanderung (auf den Mont Ventoux, 1912 m, bei Avignon) berichtet und seine dabei gemachten Naturerlebnisse der Mit- bzw. Nachwelt als **Dichter** vermachte, war der Italiener Francesco Petrarca (1304 - 1374). In größerem Stil wurde die Natur später, in der Romantik, literarisch besungen (s. Kap. 1.7.2.2). Aus dieser Epoche sowie aus dem weiteren Verlauf des 19. und beginnenden 20. Jahrhunderts stammt der überwiegende Teil heute noch gelesener Natur- und Wald-Dichtung. Bekannte Namen der jüngeren Zeit sind neben Hermann Löns (s. Kap. 1.7.2.3) Adalbert Stifter (1805 - 1868), Peter Rosegger (1843 - 1918) oder Ludwig Ganghofer (1855 - 1920).

Im 20. Jahrhundert war **Hermann Hesse** einer der wenigen, die sich – auf hohem literarische Niveau – mit Natur beschäftigten. Die Nachkriegszeit war in dieser Beziehung nahezu ein Vakuum. Heute kommen Wald und Natur ganz allmählich in die Dichtung zurück, indem sich beispielsweise auch ein bekannter Naturschützer wie Hubert Weinzierl darum annimmt. Einen kleinen Einblick in die verglichen mit anderen Themen dünn gesäte Wald-Literatur bietet z.B. das Büchlein „Waldein, Waldaus ... Poesie des Waldes“[70]

Wald in der Malerei

Ähnlich bescheiden wie in der Dichtung war die Rolle des Waldes in der **Malerei.** Die ersten, welche die Waldlandschaft aus dem bloßen Hintergrund hervorholten, waren Albrecht Dürer (1471 - 1521) und sein Zeitgenosse Albrecht Altdorfer. Ihre Waldbilder waren noch klein, nicht so bedeutend wie etwa Darstellungen biblischer oder geschichtlicher Motive. Im 17. Jahrhundert malten dann vor allem **Holländer** – z.B. Jakob van Ruysdal (1628 - 1682) – großartige, dunkle Waldlandschaften mit Gewässern, mächtigen Eichengruppen und Wolkenmassen. Der Engländer John Constable (1776 - 1837), Begründer der Freiluftmalerei, suchte zumindest gelegentlich die Wälder seiner Heimat auf und seine romantisch geprägten Zeitgenossen in ganz Europa – ab 1830 z.B. auch die Künstlerkolonie Barbizon im Wald von Fontainebleau bei Paris – schufen darüber wunderbare Bilder.

Im Vergleich mit der offenen Landschaft, mit Seen, Flüssen, Mooren, Wiesen, markanten Einzelbäumen, Weidevieh und bäuerlicher Arbeit **fristet der geschlossene Wald aber bis heute ein Schattendasein unter den Motiven**. Selbst Caspar David Friedrich, ein großer Freund der Dämmerung, stellt ihn meist von außen dar; oder man malte Lichtungen, Waldwege, Felsen, Ruinen, kaum jedoch den Wald selbst. Gibt er zu wenig künstlerische Aussage her? Ist er als „Massensymbol“ zu unstrukturiert? Oder erscheint er uns immer noch un*heim*lich – nicht „Heimat“ unserer Seele?

In der **Moderne** finden wir – zumindest was die „große" Kunst angeht - praktisch gar keinen Wald mehr. Joseph Beuys hat ihn in seiner bekannten Aktions-Kunst verschiedentlich hervorzuholen versucht. Auch er hatte dabei immer einen engen Bezug zur menschlichen Kultur. Bei seiner „*Stadtverwaldung statt Stadtverwaltung*" zum Beispiel holte er zwar nicht den Wald, aber zumindest einige Tausend Bäume (Eichen) in die Stadt. Ansonsten scheint das bewaldete, grüne Drittel Deutschlands unsere Künstler kaum zu animieren.

Was die **Trivialkunst** betrifft, sind Wälder nicht ganz aus der Mode. Bloßer Wald ist aber auch hier entschieden zu wenig, um der Darstellung und Betrachtung wert zu sein. Wenn neben der „Zigeunerin" und dem „Dreimaster im Sturm" ein Waldbild das deutsche Wohnzimmer zieren soll, dann muss schon ein röhrender Hirsch oder zumindest ein spiegelnder See in die Mitte. Der Hirsch, das kraftvolle, von „Frauen" umringte Männlichkeitssymbol, mitten in der Einsamkeit, das hat was.

Seit es Landschaftsmalerei gibt, hat sie ihr Ziel wesentlich darin, verlorene Anblicke und damit verlorene Reize, Stimmungen in die unmittelbare Lebensumgebung zurückzuholen. „*Das Bemühen um die Darstellung ist*", wie Renate Krysmanski[71] formuliert, „*zu interpretieren als ein* ***Wunsch, die Entfremdung ästhetisch aufzuheben***." Man eignet sich zumindest innerlich, ästhetisch (wieder) an, was einem an Lebenswelt und Heimat verlorengegangen ist. Den Wildbach, das Gebirge, das Meer, den Wald holt man ins Haus, mag die Umgebung auch noch so urbanisiert sein und das eigene Leben auch noch so kanalisiert dahinlaufen.

Um die gewünschte, bei den Käufern beliebte **Stimmung** zu erzeugen, verwenden die Maler allerhand Kunstgriffe. Man wählt einen bestimmten Ausschnitt der Landschaft, lässt Störendes weg, wartet auf die richtige Beleuchtung, fügt ihre Elemente zu „Eindruckseinheiten" zusammen und komponiert alles wie ein Musikstück zu einem Gesamteindruck. Wer dann tatsächlich in der gemalten Landschaft steht, sieht – respektive empfindet – unter Umständen ganz etwas anderes als der (große) Künstler.

Genau hier liegt andererseits die Chance: **Kunst macht uns Sehen**, eröffnet neue Möglichkeiten des – sensitiven – Wahrnehmens. „*Unser gesamtes ästhetisches Naturempfinden ist untrennbar mit der Geschichte der Kunst verknüpft*," sagt Martin Seel.[72] Mit Sicherheit würden wir dem Wald heute anders gegenüberstehen, wenn ihn Caspar David Friedrich nicht mit seinen Augen gesehen und mit seinen Empfindungen gemalt hätte.

Als Hilfe, als Identifikationsfiguren, hat er uns ja oft genug **Menschen** ins Bild gesetzt, die nichts anderes tun als wir: schauen. Neben dem eigentlichen Stimmungsgehalt der Landschaft stellt er also einen anderen Wert dar: den **Wert des Schauens**, des ästhetischen Wahrnehmens, des beschaulichen, kontemplativen Lebens (s. S. 100).

In Friedrichs Kunst nehmen wir wahr, dass wir wahrnehmen; und dass wir mit dieser „Tätigkeit" Teil der Welt sind. Eine großartige Sache, nachdem kein anderes Wesen so „schauen“ kann wie wir. Wer bemüht sich heute noch darum? In einer Zeit, wo wir soviel *beobachten*, aber so wenig schauen?

Nicht nur jeder Mensch, sondern auch jede Zeit sieht anders. Wenn **Claude Monet** (1840 - 1926) einen Wald malte, und wenn wir seine Bilder heute betrachten, dann spüren wir weder jene geheimnisvolle Natur, jenen Fingerzeig auf die dahinter stehende Gottesmacht, noch jene dunkle Ahnung von Tod und Vergänglichkeit, die uns Friedrich zeigte. Stattdessen wird das Spiel von Licht und Schatten jetzt deutlich. Monet sucht keine tiefe, umfassende Welterklärung mehr. Er will die Dinge zeigen und nicht mehr hinter die Dinge schauen. Alles wird leichter. Die Formen fügen sich zu größeren Einheiten, Details verschwinden, werden unwichtig. Nicht Melancholie, sondern **Freude** spricht daraus, Freude über das, was da ist: Licht, Farbe; und Freude am Wahrnehmen und Malen.

Der Blick des Künstlers kann uns auf andere Weise ebenso Wahrheit eröffnen wie der analysierende, bestimmende, hinterfragende der Wissenschaft. Er kann uns zeigen, dass die Natur uns auf andere Weise bereichern kann, als wir es unter ökonomischem Blickwinkel wahrnehmen. Eine vielfältige Natur ist nicht nur Ressource oder Voraussetzung für ein gutes Leben, sondern sie ist – wie Martin Seel sagt – Wirklichkeit guten Lebens. **Insofern wäre es wünschenswert, dass auch Künstler den Wald wieder entdecken.**

Leider kann Kunst, wenn sie billig ist, wenn sie zum Kitsch wird und vielleicht gar noch am Fließband produziert, auch negativ wirken. Sie kann unseren Blickwinkel verengen auf ein paar Klischees, kann die Einmaligkeit jeder Landschaft, jedes Augenblicks draußen kaputt machen. Und durchaus kann sie auch **Aggression** wecken – so wie uns unpassende Musik am falschen Ort „beleidigt“, sinnlich verletzt. Barockmusik im Einkaufszentrum – Harmonie, wo ganz andere Gesetze herrschen; wer hält sie aus?

Die Schärfe, mit der sich viele Forstleute heute vom Rotwild distanzieren, findet – meine ich – ihre Ursache nicht allein in den enormen Wildschäden. Es ist auch eine **Distanzierung** vom „röhrenden Hirsch“ – vom romantischen Kunstbild zu Forst und Jagd, von einem überstrapazierten Ideal, von verlogener Harmonie, die in besagten Bildern ebenso zum Ausdruck kommt wie in den vielen Hirschgeweihen der Jagdzimmer. Wenn ich das Rotwild immer noch als faszinierende Tierart empfinde und im Oktober immer noch hinausgehe, um Hirsche zu hören, dann tue ich das nicht wegen der vielen Bilder und Geweihe, die ich von ihnen gesehen habe, sondern trotzdem.

Gartenkunst

Als „Landschaftsmalerei mit anderen Mitteln“ entwickelte sich im 18. Jahrhundert die **Gartenkunst.** Fürst Pückler-Muskau brachte sie aus England zu uns. 1815 begann er mit der Anlage seines berühmten Parks an der Neiße, und in seinen „*Andeutungen über Landschaftsgärtnerei*“ (1833) schrieb er Ansichten und Erfahrungen dazu nieder.

Claude Monet: **Waldweg** (Original bei Christie's London, Foto: Artothek). Freude am Spiel von Licht und Schatten, am Wahrnehmen und Malen sprechen aus den Bildern des großen Impressionisten.

Wie in der Malerei komme es in der Gartenkunst vor allem auf die ansprechende Verteilung von **Licht und Schatten** an. Das Licht sind die Freiflächen, Schatten bilden die Baumgruppen. Gebäude werden harmonisch – am liebsten halb von Bäumen verdeckt – in die Landschaft eingefügt, so dass immer der Eindruck einer „**schönen Natur**" entsteht, in der sich menschliches Leben, menschliche Kultur entfaltet. Kultur, wie sie die wohlhabenden Auftraggeber – Adel und Industrielle – verstanden.

Nachdem man die Grenzen meist hinter Büschen und Bäumen verschwinden ließ, schuf man in den Parks die **Illusion** arkadischer Traumlandschaften, die mit der Wirklichkeit draußen nichts zu tun hatten. Das von harter Plackerei geprägte Leben der einfachen Leute – auf dem Land genauso wie in den damals aufkommenden Fabriken – blieb außen vor.

Landschaftsmalerei mit anderen Mitteln: die Gartenkunst. Bis heute sind englische Parks als schöne Ideallandschaften außerordentlich beliebt. Im Bild der Englische Garten in München.

Um auch dem gemeinen Volk den Genuss einer erträumten – wenn auch so niemals da gewesenen – lieblichen Heimatlandschaft zu ermöglichen, wurden im 19. Jahrhundert immerhin auch **öffentliche Parks** in dieser Weise angelegt. Der „Englische Garten" in München z.B. ist heute noch ein beliebtes Ziel der Stadtbevölkerung, zumal er mit interessanten exotischen Bauten, wie dem „Chinesischen Turm“ auch „Kulturgenuss“ bietet. Und nicht zuletzt lockt der dort betriebene Biergarten. Unter hohen Bäumen und freiem Himmel weckt er vielleicht unbewusst fröhliche Anklänge an die alte germanische Thing-Kultur .

Für die Waldästhetik lässt sich aus der Gartenkunst einiges lernen. Vor allem die große Bedeutung der Freiflächen, des Lichtes gegenüber dem Schatten der Baumbestände, gibt mir zu denken. **Offenbar ist das Licht für uns Menschen sehr notwendig, damit wir uns wohlfühlen**.

Überhaupt lassen sich von der Kunst eine Menge Anregungen holen. Doch Vorsicht! Kunst ist immer gemacht, nicht geworden. Bewusst oder unbewusst versuchen wir zu verstehen, welche Botschaften Künstlerinnen und Künstler – ebenfalls bewusst oder unbewusst – mit ihren Werken vermitteln wollen. Jedes Kunstwerk ist ein Zeichen. *„Es ist*“, wie Martin Seel sagt, *„nicht einfach ein Objekt in der Welt, es ist ein Objekt über die Welt.*“ [73]

Diese Botschaft zu entschlüsseln, ist anstrengend. Mag es auch viel Freude machen, weil dabei vor allem die rechte Gehirnhälfte gefordert ist; doch sind wir nach einem Museumsbesuch oder nach einem Konzert oft regelrecht „erschlagen“. In der Natur ist das Gegenteil der Fall. Sie *„befreit die Sinne vom Erfassen eines Sinns.*“

Genau hier liegt die Aufgabe des Waldes: in der **Bewahrung und Präsentation des nicht Gemachten**. Angesichts der Vielfalt an „Kunst“, die uns in einer Stadt beispielsweise umgibt, kommt bei vielen Menschen ein regelrechter Überdruss am Gemachten auf. Deshalb Seel:

> *„Es ist der Sinn der modernen ästhetischen Naturerfahrung, sich mit etwas zu konfrontieren, das in wesentlicher Hinsicht keiner Intention entsprungen ist. Die Natur selbst hat keinen Sinn: deswegen hat es für uns Sinn, ihr die Zeit ästhetischer Betrachtung zu widmen.“*[74]

Und deshalb hat es Sinn, den Wald als Raum ästhetischen Erlebens genauso zu erhalten, zu pflegen und zu entwickeln, wie Schlösser, Museen, Opernhäuser und andere Kulturgüter.

Neue Kunst im Wald

Mit gemischten Gefühlen beobachte ich in letzter Zeit eine Tendenz, Kunst im Wald zu installieren, meist aus den draußen vorhandenen „Naturmaterialien“. Dazu gehören beispielsweise **Motorsägen-Skulpturen**, die mancher Waldarbeiter gerne in der Mittagspause aus Baumstümpfen oder Stammteilen sägt. Im täglichen Einerlei der Holzernte, dem von Maschine und Akkordsatz vorgegebenen Arbeitstempo und dem Leistungsdruck, der heute auch über der Handarbeit steht, bringt diese spielerisch-kreative Tätigkeit wohl ein wenig Freude und seelische Entlastung. Das Bestreben, Mensch zu sein, bricht durch. Und der Mensch ist nur da ganz Mensch, wo er spielt, sagt Schiller.

So verständlich das Ganze also ist, und so nett manche dieser Werke auch anzusehen sind, bleiben die Dinge doch einfach künstlich und beeinträchtigen das Gefühl, in der Natur zu sein. An zentralen Punkten, z.B. Wegekreuzungen, ist das kein Problem. Hier gibt es ohnehin menschliche Gegenstände: Wegweiser, Schilder, Hütten, Schranken usw. Wenn die Kunst aber an Stellen auftaucht, die eigentlich einsam wären, wo der Waldwanderer mit sich und der Natur allein sein könnte, empfinde ich sie lästig.

Kunst im Wald: bitte nicht überall verstreut, sondern nur an zentralen Plätzen.

Auch **Wald-Kunst-Parks**, die man beispielsweise an Waldlehrpfade angliedert, mehren sich in letzter Zeit. Wohltuend ist daran, dass sie ein Gefühl der Verbundenheit zwischen Kultur, also Mensch-Natur, und Waldnatur schaffen. So entsteht wieder Gemeinsames; die Entfremdung beider Welten wird abgemildert, die Kälte unserer modernen, nutzungsorientierten Naturbeziehung ein wenig erwärmt.

Andererseits lenken die Werke unsere Gedanken und veranlassen den Betrachter, einen Sinn zu suchen, der vielleicht nur dem Schöpfer zugänglich ist. Damit fördern sie bisweilen unseren Überdruss am Gemachten, provozieren bei manchen Zeitgenossen sogar „Vandalismus"; nach dem Motto: wenn Du hier was bauen darfst, dann darf ich es kaputt machen. Ferner mindern sie die Fläche freien Waldes, dehnen den Einflussbereich des Menschen noch weiter aus, als er ohnehin schon reicht.

Deshalb sollte man solche Kunst-Räume auf Nahtstellen zwischen Wald und Zivilisation beschränken und sie flächenmäßig bescheiden halten. In der Nähe eines Waldparkplatzes zum Beispiel können sie in Ordnung sein, noch besser vor dem Wald, auf einer ansonsten anders genutzten Fläche. Der tiefe Wald aber soll frei bleiben von künstlerischer Inbesitznahme. Er soll Wald bleiben und seine eigene Sprache sprechen dürfen, eben das „nicht Gemachte bewahren und präsentieren".

2.7 Eine Ahnung von Wildnis

„Unser Wald kann das Uniformieren nicht ertragen; vielgestaltig, arten- und formenreich soll er bleiben oder werden. ***Ewas von Wildnis muss der Wirtschaftswald an sich haben, sonst stirbt seine Natur vor lauter Kultur****."*

Diese Worte sprach bei einer Naturschutz-Tagung 1928 Geheimrat Dr. Karl Rebel, der seinerzeitige Waldbaureferent der Bayerischen Staatsforstverwaltung. [75]

Wie würde er wohl unsere heutigen Wälder empfinden, ein dreiviertel Jahrhundert nach seiner engagierten Parteinahme für den Waldnaturschutz? Was würde er zu dem in der Nachkriegszeit mit Baggern und Planierraupen ausgebauten Wegenetz sagen, zu dem Großmaschinen-tauglichen Rückegassensystem, zu den licht gestellten, intensivst durchforsteten Nadelholzbeständen des 21. Jahrhunderts? Haben sie noch jene gewisse Ahnung von Wildnis, die er beschwor? Oder sind sie auf dem Weg zur Plantage und damit zu Reizlosigkeit und Langeweile?

Was ist überhaupt Wildnis – kann man in einem Land davon sprechen, wo nahezu jeder Quadratmeter vom Menschen betreten, geformt und nutzbar gemacht wurde?

Schwierige Fragen, für die es keine exakten, allgemeingültigen Antworten geben kann. Wildnis ist ein Erleben, ein Gefühl. Faszination und Angst liegen dabei eng beieinander. **Voraussetzung ist, dass etwas in der Natur nach eigenen Gesetzen, ohne menschliche Ordnung abläuft, dass immer wieder Neues, Unberechenbares auftaucht und dass der einzelne Mensch sich hineinfügen muss, einsam, nur für das eigene Leben und Überleben sorgend**.

Auch der „Großstadtdschungel", das „Dickicht der Städte", wie es Bertold Brecht bezeichnete, wecken bei manchen solche Gefühle. Allerdings fehlen hier die Stille und das Empfinden einer „**transzendentalen Geborgenheit**"[76], das sich in natürlicher Umgebung bei vielen Wildnis-Wanderern einstellt. Genau aus diesem Grund suchen viele die Wildnis auf, wie es der Amerikaner J. H. Wheelwright[77] beschreibt:

> *„In diesem Sinne bedeutet Wildnis das Gespür für Unendlichkeit; die natürlichen Elemente Erde, Vegetation und Tiere; und den zyklischen Prozess der Jahreszeiten, Geburt und Tod. Darin bietet die Wildnis den Eindruck einer äußersten Verlässlichkeit, die ich als innere und äußere Notwendigkeit erkannt habe. ... Die Heilung, die mir der Aufenthalt in der Wildnis bringt, beruht auf der* ***Gelegenheit, zu meiner animalischen, instinkthaften Seinsweise zurückzukehren****. Nach einer solchen Erfahrung fühle ich mich wieder hergestellt. Ich bin wieder „aufgehoben", dieses Mal durch die Natur, und eine Zeit lang bin ich nicht verlassen;* ***ich bin geborgen****."*

Sicher spielt bei der Wildnis-Erfahrung auch die **körperliche Bewegung und Bewährung** eine Rolle: sich praktisch durchsetzen in einer Welt ohne die tausendfachen Hilfen von Technik und Zivilisation. Während wir in der Arbeit, aber auch in der Medien-bestimmten Freizeit oft in einer reinen „Geistwelt" leben – **die Menschen werden immer mehr zu Gehirnen** – finden wir draußen zur ursprünglichen Verbindung von Körper, Geist und Seele zurück. Vor allem auch unsere Sinne werden wieder benötigt, was uns auf ganz selbstverständliche Weise „Sinn" spüren lässt.

Ulrich Schaffer schreibt[78]:

> *„Mein Körper in der Wildnis. Ich nehme ihn anders wahr als in der Stadt. Ich bin verantwortlich, ihn so zu behandeln, dass er diese Reise überlebt. Ich darf ihn nicht überfordern oder verwöhnen. In gewisser Weise ist er wichtiger als*

mein Geist, weil ich abhängig von ihm bin. Mein Körper paddelt, schleppt, baut das Zelt auf, macht Feuer, lauscht auf Tiere und paddelt wieder. Weil ich abhängig von ihm bin, rücke ich mir selbst näher. ***Ich bin bei mir, achte auf mich****.“*

Wildnis und Zivilisation

Wildnis ist der **Gegenpol zur vollkommenen Zivilisation**. Sie ermöglicht einen Blick von außen auf diese und kann uns dabei helfen, deren Stärken und Schwächen zu erkennen. Die **Vorteile der Zivilisation** liegen vor allem in den vielen Sicherheiten: Es gibt Nahrungsmittel zu kaufen, warme Häuser, die uns im Winter erst das Leben in unseren Klimazonen ermöglichen, es gibt Hygiene, medizinische Versorgung, Schutz vor Feuer und Kriminalität. Außerdem bietet die Zivilisation Kultur, Kunst, Musik, gemeinsames Denken, überhaupt die Möglichkeit, andere Menschen, andere Denkweisen, andere Empfindungen kennen zu lernen. Diese Dinge weiß jeder zu schätzen, der sich für ein paar Tage ausschließlich durch Wald und Gebirge bewegt hat.

Die **Nachteile der Zivilisation** sind andererseits bedrückend: Unzählige Verhaltensnormen in Kindergarten, Schule, Arbeitswelt, Straßenverkehr usw. engen unsere Freiheit als Mensch ein. Triebbeherrschung, Affektkontrolle und Körperdisziplin haben ein oft als zwanghaft empfundenes Ausmaß erreicht. So erleben wir die Zivilisation heute weniger als Erleichterung unseres Lebens denn als ständige Forderung beziehungsweise Überforderung.

Den daraus resultierenden Sozialcharakter bezeichnet N. Elias[79] als „**homo clausus**“ – als eingeschlossenen, eingesperrten Menschen. Diese Spezies hat, wenn sie sich nicht mehr oder weniger apathisch in ihr Schicksal fügt, bisweilen den dringenden Wunsch, auszubrechen, keine Häuser, Straßen, Autos mehr zu sehen und keine Flugzeuge mehr zu hören. Das ist die Stunde von Wald, Seen, Meer und Gebirge. Da der Mensch von Natur aus bequem ist, wollen viele jedoch nicht die reine – durchaus anstrengende, oft auch gefährliche – **Wildniserfahrung**, sondern nur ein bisschen davon, wobei alle Abstufungen je nach körperlicher und seelischer Konstitution zu finden sind.

Für den einen ist es schon Wildniserfahrung, ein – zwei Kilometer von der nächsten Fahrstraße entfernt im dunklen Fichtenforst zu stehen. Der andere braucht quadratkilometerweise natürliche, menschenleere Wälder mit dicken, alten Bäumen, totem Holz, am liebsten ohne Weg und Steg – eine Ursprünglichkeit, die hierzulande nicht einmal mehr im Gebirge zu finden ist.

Von manchen Vertretern der Forstindustrie wird gerne **Unordnung** als Wildnis verkauft, Reisighaufen und Fahrspuren beispielsweise, welche maschinelle Holzernte hinterlässt, oder auch das ungeregelte Aufwachsen nach Kahlschlag. Es stimmt zwar, dass richtige Wildnis keine menschliche Ordnung enthält, daraus aber zu schließen, menschliche Unordnung biete Wildniserfahrung, erscheint gewagt – wie wohl nicht ganz von der Hand zu weisen. Wildnis in unserem Land ist immer relativ: nachdem es keine Landschaft ohne menschlichen Eingriff mehr gibt, kommt es auf den Eindruck an, den wir haben. Durchaus gibt es „**Paradiese aus zweiter Hand**“.

Urwald

Wie alles Ursprüngliche ist in letzter Zeit auch der **Urwald** recht populär geworden. Nicht erst seit die Amerikanerin Julia Butterfly Hill[80] zwei Jahre auf einem „Urwaldriesen" verbracht, und damit ein ursprüngliches Waldgebiet vor dem Abholzen bewahrt hat, beschäftigen sich die Umweltorganisationen mit „Primärwäldern". Als Inbegriff bedrohter Natur – Stichwort tropischer Regenwald – lässt er sich auch bei uns gut als Sympathieträger für die Öffentlichkeitsarbeit verwenden.

Eine tatsächliche Vorstellung, wie er aussähe, haben allerdings die Wenigsten: auf jeden Fall **„urig"** mit dicken alten Bäumen, viel Totholz, aber auch Lichtungen wie bei Hänsel und Gretel. Zeigt man den Leuten Bilder von echten Urwäldern der gemäßigten Klimazone, sind viele enttäuscht. Die meisten Entwicklungsstadien sehen kaum anders aus als naturnahe Wirtschaftswälder, bloß gibt es mehr wirklich dicke Bäume. In jüngeren Phasen findet man oft bedrückende Finsternis, Unordnung, Chaos; aber die schönen Lichtungen sucht man vergeblich. Urwälder in unseren Breiten sind zu dicht, als dass sie eine Mehrheit unserer Zeitgenossen *schön* empfinden würde. Es fehlen einfach die Freiflächen, **fehlt das Licht**, das der Mensch als Kind der Savanne wohl braucht, um sich wohl zu fühlen.

Dass Urwald trotzdem – in bemessenem Umfang - gewünscht wird, beruht aber nicht nur auf Unkenntnis seines tatsächlichen Aussehens, sondern verdeutlicht auch die Veränderung in unserem ästhetischen Erleben. Immer mehr Menschen suchen eben nicht *nur* das Schöne, Harmonische, sondern auch das Wilde, Unheimliche, Ursprüngliche. Es hat einen besonderen Reiz, einen ästhetischen Wert, den man auf seine Weise genießt.

Eine eigene Wildnis-Philosophie haben die **Amerikaner**. Bereits im 19. Jahrhundert erkannten sie, wie wertvoll das Erleben unverfälschter Natur für den Menschen ist. Ganz bewusst setzte man den **Kulturschätzen** Europas die **Naturschätze** der Neuen Welt entgegen, auf die eine Mehrheit der Amerikaner bis heute stolz ist. Die Akzeptanz für deren Schutz ist in Amerika ungleich höher als bei uns. In den Forstverwaltungen arbeiten neben Forstleuten, denen hauptsächlich die Holznutzung obliegt, auch viele Biologen und Landschaftspfleger mit, eine Vorstellung, die in Deutschland bislang kaum angedacht wird.

Wie kann die Ahnung von Wildnis in unseren Wäldern aussehen?

Zu dieser Kernfrage der Waldästhetik gibt es so viele verschiedene Antworten wie Empfindungen und Bedürfnisse bei den Menschen.

Immer muss unter dem Aspekt Wildnis etwas **Geheimnisvolles** im Wald spürbar sein. Beispielsweise darf er nicht ganz **durchsichtig** werden, er muss dunkle undurchdringliche Partien enthalten, deren Leben sich menschlichen Blicken entzieht; **Dickicht**, in das man nur mühevoll eindringen kann, wo sich auch Tiere verstecken und wo derjenige, der diese Mühe nicht scheut **Tierspuren** findet, Reh-Betten beispiels-

Klein-Kanada? In den Urwäldern der Rocky Mountains findet man ganz ähnliche Waldpartien wie diesen naturnahen Fichtenhochlagenwald in den Bayerischen Alpen. Nach Katastrophenschäden verjüngt sich diese Waldgesellschaft natürlicherweise gleichaltrig, dicht und finster.

weise, Losung, Haare, Federn, Gewölle, und hie und da einen verwitterten Schädel oder Knochen als stumme Zeugnisse des geheimnisvollen Lebens, das sich hier verborgen vor menschlichen Blicken abspielt.

Selten wird dort tatsächlich jemand eindringen, allenfalls ein paar eingefleischte Waldläufer tun dies. Für mich war es in der Jugend sehr spannend: ein wichtiger Teil meines Lebens. In der Pilz-Saison hat man sogar einen Grund vorzuweisen, wenn einen der über sein Revier wachende Jäger dort antrifft. Klar, dass es hier Konflikte gibt, sind sich Waldläufer und Jäger von ihrer Grundmotivation doch so ähnlich.

Für die weitaus meisten Waldbesucher genügt allein die Existenz solch finsterer Waldorte. Der Blick vom sicheren Weg ins **Waldesdunkel** regt die Phantasie an und lässt spüren, dass unsere Welt doch noch Geheimnisse hat, dass der Mensch nicht überall Kontrolle und Herrschaft ausübt – eine Grunderfahrung, die ansonsten nur dem Blick in die Tiefen der Gewässer oder den bestirnten Nachthimmel vergleichbar ist.

Waldbauliches Handeln, das an seinen geometrischen Linien schon von weitem als solches erkennbar ist, trübt oder zerstört dieses Erleben nachhaltig. **Pflanzreihen** beispielsweise oder dicht aufeinanderfolgende **Rückegassen**, schematische Durchforstungseingriffe machen aus dem Wald den berühmten **Holzacker**, die reizlose Plantage, für die sich kaum jemand erwärmen kann.

Auch **Holzlagerstreifen**, die kilometerlang Forststraßen säumen, gehören zu diesen Wildnis-Killern. Sie rücken den Wald praktisch vom Weg ab, isolieren den Wanderer auf einer künstlichen Schneise der Zivilisation. Als kleinflächige Auflockerung, Abwechslung hie und da sind sie willkommen, aber nicht endlos und gleichförmig.

Insgesamt gibt es unter dem Stichwort Wildnis im Wald eigentlich nichts zu tun, aber jede Menge zu lassen.

Eindrucksvolle Oasen dieses Lassens sind die **Naturwaldreservate**, welche die meisten deutschen Forstverwaltungen bis vor etwa 20 Jahren eingerichtet haben. Im eigentlichen Sinn handelt es sich hier zwar nicht um (primäre) Wildnis, die bei uns ja nirgends mehr existiert, sondern um (sekundäre) „**Verwilderung**". Aber immerhin laufen hier flächig wieder natürliche Vorgänge ab und optisch sehen viele Naturwaldreservate gewachsenen Urwäldern täuschend ähnlich. Vor allem das Sterben wird hier als Teil des Lebens bewusst, indem man wieder auf **Totholz** trifft. Gerade umgestürzte und stehend absterbende Bäume bergen eine wunderbare Vielfalt an Leben.

Nationalparks

In größerem Stil lässt man der Natur in den **Nationalparks** freien Lauf, deren Erleben allerdings durch vielfältige Reglementierungen, Ge- und Verbote getrübt sein kann. Ob das immer so sein muss? „*Manche Leute suchen bei uns **Klein-Kanada***", sagte mir einmal ein Mitglied der Nationalparkwacht im Bayerischen Wald, die sich nach amerikanischen Vorbild als „Ranger" bezeichnen und unter anderem das Wegegebot durchzusetzen haben. „*Aber das können wir hier nicht bieten.*"

Können wir es wirklich nicht? Zumindest ein bisschen und zu bestimmten Jahreszeiten? Oder werden in Schutzgebieten von Forst- und Naturschutzfachleuten einseitig ökologische Werte hochgehalten – ganz im Gegensatz zu den Werbeschriften, die den „**Wilden Wald**" als *Erlebnisraum* anpreisen? Sicher haben Nationalparks rechtlich andere Zielsetzungen als etwa Naturparks, die in erster Linie der Erholung dienen. In Nationalparks geht es mehr um den Erhalt des Naturerbes, dessen ungestörte Entwicklung sowie deren Erforschung; und dazu hat man international verpflichtende Standards einzuhalten.

Auch verkenne ich nicht, dass viele Wildtiere im Winter störungsempfindlich sind, weil ganz praktisch ungleiche Wettbewerbsbedingungen zwischen Mensch und Tier herrschen: Mit **Ski- und Schneeschuhtechnik** ist der Mensch weitaus beweglicher als die meisten Tiere, die in Tiefschnee oder gar Bruchharsch bis zum Bauch einsinken. Auf der Flucht vor Wanderern müssen sie sich unter Umständen derart abrackern, dass sie in Lebensgefahr geraten. Wer es bei solchen Wetterlagen selbst schon einmal als ganz armseliger Fußgänger probiert hat, kann die Schinderei einschätzen.

Trotzdem ist es für mich außerordentlich unbefriedigend, Naturfreunde, die den innigen Kontakt mit der Natur ihrer eigenen Heimat auch einmal abseits der Wege suchen, (das ganze Jahr über) nach Kanada oder Nepal zu verweisen. Keinesfalls fördert es die erwünschte **Identifikation mit dem *heimischen* Wald** und schon gar nicht diejenige mit der Forstwirtschaft.

Die Wälder in den Nationalparks, die meist erst wenige Jahre unter Schutz stehen, sehen größtenteils nicht viel anders aus als die ungeschützten übrigen. Im Bewusstsein der Menschen ist Wald zunächst Wald, egal ob bewirtschaftet oder nicht. Wenn man jetzt die Parks als etwas so Besonderes, Empfindliches, Bedrohtes, Schützenswertes propagiert, dass dort schon Fußgänger stören, dann fördert man damit insgesamt jene **nutzungsfeindliche Einstellung**, die man im Verhältnis zur Forstwirtschaft beklagt (s. Kap. 2.8): Stören denn Forstmaschinen nicht viel mehr als wir Fußgänger, macht die Forstwirtschaft nicht viel mehr kaputt als wir Wanderer? Und was ist mit den Jägern?

Die Dinge hängen zusammen. Unbewusst prägt die innere Einstellung zu einem Nationalpark auch diejenige zum übrigen Wald. Über Wald- und Wildnispädagogik ist das politisch sogar ausdrücklich erwünscht. Nährt man dort zu sehr das Bild von der empfindlichen Natur und vom störenden Menschen, dann fördert man praktisch die Segregation in ökologisch gute – menschenfreie – Schutzgebiete und minderwertige unter anderem forstlich genutzte Wirtschaftswälder. Wen wundert es, wenn dann immer mehr Schutzgebiete gefordert werden?

Notwendig wäre ein eher menschenfreundliches Leitbild für Nationalparks. Nebenbei bemerkt hat schon der **Name *Nationalpark*** etwas Unnahbares, Autoritäres, Gefährliches, das zumindest für deutsche Ohren nicht immer einladend klingen kann. *Naturpark* hört sich wesentlich weicher und heimatlicher an, was ja auch den Tatsachen entspricht. Wenn man dann auch noch auf den an sich völlig unpassenden *Park* verzichten würde, wäre man beim *Naturwald*, der mir persönlich der sympathischste Name wäre. Warum also nicht *Naturwaldgebiete*? – Weil es internationalen Gepflogenheiten widerspräche.

Aber Sprache schafft Bewusstsein; nicht umsonst geben Firmen viel Geld für einen guten Namen aus. Mir ist klar, dass sich die Dinge nicht so leicht ändern lassen. Und unterm Strich haben Nationalparke, so wie sie sind, ja auch eine Menge Gutes. Aber wenn wir neue Freunde für den Wald gewinnen möchten, müssen wir über alles nachdenken, auch über solche vermeintlichen Äußerlichkeiten. **Die Schutzgebiete sind Imageträger für den Wald**, im Empfinden der Menschen vorbildlich für andere Wälder. Die Beziehung, die wir dort zum Wald pflegen, wirkt auf alle anderen.

In Naturwaldreservaten und Nationalparks bekommt man eine Ahnung davon, wie Urwälder bei uns aussahen. Lichtungen, die umgefallene Altbäume in den Bestand rissen, füllen sich innerhalb weniger Jahre wieder mit dichtem Jungwuchs. (Bild aus dem Ludwigshain bei Kelheim)

Reglementierungen für Waldbesucher

In Einzelfällen, z.B. stadtnahen Naturschutzgebieten, sind Reglementierungen im Wald, insbesondere **Wegegebote** unumgänglich, und manchmal liegen sie sogar im Interesse der Erholungssuchenden. Im Duvenstedter Brook bei Hamburg beispielsweise haben die Menschen dadurch die Möglichkeit, Rotwild oder auch die seltenen Kraniche in Freiheit zu erleben. Die Einschränkung der persönlichen Bewegungsfreiheit ist hier ein vergleichsweise geringer Preis für das faszinierende Erlebnis einer Ahnung von Wildnis.

Aber das sind Ausnahmen, bei denen häufig Wälder mit Wasser- und Freiflächen vermischt sind. Große, geschlossene Waldgebiete haben andere Voraussetzungen. Sie sind als Ökosystem vergleichsweise robust und unempfindlich. Außerdem eröffnen sie sich dem erlebenden Menschen eher durch das Eintauchen als durch bloßes Anschauen.

Der Bergsteiger Reinhold Messner, der Verbote und Reglementierungen grundsätzlich als falschen Weg bezeichnet[81], sieht unsere Probleme mit Wildnis-Touristen hauptsächlich als Folge zunehmender **Erlebnis-Vermarktung**. Wenn sich die Leute allein, auf sich selbst gestellt, ohne professionelle Reiseveranstalter auf den Weg machen müssten, dann wären es gar nicht so viele, die den Weg in die „Wildnis“ wagen. Dann würde jeder nur so weit kommen, wie seine körperliche Verfassung, seine Kenntnisse und seine persönliche Begeisterung ihn führen. Und diejenigen, die tatsächlich tief eindringen, dürften genügend Umsicht und Einstellung mitbringen um die Natur zur schonen. Unbestritten enthält diese Ansicht viel Wahres. Aber Vermarktung einzudämmen zählt in unserer Gesellschaft (leider) zu den hoffnungslosesten Ansinnen überhaupt.

Es ist schon seltsam in unserem Land: Einerseits wollen wir den Kindern über Umwelterziehung und Waldpädagogik Naturgefühl beibringen, andererseits verweisen wir die letzten verbliebenen Pfadfindergruppen argwöhnisch auf ausgewiesene Jugendzeltplätze: mit pädagogischer Betreuung, Zaun drum herum und behördlich kontrollierten Sanitäranlagen. Alles unter Kontrolle. Damit die Kids ja nichts kaputt machen in der „bedrohten Natur“.

Offenbar spielt hier **die – in Deutschland so ausgeprägte – Angst vor der inneren Wildnis** mit, die da plötzlich in den (jungen) Leuten durchbrechen könnte. Ohne Zweifel besteht ja eine Verbindung zwischen dem Entdecken der ungeregelten Abläufe in der Natur und in uns selbst. Ist Anpassung immer noch unser oberstes Erziehungsziel? Oder schaffen wir mit dessen Überbetonung nicht ungewollt den Nährboden für „Vandalismus“ (s. auch S. 370)

Es erfordert schon viel Angepasstheit, zu akzeptieren, dass man als Wanderer im deutschen Wald zurückgepfiffen wird, wo Wirtschaft und Verkehr hemmungslos Natur zerstören. Als **Hammer** empfand ich in diesem Zusammenhang ein Hinweisschild, auf das ich 1998 am Rand eines riesigen niederrheinischen Braunkohlentagebaus stieß (s. Kasten rechts oben; keinesfalls will ich damit die Energiewirtschaft pauschal als Feindbild hinstellen!). Unmittelbar neben dran waren zur Erweiterung der Grube etliche Hektar Wald gerodet worden; die herausgerissenen Wurzelstöcke boten ein schreckliches Bild. Man sah und hörte die riesigen Baggerschaufeln Tag und Nacht dröhnend vordringen und es schien nur eine Frage der Zeit, wann die Tafel mitsamt dem durch sie „geschützten“ Wald ebenfalls verschlungen würden:

Mut zur Emotion hat Horst Stern gefordert. Auch gegen solche Übermacht? Oder demütiges Anerkennen der eigenen Ohnmacht, der Kleinheit von Mensch und Wald gegen die Gefräßigkeit der Wirtschaft? Und Freude darüber, dass überhaupt noch ein paar Hektar da sind, und ein paar Ameisen die man schonen kann, wo noch Boden ist? Oder lieber die Augen schließen und vom nächsten Urlaub in Kanada träumen?

Rheinbraun AG Forstamt Willkommen in diesem Waldgebiet – hier finden Sie Ruhe und Erholung! Helfen Sie mit, dass es so bleibt und beachten Sie bitte folgende Hinweise: Rauchen, offenes Licht und Feuer ist nicht erlaubt. Halten Sie den Wald sauber. Betreten Sie keine Forstkulturen, Dickungen und jagdliche Einrichtungen. Die Nester der Vögel und Ameisen müssen geschont werden. Hunde dürfen die Wege nicht verlassen, halten Sie sie in Aufsicht. Unbefugter Kraftfahrzeugverkehr ist nicht erlaubt, haben Sie aber Verständnis, dass insbesondere an den Werktagen teilweise reger Betriebsverkehr erfolgen muss. Das unmittelbare Vorfeld des Tagebau Hambach ist aus Sicherheitsgründen gesperrt. Bitte beachten Sie die Hinweisschilder.

2.8 Die Ästhetik der Nutzung

Wald birgt zwar im Verhältnis zu anderen Landschaftselementen viel Wildes, Natürliches in sich, doch ist er auch Raum menschlichen Wirtschaftens. Folglich werden sowohl die **Waldarbeit** selbst, als auch ihre vielfältigen Folgen im Erscheinungsbild des Waldes und nicht zuletzt die **Waldprodukte** – z.B. Holzpolter, Brennholzstapel – von Waldbesuchern sinnlich wahrgenommen. Diese Dinge sind untrennbar mit dem Wirtschaftswald verbunden, sie tragen einen wesentlichen Teil zur Waldästhetik bei.

Verletzliche Natur?

Sieht man die Natur, wie das in unserer Zeit verbreitet ist, vor allem unter Schutzaspekten – als empfindlich, bedroht und gefährdet – dann stellt die Nutzung eine **Störung**, mithin ein **Problem** dar. So erklärt sich ja das negative Image der Forstwirtschaft: Sie zerstört mehr oder weniger natürlich gewachsene Waldlebensgemeinschaften, verändert oder vernichtet damit deren ästhetischen bzw. Erlebniswert. Es ändert nichts, dass Letzterer in der öffentlichen Diskussion meist hinter dem ökologischen Wert versteckt wird.

Legen wir aber die Brille ökologischer Wertvorstellungen einmal ab, und empfinden rein ästhetisch, dann vernichtet die Forstwirtschaft nicht nur Erlebniswerte, sondern sie schafft auch welche. Jeder der beispielsweise einmal eine Baumfällung erlebt hat, wird dies bestätigen: Für die allermeisten Menschen liegt darin ein ausgesprochen bewegendes, **emotionales Erlebnis**, das sie nicht mehr vergessen. Es hat etwas Ursprüngliches, Faszinierendes, wenn der Arbeiter mit seiner im Verhältnis zum Baum bescheidenen Körperkräften die Motorsäge ansetzt, wenn Holzspäne durch die Luft wirbeln, die

Gefällter Baum: nicht nur Mitleid weckt er in uns, und Melancholie, sondern auch Triumph, Freude, Neugier. Alle diese Gefühle sind o.k., wir sollten sie zulassen.

Kette sich ins Holz frisst, der Keil angesetzt wird, und schließlich das riesige Wesen sich neigt und krachend am Waldboden aufschlägt.

Oder wenn das Holz am Rand der Forststraße liegt, wenn wir die Stämme in der Waagrechten vor uns haben, die ehemals 30 Meter hohen Kronen nun greifbar vor uns liegen, dann wirkt das auf uns. Nicht nur Gefühle des Mitleids keimen, sondern auch Neugier, Interesse, Triumph, Freude. **Kinder** sind hier noch weitaus näher an ihrer ursprünglichen Gefühlsvielfalt als Erwachsene. Spontan versuchen sie sofort die Holzpolter zu besteigen, darauf zu laufen, herunterzuschauen, kurz gesagt sie „ästhetisch in Besitz zu nehmen".

Kinder denken und werten nicht so viel. Sie nehmen als gegeben hin, was vor ihnen liegt, sehen instinktiv das Gute darin und freuen sich darüber. Das macht sie, nebenbei bemerkt, für unsere Erwachsenenwelt so wertvoll und beneidenswert.

Erwachsene haben ein weitaus **geschlosseneres Weltbild**: jedes Phänomen wird geistig darauf abgeklopft, ob es hineinpasst oder nicht. Wenn ja, ist es gut, wenn nein, ist es schlecht. Wer den Slogan „Baum ab – nein danke" verinnerlicht hat, wird sich empört abwenden und Gefühle von Triumph und Freude über den gefällten Baum verdrängen. Automatisch befinden sich damit der Holzhauer, der Forstwirt oder Förster auf der anderen Seite. Im Ernstfall werden sie als Gegner bekämpft genau wie die eigenen, verdrängten Gefühle.

So haben heute sehr viele Menschen, vor allem die jüngeren Generationen, unsere eigentliche Lebensgrundlage aus ihrem Bewusstsein ausgeschaltet. Sie haben vergessen, dass unsere ganze Zivilisation auf Nutzung der Natur beruht, dass insbesondere unsere tägliche Nahrung durch Vernichten von Lebendigem, durch Töten erworben wird. „**Schlachthaus-Paradox**" nennt Michael Suda[82] dieses Wertempfinden, das sich kurz gesagt so darstellt: Rind gut, Wiese gut, Steak gut, Hamburger gut, aber Metzger? schlecht!

Analog ist die Gedankenreihe in der Forstwirtschaft: Wald gut, Holz gut, Massivmöbel gut, aber Kettensäge schlecht.

Doch auch wenn wir die Natur als verletzlich erleben – „**Nature fragile**" steht in Frankreich auf großen Plakaten, die zu einem schonenden Umgang mit den Wäldern mahnen – innerlich, tief verborgen unter allen Deckmänteln der Kultur, unter dem Nadelstreifenanzug, ist der verdrängte Nutzer in uns noch genauso lebendig wie im Neandertaler (Am Eingang des Düsseldorfer Neandertal-Museums empfängt die Besucher eine lebensgroße Figur in solch nobler Kluft). Vor allem Männer spüren oft eine richtige **Lust**, zuzupacken, ihre Kraft an der Natur zu beweisen und sich etwas daraus zu nehmen.

Zwar sind es nur wenige, denen der praktische Umgang, das Wirtschaften und Arbeiten mit dem Wald vorbehalten ist, aber auch Zuschauen, passives Erleben kann uns sehr bewegen. Sehnsüchte werden wach, wir identifizieren uns mit dem Holzhauer, dem Förster, dem Waldbesitzer, dem Jäger. Und wenn er auch nie offen ausgesprochen wird: ein „**Neid der Besitzlosen**" keimt in manchen von uns, bewusst oder unbewusst. All das spielt mit beim ästhetischen, sinnlichen Erleben des Waldes. Gefühle, tief wie das Meer. Und gerade die Menschen im Wald regen sie – mit allem was sie tun und lassen – weitaus heftiger an als die Bäume allein.

Erscheinungsformen der Waldnutzung

Auffälligstes Zeichen menschlicher Nutzung ist neben dem Wegenetz im Forst vor allem das lagernde Holz. Von ihm kann – heutzutage meist unbewusst – eine **beruhigende Gefühlswirkung** ausgehen. Schon rein formalästhetisch vermittelt ein liegendes Rechteck – so stellt sich ja ein Holzpolter bildlich dar – Ruhe, Behäbigkeit, Sicherheit, während ein stehendes uns eher Dynamik und Instabilität empfinden lässt. Man denke z.B. an Hochhäuser im Vergleich zu Bungalows. In den meisten Menschen ist der Wert des Holzes aber auch tatsächlich verankert und ein Stapel Brennholz steht urtümlich immer noch für eine warme Stube.

Einen hohen ästhetischen Wert bietet auch der **Geruch**, den frisch geschlagenes Holz ausströmt. Zählt doch das Riechen zu den urtümlichsten Sinneswahrnehmungen. Im

Gegensatz zu den Fernsinnen Auge und Ohr berührt es unsere innere Gefühlswelt unmittelbar, ohne den Umweg über allzu viel Verstand. Oft bleibe ich deshalb vor einem harzig duftenden Fichten-Polter stehen oder halte meine Nase an aufgeschlichtetes Buchenholz. Jede Holzart hat ihren eigenen Duft, jeder auf seine Weise angenehm, wenn mancher auch Tanne und Eiche mit Katzendreck in Verbindung bringen mag. Allein die **Freude des Wahrnehmens** ist es mir wert.

Welch hohe Wertschätzung in unserer Kultur der Geruchssinn (wieder) einnimmt, erkennt man übrigens auch daran, dass heutzutage sogar vorbeieilende JoggerInnen nur noch selten stechende Schweißfahnen, sondern Wolken edler Parfums, Deos oder Duftspüler hinter sich herziehen. Doch das nur am Rande.

Mich beruhigt das im Wald lagernde Holz auch insofern, als es einen ganz natürlichen Prozess des Wachsens und menschlichen Erntens verkörpert. Ähnlich wie beim Heu-Machen oder Kartoffel-Roden in der Landwirtschaft, wo in Nebenerwerbs- oder Bio-Betrieben noch Handarbeit anfällt, ist es für mich schön, aus der Natur zu nehmen, was wir für unser Leben brauchen. Die Obst-Ernte im Garten hat auch so etwas Ursprüngliches, Direktes, das mir fehlt, wenn ich die Sachen im Laden kaufe.

Die **Menschen, die im Wald arbeiten** gehören dazu, so wie das Holz. Sie sind vom Umgang mit ihm geprägt und haben oft etwas von seiner Ursprünglichkeit bewahrt. Gerne unterhalte ich mich ein wenig, wenn es sich ergibt. Diejenigen, die körperlich

Hat etwas Schönes, Beruhigendes, Bodenständiges: das Holz im Wald. Sich daran zu freuen gehört auch zu einer gesunden Naturbeziehung.

mit dem Holz zu tun haben, Waldbauern oder Holzrücker z.B., scheinen mir dafür am ehesten zugänglich, während die Förster als „Manager“ (s. Kap. 2.9) meistens unter Zeitdruck stehen.

Wenn Holz geerntet wird, zeigt mir das auch, dass ich nicht in einem Park bin, wo alles menschlich geformt und geschützt ist. Im Wald geht es nicht so genau. Ich kann meinen Blick und meine Schritte lenken, wohin ich will. Bisweilen gibt es bei einem Holzstoß auch **Überraschungen**: Ein Hase springt plötzlich aus seiner dort windgeschützten Sasse, eine große gelb-gestreifte Holzwespe sucht nach einem Platz für die Eiablage, ein Eichhorn versteckt dort seine Wintervorräte ... Lauter Begegnungen, die für mich zum Wald gehören und ihn liebenswert machen.

Ästhetische Wertschöpfung

Unter diesem Blickwinkel bedeutet Forstwirtschaft nicht nur ökonomische sondern auch **ästhetische Wertschöpfung**. Gerade im Wald wird mir klar was die kürzlich verstorbene Theologin Dorothee Sölle meinte, wenn sie den Menschen als Mitschöpfer, als Co-Creator bezeichnete.

> *„Die Schöpfung geht weiter, sie ist ein sich fortsetzender Prozess. Wir missverstehen die Bedeutung der Schöpfung, wenn wir sie auf etwas reduzieren, das irgendwann einmal vor langer Zeit geschehen ist ...* ***Die Schöpfung ist unvollendet und braucht unsere Mitwirkung ...*** *“* [83]

Wenn wir landläufig mit dem Wort Arbeit nur Geld-Verdienen verbinden, dann ist das ausgesprochen einseitig. Arbeit ist vielmehr aktives Gestalten der Welt und jede ...“*wirklich gute Arbeit enthält eine künstlerische Komponente.*“ [84] Leider scheint diese Sicht der Arbeit – wie in den meisten Wirtschaftszweigen – im Forst momentan völlig untergeordnet zu sein. Im gleichen Maße, wie Zeitdruck und Stress zunehmen, wendet man sich von der schöpferischen Komponente ab und der mechanistischen zu. Dabei zeichnet sich deutlich ab: **Die Akzeptanzprobleme der Forstwirtschaft in der Öffentlichkeit können nur behoben werden, wenn sie der ästhetischen Wertschöpfung einen angemessenen Stellenwert neben der wirtschaftlichen einräumt.**

Dies gilt für das Erscheinungsbild des Wirtschaftswaldes ebenso wie für die Wirtschaftstätigkeit selbst. Es müssen Wege gefunden werden, wie die derzeit noch vorhandenen ästhetischen Werte erhalten, ein Abdriften in die Plantagenwirtschaft verhindert und wo möglich neue ästhetische Werte geschaffen werden können. Eine **Harmonie zwischen Natur und Wirtschaft** ist zu finden, wie sie zwar in Hochglanzbroschüren über naturnahe Forstwirtschaft verbreitet wird, in der Praxis aber kaum (noch) anzutreffen ist.

Forstliche Arbeitstechnik

Die **Hoch-Mechanisierung** ist dabei zweifellos ein Problem, mag es auch von der Forstpartie noch so energisch heruntergespielt werden. Nicht nur, dass der Wald mit einem nie da gewesenen Rückegassennetz zerschnitten wird, auch die Wirtschaft selbst weckt Emotionen: Wenn beispielsweise kein Arbeiter mehr vor dem Baum kniet, und ihn mit seiner Säge zu Fall bringt, sondern eine Maschine mit ihrem hydraulischen Greifarm kurzen Prozess macht, dann nährt diese „Massenschlachtung" eher das Bild von der **unterlegenen Natur**. Je mehr Technik eingesetzt wird, je stärker und gewaltiger sie erscheint, umso leichter baut sich das Bild ihrer Übermacht in uns auf.

> *„Der Einsatz von großen Maschinen im Wald wird in der Gesellschaft mit einer deutlichen Mehrheit abgelehnt"*, schreibt Bernhard Pauli[85]. *„Insgesamt 71,9% der Befragten stehen der zunehmenden Rationalisierung im Wald ablehnend gegenüber."*

Vor allem in Naturschutz-Kreisen werden forstliche Großmaschinen vehement abgelehnt. Sie stehen symbolisch für die Macht der Technik über die Natur. „**Small is beautyful**" setzt man dagegen, doch verhallt dieser gut gemeinte Ruf ohne Echo. Die Landbevölkerung sieht die Dinge positiver. Bei Maschinenvorführungen erntet moderne Harvester-Technik durchaus Bewunderung. Wer am eigenen Leib erfahren hat, wie schwer Waldarbeit ist, findet es verständlicherweise „stark", sie aus der warmen und sicheren Fahrerkabine per Knopfdruck zu erledigen. Es ist eben ein Unterschied, ob man selbst arbeiten muss oder nur zuschaut. In der Landwirtschaft geht der Trend auch klar in Richtung Großtechnik, wie überall, wo früher schwere und teure Handarbeit getan werden musste.

So wie die technische und wirtschaftliche Entwicklung derzeit voranschreitet, scheint es unvermeidbar, dass Großmaschinen zur Regel werden, während der kniende Waldarbeiter langfristig zum Auslaufmodell absinken wird. Wir werden damit leben müssen, dass **Handarbeit** nur in besonderen Situationen erhalten bleibt: im Kleinprivatwald beispielsweise, im Steilgelände, wo der Harvester nicht fahren kann, bei schlechten Bodenverhältnissen oder im wertvollen und starken Laubholz. Das noch in den 80er Jahren so viel beworbene Rückepferd dürfte ein ähnliches Schicksal erleiden und nur unter besonderen Verhältnissen seine ökonomische Nische behalten.

Möglicherweise bilden sich auch im Forst – wie in der Landwirtschaft – **ökologisch wirtschaftende Betriebe** heraus, die Handarbeit und Pferdeeinsatz aufrecht erhalten. Ansätze dazu gibt es vor allem in kleineren Privat- und einigen Stadtwäldern. Schwierig dürfte dabei die Vermarktung sein, weil das Argument der gesunden Ernährung beim Holz nicht greifen kann. Holz wird nicht gegessen, und wer ist schon bereit, mehr dafür zu zahlen, weil es von Mensch und Tier statt von Maschinen geerntet wurde? Aber örtlich lassen sich wohl auch hierfür Wege finden.

Insgesamt dürften bei der eigentlichen Forstarbeit waldästhetische Wünsche und Forderungen – wie „small ist beautiful" – wohl nur geringe Chancen haben, gegenüber wirtschaftlichen Erwägungen Boden zu gewinnen. Zumal hier auch **ergonomische Aspekte** hineinspielen: Waldarbeit ist schwer. Gerade wenn sie mit der Motorsäge betrieben wird, geht sie mit ungeheurem körperlichen Verschleiß einher. Außerdem ist sie **gefährlich**, und je näher der Arbeiter am Stamm ist, desto gefährlicher wird es.

So hat sich der Forstbetrieb in nur 4 Jahrzehnten gewandelt: **Holzernte um 1960 (o.), 1980 (m), 2000 (u.).** Aber früher war nicht alles besser; der Waldbau in den 60ern keinesfalls ein Ruhmesblatt. Wir brauchen immer wieder Distanz, um bewusst zu empfinden, was im Wald abläuft. Dann können wir Lösungen finden, die seinen Charakter als Natur und Erlebnisraum bewahren, oder wieder herstellen, auch mit heutigen Großmaschinen. (oberes Foto Forstamt Mitterfels)

Extrem steigt das Unfallrisiko durch herabfallende Äste dort, wo viel Totholz belassen wird. Hier ist die Maschine wohl trotz allem die menschenfreundlichere Alternative.

Dennoch ist es wichtig zu spüren, wie die Dinge wirken. Und wenn sich ein Arbeitsverfahren nicht grundlegend ändern lässt, dann kann es zumindest so modifiziert werden, dass ästhetische Werte Beachtung finden. Ich denke beispielsweise an die **Ausformung der Rückegassen**, die derzeit fast überall wie mit dem Lineal in die Bestände gelegt werden. Eine Biegung könnte bereits Wunder wirken, indem sie die totale Durchsichtigkeit der Wälder verhindert. (s. Abb. S. 258/259)

Was sich gar nicht ändern lässt, muss schließlich in der forstlichen Öffentlichkeitsarbeit auch als notwendiges Übel eingeräumt werden. Wenn Forstleute **beide Gefühle** in sich selbst wahrnehmen, nicht nur den Nutzer sondern auch den Schützer in sich bejahen, dann haben sie eine andere Gesprächsbasis mit den Bürgern als wenn sie nur als Maschinen-Freaks und eiskalte Wirtschafter auftreten. Ein wenig der ursprünglichen Nutzer-Mentalität ist ja ebenso in Waldbesuchern und Spaziergängern verblieben. Nur wenige können sich ganz einer gewissen Faszination der Großtechnik entziehen, so dass die meisten letztlich Verständnis für Mechanisierung aufbringen werden.

Was die Maschinentechnik selbst angeht, bleibt mir im übrigen die Hoffnung, dass die derzeit oft Platz greifende „Gigantomanie“ nicht der Weisheit letzter Schluss ist. Während momentan der Wald den Maschinen angepasst wird, **könnte sich eine neue Generation kleinerer Maschinen wieder dem Wald anpassen**. Computer beispielsweise, die noch vor drei Jahrzehnten den Platz eines ganzen Büros einnahmen, sind heute kleiner als eine Aktentasche.

Es bedarf aber eines ästhetischen Bewusstseins, das solche Innovationen überhaupt als sinnvoll und notwendig erkennt. Wenn Forstleute bloß noch schauen (müssen), dass sie ihre Festmeter beibringen, wenn sie vor lauter Leistung keinen Blick mehr für den Wald haben (können), dann ist dies jedem ästhetischen Bewusstsein abträglich. Es führt zu einer Haltung der **Gleichgültigkeit**, die den sich bereits abzeichnenden Image-Verlust der Forstpartie beschleunigen muss. Wer draußen haust, „wie die Axt im Walde“, braucht sich nicht zu wundern, wenn er als „Holzkopf“ bezeichnet wird, und wenn ihm die Umweltverbände letztlich die Kompetenz absprechen, für ein so wertvolles Gut wie den Wald zu sorgen.

Also bitte hie und da **auf Distanz gehen zur forstlichen Arbeit**; vor allem forstlichen Managern und Betriebsleitern lege ich das nahe; schauen und spüren wie alles wirkt, wie sich der Wald verändert. Auch das Gespräch suchen mit Außenstehenden; mit Leuten, die im Wald den Wald sehen, nicht den Forstbetrieb. Ihr Empfinden annehmen. Ich denke, dann lassen sich Lösungen finden, ihn als Natur- und Erlebnisraum zu bewahren; auch mit Maschinen.

2.9 Das Forstrevier

Ein Drittel des deutschen Waldes ist Staatswald. Dort regieren also **Förster und Försterinnen**; bzw. sie dienen dem Volk, und behandeln dessen Wald so, dass es möglichst zufrieden damit sein möge. Auch in den kommunalen Wäldern, die etwa 20% ausmachen, sowie im größeren Privatwald gibt es Förster. Insgesamt sind es deutschlandweit ca. 15000 – verglichen mit anderen eine sehr kleine Berufsgruppe. Zählt man die Arbeiter hinzu, dann bietet die deutsche Forstwirtschaft etwa 75000 Menschen Vollerwerb und gut noch mal so vielen Nebenerwerb.

Die „forstliche Seele"

Die Frage, wie es um das ästhetische Bewusstsein derjenigen steht, welchen der größte Teil unserer Wälder anvertraut ist, führt ein wenig in die Soziologie und Psychologie derselben.

Immer schon war die Forstpartie eine „eigene Rasse", wie man in Bayern zu sagen pflegt. Traditionell verbindende Elemente, die sie zugleich von der übrigen Gesellschaft abgrenzen, sind erstens die enge Beziehung zum **Wald**, die sich oft schon in der Wohnlage – im Forsthaus am Waldrand – widerspiegelt, zweitens die **Jagd,** die seit der Feudalzeit eng mit dem Wald verbunden ist. Ganz selbstverständlich wird beispielsweise auf topographischen Karten immer noch jede Forstdienststelle mit einem Hirschgeweih dargestellt.

In den letzten Jahren ist die Jagd allerdings vom verbindenden Element zum Zankapfel geworden, nachdem sich herausstellte, dass die geliebten und gehegten Rehe und Hirsche den Wald auffressen; vor allem im Gebirge mit katastrophalen Folgen. Hier verändert sich das gewachsene Selbstverständnis der Forstleute im Moment deutlich, obschon immer noch eine Mehrheit die Jagd als wesentlichen Teil ihres Berufes ansieht.

Innerlich verbindet die Forstleute neben der Liebe zu Wald und Wild – ebenfalls traditionell – eine **kulturkritische Grundhaltung**. Geradezu fortschrittsfeindlich wirkt oft ihre Distanz zur städtischen Zivilisation, zu den dort gebotenen Vergnügungen und den damit zusammenhängenden Lebensstilen. Tiefenpsychologen mögen hier ein Vermeidungsverhalten erkennen: Man sucht die Abgeschiedenheit der Natur, um die eigene, überaus **empfindliche Seele** zu schützen. Man hat **Angst vor den Menschen**; besonders im Getümmel der Großstadt mit ihren tausendfachen Verlockungen und Forderungen fürchtet man, seelisch unterzugehen.

Im Gegenzug wissen Tiefenpsychologen aber auch, dass Angst mit versteckten Wünschen zu tun hat und Vermeidung mit verdrängter Zuneigung. So hängt die Liebe zum Wald letztlich doch immer mit der Liebe zu den Menschen zusammen, wenn auch oft tief im Unbewussten. Schön wäre es, wenn davon mehr zu Tage käme.

Dass der Typ „**bärbeißiger Oberförster**", den Forstleute als Schutzmantel innerer Sensibilität früher bevorzugt nach außen zeigten, allmählich ausstirbt, lässt hoffen.

Förster bei der Arbeit

Andererseits hat es bisweilen den Anschein, dass seine Rolle durch den „**modernen Manager**" ersetzt wird.

Beide Rollen, Bärbeiß wie Manager, haben – sicherlich neben einem unverblümten Machtanspruch – die gleiche Wurzel: Weichheit und Liebe zur Waldschönheit wie auch letztlich zu den Menschen zu verschleiern. Denn wer solche Gefühle ungetarnt zeigt, ist schwach und verletzlich. Er müsste sich gegebenenfalls offen gegen „Sachzwänge" stellen: sich *nur* um seiner Gefühle willen von Vorgesetzen oder politischen Entscheidungsträgern maßregeln, bloßstellen lassen. Wer will das schon? Die meisten verdrücken sich lieber hinter der Maske.

Schon von Salisch hat dieses – meist unbewusste aber im Grunde wenig aufrichtige – Verhalten erkannt und beschrieben:[86]

> *„Es ist nämlich eine oft wiederholte Wahrnehmung, dass viele Menschen gerade darum in starrer Verfolgung eines Prinzipes* ***rücksichtslos*** *handeln, weil sie,* ***eines warmen und weichen Herzens sich bewusst****, die Befürchtung hegen, dass diese Eigenschaften ihres Wesens zu ihrem eigenen und zu anderer Leute Schaden einen allzu großen Einfluss auf ihr Tun und Lassen gewinnen möchten. So ergeht es wie mir scheint, ganz besonders oft uns Forstleuten. Aus Liebe zum Wald haben wir unsere Laufbahn gewählt, und zwar zum* ***Wald als einem Inbegriff idealer Güter****, keineswegs aber darum weil es uns besonders anzie-*

hend erschienen wäre, die Mit- und Nachwelt mit Holz zu versorgen. Tritt nun aber der erwählte Beruf wirklich an uns heran, so können wir nicht im Zweifel darüber bleiben, dass es in erster Reihe doch unsere Aufgabe ist, ***Holz zu erziehen****, möglichst viel und möglichst gutes mit so wenig Kosten als möglich. Da geht dann (bei dem einen rascher, bei dem anderen langsamer) an dem jungen Waldschwärmer eine Wandlung vor.* ***Er bricht völlig mit seinen ersten Idealen und verschanzt sein Gemüt künstlich gegen eine Wiederkehr derselben****. Sehr zu Unrecht."*

„... Eine solche Charakterentwicklung ist um so leichter möglich, je lieber und je schärfer man ***rechnet****."*

Offene Worte, die – meine ich – heute noch genauso viel Wahrheit enthalten wie vor 100 Jahren. Sein „Gemüt zu verschanzen" ist eine Tugend, die – ebenso wie das Rechnen – besonders hingebungsvoll in reinen **Männerwelten** gepflegt wird. Die Forstverwaltungen gehörten bis vor kurzem eindeutig dazu, genauso wie das Militär, mit dem sie geschichtlich eng verflochten waren. Ähnlich wie dort zählen in der forstlichen Sozialisation Gehorsam, Disziplin, Unterordnung, oder – je nach Position in der Hierarchie – Macht und Durchsetzung weit mehr als Sensibilität und Empfindsamkeit.

Beziehung wird meist auf der Sachebene ausgetragen. Offene Emotion, vor allem Zuneigung, bricht sich – bitte dies nicht wertend zu verstehen – in der typischen Männerwelt erst nach ein paar miteinander geleerten Flaschen Bahn. **Gemeinsame Feste**, am liebsten auf abgeschiedenen Hütten, waren deshalb im Forst immer ein willkommenes Ventil für ansonsten nicht gelebte Gefühle. In manchen Forstämtern wurden sie vom Chef regelrecht angeordnet. Ich kenne das noch aus eigenem – wenn man mitspielt, durchaus fröhlichem – Erleben.

Nachdem dieses Ventil aber nicht mehr so recht funktioniert, macht sich auch in der Forstpartie – wie an vielen anderen Arbeitsplätzen – **Einsamkeit** breit. Der rapide Personalabbau der letzten Jahre und die drastische Vergrößerung der Amtsbezirke verstärken die Einzelkämpfer-Mentalität. Kontakte werden schon dadurch erschwert, dass die nächsten Kolleginnen und Kollegen viele Kilometer weit weg sind. Im Holzhauerstand ist die Entwicklung nur als deprimierend zu bezeichnen. Allein die Bayerische Staatsforstverwaltung hat die Zahl der Waldarbeiter von 42000 im Jahre 1950 auf rund 2000 heute verringert. Möglicherweise geht der Abbau noch weiter.

Leitbilder, Zielvereinbarungen und andere moderne Führungsmethoden sollen die entstandene Lücke füllen, bringen aber die „Nestwärme" nicht (mehr) her, die sich jeder Mensch auch im Beruf wünscht, vor allem wenn er sensibel ist. Solche Ansätze bewegen sich zu sehr auf der Sachebene. Da die grundlegende Zielsetzung der Waldwirtschaft außerdem „**von oben**" vorgegeben wird, kann sich der Einzelne dabei nicht als ganzer Mensch, mit seinen Emotionen, Idealen und mit seiner Liebe – pardon! Motivation – einbringen.

Folge ist bei nicht wenigen Frustration und Rückzug ins Privatleben, die auch den Forstberuf in Gefahr bringen, zum Job abzusinken.

Waldarbeiter beim Ausmähen einer Buchenkultur: ein letzter seiner Art?

Zwei Grundorientierungen

Folgt man den Äußerungen der Berufsverbände, dann ist fraglich, inwieweit in den staatlichen Forstverwaltungen überhaupt noch **Grundkonsens** über die große Linie besteht. Die höheren Chargen, der sogenannte Leitungsdienst, versucht mit straffem, leistungs- und gewinnorientiertem Management die politischen Vorgaben zu erfüllen. Viele Revierförster hängen dagegen an „ihrem" schönen Wald und versuchen diesen – wie es ein hochrangiger bayerischer Forstbeamter ausdrückte – sogar gegen die eigene Verwaltung zu schützen.

Die Spaltung in eher bewahrende, schützende und eher fortschrittlich, wirtschaftlich eingestellte Forstleute gibt es schon sehr lange. Wahrscheinlich ist sie so alt wie die geregelte Forstwirtschaft selbst, und Heinrich von Salisch hat sie im Konflikt mit den „Reinertraglern" offensiv ausgetragen. Die „**Nutzer**" auf der einen Seite sorgen schwerpunktmäßig dafür, dass den Menschen Holz zur Verfügung steht, materielle Werte als physische Lebensgrundlage. Die „**Schützer**" auf der anderen Seite sorgen vor allem dafür, dass den Menschen Erlebnisraum zur Verfügung steht, also psychische Werte, wenn sie diese heute auch oft „ökologisch" nennen.

Beide Werte brauchen wir. Ohne Holz und Papier würden wir zwar heute nicht mehr aussterben, aber wir wären ärmer. Übrigens auch psychisch. Hier überschneiden sich beide Wertebenen. Andererseits wären wir ohne Waldschönheit ärmer; wenn wir nur kurzumtriebige Holzplantagen hätten, läge darin eine ästhetische Verarmung. Grundsätzlich hat jeder Forstmann, jede Forstfrau beide Neigungen in sich, aber eben mit verschiedenen Schwerpunkten.

Hatten in den 1970er und 80er Jahren die Schützer Aufwind, sind heute die Nutzer klar die „gefragteren Typen", was sich insbesondere bei Stellenbesetzungen niederschlägt. Zu verändern scheint sich derzeit die Verteilung der verschiedenen Weltanschauungen in der **Hierarchie**. Früher war die Schützer-Fraktion auch im Leitungsdienst deutlich zu vernehmen, wenn sie auch nie herausragende Stellen besetzen konnte. Heute gehen davon nur noch ein paar Pensionisten auf die Barrikaden, wenn drastische Einschlagserhöhungen verordnet, alte Eichen und Buchen geschlachtet werden sollen, die waldästhetisch und ökologisch unersetzlich sind.

Man ist ruhiger geworden, loyaler, angepasster. Dabei spielt wohl auch eine Rolle, dass sich junge Menschen, die den Wald lieben und nicht nur theoretisch, sondern auch praktisch mit ihm zu tun haben wollen, weniger für den **Leitungsdienst** entscheiden als für den **Revierdienst**. „Waldmenschen", wie man sie unter den alten Forstmeistern fand, stehen im Leitungsdienst wohl auf dem Aussterbeetat. Wo es sie gibt, lassen sie meist wenig ihrer Neigung erkennen. Manche leiden wohl auch, bewusst oder unbewusst; aber meist still und mit der Treue des Beamten, der um seine Ohnmacht gegenüber großen Entwicklungen weiß.

Ist der **Erfolgsdruck** auf die Verantwortlichen so groß oder hängt es mit der allgemeinen Emotionsarmut und Sachlichkeit unserer Zeit zusammen? Wahrscheinlich beides. Vor allem sind es auch die riesigen Amtsbezirke und das enorme Pensum an Managementaufgaben, das den aktiven forstlichen Leitungsdienst jeglichen Kontakt zum lebendigen Wald verlieren lässt. Auch wenn man das nicht wahrhaben will: diese **Distanz verändert das Wertbewusstsein**.

Schon Josef Nikolaus Köstler schrieb in seinem Waldbau-Lehrbuch 1950:

> *„Die Zeitaufteilung eines Forstmeisters zwischen waldbaulichem Tun und anderen Funktionen seiner Stellung, des Zählens und Rechnens, des Schreibens, des Schacherns, des Organisierens, sind in ein erschreckendes Missverhältnis geraten. Der Berufsanfänger muss sein Augenmerk darauf richten, um sich rechtzeitig der Gefahr bewusst zu werden."*

Aber erkennen die Besagten darin wirklich eine Gefahr? Oder haben sie das Zählen, Rechnen, Schreiben, Schachern und Organisieren so verinnerlicht, dass sie ihre Befriedigung gar nicht mehr aus einem schönen Wald, sondern aus Verkaufsergebnissen, Erfolgsrechnungen und Bilanzen ziehen? Werden sie nicht schon in der **Ausbildung** auf diese Sichtweise gepolt? Wer vermittelt an den Universitäten heute die Liebe zum Wald und zu den Menschen, die schon Wilhelm Leopold Pfeil für die forstliche Ausbildung anmahnte? Wer lebt sie vor?

Je wissenschaftlicher die Ausbildung wird, desto weniger bleibt Raum für solche Gefühle, für **Eigenart und Eigensinn**. Ohne dass man dies den Betroffenen immer vorwerfen kann, läuft die gesamte Entwicklung zunehmend in die nicht nur von Köstler befürchtete Richtung. Überall greifen Sachlichkeit und Kühle um sich, auch wenn man es eigentlich mit Lebendigem zu tun hat. Man blicke beispielsweise auf die Landwirtschaft oder die Medizin. Gepaart ist diese Weltsicht mit der Sucht, so ziemlich alles in Geld zu bewerten und aus allem Geld zu machen.

So sind Wald und Forstwirtschaft nur *ein* Schauplatz unter vielen. Die versachlichte und ökonomisierte Behandlung des Waldes zeigt beispielhaft, wie es auch den Menschen selbst in unserer Gesellschaft ergeht: von der Wissenschaft als „Untersuchungsobjekt", von der Medizin als „Fall" und von der Wirtschaft je nach Blickrichtung als „Kostenfaktor" oder „Humankapital" – von der Religion immerhin als „Schäfchen" behandelt.

So gesehen trifft das Empfinden unserer germanischen Vorfahren auch heute noch zu, die ja zwischen Bäumen und Menschen eine enge Verwandtschaft spürten.

Anpassung und Widerspruch

In Anbetracht dieser gesellschaftlichen Lage darf man das **ästhetische Bewusstsein**, das den Ausgangspunkt unseres kurzen und deshalb sicher unscharfen Blicks auf die forstliche Seele bildete, bei den meisten Forstleuten nicht überschätzen. Insbesondere in den höheren Chargen, welche die Weichen für die Zukunft stellen, führt es eher ein Schattendasein. Von Grund auf wäre es durchaus wach, ebenso wie die Liebe zum Wald; aber dann kommen die als mehr oder weniger unvermeidlich erlebten Sachzwänge. Dann kommt die forstliche Sozialisation, in der Gefühl wenig Platz hat, dann kommt die Hierarchie, in der nur aufsteigt, wer der gewünschten Linie entspricht. Dann kommt der Erfolgsdruck aus der Politik.

Und schließlich kommt ein nicht zu unterschätzender **Gewöhnungseffekt**, eine gewisse Abstumpfung: Wer tagaus tagein nichts anderes sieht als Tausende Hektar Kiefer, wer nichts anderes kennt, als seine ertragreichen Fichtenbestände, nimmt sie kurz oder lang als völlig normal und gegeben hin. Es ist durchaus menschlich, dass er irgendwann sogar beginnt, das Ganze „**schön zu färben**". Vor sich selbst, aber auch in diversen Fachgesprächen mit Kollegen.

Da geht es dann um die Fragen, wer den höchsten Einschlag hat, wer die besten Holzpreise erzielt, wer das Einnahmen/Ausgaben-Soll am besten erfüllt, wer die niedrigsten Rückekosten oder die meisten Harvester-Flächen vorweisen kann. Für das alles gibt es ja Zahlen. Und die kann man stolz verkünden, kann damit fachsimpeln und kann vor allem die in Männerwelten unvermeidliche informelle Hierarchie herstellen. Natürlich auf der Sachebene.

Nur gelegentlich wird dieser Kreis durchbrochen. Durch einen **Witz** vielleicht:

> *„Bei mir gibt es im Ganzen zwei Baumarten:*
> *die Oberkiefer und die Unterkiefer".*

Oder es mag passieren, dass jemand von einer Exkursion kommt, die ihn beispielsweise in einen Nationalpark geführt hat, und dass er erzählt, und **Bilder** mitbringt: Bilder von „richtigen Wäldern“, von Buchen mit anderthalb Metern Durchmesser, von uralten Eichen, mächtigen Tannen. Dann kann es schon mal still werden am Tisch, für ein paar Sekunden vielleicht, wo dem ein oder anderen tief im Herzen warm wird; wo ihm dämmert, wie er den Wald sah, bevor er Forstwirtschaft oder gar -Wissenschaft studierte. Und ganz fern im Hinterkopf flackern für einen Augenblick alte Ideale auf, die er mit Eintritt in den Forstdienst an der Garderobe des Dienstherrn abgab.

Doch sogleich meldet sich irgendein „Realo“ zu Wort: Einen Hektar solcher Eichen möcht´ ich haben, dann hätt´ ich ausgesorgt ...Wer soll denn die Dinger umschneiden und rücken? ... Da braucht man doch mindestens ein achtziger Schwert ... Bei uns geht das nicht ... Da lob ich mir meine Fichten ...

Menschlich, sich mit Dingen abzufinden, die man – zumindest kurzfristig – nicht ändern kann. Aber bisweilen arm. Arm an Gefühl, an **Begeisterung**. Seltsam: Unter den Alten finden sich noch mehr, die sich Emotion erlauben. Der Schutz des nahen oder bereits erreichten Dienstendes? Nach dem Motto: mir kann ja nichts mehr passieren?

„**Mut zum Widerspruch**“ wäre gefragt, wie ihn Horst Stern einforderte. Es wagen, in einer sachlichen Welt Ideale zu haben, sogar als Beamter. Idealisten müssen nicht Eiferer sein, keine missionarischen Feldzüge führen. Aber für etwas leben, und dies auch konsequent vertreten.

Ich hoffe dass möglichst viele Forstleute nach innen blicken, bevor es ihnen so geht wie dem „Mensch“, den Eugen Roth so humorvoll wie eindrücklich beschreibt:

Ein Mensch missachtet die Befehle
Des bessern Ich, der zarten Seele –
Bis die beschließt, gekränkt zu schwer:
Mit dem verkehre ich nicht mehr.
Sie lebt seitdem, verbockt und stumm,
ganz teilnahmslos in ihm herum.
Eugen Roth: „Leib und Seele“

Spaßeshalber – oder war es ihm doch ein wenig ernst? – hat ein Forstkollege einmal gesagt: „***Wenn ich höre, dass diese Bäume dort gefällt werden sollen, dann lasse ich mich anketten!***“ Man stelle sich die Aktion vor! Bis jetzt blieb es ihm erspart.

Als eine Vergrößerung seines Reviers heranstand, die ihm kaum noch Zeit für intensives Arbeiten in „seinem“ Wald lassen würde, schlug ein anderer Förster seinem Vorgesetzten vor: „*Ich gehe freiwillig eine Gehaltsstufe zurück, wenn damit mein bisheriges Revier so bleiben kann, wie es ist.*“ Wir werden nicht wegen Ihnen die ganze Organisation umschmeißen, war die Antwort.

Hier wären die **Berufsverbände** gefragt, außer „Besitzstandswahrung“ auch einmal etwas anderes zu fordern und dafür neue Ideen zu entwickeln. Natürlich bleibt die bange Frage, ob mit irgendwelchen Zugeständnissen *eine* „Furniereiche“ oder *eine* „Messerbuche“ vor der Zerstückelung gerettet werden kann. Aber zumindest könnte man in der Öffentlichkeit Staub aufwirbeln; und die Politik wäre im Zugzwang. Sie müsste sich rechtfertigen, wenn sie gegen den Widerstand ihrer eigenen Leute ökologisch wie ästhetisch wertvolle Wälder liquidieren will.

Mut zum Widerspruch wünsche ich mir auch von den **Spitzenvertretern** der Forstverwaltungen. Einmal im Landtagsausschuss eine offene Rede – eine mit Herz – zu halten, wenn es um das immer weitere Anziehen der Gewinnschraube geht; nicht die üblichen Standardformeln von multifunktionaler Forstwirtschaft, sondern eine Rede für die Schönheit des Waldes und gegen seinen Missbrauch als Kapitalquelle; eine Rede, die notfalls mit der Vertrauensfrage verbunden ist und damit die letzte im gegenwärtigen Amte sein kann. So etwas würde einen großen Leidensdruck erfordern. Eine Art Mitleid mit dem Wald, wie auch mit den Menschen, die ihn brauchen. Mitleid, das im Sinne Pfeils nur von Liebe getragen sein kann. Ist alles noch nicht so schlimm? Ist die Zeit dazu noch nicht reif? Ich hoffe, dass die Verantwortlichen spüren, wann sie reif ist, dass sie sich dieses Spüren dann zugestehen und danach handeln.

Zukunftshoffnungen

Bei allem Ernst der Lage seien auch die positiven Entwicklungen erwähnt, die in letzter Zeit die Forstverwaltungen veränderten: Seit gut zwei Jahrzehnten bereichern beispielsweise **Försterinnen** die früher rein männlich geprägten Forstverwaltungen und insgesamt ist der Umgang wesentlich ziviler und respektvoller geworden.

Die gesellschaftliche Schwächung bringt es mit sich, dass man immer mehr Kontakte nach außen sucht. Nicht wenige verlassen zeitweise ihren Wald, um auf Naturschützer, Politiker, Lehrer und andere gesellschaftliche Gruppen zuzugehen. Der alte Herrschaftswille, der **Alleinvertretungsanspruch** einer Forstpartie auf alles, was den Wald betrifft, ist gebrochen.

Schön ist die Herzlichkeit, mit der sich viele Forstleute der **Waldpädagogik** widmen. Trotz Leistungsdruck und Einschlagssoll finden viele immer wieder Zeit für Schulkinder. Dabei scheinen es manche durchaus zu genießen, den Wald für ein paar Stunden wieder mit Kinderaugen sehen zu dürfen. Es kommt ja so viel zurück, wenn man das Ganze nicht auf der Sachebenen abspult, sondern wach ist für Gefühl.

Oder die **Privatwald-Arbeit**; die Mühe und Hingabe, mit der viele versuchen, auch kleinen Waldbesitzern die Schönheit – respektive Nützlichkeit – von Eichen, Buchen, Eschen und Linden nahe zu bringen. Ideale zu haben, ohne die Waldbesitzer damit zu überrumpeln, zu manipulieren, missionarisch unter Druck zu setzen, darin liegt die Kunst. Auf besondere Weise ist hier die Liebe zum Wald mit derjenigen zu den Menschen verbunden. Respektvoll umzugehen mit beiden, und den Vorrang des Menschen letztlich anzuerkennen. *„Forestry is not about trees...”*

Mit Freude arbeiten viele Förster in der Waldpädagogik. Es tut gut, den Wald für ein paar Stunden wieder mit Kinderaugen sehen zu können. (Foto: Roland Günter)

So absurd es klingen mag: Eine gewisse Chance liegt auch in der Geldknappheit öffentlicher Kassen. Sie zwingt nämlich dazu, über **Extensivierung** der Forstwirtschaft nachzudenken, die letztlich in ästhetische und ökologische Bereicherung verwandelt werden kann. Wenn eben nicht jeder Quadratmeter genutzt wird, sondern unrentable Flächen beispielsweise in den Steillagen der Hoch- und Mittelgebirge aus der regelmäßigen Wirtschaft genommen werden, kann das für den Wald ungeahnte Chancen eröffnen. **Lassen kann wieder wirtschaftlicher werden als Machen**. Natürliches Werden und Vergehen damit wieder mehr Raum einnehmen.

Und die **Leitbild-Diskussion** könnte eröffnen, dass unsere durchweg an Hoch- und Fachhochschulen ausgebildeten Förster für reine Wirtschaftstätigkeit eigentlich viel zu teuer sind.

Man könnte sich besinnen auf das, was die Bevölkerung erwartet: die Ordnungsfunktion, Präsenz auf der Fläche, Sicherheit im Wald, und vor allem der Einsatz für den Schutz eines schönen Waldes. Dass sich ein Naturschutzverband als „**Anwalt der Natur**“ bezeichnen und teilweise gegen die staatlichen Forstleute stellen muss, ist ein Alarmzeichen. Forstleute hätten in den Augen der Bevölkerung diese Rolle. Sie sollten sie annehmen und dabei sogar von „Förster Rombach“ („Forsthaus Falkenau”) lernen. Mit Naturschützern zusammenzuarbeiten und sie nicht wie Eindringlinge zu bekämpfen, müsste eigentlich selbstverständlich sein.

Eine absolut zukunftsträchtige Aufgabe für staatliche Forstleute liegt darin, **öffentliche und private Interessen am Waldeigentum unter einen Hut zu bringen**. Privatwald ist für die Bevölkerung teilweise genauso wichtig und wertvoll wie öffentlicher

Wald, muss überdies aber auch den Lebensunterhalt seiner Besitzer einbringen. Wo er von den Menschen als Erholungsgebiet dringend gebraucht wird, darf er nicht zur Plantage verkommen. Wer, wenn nicht staatliche Forstleute, kann den Zündstoff entschärfen, der in diesen verschiedenen Ansprüchen liegt? Wer kann örtlich den Prozess moderieren, um für alle befriedigende Lösungen zu finden?

Indem sich die traditionelle berufliche Orientierung der Forstleute derzeit auflöst, bieten sich große **Chancen für ein neues Selbstverständnis**. Dazu muss man vor allem die übertriebene Sachlichkeit loslassen. Forstleute sollten Mut zu eigenen Gefühlen entwickeln, davon wieder beleben, was im beruflichen Werdegang verschüttet wurde; den Wald, seine Schönheit wieder selbst mit allen Sinnen wahrnehmen, so wie sie es in der Waldpädagogik vermitteln, und wie es die Menschen brauchen. So können sie zu den inneren Quellen finden, welche viele von ihnen in jungen Jahren als eine Art Berufung erlebt hatten.

2.10 Das Jagdrevier

Wenn von Förstern die Rede ist, dann dürfen die Jäger nicht fehlen. Handelt es sich doch im Bewusstsein weiter Teile der Bevölkerung um ein und die selbe Gattung. Dass es ungleich mehr Jäger (in der BRD etwa 330 000) gibt als Förster, dass Erstere meist nebenbei – als Hobby – jagen, dass beide heutzutage unterschiedliche Ziele haben, und dass sie deshalb vielerorts sogar handfest miteinander streiten, hat sich noch nicht überall herumgesprochen. Es ist ja auch schwer nachzuvollziehen, dass jetzt Schluss sein soll mit der **Hege**, die gerade Förster als (ehemalige) Führungsriege deutschen Waidwerks jahrzehntelang gepredigt haben. Jetzt, wo endlich die gesamte Jägerschaft das hehre Leitbild verinnerlicht hätte, schwenken sie um und werden vom Paulus zum Saulus.

So wichtig diese Wende für den Wald ist: was das Ansehen des Berufsstandes in der Öffentlichkeit betrifft, gibt es Klärungsbedarf. Denn das Wild ist im Bewusstsein der Bevölkerung nicht weniger empfindlich, bedroht und gefährdet als der Wald und die gesamte Natur. **Wild gehört zum Wald-Erlebnis**, und wenn man es nur noch selten sieht, liegt der Schluss nahe, dass es „ausgerottet“ werde. Und alles, was Haare und Federn hat, löste immer schon viel mehr Mitleid aus als sprießende Knospen und grüne Blätter.

Wild und Jagd haben einen großen Einfluss auf das ästhetische Walderleben. Deshalb möchte ich erstens einen Blick auf die Menschen werfen, denen die Wildtiere anvertraut sind, die **Jäger**. Zweitens einen auf das **Wild** selbst; und drittens möchte ich beleuchten, wie sich der herkömmliche **Jagdbetrieb** auf das Erscheinungsbild des Waldes und dessen ästhetisches Erleben auswirkt.

2.10.1 Die Jäger

Die **Einstellung der Jägerschaft zum Wald** ist vergleichbar mit jener der breiten Bevölkerung. Lediglich die „Intensitätsstufe“ ist bei den meisten Jägern höher. Das heißt, sie brauchen den Wald mehr als die anderen Leute, suchen ihn öfter auf, lieben ihn wohl auch mehr als der Durchschnitt aller Bürger. Natürlich trifft, was ich sage, nicht auf jeden Einzelnen zu. Manche Jäger sind vorwiegend **sportlich ambitioniert**, sehen den sauberen Schuss, das Beutemachen oder auch das gesellschaftliche Ereignis im Vordergrund. Die Natur ist dazu eher Kulisse.

Während letztere Motivation in den meisten europäischen Nachbarländern vorherrscht, scheint aber bei uns noch etwas dazu zu kommen, das in dem ansonsten wenig verbreiteten **Reviersystem** seinen Ausdruck findet. Der Österreicher Heribert Horneck beschrieb es mit sehr viel Herz in seinem Buch „*Die Stille lügt nicht*“ (S. 296), das fast mehr von Menschen handelt als von Tieren, und das mich tief beeindruckte, als ich es in der Jugend von meinem Großvater geschenkt bekam: „...***Seit damals weiß ich, dass der Jäger über aller Jagd und hinter ihr die Heimat sucht.***“

Bei allen Vorbehalten, die wir heute – in Deutschland noch mehr als in Österreich – gegenüber dem Heimatbegriff haben, enthält dieser Satz für mich eine tiefe Wahrheit. Oft habe ich darüber nachgedacht, wenn ich irgendwo auf einem Hochsitz hockte, in verschiedenen Gegenden, nie so recht findend, was ich eigentlich suchte. Ich musste daran denken, wenn ich Jagdzeitschriften durchblätterte, in denen so viel von der Jagd im Ausland die Rede ist, so viel von Waffen, Begehungsscheinen, Ausrüstung, Hunden und allem, womit sich sonst noch Geld verdienen lässt, das aber nie den Kern berühren kann.

Wenn es stimmt, was Horneck sagt, und ich glaube es, dann haben Naturschutz, Jagd und Waldästhetik in unserem Kulturkreis tiefe gemeinsame Wurzeln in unserem Gefühl.

An anderer Stelle wird er noch konkreter:[87]

> *„... Und wie der Steinkauz wieder lacht und ein leichter Windstoß die beiden Fichten aufrauschen macht, ist sie auch schon wieder da, die* ***unbändige Sehnsucht nach dem Berg und dem Wald****; nach einer Welt, die unendlich größer ist, als die des Parketts.* ***Das hat nichts mehr mit Jagdleidenschaft zu tun. Es ist die Sehnsucht nach dem Ursprung****. Und diese Sehnsucht ist es wohl auch, die weit über alle Jagdleidenschaft hinaus die Einstellung des Jägers und all sein Tun und Lassen im Revier bestimmt.“*

Hier taucht jene unbestimmte und unbestimmbare Sehnsucht auf, die uns in der Romantik bewusst wurde und seither in verschiedenen Regungen bald deutlich, bald unterschwellig bewegt. Aber wer gesteht sich solche Gefühle offen zu, wer lebt sie, zeigt sie – ohne elitäre Abgehobenheit gegenüber den Mitmenschen? In der Jagd und hinter ihr? Sind verzopfte Waidgerechtigkeit oder die ebenso platte wie oftmals falsche Behauptung, Jagd sei angewandter Naturschutz, alles was uns dazu einfällt?

Mögen viele Jäger tief im Inneren noch etwas von den Wurzeln spüren, welche die Worte **Heimat und Ursprung** nur vage anzudeuten vermögen; nach außen stellt sich heutige Jagd ganz anders dar.

Mit den Wurzeln, lässt sich einfach zu wenig Geschäft machen. Man kann diese Dinge weder kaufen noch verkaufen. Also werden sie verdrängt; wird alles andere davor geschoben: Am besten vermarktet sich, was den pubertierenden Jungen im Manne – manchmal auch in der Frau – anspricht, was seinen **Größenphantasien** nährt und was viel Geld kostet. Von der teuren Büchse über die Abenteuerreise in ferne Länder, die edle Trophäe wehrhaften Wildes bis zum bulligen Geländewagen. Diese Nebensächlichkeiten beherrschen heute das Bild der Jagd.

Schon in der Feudalzeit trug die Jagd die Gefahr in sich, unbescheiden zu werden. Das tiefe persönliche Gefühl, Teil der Natur zu sein, das unsere Vorfahren wie alle Naturvölker zu einer gewissen **Demut** führte, ging unter im Genuss einer exklusiven Gesellschaft, in Stolz und Arroganz, in der **Gier nach Beute** und der Allmachtserfahrung, Herrscher über Leben und Tod zu sein. Die Demokratie hat dem Grenzen gesetzt, aber hie und da trägt die Jagd auch heute noch (neo-)feudale Züge: Nicht einfügen in die Natur, sondern über sie herrschen, ist dann die Grundhaltung, die sich auch gegenüber anderen Menschen nicht abschalten lässt. Schon 1958 schreibt Horneck deshalb: „*Niemand gefährdet heute die Jagd so sehr wie die Jäger selbst!*“

Entsprechend darf man die tatsächliche Beziehung der Jäger zum Wald – kollektiv gesehen – nicht überschätzen. Die Liebe zur Heimat, zum Wald, zur gesamten Natur, Menschen ausdrücklich eingeschlossen, wie sie Horneck beschrieb, ist – sofern sie je in dieser Breite ausgeprägt war – oft zusammengeschrumpft auf eine **einseitige Liebe** zu Rehen, Hirschen und Wildschweinen. In der Flur sind es Enten und Fasanen, denen tonnenweise Futter vorgekippt wird, damit sie der Jagdgesellschaft als Ziele zur Verfügung stehen. Die Motivation der Jägerschaft liegt – wiederum kollektiv gesehen und mit Ausnahmen – in erster Linie beim Wild, nicht in der Heimatlandschaft oder im Wald.

Weil man aber zweifellos lieber in einem schönen Wald jagt, als in einförmigen Kiefern- oder Fichtenplantagen, dürften die meisten Jäger die Anliegen der Waldästhetik zumindest insoweit unterstützen, als dadurch eigene Interessen nicht geschmälert werden. Im übrigen gibt es auch unter den Jägern Stimmen, welche die Oberflächlichkeit erkennen, die in der einseitigen Konzentration auf das jagdbare Wild liegt. Manche spüren in sich und fordern nach außen einen umfassenderen Bezug zur Natur ebenso wie zur menschlichen Gesellschaft. Was man unter dem Stichwort **Neue Jagdethik** diskutiert, lässt hoffen.

Die Jagd im Forst

Und was ist mit den jagenden Forstleuten? Mit ihrem vielfach beschworenen Grundsatz „Wald vor Wild“? Sie mögen zwar eine tiefere emotionale Beziehung zum Wald haben. Was die Jagd angeht, ist die Emotion, zumindest die positive, die Liebe zum

Respekt vor dem Mitgeschöpf – auch wenn ich es töten muss. Menschliches Gefühl muss in der Jagd seinen Platz behalten.

Wild, jedoch weitgehend abgeschaltet. Bisweilen ist sie sogar negativer Haltung gewichen, einer Art Wut auf die „kleinen und großen roten Waldvernichter".

Meistens steht aber die **nüchterne Zahl** im Vordergrund. Jagd ist Arbeit. Nur zu gut weiß ich aus eigener Erfahrung, wie hinter jedem erlegten Stück Wild vor dem geistigen Auge ein Haken gemacht wird: Nummer 15. Der Abschussplan lautet auf 35. Wenn ich mich ran halte, kriege ich bis Ende Dezember den Abschuss her. Sofern Schnee kommt ... Das einzelne *Stück*? Wird bestmöglich verwertet. Der Freudsche Versprecher: „erledigen" statt „erlegen" wirft ein Licht auf die Beziehung.

Ich meine nicht, dass die ganze jagdliche Anstrengung der Forstleute unnötig sei. Sie ist für den Wald notwendig. Keinesfalls möchte ich auch die antiquierte, fadenscheinige Waidgerechtigkeit neu beleben oder gar den Wahlabschuss propagieren.

Doch mag diese Art von Jagd auch noch so „ökologisch" sein, mir ist sie zu kalt, zu wenig menschlich. Das einzelne Lebewesen wird tatsächlich zum „*Stück*". Es bleibt (fast) kein Raum für Freude und Dankbarkeit. Mir fehlt etwas Grundlegendes: das, was ich an anderer Stelle als Ehrfurcht vor dem Leben oder Liebe zum Leben zitiert habe. Jedes Stück Wild trägt Leben in sich, genau wie wir selbst. Jeder Schuss, jedes Töten, zerstört es und ist deshalb mit Gefühlen verbunden, die wir nicht einfach verdrängen können. Ich würde mir wünschen, dass Forstleute diese ethische Einstellung wieder (mehr) finden, deren Fehlen sie selbst früher bei den anderen Jägern beklagten.

Wenn wir mit uns selbst in Einklang sein wollen, dann können wir ein Reh nicht nur als Nummer sehen. Oder soll ein unpersönlicher, kalter **Schlachthofbetrieb** Vorbild für die Jagd sein? Es gehört nach meinem Empfinden zum Wald, dass er auch in dieser Beziehung eine andere Welt ist, und bleiben soll: nicht nur eine Natur-gemäßere sondern auch eine Mensch-gemäßere. Insofern gilt es, eine neue, aufgeklärte, aber dennoch sensible Art von Waidgerechtigkeit[88] zu finden. Sie ist für mich notwendig als innere Grundhaltung, auch wenn das belastete Wort selbst nicht mehr als Überschrift darüber stehen muss.

2.10.2 Das Wild

Verschiedenste Tiere gibt es im Wald, von denen die Vögel durch ihre vielfältigen Lautäußerungen wohl am meisten auffallen. Die größte Faszination, gleichwohl auf Jäger wie auf andere Menschen, üben aber jene aus, die wir in Antithese zu Stall- und Haustieren **Wild** nennen.

Schon im Namen klingen Wildnis, Geheimnis und Freiheit mit. Das Wild führt sein Eigenleben – damit wird es in unserer Überzivilisation zum **Symbol für etwas Verlorenes**. Tief unbewusst identifiziert man sich damit. Darin liegt der Reiz, wenn man es draußen zu Gesicht bekommt. Trotz aller Gefahren, die ihm drohen, von extremer Witterung, Unwettern, Eiseskälte über den Moloch Straßenverkehr bis zu den beutegierigen Jägern – hier als Schießer verstanden – überlebt das Wild in unserem Land. Die meisten Menschen empfinden es fast als ein **Wunder**[89], dass so große Wildtiere wie Hirsch und Wildschwein bei uns leben können. **Deshalb genießt das Wild breiteste Sympathie**.

Diese Zuneigung ist weitaus tiefer als jene zu Bäumen. Den Holzriesen fehlen einfach die Augen, die uns anschauen; fehlen Gefühle wie Scheu, Furcht, Hunger, Neugier, Brunfttrieb; fehlt die Beweglichkeit. All das macht uns die Tiere so nah, so verwandt. Und deshalb haben die Förster bisweilen schlechte Karten mit ihrem Slogan „Wald vor Wild". Wenn sich die Jäger in der Öffentlichkeit schützend vor „ihr" Wild stellen, haben sie oft genug die Emotionen auf ihrer Seite.

Tatsächlich wäre ein Wald ohne Wild ausgesprochen arm. Wüssten wir nicht, dass es im Schutz der Dickungen, tief im Waldesinneren den Tag verbringt, dass es früh und abends zur Äsung zieht, und dass wir zumindest die Möglichkeit haben, ihm irgendwann draußen zu begegnen, dann wäre eine Waldwanderung bei weitem weniger reizvoll als sie ist.

Geweihe und Gehörne symbolisieren ihrerseits das Wild und sind deshalb nicht nur Jagdtrophäen, sondern auch Symbole alles dessen, was uns das Wild bedeutet: Freiheit, Eigenart, Wildheit, Lebenskraft. Sie sind damit Symbol des Symbols und als solche schön; unabhängig vom ganzen jagdlichen Zinnober, der um sie herum zelebriert wird. Das sollten Forstleute bedenken, wenn sie – sicherlich nicht unbegründet – den „**Knochenkult**" ablehnen.

In meinem Büro habe ich keine Jagdtrophäen hängen, aber eine Gamskrucke. Ich fand den Schädel vor vielen Jahren bei einer einsamen Wanderung durch das Karwendelgebirge. Eine Lawine hatte das Tier mitgerissen und in sich begraben. (Der dort Jagdberechtigte möge mir nachsehen, dass ich ihn einfach mitgenommen habe.) Nicht Schuss oder Sieg, aber die Freiheit der Berge, die natürliche Folge von Sommer und Winter, Leben und Tod, verbinde ich damit und spüre etwas davon, wenn ich sie betrachte. Sie gehörte einem Tier, das durch seine Augen die Welt sah, durch seine Nase die Luft einsog und in seinem Gehirn oder Herz eine Menge fühlte. Sie ist ein Stück des großen Wunders Leben. Auch das gehört zur Waldästhetik.

Leider hat der enorme **Jagddruck** der letzten Jahrzehnte dazu geführt, dass normale Waldwanderer kaum noch Wild zu sehen bekommen. Viele Jäger führen dies zwar weniger auf die Jagd zurück als auf die Erholungssuchenden selbst. Doch wie sich in Nationalparks und anderen Schutzgebieten, in denen die Jagd ruht, zeigt, stören Letztere allein wenig. Nur wo gejagt wird, und das Wild nicht genau zwischen Jägern und Wanderern unterscheiden kann, meiden die Tiere vorsichtshalber jede Berührung mit Menschen.

Selten, dass man Wild in unseren Wäldern bei Tageslicht zu sehen bekommt. Dabei wäre es so wertvoll: als Erlebnis für den Wanderer und Sympathieträger für Wald und Forstwirtschaft.

Über **Wildparks** versuchen wir diesen Mangel an Begegnung mit lebendigen Tieren zu kompensieren. Obwohl sie nur eine ferne Ahnung dessen bieten können, was das Wild eigentlich ausmacht – seine Wildheit nämlich – sind sie ausgesprochen beliebt. Leider versuchen viele private Parks ihre Attraktivität und die damit verbundenen Einnahmen zu steigern, indem sie allerhand **Erlebnis-Klimbim** zusätzlich anbieten, von denen Hüpfburgen noch die harmlosesten sind. Dann verkommt das „Wild", das eigentlich lebendige und schöne, zu einer armseligen Beigabe, zu einer Ware, die gegen Bargeld über Futterautomaten gehätschelt werden kann und damit unweigerlich in die Nähe von Tamagotchis rückt. Aber solange sich das bezahlt macht, wird es angeboten.

Zumindest öffentliche Parks sollten den Bezug zum Wald erhalten und sich von solchem Zirkus distanzieren. Glücklicherweise erkennen nicht wenige den waldpädagogischen Wert, den auch das Gehegewild hat und führen die Menschen in aller Bescheidenheit ein wenig hin zur Natur.

Schön wäre es, wenn wir Wege finden könnten, das draußen im Wald so überaus scheu gewordene **Wild wieder sichtbar zu machen**. Das würde die Sympathie der Menschen für den Wald um Welten verbessern! Wald, Wild und Natur gehören im Bewusstsein der Bürger zusammen. Und Rehe und Hirsche nur als „Waldvernichter" abzuwerten, das machen die Leute nicht mit. Ohne große Naturphilosophie zu betreiben, sehen viele in Wildtieren Lebewesen, die einen Eigenwert haben. Davon könnten manche Förster durchaus ein bisschen lernen, Schlachthaus-Paradox hin oder her.

Um das Wild wieder sichtbar, erlebbar zu machen, gibt es hoffnungsvolle Ansätze, z.B. im Schönbuch bei Stuttgart. Der unvermeidliche Reduktionsabschuss wird dabei viel mehr auf Gemeinschaftsjagden erfüllt statt auf dem Ansitz, der ständig Unruhe ins Revier bringt. Man bemüht sich und ist, denke ich, auf dem richtigen Weg.

2.10.3 Der Jagdbetrieb

Wenn ein Mensch aus dem Ausland, vielleicht aus China, oder auch bloß aus Frankreich unsere Wälder und Fluren durchwandert, dann denke ich, muss er ziemlich verwundert sein: Keine Wiese, keine Waldschneise und kaum ein freistehender Baum in der Flur, wo nicht ein merkwürdiges **„Baumhaus"** hineingebaut ist. Was werden diese allgegenwärtigen Wachtürme bedeuten? Wird er fragen, zumal sie ja viel zu groß und zu perfekt sind, als dass sie von spielenden Kinderhänden errichtet sein könnten. Irgendjemand wird es ihm erklären, was ihn aber nicht von dem Eindruck abbringen dürfte, dass sich hier das Kind im Manne hemmungslos verwirklicht.

Da unsere **Hochsitze** baurechtlich genehmigungsfrei sind, also der freien Kreativität ihrer Schöpfer entspringen, reicht die Architektur von landschaftsangepasst, getarnt, unauffällig über schlampig, verfallen, abenteuerlich bis zu klotzig, kantig, rücksichtslos. Auch ohne Psychologie studiert zu haben, kann jedermann an der Ausformung dieser Bauobjekte auf den Charakter ihrer Bauherren schließen. „Hier regiere ich", signalisiert beispielsweise die monströse **Kanzel** mitten in der Wiese. Und tatsächlich werden joggende oder spazieren gehende „Laien", die dem Revierherren dort zur Unzeit unter die Augen kommen auch mal „von oben runter" zu verschwinden gebeten.

An manchen Brennpunkten deutschen Waidwerks zieren durchaus drei, vier solcher Kästen eine Waldwiese; davor meist Wildacker, Salzlecke oder die berühmte „Kirrung" mit Leckerbissen für die hungrigen Äser. Das Gesetz schützt solche Praxis, weil die Jagd – prinzipiell – einen landeskulturellen Auftrag erfüllt. Ob sie dies immer tut, ob da nicht ganz andere Dinge im Vordergrund stehen, sei für jeden Einzelfall dahingestellt.

Erst wenn unser Besucher aus China den Mut aufbringt, selbst einmal ein solches Gerät zu besteigen – nehmen wir an, er könne das Schild nicht lesen: *Jagdliche Einrichtung – Betreten Verboten!* – erst wenn er selbst oben hockt, erkennt er den Wert: Man sieht die Natur, die Welt aus einer anderen Perspektive, von einer höheren Warte, man hat den Überblick ohne selbst gesehen zu werden. Warum bauen Kinder so gern Baumhäuser und warum bieten inzwischen sogar Reisebüros **Baumhaus-Urlaub** an unter dem Slogan: „Wohnen wie Tarzan und Jane"?

Ich selbst habe „zwei Seelen in der Brust", was Hochsitze angeht. Nachdem ich etliche gebaut und darauf viele schöne und interessante Stunden in luftiger Höhe zugebracht habe, kenne ich durchaus ihren **Wert**: Sie können nicht nur das Schießen erleichtern und sicherer machen, sondern wundervolle Einblicke in die Natur bieten: Die Rehgeiß, die im hohen Kraut versteckt ihr Kitz säugt, die Bache, die abends ihre Frischlinge ausführt, der Dachs, der in der Dämmerung aus seinem Bau schlieft, der Specht, der nur wenige Meter vor mir nach Borkenkäfern hackt oder der Waldkauz, der sich mit Einbruch der Dunkelheit auf einer Leitersprosse niederlässt – ungezählte schöne Erlebnisse verdanke ich dem Hochsitz.

Wenn das ästhetische Erleben im inneren Kind zu Hause ist, dann bekenne ich mich ganz offen zu der kindlichen Freude, da droben zu hocken, und zu schauen; ebenso wie zum Spaß am Bauen. Vom Hochsitz aus kann man sich regelrecht **in das Waldleben vertiefen**, in geduldigem Warten manches Geheimnis entdecken, das einem sonst verborgen bliebe. Man lernt die Natur mit ihrem faszinierenden Leben besser verstehen und dadurch auch lieben. Das ist die wertvolle Seite.

Die **Wirkung** dagegen ist eine andere und ärgert mich oft, wenn ich in Deutschland oder in den Alpen wandernd unterwegs bin. Irgendwo muss das „innere Kind" doch Grenzen finden! Nicht nur, dass die Dinger **hässlich** sind, oft völlig gefühllos in die Landschaft „geknallt" werden; dass sie fast jedem freistehenden Baum einen Teil seiner Würde nehmen und dass sie – mit Plastikdächern, Eisenstangen und Vorhängeschlössern ausstaffiert – die schönsten Gegenden verunstalten. Sie schmälern auch das Gefühl von Freiheit und Einsamkeit, das ich am Wald so mag.

Ihr Anblick atmet **Besitzanspruch, Kontrolle, Beobachtetsein**. Die geschlossene Bauweise strahlt zudem **Hinterhältigkeit** aus: macht sich doch der Jäger dank seines Bau-Privilegs unsichtbar, sowohl gegenüber dem Wild als auch dem offen und ungeschützt daherkommenden Waldbesucher. Und wenn Waidmann / Waidfrau dieses Szenario dann noch todernst als ihr Königreich verteidigen, dann wünsche ich manchmal die ganze Jagd zum Teufel. Gerade in den Bergen kommt mir dann der alte **Wilderer-Zorn** in den Sinn, die Wut auf Obrigkeit und Landbesitz: Wald und Natur gehören allen, nicht nur den Jägern!

Geschlossener, klotziger Schieß-Kasten: nicht nur hässlicher Fremdkörper in der Natur, sondern auch Zeichen jägerischen Herrschaftsanspruchs.

Von dem Landespfleger Christian L. Krause (1987) gibt es einen ausführlichen Artikel über „*Jagdeinrichtungen und Landschaftsbild in Schutzgebieten*", deren Wirkung er mit zahlreichen Fotos verdeutlicht. Zu einem besonders rücksichtslosen Fall fragt er:

> *„Welche Kaltblütigkeit steckt wirklich hinter diesem Tun? Behielte jener Jägersmann auch dann noch ruhig Blut, wenn die in seinem Wohnzimmer hängende Kopie „Der einsame Baum" von C.D. Friedrich dem zeitgenössischen Geschmack einer gewissen Jägerschicht angepasst würde?" (s. Abb. r.o.)*

Ich habe den Eindruck, dass wir – nicht nur die Jäger – tatsächlich nicht mehr so recht merken, was da in und mit unserer Landschaft geschieht; dass wir uns daran gewöhnt haben, ähnlich wie an die Hässlichkeit von Gewerbeparks, Hochspannungsleitungen und – mit Verlaub – Windkraftanlagen (s. Kap. 3.3.4). Aber viele Dinge müssen erst ausarten, bevor man aufmerksam wird und gegensteuert. Dies erfolgt dann notgedrungen ziemlich heftig, meist auf gesetzlichem Weg. Was in den letzten Jahren seit Krauses Artikel an Schießkästen dazugekommen ist, was gleichzeitig an verfallenden stehen geblieben ist, dürfte allmählich die Schmerzgrenze erreichen. Traurig, dass man ein Privileg so kaltblütig ausnutzt.

Wäge ich die zwiespältigen Gefühle ab, die ich je nach Lebenslage gegenüber Hochsitzen hege, dann bejahe ich sie trotz aller Vorbehalte in bescheidenem Umfang grund-

Merken wir eigentlich noch, was die Jagd mit unserer Landschaft macht? (Photomontage Christian L. Krause)

sätzlich. Gerade wer die Jagd nicht nur wegen des Schießens betreibt, sondern auch aus Naturliebe, wer die innere Verbundenheit zur Heimat sucht, zu allen was da lebt, braucht sie. Geschlossene Kanzeln dienen zwar eher dem Schießen, weshalb ich sie allenfalls ausnahmsweise akzeptiere. Offene, gut getarnte Sitze aber sind ein **Stück Beschaulichkeit**, **Langsamkeit**, **Oasen des aufmerksamen Horchens und geduldigen Wartens**, das sonst in unserer Gesellschaft völlig aus der Mode gekommen ist. Für das einsame Schauen, Beobachten, Verstehen des Waldes und der Natur haben landschaftsverbundene Hochsitze sogar Symbolwert, weshalb sie nicht selten Motive für Maler und Naturfotografen abgeben.

Anzahl, **Größe**, **Bauweise** und **Standort** von Hochsitzen sollte man sich allerdings gut überlegen. Müssen es an einer Wiese denn drei oder vier sein? Kann man nicht bei ungünstigem Wind auf eine andere Stelle ausweichen, so dass einer genügt? Und dieser sollte sich natürlich einfügen in die Landschaft, nicht wie ein Wochenendhaus auf Stelzen protzig mitten drin stehen, sondern in gewisser Bescheidenheit irgendwo am Rand. Mag beim Militär auch der Grundsatz gelten: Sicht vor Deckung. Jagd ist eben keine (reine) Feindbekämpfung.

Das Baumaterial sollte unbedingt aus der Umgebung stammen, sich darin einpassen, wofür wohl nur unbehandeltes **Holz** in Frage kommt. Ohne hier eine Abhandlung über den Bau jagdlicher Einrichtungen zu schreiben – dazu gibt es bereits genügend Bücher – ist aus ästhetischer Sicht vor allem eines wichtig: **vor jedem Bau den Standort erstens mit den Augen eines ganz normalen Waldwanderers zu betrachten und zweitens mit den Augen eines Malers oder Naturfotografen**. Erst dann mache man

Etwas gedeckt am Waldrand, in der Dimension bescheiden, mit natürlichem Rundholz gebaut und offen: ein solcher Hochsitz fügt sich besser in die Landschaft.

sich ans Werk und wird einen Kompromiss zwischen Ansehnlichkeit und Zweckmäßigkeit des Bauwerks finden.

Dass unbrauchbare, verfallende Sitze abzubauen sind, müsste eigentlich selbstverständlich sein. Auch Jäger regen sich doch über den Abfall auf, den manche Waldbesucher oder Autofahrer draußen hinterlassen. Was sind verfallende Jagdsitze oder Fütterungen, oft mit Plastikdächern, Tarnnetzen usw. aufgerüstet, anderes? Es liegt im ureigensten Interesse der Jägerschaft, hier sensibler zu werden. **Nachdem die Jagd in der Gesellschaft zunehmend umstritten ist, kann man ihre Wirkung nach außen nicht ernst genug nehmen**.

Neben den Hochsitzen, den augenfälligsten Einrichtungen des Jagdbetriebs, hat die Jagd noch eine Menge anderer Wirkungen auf den Wald, die von Nichtfachleuten häufig ganz anders eingeordnet werden:

Die **Kulturzäune** beispielsweise bringen viele Spaziergänger überhaupt nicht mit Rehen in Zusammenhang, sondern eher mit Menschen, die dadurch ausgesperrt werden sollen. Ihre ästhetische Wirkung im Wald bedarf keiner großen Erörterung. Sie verkörpern etwas von Käfig, Zwang, und Ausgrenzung, was auf der anderen Seite aber durchaus Neugier und den Reiz wecken kann, das Verbotene doch zu betreten.

Am widerwärtigsten sind die vielen verfallenden „**Altlasten**", die nicht nur Stolperfallen für Wild und Mensch darstellen, sondern beispielhaft auf die Wertorientierung ihrer Besitzer schließen lassen. Bewusst oder unbewusst fragt sich der Waldwanderer, ob denn der Wald wirklich „in guten Händen" sei – wie es eine Werbebroschüre vermitteln wollte, wenn Waldbesitzer und Jäger so schlampig mit ihm umgehen, und es nicht mal für nötig finden, verfallende Drahtzäune aufzuräumen.

Segensreich ist in *diesem* Zusammenhang die Finanzkrise der Forstwirtschaft. Zumindest im öffentlichen Wald kann man sich Kulturzäune als Luxus, oder je nach Blickwinkel Armutszeugnis für Jagd und Waldbau bald nicht mehr leisten. Zaunneubauten dürften nach und nach aus unseren Wäldern verschwinden, weil sie niemand mehr zahlen will, außer vielleicht ein paar jagenden Geldleuten, denen es auf einige Tausend Euro mehr oder weniger für ihre Neigung nicht ankommt.

Zu befürchten ist allerdings, dass dieser vordergründige Vorteil letztlich auf Kosten der Mischung geht. Es erscheint unrealistisch, dass die Jägerschaft kurz- oder mittelfristig den Wildbestand überall so anpasst, dass **Mischbaumarten ohne Zaun** hochkommen. Schon Bodenpflanzen, Blumen, Weidenröschen beispielsweise, werden ja vielerorts radikal aufgefressen. Wenn aber außer Kiefer und Fichte alles andere tot gebissen wird, sind eintönige, farblose „Monokulturen" unvermeidlich. Und diese gehören ökologisch wie ästhetisch zu den traurigsten Erscheinungen unserer Forstwirtschaft. **Mischung ist nicht nur aus ökologischer, sondern auch aus ästhetischer Sicht das A und O.**

Positive Wirkungen der Jagd

Doch hat die Jagd auf das ästhetische Walderleben nicht nur negative Auswirkungen. Blickt man in die Forstgeschichte, dann würde es ohne Jagd viel weniger Wald in unserem Land geben. Die großen Forste südlich von München beispielsweise waren ehemalige **Hofjagdgebiete**, die sich die bayerischen Herrscher rein zu ihrem Vergnügen erhielten. Überall in Deutschland, Österreich, Frankreich war die Feudaljagd einer der wichtigsten Gründe, Wälder vor Übernutzung und Rodung zu schützen.

Heute verhält es sich mit den **Freiflächen im Wald** ähnlich: Die allermeisten Waldwiesen sind ertragsschwach, von den umliegenden Waldrändern beschattet, vom Wild abgeäst und von den Sauen umgebrochen. Ihre Besitzer würden sie deshalb in vielen Fällen am liebsten aufforsten. Was sie hindert, ist neben der Naturschutzbehörde, die manchmal gesetzliche Riegel vorschieben kann, auch die Jagd. Entweder ist ein Jagdherr selbst Grundeigentümer und hält die Wiesen von sich aus offen, oder der Jagdpächter pachtet solche Flächen gesondert zur Äsungsverbesserung und Jagdausübung.

Aus ästhetischer Sicht sind Freiflächen im Wald unschätzbare Kleinode. Der engräumige Wechsel zwischen Wald und Offenland, der jagdlich so interessant ist, gehört auch waldästhetisch zum Schönsten. Eine Wiese mitten in einem großen Wald zu erhalten, ist (fast) genauso wichtig wie einen Wald inmitten ausgeräumter Flur. Man findet dort Blumen, Schmetterlinge und Waldränder, an denen Sträucher gedeihen:

Wiesen im Wald werden oft nur aus Gründen der Jagd offen gehalten. Waldästhetisch sind sie das Salz in der Suppe.

Schlehen mit ihren herrlichen weißen Blüten und im Herbst leuchtend blauen Früchten, Haselnuss, Schneeball, Heckenkirsche ..., lauter Sonnenfreunde, die im geschlossenen Wald keinen Platz finden.

Wenn dann noch ein **alter Baum auf der Freifläche** steht, dessen tiefbeastete Krone Bussard und Waldkauz als Ansitz dient, und wenn ich weiß, dass er – wie die ganze Wiese – nur deshalb noch dort stockt, weil dort gejagt wird, dann kann ich den darin befindlichen Hochsitz und überhaupt unsere ganze, seltsame Art der Jagd bisweilen leichter akzeptieren. Die Dinge erinnern mich daran, dass jede Wertung in unserer Welt problematisch ist. Man kann sich nicht nur die Lichtseiten einer Sache herauspicken; alles ist vernetzt. Gerade bei einer so emotionsträchtigen Angelegenheit wie der Jagd versuche ich, dies immer wieder zu sehen.

Wenn überhaupt, dann bekommt der Wanderer auf den Waldwiesen auch am ehesten **Wild zu Gesicht**: Rehe, einen Hasen hie und da, den Bussard, der darüber kreist, den Fuchs bei der Mäusejagd usw. Ohne sie wäre der Wald arm.

Und mag sich mancher Spaziergänger oder Mountainbiker bisweilen über den Jäger im Geländewagen aufregen. Immerhin hat er auch eine gewisse **Aufsichts- und Ordnungsfunktion**. Ob er nun eifersüchtig sein Revier bewacht oder menschenfreundlich, immerhin bewacht er es, hält Schwarzfahrer heraus, wilde Camper, die mit ihrem Lagerfeuer vielleicht den ganzen Wald anzünden würden und alle möglichen Banditen, die sich dort versteckt halten könnten. Als jagender Forstmensch habe ich schon seltsame Begegnungen in dieser Richtung gehabt, zumal man eben bei Tageszeiten draußen ist, wo es sonst nur wenige sind.

In unserem dicht besiedelten Land hat die Revierjagd auch aus diesem Blickwinkel Vorteile. Einen schönen Wald kann ich nur als solchen erleben, wenn ich mich darin einigermaßen sicher fühle. Zu dieser Sicherheit kann ein Jäger, der sein Handwerk als gesellschaftliche – nicht nur ökologische – Aufgabe verantwortungsvoll und mit Respekt vor nicht jagenden Mitmenschen ausübt, seinen Teil beitragen.

2.11 Mein Wald – mein Holz

In Deutschland gibt es rund 1,3 Millionen **private Waldbesitzer**, die ca. 44 % unserer Waldfläche bewirtschaften. Das Spektrum der Besitzgrößen reicht vom wenige Quadratmeter großen Feldgehölz eines Nebenerwerbslandwirtes bis zum viele tausend Hektar umfassenden Forstbetrieb eines Großprivatwaldbesitzers mit eigenem Forstpersonal.

Besitzgröße und Betriebsziele

Entsprechend vielfältig sind die Zielsetzungen: Die meisten **Kleinstbetriebe** liefern ihren Besitzern im Wesentlichen Brennholz und hie und da vielleicht einen Stamm für den Schreiner. Nachdem die Gewinnerwartung über ein paar Euro im Jahr nicht hinauskommt, hat man kein großes Interesse an rationeller Ernte und Vermarktung. Man freut sich, überhaupt Wald zu haben; er ist ein **Stück Heimat**, auch eine gewisse **Sicherheit** für den Fall, dass eine wirtschaftliche Krise eintritt. Viele Einzelbäume, alte Randeichen oder markante Altkiefern z.B. kennt man sozusagen „persönlich". Der Großvater hat sie bereits geschont und man lässt sie stehen, solange sie grün sind. Vom Grund selber wird ohnehin kein Quadratmeter ohne Not verkauft.

Nachdem die Söhne und Töchter der Landwirte häufig ganz andere Berufe ausüben und weit weg von ihrer Heimat wohnen, gelangen viele Kleinst- und Kleinprivatwälder durch Erbschaft in den Besitz von Stadtleuten. Solche „**urbanen Waldbesitzer**" haben oft wenig Bezug zu ihrem Wald. Das erzielbare Einkommen ist gering und man ist meist nicht darauf angewiesen. Da man den Wald aber aus den genannten Gründen trotzdem behalten will, bleibt er nicht selten völlig ungenutzt und ungepflegt.

Durchaus gibt es unter diesen Leuten ökologisch und naturschützerisch orientierte: Beruflich vielleicht Lehrer, Arzt oder Naturwissenschaftler, haben sie ein postmaterialistisch geprägtes Wertbewusstsein und wollen lieber einen natürlichen, schönen Wald haben, als den letzten Euro herausholen. Diese Waldbesitzer sind für waldästhetische Gedanken sehr offen, solange damit nicht Arbeit oder Kosten verbunden sind.

Zum Leidwesen der **Holzindustrie** ändert sich diese lockere Einstellung gegenüber dem eigenen Waldbesitz bei Betrieben bis etwa 5 Hektar Fläche kaum. Dort bleibt sehr viel Holz ungenutzt, „verfault" nicht selten im Wald, was die Papiermühlen sich allzu gerne einverleiben würden. **Waldbesitzervereinigungen**, die es heute überall gibt, versuchen zwar, ihre Leute zu motivieren; sie organisieren gemeinsame Maschineneinsätze, um an die Holzreserven zu gelangen, doch erreichen sie meist nur Minderheiten. Der typische Waldbesitzer lässt ungern Fremde in sein Holz.

Kleinprivatwälder sind aus waldästhetischer Sicht durchaus interessant. Mögen viele auch einen **unordentlichen, ungepflegten Eindruck** beim Betrachter erwecken, gerade dadurch werden manche schon wieder schön. Ohne das dichte Erschließungsnetz der intensiv bewirtschafteten Großbetriebe können sie einen Hauch von Wildnis und vielfältige **Überraschungen** bieten. Wo man es gar nicht erwartet, stößt man auf eine alte Eiche, Esche oder Aspe. In den teilweise hageldichten Dickungen halten sich Fuchs und Wildsau. Spechte finden im Totholz reichlich Nahrung. Und weil der Wegezustand kaum zum Spaziergang einlädt, ist man dort meist ziemlich allein. Wer „Unordnung“ nicht scheut, kann dort vielfältige ästhetische Werte entdecken.

Wahrscheinlich werden Kleinprivatwälder in ein paar Jahren die einzigen sein, die nicht vom Schachbrett der Rückegassen zerstückelt sind; vielleicht werden sie damit mehr Naturnähe und Waldgeheimnis vermitteln als die großen. **Besitzvielfalt** bedeutet jedenfalls immer auch **Strukturvielfalt**, und die ist waldästhetisch sehr wichtig.

Vielfalt der Nutzungsformen

Besitzvielfalt ist zu ergänzen durch **Nutzungsvielfalt**: Nicht jeder kann und soll nach idealen Regeln der Waldbauwissenschaft arbeiten. Es muss Raum sein für Unkonventionelles und Nichtstun. Wegen der langen Wuchszeiträume kann man ja im Wald nie ganz sicher absehen, wie sich bestimmte Verfahren langfristig auswirken.

Streunutzung z.B., das Abrechen der Laub- und Nadelstreu vom Waldboden, war in vielen Wäldern bis in unser Jahrhundert hinein wichtiger als Holznutzung. Die Bauern verwendeten sie als Stalleinstreu für Rinder und Schweine und brachten sie zusammen mit dem Dung der Tiere später auf ihre Felder. Forstleute sahen darin die Katastrophe schlechthin: man nahm dem Wald wichtigste Nährstoffe, der Boden wurde ausgelaugt, die Bäume mattwüchsig und oft hielten es nur Kiefern dauerhaft aus. Selbst in 150 Jahren produzierten diese nur schwache Stämmchen – „Zahnstocher“, wie man sagt.

Heute haben sich die Verhältnisse fast umgedreht. In weiten Teilen unseres Landes führen Stickstoffeinträge aus Luftverschmutzung nicht nur zu üppigem Waldwachstum sondern auch zu einer massiven Veränderung der Bodenvegetation. Scharenweise pilgern deshalb **Naturschützer** in die wenigen nährstoffarmen „Flechtenkiefernwälder“, die noch verblieben sind. Sie bieten seltensten und schönsten Sandpflanzen Lebensraum, die sonst allerorten von Nitrophilen (Stickstoffliebenden) verdrängt werden. Dazu gibt es in den sonnendurchfluteten Kiefernforsten Käfer und Schmetterlinge, Fledermäuse und Ziegenmelker, wertvollste Arten, die schon lange auf den roten Listen stehen. Ohne Streunutzung gäbe es dies alles nicht. Mancherorts beginnt man deshalb, diese früher von Forstleuten so verdammte Tätigkeit probeweise wieder zu beleben.

Also nochmal: **Vorsicht mit Wertungen**. Was uns heute als bedauernswerte Fehlentwicklung erscheint, könnte in ein paar Jahren zum Kleinod werden. Niemand vermag beispielsweise die Klimaentwicklung vorherzusagen, die auf den Wald völlig unerwartete Auswirkungen haben könnte. Am wichtigsten ist deshalb, eine **Vielzahl von Waldbauformen** zu erhalten oder zu schaffen.

Und ein seelischer Trost: Wenn etwas ganz anders läuft, als man es sich – beispielsweise unter dem Blickwinkel von Ökologie und Waldästhetik – wünschen würde, braucht man wegen solcher Niederlagen nicht in Sack und Asche gehen. Niemand weiß, wofür uns unsere Nachkommen danken oder tadeln werden.

Großprivatwald und Waldästhetik

Überwiegt beim kleineren Privatwald die Freude am Eigentum und seiner Bewirtschaftung, so tritt ab etwa 20 Hektar Besitzgröße das systematische Rechnen, die **Betriebswirtschaft** stärker in den Vordergrund. Hier geht es nicht mehr um „Pfennigbeträge“, sondern der Waldbesitzer kann je nach Wuchsverhältnissen durchaus nennenswerte Teile seines Einkommens daraus ziehen. Entsprechend weniger ist man geneigt, den Forstbetrieb einfach laufen, den Wald einfach wachsen zu lassen. Auch waldästhetisches Gestalten bleibt damit nicht mehr dem Zufall überlassen, sondern geschieht – wenn überhaupt – mit Bedacht.

Geht die Betriebsgröße in die Hunderte von Hektar, braucht man also **eigenes Personal**, dann wird heutzutage ausgesprochen scharf kalkuliert. Der Förster muss sich bezahlt machen, sein Gehalt und einiges darüber hinaus hereinwirtschaften. Sogar die früher so hoch bewertete Jagd tritt bei vielen Großprivatwaldbesitzern in den Hintergrund der Betriebsziele, seit die Erträge der Forstwirtschaft dramatisch eingebrochen sind. Da man als Holzerzeuger in unmittelbarer Konkurrenz mit Schweden, Finnen, Russen und Kanadiern steht, orientiert man sich auch an deren Produktionsmethoden und hat für waldästhetische „Schwärmereien“ meist wenig übrig.

Lässt man der wirtschaftlichen Entwicklung freien Lauf, dann wird sich in den meisten Großprivatwäldern eine ausgesprochen **rationelle Forstwirtschaft** durchsetzen, flächiges Arbeiten mit weitest gehender Mechanisierung und knappster Personalausstattung. Damit wird ein Verlust an Vielfalt und Schönheit einhergehen. Die Grenze zur Holzplantage dürfte mancherorts in Reichweite rücken oder überschritten werden.

Unter Plantagenbetrieb versteht man den großflächigen Anbau einer Holzart, meist maschinell gepflanzt, mineralisch gedüngt, gegebenenfalls mit Pestiziden behandelt und schließlich nach kurzer Umtriebszeit maschinell im Kahlschlagverfahren geerntet.

Was spricht gegen solchen Holzackerbau? Nachdem sowieso kaum jemand wirklich bewusst den Wald wahrnimmt, sagen Vertreter dieser Forstwirtschaft, wird es den meisten Leuten egal sein, wie man ihn bewirtschaftet. Zum Joggen und Radfahren ist es wichtig, dass die Wege in Ordnung sind, ansonsten kann der Wald aussehen, wie er mag. Ruhe, gute Luft und Harzduft gibt es im Plantagenwald genauso.

Tatsächlich ist diese Argumentation nicht ganz von der Hand zu weisen. Auch die plantagenähnlich bewirtschafteten riesigen Kiefernaufforstungen Südfrankreichs z.B. werden als **Erholungsgebiete** akzeptiert. Und die Kiefernforste Ostdeutschlands, die ihnen sehr ähnlich sehen, ebenfalls. Im forstpolitischen Aushandlungsprozess muss sich herausstellen, ob die Gesellschaft damit zufrieden ist, ob man den in den siebziger Jahren begonnenen Umbau reiner Nadelholzbestände in Mischwälder weitertreibt oder ihn als Luxus einer reicheren Epoche ad acta legt.

Um realistisch zu bleiben, darf man den **Einfluss der Gesellschaft auf die Privatwälder** nicht überschätzen. Ge- und Verbote auf gesetzlichem Wege sind momentan

Holzackerbau in Südbayern: genügt diese Form der Forstwirtschaft den Bedürfnissen der Gesellschaft?

nur schwer durchsetzbar – schließlich hängen betriebliche Existenzen davon ab. Und Subventionen als Alternative können kaum mehr angeboten werden – derzeit gibt es für den Forst nur etwa 2% der Summen, die in die Landwirtschaft fließen. Weil damit immer staatliche Lenkung verbunden ist, sind die Förderungen außerdem bei Waldbesitzern wenig populär. Lieber stellt man sich den harten Konkurrenzkämpfen des freien Marktes, als seine wirtschaftliche Freiheit aufzugeben und sich unter die „Fuchtel" behördlicher Kontrolle zu begeben.

Hier kommt die **emotionale Komponente** ins Spiel, die bei der ganzen Wald-Diskussion, Natura 2000, usw. zu wenig beachtet wird. Nicht nur die breite Bevölkerung hat ja eine Gefühlsbeziehung zum Wald, sondern auch die Waldbesitzer haben sie. Allerdings mit anderen Prioritäten. Durchaus genießen sie – wie alle anderen – die gute Luft, die Ruhe und die Waldeinsamkeit. Aber es ist eben *ihr* Wald und da kommt etwas hinzu, das die große Mehrheit der „Bodenlosen" nicht hat: **Stolz** auf den Besitz, **Freude** an der Waldarbeit, am Pflanzen und Fällen, die **Befriedigung** des Planens, aktiven Gestaltens und Wirtschaftens.

Es ist einfach schön, zu sehen, wie alles wächst, was man selbst gemeinsam mit der Natur geschaffen hat. Ganz wertvoll ist diese zutiefst menschliche Rolle des Mit-Schöpfers (s.Kap.2.8), die leider nur wenige ausüben dürfen. Dazu gehört schließlich der **Genuss des Erfolges**: für gutes Holz gutes Geld zu verdienen. Seinen Lebensunterhalt eben nicht aus der Hand eines „Arbeitgebers" oder des Staates zu bekommen, sondern selbständig. Das ist ein anderes Lebensgefühl, ein viel „natürlicheres" als das des Abhängigen.

Die unterschiedlichen Prioritäten zwischen Waldbesitzer und Waldbesucher zeigen sich übrigens schon am Sprachgebrauch: „Ich gehe ins *Holz*", sagt der Bauer, wenn andere in den *Wald* gehen.

Insgesamt beruht Waldästhetik im Privatwald hauptsächlich auf Freiwilligkeit. Wer dort etwas ästhetisch gestaltet, will das aus freien Stücken tun und sich von niemandem dreinreden lassen. Wenn jemand aber keinen Sinn oder kein Geld dafür hat, kann man es ihm kaum verordnen. Lediglich in Schutzgebieten – z.B. Natura 2000 – können ästhetische Werte im Zusammenhang mit ökologischen geschützt oder verlangt werden. Einzelobjekte, z.B. alte Bäume lassen sich gegebenenfalls als **Naturdenkmäler** vor der Abnutzung bewahren.

Immer schon gab es aber gerade im Privatwald Leute, die mit ihrem ästhetischen Empfinden und Gestalten vorbildlich für alle anderen wirkten. Der wohl überzeugteste und mit Charisma nachhaltig wirksamste war Heinrich von Salisch. Er bewirtschaftete in Postel einen Besitz von rund 700 Hektar. Nachdem ich auch heute noch Privatwaldbesitzer kenne, deren **Waldgesinnung** wegweisend ist, habe ich Hoffnung, dass dort auch in wirtschaftlich schweren Zeiten die Liebe zur Naturschönheit ihren Platz behält.

Tannen im Bayerischen Wald: manchen Privatwäldern sieht man die Waldgesinnung ihrer Besitzer an.

2.12 Wald in den Medien

Da sich im Allgemeinen nur wenige Menschen im Wald aufhalten, ist dort „wenig los". Ganz selten hört man etwas vom Wald in den Nachrichten und die Schlagzeilen der Presse füllt er so gut wie nie. Auch die Menschen, die im Wald arbeiten, die **Forstwirtschaft**, beschert uns im Gegensatz zu ihrer lichtgrünen Schwester Landwirtschaft, kaum Skandale. Holz ist für die meisten Verbraucher ökologisch einigermaßen o.k., zumindest so, wie es aus dem Wald kommt. Erst die Holzschutzmittelchemie hat das Image zeitweise übel angekratzt. Aber das ist heute schon wieder vergessen, was sicher damit zu tun hat, dass man Holz nicht essen kann. An Tisch und Klobrille haben wir nicht ganz so hohe Ansprüche wie an den Rinderbraten.

Wenn der jährliche **Waldzustandsbericht** herauskommt, gibt es stets Debatten, in denen die jeweilige Opposition der Regierung vorwirft, zu wenig „für die Umwelt" getan zu haben. Aber das ist politisches Alltagsritual, das niemanden „vom Stuhl reißt".

Zumindest äußerlich sind die allermeisten heimischen Wälder so grün, dass kein Außenstehender durchblicken kann, ob der Wald tatsächlich kränkelt, oder ob er bloß als Aufhänger für das übliche Machtgerangel benutzt wird.

Die Sache mit dem **Waldsterben** ist kompliziert. Der normale Wanderer findet im Wald kaum „Leichen“, und wenn, dann vor allem in Nationalparks. Die vom Borkenkäfer gefressenen Fichten im Bayerischen Wald und im Harz werden aber als „**gute – weil natürliche – Leichen**“ verkauft. Wie soll sich da jemand auskennen? Wenn sogar in den Parks der Wald stirbt, die man als Inbegriff intakter Natur schätzt und schützt, dann ist das Ganze vielleicht doch natürlich? Oder werden woanders die „Leichen“ – wie es Kritiker immer wieder sagen – von den Förstern laufend beseitigt? Verscharrt sozusagen, damit sie keiner sieht? Kann man den Förstern noch trauen?

Niemand kennt sich aus. Es bleibt eine diffuse Sorge im Bewusstsein der Bürger, dass die Umwelt ziemlich kaputt ist, dass sowieso alles den Bach runtergeht. Schließlich hängt doch alles zusammen! Das Klima, das Ozonloch, die Atomkraft, der Elektrosmog, die Flugzeuge ...“***Das Verhältnis der deutschen Bevölkerung zum Wald ist geprägt von einer großen Sorge,***“ schreibt Pauli (2000) in seiner Dissertation „*Wald und Forstwirtschaft im Meinungsbild der Gesellschaft*“. Niemand hat allerdings eine Ahnung davon, was dem Wald wirklich fehlt und was man tun könnte.

Negativa als Nachrichten

Diese sorgenvolle Beziehung hängt sicherlich damit zusammen, dass die Medien grundsätzlich nie das Normale, sondern immer das **Außergewöhnliche** thematisieren: Nicht, dass 99% unserer Wälder grün sind, sondern dass im Nationalpark 2000 Hektar abgestorben sind; nicht dass sie bei uns auch ein Trockenjahr einigermaßen verkraften, sondern dass sie in Griechenland lichterloh brennen; nicht dass bei uns die Waldfläche um ein paar Hektar täglich zunimmt, sondern, dass im Nationalpark ein Wolf ausgebrochen ist, wird erwähnt.

Genauso wenig wie über die „normalen Verhältnisse“ im Wald, berichtet man über die Normalität in Politik und Gesellschaft. Niemand spricht davon, dass in 90% der Länder dieser Welt Frieden herrscht; wo jedoch Konflikt oder Krieg ausgetragen wird, erfährt man sofort.

Auch in seiner Medienpräsenz ist der Wald nur ein Beispiel für die Grundorientierung unserer Gesellschaft. Es geht kaum um das Gute und Schöne, sondern viel mehr um Konflikte und Probleme. Dazu ein paar Sätze des in Frankreich lebenden vietnamesischen Zen-Meisters Thich Nhat Hanh, der als „Exot“ unsere westliche Kultur mit anderen Augen sieht:[90]

> „*Wir mögen die Angewohnheit haben, vor allem die Samen von **Ärger, Leid und Furcht** in unserem geistigen Bewusstsein zu manifestieren, wohingegen die Samen von **Freude, Glück und Frieden** sich vielleicht nicht so sehr in uns entwickeln. Achtsamkeit zu üben, bedeutet, jeden Samen zu erkennen, wenn er aus*

dem Vorratslager heraufkommt (d.h. aus den Tiefen des Bewusstseins – Anm. d.Verf.)*, und sich anzugewöhnen, die stärksten heilsamen Samen, wann immer möglich zu wässern, um sie noch kräftiger werden zu lassen.* ***Jeden einzelnen Moment, in dem wir etwas Friedvolles und Schönes bewusst wahrnehmen, bewässern wir die Samen für Frieden und Schönheit in uns****. So werden wunderschöne Blumen in unserem Bewusstsein blühen. Je länger wir den Samen wässern, desto mehr nimmt die Kraft des Samens zu.* ***Wenn wir zum Beispiel fünf Minuten vor einem Baum stehen, bewusst ein- und ausatmen, und uns fünf Minuten an ihm erfreuen, werden die Samen für Glück in uns fünf Minuten lang gewässert****, wodurch sie stärker keimen werden. Während derselben fünf Minuten werden andere Samen wie Angst und Schmerz nicht bewässert.* ***Wir müssen jeden Tag in dieser Weise üben*** *...“*

Was hier in aller Einfachheit gesagt ist, geht tief ins Mark unserer westlichen Kultur. Es hat sehr viel mit der Sackgasse zu tun, in der wir uns in vielen Lebensbereichen wähnen. Und es beleuchtet auf glasklare Art, wie **Ästhetik und Ethik** zusammenhängen. Nicht das viel zitierte positive Denken, das uns flotte Ratgeber – oft aus dem Amerikanischen übersetzt – überstülpen wollen, ist der erste Schritt, sondern das **Wahrnehmen**. Hier liegt der Schlüssel, erst dann kommt das Denken, erst dann kann positives Denken gelingen.

Reizstärke als Rezept

Nun gibt es ja auch eine Menge Schönes in unseren Medien. Die Tierfilme von Heinz Sielmann zum Beispiel und andere **Naturfilme** werden hoch gelobt und viel gesehen. Aber auch für das Schöne gilt, dass es schon besonders schön sein muss, damit es sich in den Medien vermarkten lässt. Fünf Minuten vor einem Baum zu stehen, zu atmen und sich zu freuen, dass es ihn – und mich – gibt, ist kein Stoff für einen Film. Da muss sich schon mehr rühren, es müssen Menschen auftreten und Tiere, die man sonst nicht sieht; Musik gehört unbedingt dazu; Aktivität, Spannung sind gefragt.

Im Kampf um die Zeit des Publikums überbieten sich die Medien gegenseitig an **Reizstärke**. Verglichen mit dem tatsächlichen Geschehen draußen, wird auch in Naturfilmen die Ereignis- und Erlebnisdichte ungeheuer komprimiert. Da sieht man direkt in die Nester von Wanderfalken und Schwarzspecht, kann den Kampf brunftender Hirsche wie die Box-WM verfolgen, Bär und Fuchs beim Beutezug begleiten oder den Sauen in der Suhle wie in der Badewanne zuschauen.

Wenn sie dann tatsächlich durch den Wald gehen, sind viele Menschen enttäuscht: **man sieht und hört fast nichts**. Ein paar Vögel vielleicht, aber die singen zwischen den Wohnblöcken genauso. Dass es ein *Wert* ist, fast nichts zu sehen und zu hören, und dass man letztlich doch eine Menge wahrnimmt, wenn man lange genug in der Stille verharrt, passt nicht in die von den Medien geformte Welt. Gemessen an deren unterhaltsamem Programm ist das furchtbar langweilig und anstrengend.

Weil sich dem normalen Spaziergänger, Jogger oder Biker im Wald weder Hirsche noch Füchse noch Wildschweine zeigen, ist mancher sogar geneigt, an deren realer Existenz zu zweifeln. *Bei uns soll es Wildschweine geben? Das kann ich mir nicht vorstellen!* Fährten, Fegestellen oder Losung nimmt man nicht wahr; wenn doch, dann denken viele: *Die Tiere sind doch längst über alle Berge, erschossen, überfahren, ausgestorben.*

Realität und Medienwelt

Sowohl durch die Qualität als auch durch die Anzahl positiver Erlebnisse in der Zeiteinheit unterscheidet sich die **vermittelte Realität** – insbesondere die Fernsehwelt – ganz erheblich von der Realität, die wir draußen vorfinden. Hinzu kommt, dass sich jene Realität, die in Nachrichten und Dokumentarfilmen dargestellt wird, bei längerem Medienkonsum nicht mehr klar von der **Fiktion** trennen lässt, die man in Spielfilmen genießt. „Ich glaub, ich bin im falschen Film", sagt die Jugend und trifft damit den Kern unseres – vermittelten, medialen – Lebensgefühls.

Viele Filme, Krimis oder auch Familienserien vermischen bewusst beide Welten, um beim Zuschauer das richtige Verhältnis zwischen Spannung und Harmonie zu erzeugen. Wer solche Unterhaltung täglich genießt – die durchschnittliche Fernsehzeit liegt bei gut 3 Stunden am Tag – sieht schließlich die Welt und den Wald tatsächlich so, wie sie dort dargestellt werden. Man lebt in einer irrealen **Scheinrealität**. Da man aber insgeheim weiß, dass die gezeigte Spannung oder auch Idylle draußen nicht zu finden ist, wollen viele sich erst gar nicht mit der harten Wirklichkeit konfrontieren, sondern bleiben lieber gleich auf dem Kanapee sitzen. (Nach Anette Braun trifft dies vor allem auf Leute mit geringem Bildungsstand zu.)

Wer mag schon durch finstere Fichtenstangenhölzer oder monotone Kiefernpflanzungen marschieren, wo überhaupt nichts los ist? „**Frustrationsvermeidung**" nennen das die Psychologen. Sie ist eine der Ursachen, warum viele Menschen kaum in den Wald gehen.

Hinzu kommen im realen Wald unbequeme Begleiterscheinungen, denen man im Fernsehsessel nicht ausgesetzt ist: von Regen und Kälte über Orientierungsprobleme, Stechmücken bis zur – zumindest befürchteten – Gefahr durch den Fuchsbandwurm. **Die Menschen sind unsicher**, weil sie weder Tast- noch Bewegungssinn trainiert haben, während die Fernsinne Augen und Ohren infolge einseitiger Überbeanspruchung gewissermaßen betäubt sind.

Haubl (1999) spricht von einer Art „**Anästhesie**", die häufiger Medienkonsum in unserer Sinnenwelt auslöst. Die ständige Überflutung mit optischen und akustischen Reizen, das gleichzeitige Ausbleiben von Fühlen und Bewegung lässt uns abstumpfen. Schon Kinder, die eigentlich ein ausgesprochen waches Sinnenbewusstsein hätten, sind davon in großem Ausmaß betroffen. Können sie doch in diversen Computerspielen von ihrem Stuhl aus die tollsten Abenteuer „erleben", ohne sich körperlich im geringsten zu engagieren.

In dieser durch Medienkonsum hervorgerufenen „Anästhesie", liegt meines Erachtens das eigentlich „**Unästhetische**" unserer Welt. Unästhetisch ist ja nicht das Hässliche, sondern das, was *gar nicht* wahrgenommen wird. Auch Hässliches wäre im hier verwendeten Sinne „ästhetisch", indem es sensitiv wahrnehmbar ist. Besser nehmen wir einen hässlichen Wald draußen – real mit allen Sinnen – wahr als einen schönen im Fernsehen.

Dort wird das Hässliche im Übrigen meist ausgeblendet, weil die Zuschauer sonst auf einen „schöneren" Sender wechseln. Es sei denn, das Hässliche ist so hässlich, dass es spektakulär wird. Dann lässt es sich wieder als Sensation verkaufen, vor allem, wenn Schuldige vorzuführen sind.

Mit diesen Vereinfachungen und Verzerrungen, welche die **Medienwirklichkeit** in allen Lebensbereichen prägen, müssen wir wohl leben. Sie sind der Preis für die ungeahnte Horizonterweiterung, die uns die Medien ermöglichen. Als diese noch weniger Macht und Einfluss hatten, vereinfachte und verzerrte sich jeder sein Weltbild selber. Oder es wurde vom Kollektiv vereinfacht und verzerrt, von Familie, Vaterland, Kirche. Wo das hinführte, ist bekannt; deshalb den „guten alten Zeiten" nachzutrauern, wäre dumm.

Richtig dosiert können Medien – vom Fernseher über die Zeitung bis zum Internet – durchaus anregend wirken, Neugier wecken und die eigenen kreativen Kräfte herausfordern. Wie Pädagogen uns unentwegt nahe legen, geht es erstens ums **Auswählen** geeigneter Sendungen, Artikel usw., zweitens ums **Abschalten** bzw. aufhören. Mancher mag auch „Feindvermeidung" betreiben, indem er beispielsweise keinen Fernseher aufstellt, keinen Internetanschluss legt oder keine Zeitung abonniert: getreu der Erkenntnis Nietzsches, dass es leichter ist, einer Lust ganz zu entsagen, als ihr in verträglichem Umfang zu frönen.

Wer psychisch einigermaßen gesund bleiben will, kommt wohl nicht darum herum, bis zu einem gewissen Grad auszusteigen aus dem ganzen Mediengetriebe. Wie weit, ist individuell verschieden; wer alles mitmacht, geht aber als eigenständige Person, als Mensch seelisch unter. Oder er kann – was bei Kindern leider oft geschieht – die Eigenständigkeit erst gar nicht entwickeln.

Wie man es auch hält: Das Wichtigste im Medienzeitalter ist, sich **Zeit für die Wirklichkeit** zu nehmen. Weil diese wahrzunehmen, zu „erkennen" aber ungleich langwieriger ist, als Medienwirklichkeit aufzunehmen, braucht man dazu viel Zeit. Sich diese zu gönnen, ohne die **Angst, das Leben zu versäumen**, ist schwer. Mir hilft dabei, gelegentlich in (alten) Büchern zu lesen, die von Leuten mit einem anderen Zeitbewusstsein geschrieben sind, durchaus auch mal Hermann Löns. Und dann natürlich rausgehen, immer wieder draußen sein, gehen, sitzen und schauen.

Forstliche Öffentlichkeitsarbeit

Viel wird in der Forstpartie über das *aktive* Nutzen der Medien, die forstliche **Öffentlichkeitsarbeit** diskutiert. Eigentlich jeder – einschließlich oberster Führer ist der

Meinung, man müsse dafür mehr tun. Da es aber den Kern verfehlt, anonyme Sachinformationen in irgendwelche Kanäle zu schicken, sondern weil es beim Wald um **lebendige Emotionen** geht, möchte ich hier die Rede Roman Antonoffs (1995) in Erinnerung rufen. Durchaus ernst meinte er, anlässlich der existenziellen Bedeutung, die der Forst für unser Land besitzt,

> *„... sollte die Forstkultur dem gesellschaftlichen Leben in unserem Lande zumindest ebenso* ***zahlreiche Erlebnisse und Gesprächsthemen*** *anbieten, wie der Sport".*

Um dieser Vision zumindest ein bisschen näher zu kommen, brauchen wir – wie im Sport – Menschen, die authentisch und öffentlich für den Wald ein- und auftreten. Die „***Dringlichkeit der Personifizierung***" für jede Öffentlichkeitsarbeit untermauerte Antonoff mit einem Beispiel:

> *„Ich erinnere an Prof. Bernhard Grzimek, den großartigen PR-Mann für Serengeti und für den Tierschutz überhaupt. Wo also ist der „Grzimek der deutschen Forst- und Holzwirtschaft"? Vielleicht sollte er erst noch „gemacht" werden? Oder es gibt nicht nur einen, sondern mehrere Personen aus Ihrer Runde, die hervorragend dazu geeignet sind, als* ***Forst-Missionare*** *in den Medien für Ihre Sache einzutreten?"*

Warum nicht an Antonoffs Vision anknüpfen? Manchmal sieht ein Außenstehender mehr als viele Insider, die in ihrer Tradition befangen sind. Mit der alten forstlichen Zurückhaltung oder gar Angst vor der Öffentlichkeit kommt man jedenfalls nicht weiter.

Bescheiden sollte man dabei bleiben. Nicht zu missionarisch dürfen die „Missionare" auftreten. Es geht nicht darum den Leuten zu sagen, dass der Wald schön und die Forstwirtschaft gut ist, sondern den Wald und die eigene Arbeit so darzustellen, dass die Leute selbst darin **Werte erkennen**. Greifbare, erlebbare Werte, die den Menschen innerlich etwas geben. Nicht Selbstbeweihräucherung ist gefragt, sondern **Hineinversetzen in die Bedürfnisse der Bevölkerung**.

Damit schließt sich der Kreis wieder zu Wilhelm Leopold Pfeil und Heinrich von Salisch. Die liebevolle Grundhaltung nicht nur zum Wald sondern auch zu den Menschen ist auch heute noch der Schlüssel: einerseits um die Menschen zu erreichen, andererseits um in der Gesellschaft etwas für Wald und Forstwirtschaft zu erreichen.

2.13 Nicht nur schön

In Kapitel 1.3. habe ich Waldästhetik definiert als Thematik um die sensitive Wahrnehmung des Waldes. Diese Wahrnehmung ist an sich wertfrei. Im Gegensatz zur alten Forstästhetik, die sich als „Waldschönheitslehre" verstand, geht es in der Waldästhetik deshalb zunächst nicht um **Schönheit** im engeren Sinne, und noch weniger darum, den Wald ausschließlich „schön" zu gestalten. Vielmehr geht es um „**Erlebniswert**", der sich aus wesentlich mehr Dingen nährt als nur aus vordergründiger Schönheit.

Ein Beispiel aus dem menschlichen Bereich mag dies verdeutlichen: Ein Freund, den ich in der Studentenzeit kannte, zog Neid und Bewunderung der Kommilitonen auf sich, weil er überdurchschnittlich große Sympathien bei Frauen genoss. Obwohl er – äußerlich eher gewichtig als sportlich – keinesfalls das Schönheitsideal eines Dressman erfüllte, war er fast ständig von Damen umgeben. Auf entsprechende Bemerkungen oder eifersüchtige Sticheleien pflegte er zu sagen: „*Ein Mann muss nicht schön sein, sondern interessant!*"

Mit dem Wald ist es ähnlich, zumal die Liebe – wie ich in Kap. 1.7. beschrieben habe – ein universales Gefühl ist, das sich gegenüber Bäumen oder Wäldern wenig anders darstellt als gegenüber Menschen. Er muss nicht immer und überall schön sein. Natürlich streben wir nach Schönheit. Dieses Streben ist eine Art Hintergrundmotivation, die uns suchen und wahrnehmen lässt. Doch kann man sie nicht einfach an einem Ideal festmachen, sondern sie hat unendlich viele Facetten.

Die Erlebnismodi der Landschaftsästhetik

Schon Heinrich von Salisch hat über die Verschiedenheit des Schönen nachgedacht. Er unterschied „Reinschönes" von „Malerischem", „Anmutigem", „Erhabenem", „Tragischem" und „Lieblichem".[91] Wesentlich weiter geht ein neuerer Denkansatz von Werner Nohl[92], der für die Landschaftsplanung vier „**Erlebensmodi**" unterscheidet: **schön, erhaben, interessant** und **nüchtern**. Nohl tut verglichen mit von Salisch einen entscheidenden Schritt: er löst sich von der Wertung. Spätestens mit der Kategorie „nüchtern" bezieht er die Hässlichkeit als Gegenpol zur Schönheit ein. Auch an sich Hässliches kann Erlebniswert haben; und sei es nur dadurch, dass es Schönes deutlicher werden lässt.

Im einzelnen stellen sich seine vier Kategorien folgendermaßen dar:

„Schön" hat etwas mit Harmonie zu tun, einer – heute meist verlorenen – Harmonie zwischen Mensch und Natur. Als Beispiel denke man an englische Gärten, wo Gartenkünstler versuchten, sie zumindest optisch (wieder) herzustellen; für ein paar Minuten oder Stunden des „Lustwandelns" konnte oder kann der Mensch dort eine Ahnung seiner schönen aber leider verlorenen, harmonischen Heimatlandschaft erleben. Gleichgültig, ob es sie so jemals gab, oder ob sie bloß als Wunschvorstellung existiert: Die dort präsentierte Landschaft finden wir auch heute noch schön.

„Erhaben" ist etwas Großartiges. Hohe Berge, das weite Meer, der nächtliche Sternenhimmel oder – was den Wald betrifft – ein Buchenaltholz zum Beispiel lassen uns als Menschen „klein" werden, demütig die Relativität der eigenen Existenz erkennen. Aber auch Katastrophenflächen, Windwürfe oder die vom Borkenkäfer zerstörten Fichtenwälder im bayerisch-böhmischen Grenzgebirge haben etwas Erhabenes. Dort wirken Naturkräfte, die offensichtlich unsere Einflussmöglichkeiten übersteigen. Weil solche Sukzessionsflächen meist erst in neuerer Zeit und durch menschlichen Einfluss entstehen, bezeichnet Nohl ihre ästhetische Wirkung als „*neue* Erhabenheit" (s. Kap. 3.3.6)

Schön: diese Erlebniskategorie hat etwas mit Harmonie zu tun.

Erhaben im traditionellen Sinn: alter Buchenwald im Naturwaldreservat Neuburger Wald.

„Neue Erhabenheit“: seltsam berührt es uns, durch die abgestorbenen Fichtenwälder des Bayrischen Waldes zu wandern.

„**Interessant**“ sind Dinge, die unsere Neugier wecken. Im Wald können das beispielsweise Dickungen sein. Ihre undurchdringliche Finsternis enthält Geheimnisse und Überraschungen, die ganz wesentlich zum Wald gehören. Auch Ruinen, verlassene Höfe oder Höhlen sind interessant. Ferner Unregelmäßigkeiten an Bäumen, liegende Stämme, Windwürfe, Wurzelteller, sowie insbesondere alle Spuren von Tieren: Fegestellen, Spechtlöcher in Bäumen, Nistkästen, Losung und Gewölle. Indem wir sogar diese „Fäkalien“ positiv erleben, wird besonders deutlich, wie wenig sich (moderne) Ästhetik auf platte Schönheit reduzieren lässt.

„**Nüchtern**“ sind schließlich viele Erscheinungsformen großflächiger, moderner Landbewirtschaftung: Maisäcker in ausgeräumter Flur zum Beispiel oder kilometerweit gleichaltrige Stangenhölzer im Wald, übrigens auch Laubhölzer, vor allem im Winter. Ferner technische Bauwerke, Autobahnen, Überlandleitungen, abgefräste Moore oder kanalisierte Flüsse: sie haben „Nüchternes“ im Sinne kalter Zweckrationalität. Unser ästhetisches Empfinden schalten wir angesichts solcher Landschaftsformen oft unwillkürlich ab. Wir nehmen sie nicht sinnlich wahr, sondern bewegen uns in Gedanken, wenn wir sie durchqueren.

Interessant: der ungewöhnliche Einblick ins Wurzelreich, der kleine Tümpel, in dem sich allerlei Wassertierchen ansiedeln, und nicht zuletzt die liegenden Stämme und Kronen.

Nüchtern: eintöniger, gleichaltriger Kiefernbestand. Leider ist diese Erlebniskategorie auf vielen tausend Hektar unsere forstliche Realität.

Die vier genannten Erlebnisweisen gehören beim Walderleben zusammen. Normalerweise trennen wir sie nicht so deutlich, sondern stellen z.B. auch Erhabenes und Interessantes gerne unter den Oberbegriff „schön", weil sie uns angenehme Erlebnisse vermitteln. Das Wort „erhaben" wird ja heute überhaupt selten verwendet, während „interessant" zu einem Allerweltswort geworden ist, das zu schwach für wirklich bewegendes Erleben erscheint. Das „Nüchterne" gilt uns dagegen oft als hässlich; besonders wenn es von Menschen erzeugt ist, deren Einwirkung wir in unserer Zivilisation ziemlich satt haben.

Erhabene Wälder – Mangelware

Um unsere **tatsächlichen Gefühle** bewusst zu machen, müssen wir die verschiedenen Erlebnismodi jedoch auseinanderhalten. Für die Waldbehandlung ist es keinesfalls gleichgültig, ob etwas schön im Sinne von harmonisch, von erhaben – im alten und neuen Sinn – oder interessant ist. Es mag bei uns beispielsweise einige schöne Wälder geben, ein Menge interessante, aber wirklich erhabene Wälder – im traditionellen Sinn – muss man suchen. Nur in wenigen Landstrichen haben sie sich – meist kleinflächig – erhalten. Ich denke an die Buchenwälder des Weserberglandes, des Hainich, oder an Hartholzauen mit uralten Eschen, von denen sich entlang unserer Flüsse vielleicht noch ein paar Hektar finden.

An meinem Wohnort im niederbayerischen Isargebiet, sind mir in weitem Umkreis keine wirklich erhabenen Wälder – im traditionellen Sinn – bekannt. Sehr wohl gibt es dort **„neue Erhabenheit"**, also Katastrophenflächen, die allerdings von vielen – vornehmlich älteren – Menschen eher als hässlich oder gar beängstigend erlebt werden.

Gut erinnere ich mich an eine emotionale Diskussion mit einem älteren Vorgesetzten. Wir standen im niederbayerischen Hügelland vor einem Privatwald, dessen Besitzer aus Geldmangel zig Hektar kahl geschlagen und mit Fichten wieder aufgeforstet hatte. Stürme und Käfer kamen hinzu, so dass jetzt wohl über 50 Hektar ehemals geschlossenen Fichtenwaldes kahl und offen vor uns lagen. Mich faszinierte die **Weite**. Da rings um die Blöße noch ältere Bestände stockten, hatte ich das Gefühl, mitten in einem großen Wald zu stehen. Der Blick ging nicht hinaus in Flur und Siedlungen. Wenngleich ich damals Nohls „neue Erhabenheit" noch nicht kannte, war es wohl jenes Gefühl, das in mir entstand.

Mein alter Inspektionsbeamter dagegen geriet fast in Rage. Wie kann man so etwas machen? Da müssen wir einschreiten! Ich wurde beauftragt, wegen „Waldverwüstung" gegen den Besitzer vorzugehen. Das Verfahren kam ins Rollen; nachdem der „Frevler" bald darauf verstarb, hatte es damit aber sein Bewenden.

Ein Schlüsselerlebnis zur **traditionellen Erhabenheit** hatte ich einmal während meiner siebenjährigen Tätigkeit im Bayerischen Wald, wo ich eine befreundete Familie, die uns besuchte, auf den aussichtsreichen Hirschenstein führte. Nach der Wanderung fragte ich, wie es ihnen gefallen habe und bekam von der Frau folgende Antwort:

„Na ja, es war ja ganz schön; aber ich hätte mir bei Euch im Bayerischen Wald eigentlich große Bäume vorgestellt, so richtig gewaltige, und ein grünes Blätterdach, unter dem wir gehen ...“

Sie meinte Buchen, und die gibt es dort neben den allgegenwärtigen Fichten hie und da auch noch. Aber große, „erhabene“ Buchen- oder Bergmischwälder, in die man eintauchen kann? Nur ein paar Reste irgendwo. Ich muss gestehen, dass diesmal *ich* es war, der sich als Forstmann auf diese Antwort nicht gut fühlte: ein wenig beschämt und frustriert. **Ist unser Waldbau nicht ein ästhetisches Armutszeugnis?** Botanisch gesehen sind wir doch im Zentrum des Buchengebietes und drei Viertel unserer Wälder wären normalerweise Buchenwälder. Aber was haben wir daraus gemacht?

Auf das – alte – Gefühl der **Erhabenheit,** das wir zwar durchaus empfinden, aber heute praktisch nicht mehr aussprechen, möchte ich noch ein paar Gedanken verwenden. Warum können wir so schlecht zugeben, dass uns im Schatten zweihundertjähriger Buchen jenes Bewusstsein von Relativität, Kleinheit und Endlichkeit überkommt? Warum sprechen wir höchstens noch in Anführungszeichen vom „Waldesdom“ und titulieren das Ganze lieber distanziert als „wertvolle Altholzinsel“?

Erhabenheit wurde zu oft missbraucht; von weltlichen und geistlichen Potentaten, um **Macht** zu demonstrieren. Bewusst erzeugten autoritäre Regime mit bombastischen Bauwerken Gefühle von Kleinheit und Demut, die unweigerlich im Betrachter entstehen, der Großartiges vor sich sieht. Man lenkte dieses Gefühl so, dass nicht mehr die „Ehrfurcht vor dem Leben“ herauskam, sondern die Ehrfurcht vor den Herrschenden. *„Erbe des Erhabenen ist die ungemilderte Negativität ...“* sagt Adorno[93] daher.

Auch heute funktioniert das Prinzip noch. Ob wir vor dem Berliner Reichstag stehen, vor dem Kölner Dom oder vor dem Hochhaus einer Deutschen Großbank in Frankfurt: die Wirkung ist immer die Gleiche. Deshalb schützen wir uns gern durch **Witz und Ironie**. Versuchen das Große herunterzuholen auf unseren Boden. Für den Reichstag war Christos berühmte Verpackung ein einschlägiges „event“.

Doch nehmen wir uns mit der ironischen Distanz auch tiefes Erleben. Zumindest gegenüber der Natur ist das Gefühl der Demut doch unverfänglich. Weil sie keine Person ist, kann sie uns ja nicht missbrauchen. Wollen wir uns auch von ihr „nicht einschüchtern lassen“? Dass wir jeglichen Respekt vor den Mächtigen dieser Welt abbauen, ihre Herrschaftssymbole ins Lächerliche ziehen, mag in Ordnung sein. Aber gegenüber dem Leben an sich, dem Ursprung, könnten uns etwas Bescheidenheit und Bewunderung wohl nicht schaden. **Die Gefühle wären da, sie zuzulassen, wäre unsere Aufgabe.**

Alte Wälder sind hervorragend geeignet, das Maß wieder zu bekommen, das wir über allen menschlichen Möglichkeiten bisweilen verlieren. Ihre absichtslose, unbestechliche Erhabenheit sollten wir bejahen und pflegen, auch wenn wir sie nur als „schön“ bezeichnen. An ihnen wird deutlich, dass Natur allgemein und Wald im Besonderen **kein Garten** sind. Kein menschlich gepflegtes und auf seine Fürsorge angewiesenes

Areal, sondern eine kraftvolle, urwüchsige, alles umfassende Manifestation des Lebens, das sich hier nach eigenen Gesetzen entfaltet.

Nüchternes und Hässliches

Die letzte Kategorie aus Nohls vier Erlebnismodi, die „**Nüchternheit**" verdient noch eine tiefere Würdigung. Ohne sie gäbe es keine Waldästhetik. Denn „Schönes" als Empfindung gibt es nur, weil es auch „Hässliches", „Langweiliges", „Ödes" gibt. Wenn die ganze Welt nur „schön" im engeren Sinn wäre, wäre sie es nicht. Ohne Gegenpol könnten wir das Schöne genauso wenig empfinden wie Licht ohne Dunkelheit. **Die Schönheit der Welt besteht eben aus der Polarität, der Vielfalt und Abwechslung von Gegensätzen.**

So mag es fast makaber klingen, aber tatsächlich hat erst rationelle Forstwirtschaft Waldschönheit geschaffen. Erst gleichaltrige Fichten- und Kiefern- Reinbestände, in Reih und Glied gepflanzt, ließen uns den Wert von naturnahen Buchenalthölzern empfinden. Erst die Beseitigung alles Kranken und Toten in der „Sauberen Wirtschaft" weckte die Sehnsucht nach dem alten Baum, der vom Leben gezeichnet in Würde sterben darf.

Deswegen ist es nicht nur müßig, sondern auch blauäugig, zugunsten irgendwelcher Ideale das Hässliche, ausrotten zu wollen. **Das Hässliche muss seinen Platz haben**; die Frage ist allerdings, in welchem Umfang.

An dieser Frage scheiden sich die Geister. Wenn wir eine Bestandsaufnahme machen würden für den gesamten deutschen Wald, wäre da genug Schönes, Erhabenes, Interessantes? Oder zu viel Hässliches, Monotones, Langweiliges? Droht vielleicht sogar eher das Schöne auszusterben als das Hässliche?

Oder halten wir die heutigen Wälder nur für schön, weil wir gar keine ursprünglichen mehr kennen? Hat Gottlob König recht behalten, der in seiner Waldpflege 1849 schrieb:

> *„Vernichten wir vollends die letzten riesigen Überbleibsel der Vorzeit, so bleibt nichts, was die Zukunft mahnen könnte an treue Befolgung ewiger Naturgesetze.* ***Die leidige Selbstsucht hielte am Ende noch die verkünstelten Zwerggestalten der neuen Wälder für etwas Rechtes.***"[94]

Jeder kann diese Frage nur für sich beantworten.

Zu den Sätzen Königs fällt mir ein Erlebnis aus dem Bayerischen Wald ein: Vor einigen Jahren zeichnete ich dort einen etwa 30 bis 40jährigen Fichtenbestand aus; als „Zugereister" nahm ich ziemlich selbstverständlich hin, dass es ein Fichtenbestand war. Ein alter Holzhauer kam dazu und wir kamen ins Gespräch – ein Gespräch, das mir noch heute nachgeht: Er erzählte von den fünfziger Jahren; damals stockten hier zig Hektar riesiger Altbuchen. Alle rotkernig, aber ein Wald voller Würde. Und er bekam mit seinen Kollegen den Auftrag, sie umzusägen. Von „oben", vom Forstmeister. Mit Fichten musste der Schlag ausgepflanzt werden, weil man die dichten Buchenverjüngungen als „**Grüne Höllen**" ablehnte. Das tat weh. Der Mann war verbunden mit dem Wald, er liebte ihn. Schmerz, Wehmut, auch Verbitterung waren nach 40 Jahren noch wach; und einiges davon hat er mir mitgegeben.

Die neuen Wälder als Heimat?

Was ist unser **Maßstab**? Das, was ist? Es kann schön sein. Das, was war? Es war oft schöner. Oder das, was sein könnte? Die potentielle natürliche Vegetation? Sich selbst überlassene „Urwälder"? Schwierige Fragen, auf die es keine eindeutige Antwort geben kann. Nochmals sei an die Zeit erinnert, die Zeit, die alle Wunden heilt – auch in der Landschaft? Sind die großen Nadelholzforste Deutschlands inzwischen Heimat geworden? Oder gibt es tiefere Sehnsüchte nach dem Ursprünglichen, sind die Wunden in uns doch noch nicht verheilt?

Fichtenwald im Mittelgebirge: es mag im Sauerland sein, in der Eifel, im Harz, Thüringer Wald, Erzgebirge, Schwarzwald, Frankenwald oder im Bayerischen Wald. Ursprünglich ist dieser Wald nirgends, immer künstlicher Forst. Dennoch ist er zur Heimat geworden und so schön, dass ihn der Maler eines Bildes wert fand; und ich des Kaufens. Wesentlich ist dazu wohl weniger die Frage, ob Fichten oder Buchen hier wachsen, sondern der Blick in die Weite der sanft gewellten Waldlandschaft. Und das Gefühl, darin aufgehoben zu sein. (Bild signiert mit H. Reinhold; Weiteres unbekannt. Ich habe es auf einem Trödelmarkt gekauft.)

Der Landschaftsplaner Werner Nohl sagt:

> *„**Zwei Generationen** stellen eine Zeitspanne dar, in der man noch über Verluste hadert und aktiv Widerstand leistet. Danach setzen oftmals Prozesse des Sich-Abfindens und Sich-Einrichtens und schließlich der geistigen Aufarbeitung der vollzogenen Veränderungen ein: Das Verständnis von Eigenart und Landschaftscharakter wandelt sich, viele Veränderungen werden damit nicht mehr als Verlust empfunden, Eigenart hat sich neu konstituiert."* [95]

In gewisser Weise trifft dies wohl für unser Walderleben zu; vor allem was die große Mehrheit der Menschen angeht, die den Wald eher „nebenbei" wahrnehmen. Aber bei jenen, die sich näher damit befassen, die auch *wissen*, wie es einst bei uns aussah, und wie es aussehen könnte, wenn wir wollten, bei jenen bleibt eine **Sehnsucht**.

Was mich betrifft, spüre ich diese Sehnsucht bisweilen. Unser Wald ist schön, auch wenn er (fast) nur aus Fichten besteht. Aber wenn ich mich unter eine der alten Buchen setze, deren Zahl ich in meiner Umgebung wohl an zwei Händen abzählen kann, und wenn ich dort länger sitze, dann kommt sie. Dann wandern meine Gedanken manchmal zurück in die Zeit Gottlob Königs, die Zeit der letzten Baumriesen, die Zeit vor der rücksichtslosen Fichteneuphorie.

Oder wenn ich lange durch junge und mittelalte Nadelwälder gehe: irgendwann öden sie mich an! Dann kommt bisweilen sogar eine **Wut**, vor allem gegen die Förster, die hier jede Birke, jede Eiche und jede Buche als Unkraut ansahen und diese Einfalt mit viel Energie auch noch die Bauern lehrten – zur Belohnung mit staatlichen Zuschüssen winkend. Wo hatten sie ihr Herz? Beim Geld? Bei Hirschen und Rehen, Geweihen und Gwichtln? Oder ganz abgeschaltet?

Das Hässliche muss seinen Platz haben, sagte ich, der Wald kann nicht *nur* schön sein. Aber das Schöne braucht Raum. Es darf nicht lediglich als Sehnsucht existieren. Es muss greifbar sein, als Wert spürbar, sinnlich zu erleben; und zwar nicht nur in irgendwelchen Reservaten, sondern möglichst in jedem Wald. **Jeder Wald sollte ein paar schöne – vielleicht sogar erhabene – Ecken aufweisen.** Dann vertragen wir den Rest leichter.

Wenn wir uns dazu durchringen könnten, bei unvermeidlichen Hässlichkeiten wenigstens die ein oder andere bescheidene Schönheit zu belassen, dann wäre schon etwas gewonnen. Der freistehende Altbaum („Überhälter") auf dem frischen Kahlschlag beispielsweise könnte die wahrnehmungstötende Monotonie durchbrechen; könnte unseren Blick auf sich ziehen und uns den Raum erkennen lassen, den wir ansonsten ohne innere Teilnahme hinter uns zu bringen streben. Die Eichenallee entlang der Forststraße könnte uns über das hinterliegende Fichtenstangenholz hinwegtrösten.

Immer geht es darum, etwas Positives im Raum zu finden, damit wir ihn als Raum wahrnehmen, damit er nicht ästhetisch verloren ist.

Wenn wir das „Nüchterne" moderner Landbewirtschaftung auf diese Weise zumindest ein wenig liebevoll gestalten, kann es auch ansprechen. Mag es „Pritzlkram" sein, wie Hermann Löns die Landverschönerung zu Beginn des zwanzigsten Jahrhunderts bezeichnete. Mag es auch ein Kurieren an Symptomen sein, das die großen Probleme nicht berührt. Keinesfalls können solche Kleinigkeiten Schönes, Erhabenes, Interessantes auf großer Fläche ersetzen, aber sie können es ergänzen.

3 Praktische Waldästhetik

Wie lassen sich die grundsätzlichen Erwägungen und Erkenntnisse, die in den vorangegangenen Kapiteln gesammelt sind, bei der praktischen Waldbewirtschaftung umsetzen? Dazu hat bereits von Salisch (1911) viele Anregungen gegeben; die Landschaftspflege – beginnend mit Vietinghoff-Riesch (1940) hat sie weiterentwickelt; und zuletzt haben Autoren wie Ammer / Pröbstl (1991) oder der Arbeitskreis Forstliche Landespflege (1991) wertvolle Gedanken dazu veröffentlicht.

Diesen Arbeiten möchte ich Ergänzungen hinzufügen und manches aus einem anderen Blickwinkel beleuchten; vor allem immer wieder den Bezug zum Gefühl und zur „Menschenseele" als Träger aller Empfindungen herstellen. Dieser andere Focus kennzeichnet ja die Waldästhetik im Vergleich mit der Waldlandschaftspflege. Doch wäre es zu hoch gegriffen, den geschätzten Autoren umwerfende neue Erkenntnisse entgegenhalten zu wollen.

Denn unser Problem besteht nicht darin, dass wir nicht wüssten, wie wir einen Wald ansprechend gestalten; sondern das Problem ist, dass wir bei unserem ganzen Wirtschaften alles andere wichtiger nehmen als menschliches Schönheitsempfinden.

Das heißt, es geht im Grunde nicht ums <u>Können</u>, sondern ums <u>Wollen</u>; was Mitarbeiterinnen und Mitarbeiter größerer Forstverwaltungen betrifft, häufig auch ums <u>Dürfen</u>.

Alle Literatur dieser Welt kann Wollen und Dürfen nicht erzwingen, sie kann nur anregen, motivieren, Mut machen. Mut zum – oft vergessenen oder verdrängten – Gefühl. Denn wer sensibel hineinspürt in den Wald und ins eigene Innere, wer sich dabei vor allem traut, die mühevoll erlernte forstliche Wirtschaftslehre ebenso wie alle Ökologie vorübergehend außer Acht zu lassen, wird in sich selbst spüren, worauf es ankommt.

Aber die Frage ist: **Wer traut sich, zu spüren?** Und welcher Vorgesetzte honoriert es, wenn sich ein Mitarbeiter, eine Mitarbeiterin traut? Dazu müsste er seine Sensitivität selbst hinter allen Sachzwängen hervorholen. Ästhetik, sagte ich, ist im inneren Kind angesiedelt. Bei wem meldet sich im forstlichen Alltag dieses innere Kind noch? Wie wird es dann behandelt? Nimmt man sich Zeit dafür oder wird es als unwichtig abgetan, vertröstet?

Wenn man es auf Dauer nicht ernst nimmt, wird es irgendwann aufhören, sich zu melden. Aber mit ihm verschwindet dann oft die Freude am Wald und am Beruf. Der wird zum Job; mag die Führung auch noch so viel von Motivation reden.

Weil sensitives Wahrnehmen die erste Voraussetzung und zugleich wichtigster Inhalt aller Ästhetik ist, stelle ich zu Beginn des praktischen Teils eine einfache, aber wirksame Methode der „**Bestandsaufnahme**" vor. Anschließend folgen Ziele und Maßnahmen der Waldästhetik.

3.1 Erfassen des ästhetischen Wertes

Während die alten Vertreter der Forstästhetik bei der praktische Bewertung der „Waldschönheit" noch „mit der Stange im Nebel stochern" mussten, können wir heute auf Erkenntnisse der Landschaftsarchitektur bzw. **Landschaftsästhetik** zurückgreifen. Diese vergleichsweise jungen Wissenschaften haben sich intensiv mit der Bewertung von landschaftlicher Qualität befasst. Einige Forscher versuchen dabei zu möglichst genauen Ergebnissen zu kommen, indem sie eine Vielzahl von Einflussfaktoren detailliert erheben[96]. Neuerdings gibt es jedoch auch wesentlich einfachere Ansätze, die zumindest relativ, für die jeweilige Gegend, eine sichere Einwertung ermöglichen.

Wöbse, auf dessen Buch „Landschaftsästhetik" (2002) ich hier zurückgreife, beschreibt, dass bei einer einfachen spontanen Landschaftsbewertung nach einer fünfstufigen Notenskala, die etwa 10 Sekunden in Anspruch nimmt, letztlich nichts wesentlich anderes herauskam als bei einer detaillierten Erfassung, die allein im Gelände eine Viertelstunde dauert.

Im Anhalt an seine Methode habe ich speziell für den Wald ein **Bewertungsblatt** sowie eine **Kartierung** entwickelt, die meines Erachtens von jedermann ohne Probleme zu verwenden sind.

Man geht vom **Bestand** aus, der auf der forstlichen Nutzungskarte eingezeichnet ist. Wenn für ein Waldgebiet keine Nutzungskarte vorhanden ist, oder die Forsteinrichtung im Dauerwaldbetrieb keine Bestände ausgeschieden hat, dann geht man entlang der Wege und nimmt etwa alle hundert Meter eine Bewertung vor. Bei kleinräumigem Wechsel muss der Abstand geringer, bei großflächig gleichartigen Beständen kann er weiter sein.

Die BewerterInnen – möglichst mindestens zwei – stehen auf dem **Weg** und geben dem jeweiligen Waldbestand spontan eine Note. Die Skala ist analog zum Schulnotensystem von eins bis sechs gestuft.

Als verbale Notenbeschreibung gilt:

1 = sehr schön, großartig, bewegend
2 = schön, eindrucksvoll
3 = im Großen und Ganzen ansprechend
4 = nicht sonderlich ansprechend, aber erträglich
5 = unschön, eintönig, langweilig
6 = hässlich

Wichtig ist, dass es zunächst um den Waldbestand als solchen geht, nicht um Fremdeinflüsse, wie Relief, Ausblick, Lärmbelastung usw. Als Bemerkung kann man gegebenenfalls eintragen, um welche Art von Schönheit es sich handelt: In Kapitel 2.13 wurde zwischen schön im Sinne von harmonisch, erhaben und interessant unterschieden.

Anschließend werden **aufwertende oder störende Einflüsse erfasst**, die von umliegenden bzw. inliegenden Objekten auf den Waldbestand wirken. Aufwerten kann z.B. eine schöne Fernsicht hinter einer ansonsten ganz normalen Kultur; oder ein bewegtes Relief, das ansonsten langweilige Bestände wesentlich schöner bzw. interessanter macht, indem es die Geländeform – Kuppen, Hänge, Täler, Gräben, ggf. auch Felsen – hervortreten lässt. Mancher Kiefernreinbestand zum Beispiel, der in der Ebene ausgesprochen langweilig wäre, kann im Steilgelände sehr reizvoll sein.

Stören kann z.B. eine klotzige Jagdkanzel auf einer ansonsten idyllischen Waldwiese; oder der Ausblick auf eine Autobahn, ein Industriegebiet oder einen Windpark. Schematisch angelegte Rückegassen können ausgesprochen negativ wirken, indem sie auch ansonsten schöne Bestände durchsichtig machen und den Eindruck einer lieblosen Plantagenwirtschaft hervorrufen.

Für all diese externen, nicht im eigentlichen Waldbestand selbst liegenden Einflüsse gibt es Zu- oder Abschläge. Aus Bestandsbewertung plus / minus Zu- oder Abschlägen wird die ästhetische **Gesamtbewertung** für den Bestand ermittelt. Bisweilen sind die Bestände ästhetisch so inhomogen, dass man sie gedanklich teilen muss und keine einheitliche Note vergeben kann. In diesem Fall schreibt man die verschiedenen Noten auf das Bewertungsblatt und umrandet die Hauptnote. Will man später die Flächensummen der einzelnen Kategorien errechnen (was nur ausnahmsweise z.B. für Zeitreihen erforderlich sein dürfte), gibt man diesen inhomogenen Beständen eine Durchschnittsnote.

Gesondert zu erfassen sind **Belastungen durch Lärm- und Geruch**. Sie wirken in der Regel großflächig, beeinträchtigen also nicht den Einzelbestand, sondern ein ganzes Waldgebiet. Meist sind es Lärmteppiche von Autobahnen und anderen stark befahrenen Straßen, Einflugschneisen und hie und da auch Bahntrassen. Geruchsbelastungen entstehen durch Landwirtschaftliche Betriebe oder Industrie.

Im Zusammenhang mit den aufzunehmenden Waldbeständen sollen auch markante **Einzelobjekte** erfasst und bewertet werden, z.B. Gewässer aller Art (Flüsse, Bäche,

Quellen, Wasserfälle, Tümpel, Teiche, Seen), Einzelbäume, Hügelgräber, Hohlwege, Höhlen, Felsen, große Steine, Lesesteinwälle, Blockhalden, Grenzwälle und -gräben, Hütten, Ruinen, Kapellen, Bildstöcke/Marterl, Waldparkplätze, Aussichtspunkte usw. Wichtige Dinge dieser Art werden auf dem jeweiligen Bestandsblatt kurz beschrieben und bewertet. In der Karte erscheinen sie rot.

Am Schluss des Aufnahmebogens ist **Raum für Vorschläge**, was aus waldästhetischer Sicht jeweils zu tun wäre.

Zur kartenmäßigen Darstellung, benutzt man am besten einen Schwarz-Weiss-Druck der Nutzungskarte (Maßstab 1 : 10 000 bzw. 1 : 5000), worin man die Bestände je nach Bewertung mit verschiedenen Farben versieht:

1 = gelb	4 = blau	Markante Einzelobjekte = rot
2 = hellgrün	5 = violett	
3 = dunkelgrün	6 = braun	

Da ein Bestand – wie oben erwähnt – inhomogen sein kann, muss er auch nicht einheitlich gefärbt werden. Der häufigste Fall dürfte sein, dass ein im großen und ganzen langweiliger Nadelholzreinbestand von einem schönen Waldrand aus alten Laubbäumen gesäumt ist. Dieser erscheint dann beispielsweise als gelbe oder hellgrüne Linie am Bestandsrand.

Lärm- und Geruchsbelastungen werden in der Karte als **Schraffur** dargestellt: Lärm von links unten nach rechts oben. Geruch von rechts unten nach links oben. Die Stärke der Beeinträchtigung ist in der Dichte der Schraffur zu berücksichtigen: 1 cm Abstand bedeutet geringe Belastung, ½ cm Abstand starke Belastung.

Mit der vorgestellten Bewertungsmethodik lässt sich je nach Größe eines Waldgebietes innerhalb weniger Stunden oder Tage eine klare Aussage über dessen ästhetische Qualitäten, seine „schönen Ecken“ und „hässlichen Kanten“ sowie seine Belastungen machen.

Ästhetik ist nie objektiv

Ausdrücklich möchte ich darauf hinweisen, dass es sich immer um eine subjektive Wertbeimessung, eine persönliche Rangfolge handelt, weshalb ich die Worte „Urteil“ oder „Beurteilung” dabei vermeiden möchte. Das **Subjekt** – der einzelne Mensch – ist Träger aller Empfindungen und kann in der Ästhetik nicht ausgeklammert werden. Objektivität gibt es hier nicht, weil es keine objektiven Gefühle gibt. Erfahrungsgemäss besteht aber große intersubjektive Übereinstimmung, wenn mehrere BewerterInnen durch den selben Wald gehen.

Da beim Erleben eines Waldes die **gesamte Landschaft** mitschwingt, in der sich der Betrachter bewegt, wird man je nach Gegend die gleichen Waldbilder anders bewerten.

In einer südbayerischen „Fichtenwüste“ beispielsweise wird man eine einzelne Buche als Naturwunder bestaunen und entsprechend hoch bewerten, die im Spessart nur unter „ferner liefen“ rangieren kann. Dies geschieht aber „automatisch“, ohne viel Nachdenken.

Wer das ganze Verfahren für naiv hält, weil ihm die Wissenschaftlichkeit darin fehlt, hat sicher ein bisschen Recht. Ebenso naiv erscheint mir allerdings der Glaube, man könne Schönheit letztlich wissenschaftlich analysieren. Dazu muss man die Landschaft in einzelne Bestandteile zerlegen und für deren ästhetische Wirkung Kausalketten aufstellen. Es gibt Ansätze, die dies tun: Faktoren wie Relief, Hangneigung, Bestandesalter, Mischung, Beschirmung, Schichtung, Bodenbewuchs, Innenränder, Außenränder usw. werden erfasst und anhand einer Punkteskala zahlenmäßig eingewertet.

Doch zerstört eben dieses Zerlegen den **komplexen Gefühlseindruck**, den das ganze Erscheinungsbild auf den Betrachter macht. Und wo hängt man die Messlatte ein? Ein gemischter Bestand ist ästhetisch nicht immer besser als ein Reinbestand, ein bewegtes Relief nicht immer besser als ein ebenes, viel Bodenbewuchs nicht immer besser als wenig usw.

In der Praxis ist es schon schwer, den Waldbestand von anderen Einflüssen wie Ausblick, Hangneigung usw. zu trennen. Doch möchte ich dies zumindest versuchen, damit letztlich die richtigen Schlüsse für die Waldbehandlung gezogen werden können.

Es mag in einer Welt der Rationalität schwer annehmbar sein, aber Ästhetik entzieht sich weitgehend wissenschaftlicher Analyse. Während sich wirtschaftlicher Wert eindeutig in Zahlen ausdrücken lässt und ökologischer zumindest annähernd, über Artenzahlen, Individuendichte, Biodiversitätsindex, Seltenheit vorkommender Tiere und Pflanzen, bleibt die ästhetische Bewertung immer **Gefühlsache**.

Ästhetik ist im „inneren Kind“ zu Hause, und nicht umsonst sagte Picasso, man brauche sehr lange, um so zu malen wie ein Kind. Ein Lösungsprozess ist notwendig, der damit beginnt, erst einmal zu *sehen* wie ein Kind; seinem Gefühl Raum zu gewähren, den Verstand hintanzustellen.

Wenn ich im Bewertungsblatt dennoch **Ziffern** verwende, dann stehen diese nur stellvertretend für die verbale Einwertung des **Gesamteindrucks**. Sie lassen sich bei der Auswertung leichter handhaben als verbale Formulierungen. Daraus aber abzuleiten, Erlebnisqualität sei errechenbar, geht am Kern vorbei.

Der Einfachheit halber bin ich bei der **sechsstufigen Skala** verblieben, die jedes Kind aus der Schule kennt. Selbstverständlich lässt sich diese modifizieren, indem man beispielsweise auf 5 Stufen heruntergeht oder Zwischenstufen einführt, z.B. 3,5.

Äußerst wertvolle Hinweise für den ästhetischen Wert eines Waldes geben die Abschläge sowie die Notierung von Lärm- und Geruchsbelastungen. Sie oder besser gesagt ihr Fehlen lassen erkennen, wo in unserem Land überhaupt noch „**Naturoasen**“, Gebiete ohne allzu deutliche Umweltbelastungen zu finden sind. Diese müssen raumplanerisch als absolute Tabuzonen angesehen werden.

Wöbse sieht in seinem Erhebungsbogen jeweils ein **Foto** vor, das die BewerterInnen an jedem Aufnahmepunkt von der Landschaft machen. Im Wald ist Fotografieren aber ausgesprochen schwierig. Wenn die Sonne scheint, wird keine Kamera mit den enormen Kontrasten zwischen Licht und Schatten fertig, und wenn es bedeckt ist, fehlen erstens die reizvollen Lichtspiele, zweitens braucht man ein Stativ, um mit der schwachen Beleuchtung auszukommen. Nur selten geben Fotos die tatsächliche Stimmung wieder, die der Wald ausstrahlt. Wer allerdings fotografisch versiert ist, kann die Erhebung mit Fotos sehr wohl bereichern.

Interpretation der Ergebnisse

So einfach die Methode ist, so **bedacht müssen die Ergebnisse interpretiert werden**. Vor allem ist die Dynamik des Waldes zu berücksichtigen. Jede ästhetische Bewertung ist eine **Momentaufnahme**, sowohl, was die lineare Zeit, die Waldentwicklung über viele Jahre, als auch was die zyklische Zeit, den Einfluss der Tages- und Jahreszeiten oder des Wetters betrifft.

Eine Dickung beispielsweise, die derzeit weder schön noch hässlich ist, kann in sich das Potential zu einem wunderbaren Altholz tragen. Es kommt darauf an, wie sie behandelt wird. Selbstverständlich erfordert ein solcher Blick in die Zukunft **forstlichen Sachverstand**. Soll dieser bei der Aufnahme vor Ort möglichst „abgeschaltet" werden – hier kommt es ja auf einen unbefangenen Blick an –, muss er beim Interpretieren unbedingt wieder „eingeschaltet" werden.

Um die Ergebnisse dieses forstlichen Blickes in die Zukunft auch Nicht-Fachleuten vor Augen zu führen, gibt es heute sogar die Möglichkeit der Computer-Simulation. Die Freisinger Waldwachstumskundler Prof. Hans Pretzsch und Stefan Seifert haben ein **Visualisierungsprogramm** entwickelt, welches für verschiedene Szenarien der Waldbehandlung das zu erwartende Waldbild aufzeichnet (s. Abb. rechts).[97] Sehr gut eignet sich diese Technik zum Beispiel, um forstlich nicht vorgebildete Entscheidungsträger, etwa Stadt- oder Gemeinderäte, für Waldpflegemaßnahmen zu erwärmen.

Auch die **Jahreszeiten** spielen bei der gefühlsmäßigen Einwertung verschiedener Wälder eine große Rolle. Wenn sich beispielsweise im Mai die zartgrünen Blätter eines Buchenwaldes entfalten, wird man diesen sehr schön und ansprechend empfinden; im Winter kann er dagegen trist, durchsichtig und langweilig sein. Dies ist eher die Zeit der Nadelbäume. Im Zweifel sollte man deshalb wichtige Waldorte zwei- oder mehrmals im Jahr begehen.

Betrachtet man nach einer ästhetischen Waldaufnahme die Karte, dann wird sie je nach Landschaft unterschiedlich bunt ausfallen. **Die Vielfalt an Farben sagt Wesentliches über den Abwechslungsreichtum des jeweiligen Waldgebietes aus**. Für das Walderleben ist es – wie in Kap. 2.13 ausgeführt – weder erforderlich noch angenehm, nur schöne Bestände, also nur gelbe und grüne Farben zu haben. Vielmehr sollte Raum für Hässliches sein; die dunklen Farben violett und braun sind – in bemessenem Umfang – nicht unbedingt „schlecht". Nur wenn sie großflächig auftauchen, wird es unangenehm.

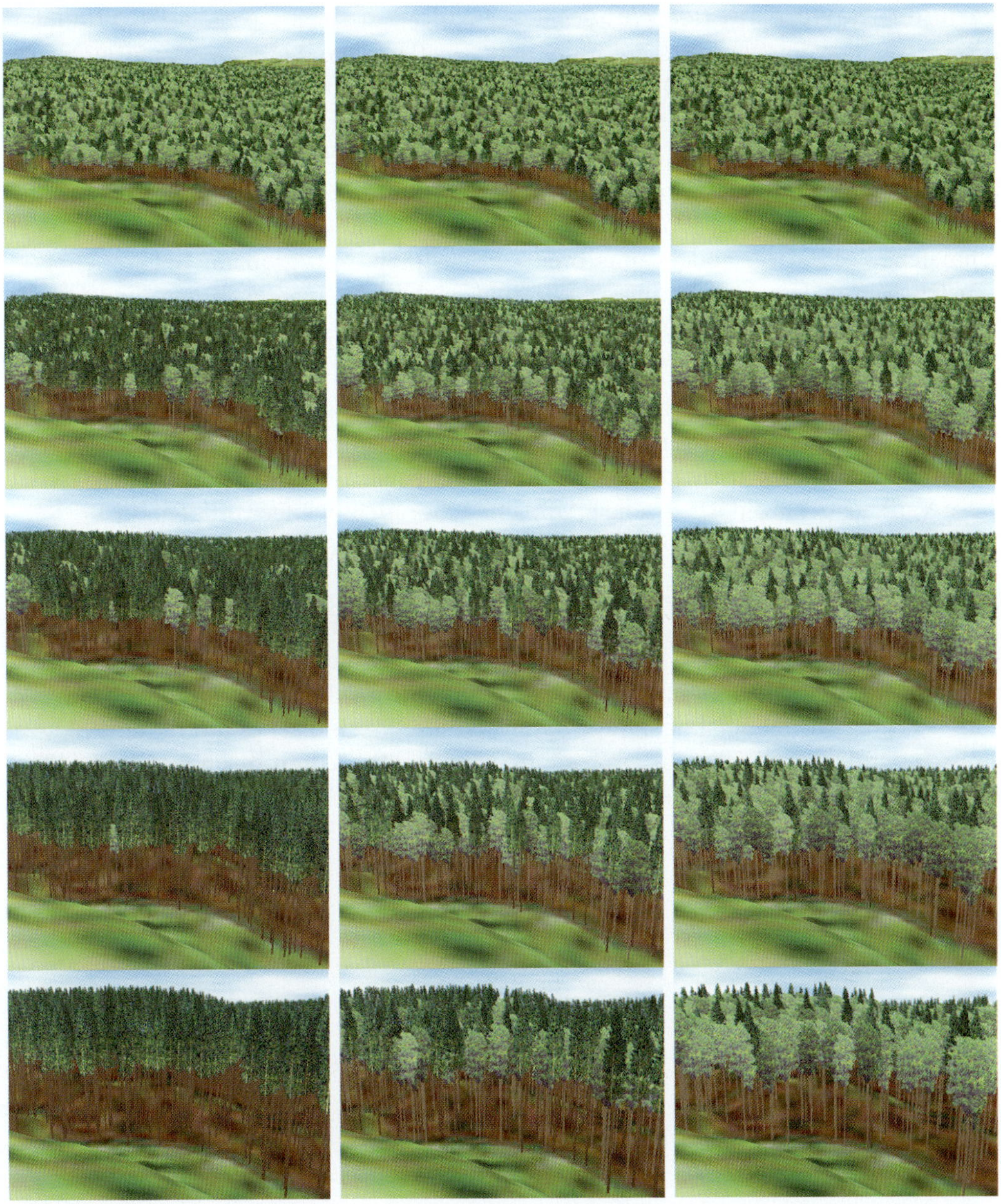

Computersimulation verschiedener Szenarien der Waldbehandlung: Dargestellt ist die voraussichtliche Entwicklung eines heute 25 Jahre alten Mischbestandes aus Fichte und Buche im Voralpenland für die kommenden 100 Jahre. Die erste Zeile stellt den heutigen Wald-Zustand dar, die letzte den voraussichtlichen Zustand in 100 Jahren. Die linke Spalte zeigt, wie sich der Bestand ohne Pflegemaßnahmen entwickeln wird: Die Fichte wird sich bis zum Alter 125 weitestgehend durchsetzen. Die mittlere Spalte zeigt das Szenario für eine mäßige Förderung der Buche durch Hochdurchforstung: die Buche bleibt teilweise erhalten. Die rechte Spalte zeigt die Entwicklung bei kräftiger Buchenförderung durch Hochdurchforstung: Der Bestand behält seine schöne Mischung mit hohem Buchenanteil. Die Autoren haben die Erfahrung gemacht, dass solche Bilder die Waldbesitzer weitaus eher zu einer guten Waldpflege bewegen, als abstrakte Zahlen, die ihnen der Einrichter präsentiert. Quelle: Pretzsch / Seifert, Lehrstuhl für Waldwachstumskunde an der TU München, 2003

Variante: Bewertung der Wege

Alternativ oder ergänzend zu der beschriebenen flächigen Aufnahme kann man auch eine **Wegekarte** erstellen. Dabei werden nicht die Waldbestände, sondern die Wege nach ihrem ästhetischen Wert bzw. Erlebniswert angesprochen und mit den entsprechenden Farben (linienförmig) in eine Karte eingetragen. Neben dem ästhetischen Wert des umgebenden Waldes, durch den der Weg führt, muss dabei der Wegezustand selbst – in Form von Zu- oder Abschlägen – bewertet werden. Handelt es sich um einen schmalen Wanderweg oder eine breite Forststraße mit grobem Belag? Gibt es Graswuchs auf dem Mittelstreifen? Wie fühlt sich ein Wanderer in den umgebenden Wald eingebunden? Ganz einfach lautet die Frage: Geht man gerne auf diesem Weg oder fühlt man sich weniger wohl?

Die Wege-Bewertung dürfte sich vor allem zur Ausweisung eines Wanderwege-Netzes empfehlen. Weil hier aber noch mehr externe Faktoren mitspielen (s. Kap. 3.3.7), und weil es mir mehr um den Wald und seine Behandlung geht, möchte ich diese Variante der waldästhetischen Aufnahme hier nicht weiter vertiefen.

Insgesamt wird man die Kartierung des ästhetischen Wertes nicht in jedem Wald durchführen können, da sie gewissen Aufwand erfordert. Nachdem es bereits vielerlei Waldkarten gibt – Standorts-, Nutzungs-, Biotop-, Waldfunktionskarten – will ich auch keiner weiteren „Planeritis“ das Wort reden. **Andererseits droht in unserer Welt unterzugehen, was nicht kartiert ist**. In Erholungswäldern z.B. sollte man deshalb durchaus ein paar Stunden oder Tage dafür investieren. Und sei es nur für eine Skizze, die sich der örtliche Wirtschafter persönlich macht: **die Arbeit des Kartierens selbst schärft enorm das Bewusstsein für ästhetische Werte**.

Bewertungsblatt Waldästhetik

22.04.04
Datum

Bestand: Nummer, Name: 26³ Brunnenschacht

Beschreibung: Fichten-Durchforstungsbestand mit Kiefer und etwas Laubholz; Alter 40 – 70; licht-geschlossen;
Boden z.T. mit Brombeere verwildert;
im Nordwesten ansprechende Laubholzpartie

Note(n): 3 - (4) - 5

Störfaktoren / Aufwertungen:
breite Rückegassen in schematischem Raster;
plantagenartiger Eindruck; „Holzfabrik"

Ab-/Zuschläge: -1

Endnote(n): 4 - (5) - 6

Vorschlag für Maßnahmen:
mäßig durchforsten; Laubholz fördern;
gut geformte Kiefern auf späteren Überhalt vorbereiten

Notenskala: 1 = sehr schön, großartig, bewegend
2 = schön, eindrucksvoll
3 = im großen und ganzen ansprechend
4 = nicht sonderlich ansprechend, aber erträglich
5 = unschön, eintönig, langweilig
6 = hässlich

St.
Bearbeiter/in

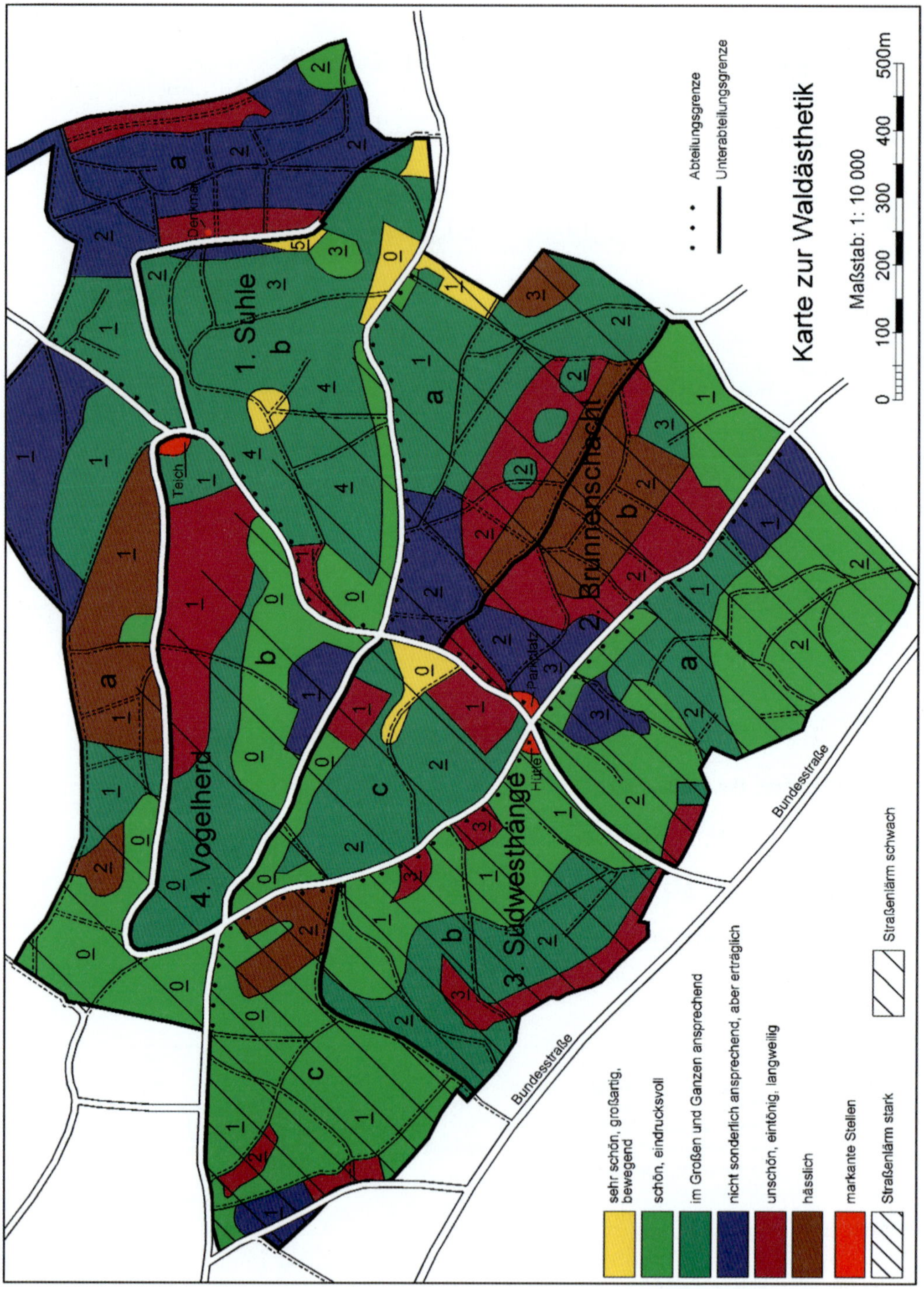
Karte zur Waldästhetik
Maßstab: 1: 10 000
0 100 200 300 400 500m
Abteilungsgrenze
Unterabteilungsgrenze
1. Suhle
2. Brunnenschacht
3. Südwesthänge
4. Vogelherd
Teich
Denkmal
Parkplatz
Hütte
Bundesstraße
Bundesstraße
sehr schön, großartig, bewegend
schön, eindrucksvoll
im Großen und Ganzen ansprechend
nicht sonderlich ansprechend, aber erträglich
unschön, eintönig, langweilig
hässlich
markante Stellen
Straßenlärm stark
Straßenlärm schwach

Erläuterungen zur Karte links

Beispiel für die ästhetische Bewertung eines Wald-Distrikts

Auf der Grundlage der Forstbetriebskarte 1 : 10 000 habe ich im Frühjahr 2004 den ästhetischen Wert eines Beispielwaldes kartiert. Im Gegensatz zu anderen Kartenwerken wie Forstnutzungskarte, Standortserkundung oder Biotopkartierung sind in dieser „**Waldästhetik-Karte**“ keine objektiven Fakten, sondern subjektive Eindrücke dargestellt. Zwei weitere Leute, ein Forstmann und ein nicht forstlich Ausgebildeter, die den Wald ebenfalls bewerteten, kamen jedoch zu sehr ähnlichen Ergebnissen. Wie aus landschaftsästhetischen Forschungen bekannt ist, gibt es meist nur geringe Differenzen darüber, ob eine (Wald-) Landschaft schön, ansprechend, langweilig oder hässlich ist.

Der Wald liegt im niederbayerischen Tertiär-Hügelland und ist bei Höhenunterschieden von rund 50 Metern intensiv gewellt. Die als schön (2) empfundenen Bestände in der Abteilung Südwesthänge sind ältere Buchen-Fichten-Baumhölzer mit Kiefer, Tanne, Lärche, Ahorn usw. Sie weisen eine hohe Sichttiefe auf und kaum Bodenverwilderung (s. Abb. S. 218 unten). Leider stört der Lärm der Bundesstraße, vor allem bei westlicher Windrichtung. Der Waldrand hat laut Waldfunktionsplanung besondere Bedeutung für das Landschaftsbild: Von der vorbeiführenden Bundesstraße bietet er zusammen mit der vorgelagerten Feldflur einen reizvollen Anblick.

Sehr schön (1) sind nur einige wenige Ecken: Altholzreste und kleine Freiflächen inmitten eines eindrucksvollen Waldpanoramas. Der größte Teil der ehemals vorhandenen buchenreichen Althölzer wurde in den vergangenen Jahren aufgenutzt: aus ästhetischer Sicht ein herber Verlust. Die daraus entstandenen großen Dickungskomplexe in Abt. Suhle und Vogelherd wurden wegen der vielen übergehaltenen Altbäume, vor allem Lärchen, immerhin noch als „im großen und ganzen ansprechend“ (3) bewertet (s. Abb. S. 218 oben). Wenn sie demnächst ins Stangenholzalter wachsen, wird sich das drastisch ändern.

Die eintönigen und hässlichen Bestände (5 u. 6) sind jüngere Nadelholzpartien aus Fichte, Douglasie und Kiefer, die zudem meist von geradlinigen Rückegassen durchschnitten sind. Als markante Punkte rot eingezeichnet wurden ein Wanderparkplatz, ein Gedenkstein sowie ein kleiner Waldsee.

Für den dargestellten (fiktiven) Forstbetrieb wären folgende Dinge aus ästhetischer Sicht wünschenswert:

- die hauptsächlich entlang der Forststraßen verbliebenen Altholzreste und Überhälter (Buche, Lärche, Kiefer u.a.) so lange wie möglich halten;
- die buchenreichen Durchforstungsbestände mäßig durchforsten und alt werden lassen;
- Pflegepfade bzw. Rückegassen in den zur Pflege heranstehenden großen Dickungskomplexen möglichst schmal und unbedingt gebogen anlegen;
- in den schlecht bewerteten Nadelholzbeständen nur mäßig durchforsten, um die beginnende Bodenverwilderung aufzuhalten; jedes Laubholz fördern.

(Kartengrundlage 1 : 10 000 freundlicherweise zur Verfügung gestellt vom Forstamt Landshut; Abteilungsnamen geändert; Grenzen leicht abgewandelt; kartographische Ausarbeitung: Dr. Reiner Grasberger, Regensburg)

Bilder aus meinem „Beispielwald“. **Oben**: Eine Menge schöner übergehaltener Altbäume wertet die großen Jungbestandskomplexe ästhetisch (und ökologisch) auf. **Unten:** Ein Bild aus den mittelalten Buchen-Fichten-Mischbeständen in Abt. Südwesthänge. Ein schöner Wald, der mit zunehmendem Alter immer schöner werden kann. Aber musste man die Rückegassen so grob markieren?

3.2 Oberziele

Hat man einen Wald in der beschriebenen Weise aufgenommen, seine schönen, weniger schönen und hässlichen Partien erkannt, wird man sich Gedanken über das **weitere Wirtschaften** machen. Alles wirtschaftliche – überhaupt alles menschliche – Handeln ist an **Zielen** orientiert, die für jeden Betrieb zu finden und zu formulieren sind. Dass im Forstbetrieb ästhetische Ziele immer mit ökonomischen und ökologischen konkurrieren, und dass deshalb **Kompromisse** zu finden sind, habe ich in den ersten Kapiteln ausgeführt.

Seit Viktor Dieterich 1953 seine Waldfunktionenlehre formulierte, teilt man die vielen menschlichen Anforderungen an den Wald in drei Bereiche ein: **Nutz-, Schutz- und Erholungsfunktion**. An diesen drei Aufgabengruppen werden – mit örtlich wechselnden Prioritäten – die verschiedenen Ziele der Waldbehandlung ausgerichtet. Waldästhetische Belange finden sich dabei in der Erholungsfunktion.

In neuerer Zeit, mit Erstarken von Umweltschutz und Ökologie, hat man Dieterichs Modell modifiziert und spricht häufig von **ökonomischen, ökologischen und sozialen Zielen**, denen der Wald dienen soll. In dieser Einteilung ist die Ästhetik den sozialen Belangen zugeordnet.

Beide Zuordnungen sind für mich unbefriedigend. Einerseits ist ästhetisches Erleben nicht immer nur Erholung. Ebenso wie Kunstwerke, Kirchen oder historische Städte kann man den Wald selbst als Ziel, Gegenstand und Sinn sensitiven Erlebens empfinden. Er ist mehr als eine riesige Erholungsanstalt.

Ordnet man die Ästhetik andererseits der „Sozialfunktion“ zu, mag das zwar begrifflich richtiger sein, doch verschwindet sie hinter diesem Allerweltswort vollends: Was ist nicht alles sozial?

Ich denke, man sollte die Dinge beim Namen nennen, damit sie nicht vergessen werden. Als Thematik vom sensitiven Wahrnehmen, vom sinnlichen Erleben betrifft die Ästhetik unmittelbar und hautnah den Menschen, seine Gefühlswelt, seine Seele. Damit hat sie eine eigene und sehr wichtige Stellung unter den Waldfunktionen. Nach meinem Dafürhalten muss man sie deshalb bei allen Zieldiskussionen definitiv der Ökonomie und Ökologie gegenüber stellen.

Unter Ökologie lässt sich wiederum nach heutigem Sprachgebrauch der gesamte Umweltschutz zusammenfassen, das sind im Falle des Waldes sämtliche Schutzfunktionen – Boden-, Wasser-, Lärm-, Immissions-, Biotopschutz. Somit gliedert sich die Bedeutung, die der Wald für uns hat, in folgende Bereiche: **(Forst-)Wirtschaft, Umweltschutz und menschliches Gefühl** (siehe Graphik). Diese Einteilung möge für die Forstpolitik künftig Verwendung finden.

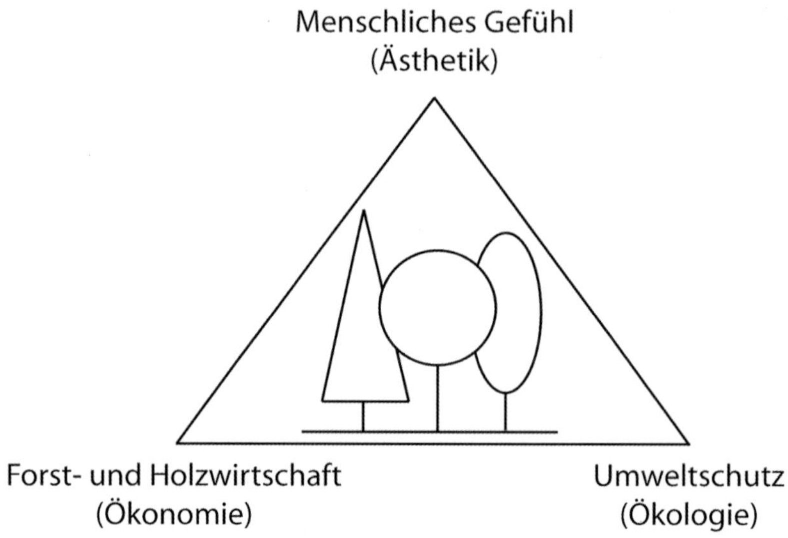

Wert und Bedeutung des Waldes für den Menschen: Vorschlag für eine neue Dreigliederung

Für jeden Wald bzw. Forstbetrieb wird man die drei Belange anders gewichten; doch sollte man stets alle drei in die Zielfindung einbeziehen. Wie viel Raum man im konkreten Fall der Ästhetik zugesteht, hängt von der Zielsetzung des Waldeigentümers sowie den Ansprüchen der Allgemeinheit ab.

Zu bedenken ist dabei, dass sich auch in Wäldern, die nicht als Erholungsgebiet, Naturpark o.Ä. ausgewiesen sind, fühlende Menschen bewegen: Forstleute, Waldarbeiter und andere Einheimische schöpfen aus einem ästhetisch schönen Wald mehr **Berufs-, Arbeits- und Lebensfreude** als aus einem rein zweckmäßig eingerichteten. Dass ein schöner Besitz auch seine Eigentümer mit Freude und Stolz erfüllen kann, ist selbstverständlich, sofern es sich nicht um eine anonyme Körperschaft handelt. Nicht wenige Waldbesitzer führen gerne Besucher und Exkursionen durch ihren Wald, wobei man sich miteinander an dem freut, was menschliche Arbeit und Natur gemeinsam entstehen lassen.

Die **ästhetische Spitze des Dreiecks** zu beleuchten, welches die drei „Waldfunktionen“ oder besser Wertegruppen bilden, ist Ziel dieses Buches. Wenn also Ökonomie und Ökologie nur am Rande vorkommen, dann darf daraus keine Überschätzung waldästhetischer Forderungen abgeleitet werden. Es geht darum, die Ästhetik ins richtige Licht – **gleichwertig** neben die beiden anderen – zu rücken. Örtlich kann ihre Bedeutung erheblich schwanken: zwischen Vorrang und Nachrang, fast alles oder fast nichts.

Im Übrigen wirken die Eckpunkte des Dreiecks nicht nur gegeneinander sondern auch **miteinander**. Eine ästhetisch positive Beziehung der Menschen zum Wald kann beispielsweise dem Holzabsatz zugute kommen. Oder ökologische Forderungen können mehr Rückhalt und Verständnis in der Bevölkerung finden, wenn der Wald dadurch für die Menschen schöner wird. Ästhetik als sinnliches Erleben hat von allen Polen den größten psychischen Tiefgang, weshalb die beiden anderen Pole sie nicht gering schätzen oder vernachlässigen können, ohne selbst Schaden zu nehmen.

Folgende Oberziele – formuliert als angestrebte Sollzustände – stehen für mich über und hinter aller Waldästhetik:

- Die Menschen fühlen sich im Wald wohl, schöpfen in seinem Erleben Kraft, Lebensfreude, Glück.
- Sie erfahren sinnlich den ethischen Eigenwert des Waldes, der identisch ist mit dem Wert für die eigene Seele.
- Aus dieser wertschätzenden, liebenden Grundhaltung heraus erwärmen sie sich für den Erhalt des Waldes, örtlich auch für Neuanpflanzung.
- Sie akzeptieren die Forstwirtschaft als Mitschöpferin nicht nur ökonomischer sondern auch ästhetischer Werte.
- Sie erkennen, dass ökologische Forderungen greifbare Werte für Menschen beinhalten.

Eng mit den Zielen für den Wald verbunden und von ihm nicht immer klar zu trennen sind dabei viele andere Teile der Landschaft: Bäche, Flüsse, Seen, Wiesen, Felder usw.

Aus den genannten Oberzielen, die allesamt den *Menschen* betreffen, möchte ich Unterziele und Maßnahmenvorschläge ableiten, die das konkrete Erscheinungsbild des *Waldes* sowie verschiedenste Begleitumstände beinhalten.

Die wichtigsten Unterschiede zu älteren, forstästhetischen Zielsetzungen liegen dabei in folgenden drei Punkten:

1. Das Streben nach einem idealen Wald, der wirtschaftliche, ästhetische und – seit einigen Jahrzehnten – auch ökologische Anforderungen in gleichem Maß erfüllt, wird aufgegeben. Stattdessen ist für jedes einzelne Waldgebiet abzuwägen, welcher der drei Schwerpunkte inwieweit Vorrang hat. Dies mag im Zeitalter der forstlichen Rahmenplanung (s. Seite 359) selbstverständlich klingen, in der Praxis genießen aber ästhetische Belange sogar im Erholungswald selten wirkliche Priorität.

2. Moderne Waldästhetik umfasst das **gesamte Spektrum natürlicher Waldentwicklung** einschließlich der Absterbeprozesse und Zerfallsphasen. Deren ästhetischer Reiz wurde zwar schon in der Romantik erkannt, doch fehlte der Mut, sich auch in Forstkreisen dazu zu bekennen. Der Erlebniswert des Waldes ist unabhängig von biologischer Gesundheit, Wirtschaftlichkeit oder ökologischen Erwägungen.
3. Waldästhetik betrifft **das ganzheitliche menschliche Befinden.** Thema ist deshalb nicht nur das eigentliche „Waldbild", sondern sie umfasst alle Faktoren, die menschliches Walderleben ausmachen, von der Parkmöglichkeit am Waldrand bis zu den Umgangsformen von Förstern, Rangern, Jägern usw. Die Begleitumstände sind für die Freude am Wald ebenso wichtig wie dessen Erscheinungsbild selbst. Die Grundfragen lauten: Wie fühle ich mich, wenn ich einen Wald betrete oder mich in ihm bewege? Wie beeinflusst der Wald meine Stimmung? Welche Begleitumstände wirken?

Um konkrete Ziele zu formulieren, ist es ferner notwendig, die **Wünsche der „Kunden"**, der Waldbesucher, zu kennen. Dazu stehen uns heute Ergebnisse etlicher **Befragungen** zur Verfügung, die seit den sechziger Jahren an verschiedenen Orten Deutschlands und der Nachbarländer durchgeführt wurden. Was die Menschen im Wald suchen und wie sie ihn gestaltet wünschen, stimmt dabei weitgehend überein und ist im Anhalt an Ammer/Pröbstl (1991), Schneider (2001) und andere im Folgenden zusammengefasst:

Die wichtigsten Wünsche der Waldbesucher

- Die Leute schätzen am Wald vor allem die **gute Luft, die Ruhe und das Erleben von Natur** als Gegensatz zur menschengemachten, zivilisierten Welt.
- Der Wald soll deshalb **natürlich, ursprünglich** wirken, nicht künstlich, plantagenartig, z.B. in Reih und Glied gepflanzt, mit geraden, symmetrischen Grenzlinien, Großkahlschlägen.
- Er soll **gemischt** sein, wobei nicht nur verschiedene Baumarten gemeint sind, sondern vor allem verschiedene Altersgruppen, Strukturen, Lichtverhältnisse.
- Er muss **alte Bäume** enthalten, Kulturen und Stangenhölzer werden oft gar nicht als Wald wahrgenommen.
- Man freut sich über den **Anblick von Tieren** aller Art.
- Der Wald soll einigermaßen **„ordentlich"** sein, vor allem liegen gebliebene Wipfel und Reisig nach Durchforstungen und zerschlagene Verjüngungen sind unbeliebt; als störend wird auch oft wilder Müll genannt.
- Die **Wege müssen in Ordnung sein**, vor allem wenn sie mit Fahrrädern, Kinderwagen usw. benutzt werden. Orientierungshilfen, Wegmarkierungen sind unentbehrlich.
- Wald soll sich **mit Freiflächen, Gewässern usw. abwechseln**. Man will nicht stundenlang nur durch geschlossene Wälder laufen.

- Der Wald soll **markante Punkte** enthalten, z.B. freie Gipfel, Ausblicke, Alleen, Felsen, Höhlen, Denkmäler, Marterl, Baumindividuen, Hütten, Rast- und Gasthäuser.
- Um die Waldschönheit zu genießen, braucht man ein **Gefühl der Sicherheit,** das in erster Linie das Forstpersonal vor Ort gewährleisten kann,

Diese Publikumswünsche können zwar nicht alleinige Richtschnur waldästhetischen Handelns sein, doch geben sie wertvolle Hinweise zur Zielfindung. Bevor ich die Punkte nacheinander beleuchten möchte, sind noch einige grundsätzliche Dinge zu erwähnen:

Alle Sinne ansprechen

Bei allen Maßnahmen der praktischen Waldästhetik ist zu beachten, dass es nicht nur ums Sehen geht, sondern um synästhetisches „**Erleben mit allen Sinnen**". Das Ohr z.B. als zweitwichtigster Fernsinn kann Vogelgesang oder plätschernde Bächlein positiv aufnehmen, Straßenlärm dagegen, der gerade diese Geräusche tötet, als total entnervend. Der Waldboden spricht den Tastsinn an, die Luft auch den Temperatursinn. Ganz wichtig und oft vergessen wird der Geruch, der zwischen Nah- und Fernsinn liegt. Angenehmer Harzduft kann beispielsweise für die Beimischung von Fichten oder Douglasien sprechen, wenn diese auch sonst weniger erwünscht sein mögen.

Nah-, Mittel- und Fernbereich beachten

Aus der Landschaftsästhetik ist die Beachtung von **Vorder-, Mittel- und Hintergrund** zu lernen. Dort unterscheidet man als Erlebnishorizonte Mikro-, Meso- und Makrotop[98].

Das **Mikrotop**, der Nahbereich, zeigt sich im Wald beispielsweise in Blättern, Kräutern, Spinnennetzen, Wassertropfen, Blüten, Baumrinde, Moos, Schmetterlingen, akustisch auch im Gesumm der Schwebfliegen usw.

Erster der drei landschaftsästhetischen Erlebnishorizonte: Nahbereich oder Mikrotop. Dieser Bereich wird von Forstleuten aber auch Wanderern häufig übersehen. Man muss stehen bleiben, sich vielleicht sogar niederlassen, um ihn wirklich wahrzunehmen. Dann eröffnet sich aber eine wunderbare Welt. Kinder konzentrieren sich wesentlich leichter und lieber auf die kleine Welt des Mikrotops (s. dazu S. 281 „Kinderwald").

Mikrotop: Roteichenblätter im Herbst

Das **Mesotop** bilden die Bäume selbst, der Stamm- und Kronenraum sowie die flächige Bodenvegetation. Es ist das, was Forstleute meinen, wenn sie vom „Waldbild" sprechen. Akustisch ist hier vor allem der Gesang der Vögel einzuordnen.

Der mittlere Erlebnishorizont, das **Mesotop**, umfasst im Wesentlichen die Bäume selbst: das „Waldbild".

Das **Makrotop**, der Fernbereich umfasst schließlich die ganze Landschaft bis zum Horizont, Himmel, Wolken, Flur, aber auch Dörfer, Städte, Industrieanlagen, Windräder, Dampffahnen von Kraftwerken einschließlich aller zugehörigen Immissionen. Diese Dinge wird man nicht direkt beeinflussen können, doch geht es ja in der Waldästhetik zunächst ums Wahrnehmen, Spüren. Ein kleiner Kahlschlag beispielsweise, der an sich problemlos wäre, kann wie ein Hammer wirken, wenn er den Blick auf solche Industriekulissen eröffnet.

Das **Makrotop** ist die gesamte überschaubare Landschaft, in die der Wald eingebettet ist. Wir erleben es als Ausblick in Bestandeslücken – meist sehr angenehm.

Nicht Regeln anwenden, sondern hineinspüren

Waldstimmung ist eine komplexe Sache. Alle Gegebenheiten und Maßnahmen wirken in jedem Einzelfall anders, sprechen uns anders an, versetzen uns in ein anderes Gefühl. Das in der Forstwirtschaft so oft beschworene **„Eiserne Gesetz des Örtlichen"** gilt deshalb für die Waldästhetik genauso wie für die Forstökonomie. Das macht ihre Vermittlung als „Lehre" problematisch. Wahrnehmen und nochmals wahrnehmen, hineinspüren, sich lieber vor einer größeren Maßnahme eine Stunde in den betroffenen Wald setzen, ihn begehen, vielleicht einen halben Tag lang, und noch einmal bei anderem Wetter – diese Arbeit ist durch nichts zu ersetzen.

Viel ist schon gewonnen, wenn man das als **Arbeit** erkennt. Der Gedanke mag dazu helfen, **dass alle Forstwirtschaft zugleich Landschaftsgestaltung ist**; und die betreiben andere als Hauptberuf. Sie enthält künstlerische, wirtschaftliche und soziale Anteile. Alles zu erfassen, zu spüren, wie es wirkt, was man in der Landschaft macht, und dann richtig zu entscheiden, das ist kein Kinderspiel.

Bedeutung der Forsteinrichtung

Deshalb sollte vor allem die mittelfristige forstliche Fachplanung, die **Forsteinrichtung**, weit mehr ästhetisch denken, als das bisher in den meisten Fällen geschah. In manchen Waldgebieten würde ich sogar die Forsteinrichtung „umdrehen". Ihren Namen bekam sie in einer Zeit, als es galt, aus einem ungeregelten, wilden Wald einen Forst zu machen – einzurichten. Heute erfordert die Zeit bisweilen, **aus einem übertrieben gemaßregelten Forst wieder einen Wald zu machen**. Da dies mehr ein Lassen als ein Machen ist, passt der Begriff „einrichten" nicht. Auch das „Gebietsmanagement", das heute so populär ist, klingt ziemlich aktiv. Immerhin ist es einigermaßen neutral.

Wie man die Planung auch nennen mag, der „Einrichter" hat – besonders in großen Verwaltungen – oft die Schlüssel in der Hand für das, was in den nächsten 10 - 20 Jahren passiert. Und wenn ein Buchenaltholz erst mal zur Fällung eingereiht ist, bleiben dem örtlichen Wirtschafter kaum noch Chancen, es zu retten. In seinen Hiebsatz ist es einbezogen und er muss tausend Begründungen liefern, um nachträglich etwas zu ändern.

Wie wichtig eine gute und fundierte Zielfindung ist, kann gar nicht genug betont werden. Die folgenden Kapitel mögen Anregungen dazu geben.

3.3 Einzelziele und Maßnahmen

Aus den oben formulierten Wünschen, die von Waldbesuchern genannt werden, lassen sich Einzelziele und Maßnahmen für die konkrete Waldbehandlung ableiten.

3.3.1 Gute Luft und Ruhe

Fragt man Waldbesucher, warum sie in den Wald gehen, dann werden diese beiden Werte spontan am häufigsten genannt. Gute Luft und Ruhe sind sozusagen **Grundeigenschaften** des Waldes, die – neben dem Wort Natur – auch immer erscheinen, wenn man Menschen nach Assoziationen fragt, die sie mit „Wald" verbinden.

Beide Dinge haben zunächst wenig damit zu tun, wie der Wald aussieht, ob er schön oder hässlich ist. Die Luft und die Ruhe gehören einfach dazu, machen den sinnlichen Wert des Waldes zum großen Teil aus.

Waldluft

Was die sensitive Wahrnehmung angeht, ist die Waldluft tatsächlich eines der eindrucksvollsten Phänomene: Selbst wenn ein Wald unmittelbar am Stadtrand liegt, spürt der Besucher schon nach wenigen Metern eine wohltuende „**Luftveränderung**". Für Autofahrer, die nach kilometerlanger Fahrt auf dem Waldparkplatz ankommen, ist das

Öffnen der Tür und der erste Atemzug oft schon ein Erlebnis: endlich da sein in der anderen Welt.

Fast immer herrscht im Wald ein anderes Klima als auf der Straße, in Flur oder Siedlungen. Je nach Baumart ist der Duft verschieden: Eiche, Buche, Fichte, Kiefer, jede hat ihre eigene Note, die viele waldverbundene Menschen auch mit geschlossenen Augen erkennen. Dass die Luft so oft an erster Stelle genannt wird, hat wohl mit der Ursprünglichkeit und psychischen Tiefe unseres Geruchssinns zu tun. Außerdem ist gute Luft in unserer Zivilisation Mangelware geworden. Für viele Jogger, Walker, Biker usw. ist sie mit die wichtigste Motivation, in den Wald zu gehen.

Waldästhetisches Ziel muss es deshalb sein, das Waldklima vor allem an den Grenzen zu Stadt und Flur zu erhalten. **Die Menschen sollen „aufatmen" können, wenn sie den Wald betreten**. Dazu ist ein Waldmantel hilfreich und vor allem eine bis in gewisse Tiefe geschlossene Bestockung. Wo der Kahlschlag schon am Waldrand beginnt, hat der Besucher nicht das Gefühl in einen Wald zu kommen. **Vielbesuchte Waldeingänge sind deshalb grundsätzlich als Dauerwald zu bewirtschaften**.

Dies sehe ich als eine der wenigen „Regeln", die es in der Waldästhetik gibt. Sie begründet sich nicht nur mit der Luft, sondern auch mit dem Gesamteindruck, **im Wald anzukommen**. Ganz praktisch hat die Dauerbestockung auch den Vorteil, dass sie verhältnismäßig viele Menschen aufnehmen kann, ohne dass diese sich gegenseitig sehen. Das Gefühl, allein zu sein, kommt eher auf, als wenn man – beispielsweise in einem durchsichtigen Kiefernbaumholz – kilometerweit Spaziergänger marschieren sieht.

Massive Einwirkungen von außen können die Waldluft belasten: ein mit Gülle gedüngtes Feld, eine Hähnchenmastbetrieb, eine Mülldeponie oder eine Fabrik wirken im Zweifel stärker als Fichtennadeln, Laub und Moos. Man sollte versuchen, Erholungswälder bei raumplanerischen Anhörungen gegen diese Emissionsquellen zu verteidigen. Wo sonst, wenn nicht im Wald, sollen die Leute halbwegs gute Luft atmen?

Ruhe

Mit der Ruhe ist es erheblich schwieriger als mit der Luft. In unserem Land ein wirklich ruhiges Plätzchen ohne Straßen- und Fluglärm zu finden, ist fast unmöglich geworden. Viele Menschen treibt eine immense Sehnsucht nach Ruhe um. Die Menge der Bücher, die – meist in den Esoterik-Ecken der Buchhandlungen feilgeboten – im Titel das Wort „**Stille**" enthalten, ist geradezu inflationär. Dazu verkauft man leise Entspannungsmusik mit Vogelstimmen und Schweigeseminare.

Gewiss ist die Ruhe, welche die Menschen im Wald suchen, nicht nur die Abwesenheit von Lärm. Es geht auch ums Alleinsein. Das „Ich" will Ruhe vor dem Angesprochenwerden, will mit sich selbst in Kontakt kommen. Doch fällt auch das in einer stillen Umgebung leichter als anderswo.

Bereits vor Jahren haben Umweltschützer den **Lärm** – neben dem immensen **Flächenfraß** durch Bau-, Gewerbegebiete und Verkehrslinien – als Problem Nummer eins ihrer langen Liste benannt. Beide Probleme hängen eng zusammen. Wenn in Deutschland täglich 105 Hektar Grund verbaut werden[99], sind davon auch Waldgebiete in großem Maße betroffen. Weniger durch direkten Flächenverlust, als durch Zerschneidung und Beschallung.

Aus waldästhetischer Sicht gibt es hier enormen Handlungsbedarf – jedoch nicht im Wald, sondern in der Politik. **Ziel muss es sein, die Wälder ruhig zu halten** – fast schon eine anachronistische Forderung. Und wieder Ruhe zu schaffen, wo sie verloren ist? – fast eine utopische.

Die größte Lärmquelle ist der **Straßenverkehr**. Jedes Mal werde ich damit konfrontiert, wenn ich meinen nächst gelegenen Wald aufsuche. Zwischen meinem Haus und dem eine halbe Gehstunde entfernten Holz verläuft die Autobahn. Es gibt Tage, da halte ich den Lärm nur schwer aus, gehe immer tiefer hinein, um ihm zu entfliehen. Oder ich gehe bald wieder nach Hause, immerhin mit dem Bewusstsein, etwas für die körperliche Bewegung getan zu haben. Aber die Seele ging leer aus.

Was mir beim Lärm vorher nie so bewusst war, ist der **Einfluss der Windrichtung**. Zwar sagt die Wissenschaft, dass statistisch der Lärm einer Autobahn, die mit 2400 Kfz pro Stunde befahren ist, in freier Landschaft nach 3,2 Kilometern – im Wald je nach Bestockung vielleicht schon nach 1,5 bis 2,5 - auf die für Erholungsgebiete unschädlichen 45 dB(A) abfällt[100], doch in der Praxis sieht das täglich anders aus. Weht der Wind direkt von der Autobahn, bringt es mir wenig, eine Viertel- oder halbe Stunde tiefer in den Wald hinein zu gehen. Unglaublich weit wird der Lärmteppich ins Land geweht.

Kommt der Wind jedoch vom Wald her, ist es fast paradiesisch. Dann höre ich die Fichtenwipfel rauschen, aber kaum die Autobahn. Sogar den leisen Ruf der Waldohreule kann ich dann an Frühlingsabenden vernehmen, gerade einen halben Kilometer von der ständig pulsierenden Verkehrsader entfernt.

Die Autobahnbrücke überquere ich meist rasch. Ein Blick hinunter eröffnet den ganz normalen Wahnsinn, der unser Alltag ist, und an dem ich mich – zugegeben – auch gelegentlich beteilige. Immer mehr Lastwagen, im Sommer Motorräder, deren hohe Frequenzen manchmal an die Schmerzgrenze gehen, und jede Menge Personenwagen. Einer hat es eiliger als der andere, manche jagen sich. Aus der Vogelperspektive erinnert das Treiben an Autoscooter auf dem Rummelplatz, wenn die Gesichter der Fahrgäste nicht so ernst wären.

Ein allgemeines Tempolimit haben wir bisher nicht zuwege gebracht. Es könnte Linderung bringen, findet aber offenbar (noch) keine Mehrheit.

Hinzu kommen die **Flugzeuge**. Vor denen kann man fast nicht flüchten. Der Großflughafen in meiner Nähe wird ständig erweitert. Auch in den Bergen gibt es Gipfel, wo keine fünf Minuten Ruhe herrscht. Freizeitflieger weichen auf kleinere Flugplätze aus, von denen wir natürlich auch einen haben. Es soll ja niemand von der Außenwelt abgeschnitten sein.

Glücklicherweise gibt es ruhigere Wälder. Und ganz persönlich tröstet mich auch, dass es weitaus lautere gibt. Wahrscheinlich liegt „mein“ Wald irgendwo im deutschen Durchschnitt. Aber **manchmal denke ich, dass die Einflüsse von außen auf den Wald viel gewichtiger sind als alles, was im Wald selbst geschieht**. Dem schönsten Wald fehlt doch die Seele, wenn ich vor lauter Lärm die Vögel dort nicht höre. Wozu also Waldästhetik?

Zweifel ...

Damit sind wir an dem Punkt, den man bei allen gesellschaftlichen und politischen Zieldiskussionen irgendwann erreicht: die **Vernetzung**. Alles hat Einfluss auf alles. Wenn ich Waldästhetik ernsthaft betreibe, kann ich diese nicht als Fachgebiet abriegeln. Der gesamte Verkehr mit all seinen Problemen hat beispielsweise Einfluss auf den Wald; andererseits muss ich irgendwie in den Wald kommen, wenn ich ihn erleben will. Also verursache ich selber Verkehr. Dies ist nur eine von Tausenden verdeckten Beziehungen und Verknüpfungen.

Diese Verknotungen sind nicht lösbar. Und durchhauen kann man sie auch nicht, ohne alles kaputt zu machen. Deswegen bleibt nichts anderes übrig, als die Zusammenhänge anzunehmen, auch wenn man nur einen Bruchteil davon bewusst erkennt. **Waldästhetik ist auch Lärmschutz, Immissionsschutz, Raumordnungspolitik, Wirtschaftspolitik und vieles mehr**.

Doch mögen die Einflüsse von außen gewaltig sein; was im Wald selbst geschieht, hat auch Gewicht. Es ist ja genauso vernetzt mit Wirtschaft, Kultur, Politik, Gesellschaft und allem anderen wie umgekehrt alles andere mit dem Wald.

Wenn wir irgendwo tief im Wald einen einzigen Altbaum stehen lassen und wenn dieser eine Baum in seiner ganzen Würde und Persönlichkeit einem einzigen Spaziergänger die Erkenntnis bringt, dass er lebt, dann kann das eine ungeheure Wirkung haben. Der Spaziergänger kann Politiker sein, Lehrer oder bloß Wähler. Aber seine Erkenntnis zieht Kreise. Jeder Mensch hat ein Umfeld; alles ist vernetzt.

Waldästhetik heißt praktisch angewandt, den Wald so zu gestalten, dass er „sinnliche Erkenntnis“ fördert. Diese bringt ein neues Bewusstsein. Und Bewusstsein verändert die Welt. Also doch Waldästhetik – trotz aller überlagernden Einflüsse von außen, trotz aller Ernüchterung und bisweilen scheinbaren Aussichtslosigkeit.

Walderhaltung und -Mehrung

Die erste Voraussetzung aller Waldästhetik und zugleich das grundlegendste Ziel ist die **Walderhaltung**: sein Schutz gegen Rodung, Zerschneidung, Verinselung. Egal, wie ein Wald aussieht, es ist zunächst wichtig, dass er überhaupt vorhanden ist, dass er den Menschen als Freiraum für die Seele zur Verfügung steht. Wer sich einmal zu Fuß oder mit dem Fahrrad längere Zeit durch waldarme oder -freie Landschaften bewegt hat,

Erstaufforstung: Was noch aussieht wie eine Wiese, wird (voraussichtlich) bald ein gemischter Laubwald werden.

Die Linde eignet sich gut zur Neuaufforstung, weil sie relativ wenig von Mäusen benagt wird.

wird bestätigen, wie wohl es tut, nach vielen Kilometern wieder in den Waldschatten einzutauchen; auch wenn es bloß ein Kiefernstangenholz ist.

Aus diesen Gründen wären **Neuaufforstungen** in waldleeren Gebieten eine unschätzbare Pioniertat. Was man heute als „**Freizeitwert**" einer Stadt bezeichnet, beruht großenteils auf den Wäldern, die sie umgeben. Ich denke, dass München, Nürnberg, Frankfurt, Hannover oder Berlin niemals ihre heutige Bedeutung erlangt hätten, wenn sie nicht große Wälder in ihrer Nachbarschaft hätten. Kein aus dem Boden gestampftes Disneyland kann sie ersetzen. Und kein noch so günstiges Industriegebiet wird Investoren anlocken, wenn der Freizeitwert nicht stimmt. Wer will dort wohnen?

Aus Sicht der Landschaftsplanung schreibt Nohl:

> *„So ist ... das Landschaftsbild heute zu einem wesentlichen **Standortsfaktor** für die Ansiedlung von Betrieben in den Bereichen Gewerbe, Handel und quartäre*

Einrichtungen ... geworden. Mit schöner Landschaft wird hier regelrecht um Fach- und Führungskräfte geworben.“ [101]

Leider sind gerade in unseren flachen Agrarlandschaften die **Bodenpreise** immens. Eben weil Landwirtschaft, Industrie und Siedlungstätigkeit weitaus lukrativer sind als Forstwirtschaft, gibt es dort fast keinen Wald mehr. Die Aufforstungsflächen, welche die deutsche Waldflächenbilanz positiv machen, liegen meist in abgelegenen Gebieten und auf ertragsschwachen Böden. Dort ist Aufforstung aber oft keine ästhetische Bereicherung der Landschaft, sondern ein Beitrag zu ihrer Verfinsterung. Gerade der kleinräumige Wechsel von Wäldern, Wiesen, Bachtälchen usw. macht ja den Reiz einer Landschaft aus.

Doch darf man sich nicht entmutigen lassen. Vor vielen Jahren habe ich für eine Stadt in der nahezu waldfreien Donauniederung ein **Aufforstungskonzept** erarbeitet. Es bestand aus einem 10 bis 100 Meter breiten „grünen Ring“, bei dem mir der „Grüngürtel“ Vorbild war, den Konrad Adenauer seinerzeit um Köln anlegen ließ. Nach anfangs großer Zustimmung im Stadtrat landete das Ganze für ein Jahrzehnt in der Schublade: viel zu teuer.

Heute gibt es einflussreiche Stimmen, die es wieder ausgraben wollen. Als Ausgleichsmaßnahmen für anderweitige Eingriffe – Stichwort „Ökokonto“ – braucht man „gute Taten für die Umwelt“, und da wäre ein bisschen Wald für die Menschen natürlich großartig. Nach meiner Einschätzung könnte damit langfristig auch das Industriegebiet attraktiver werden, das schon so viele Jahre fast leer steht. Die Dinge sind eben vernetzt. Wald bringt Werte in eine Gegend, die man nicht messen, nur spüren kann. Aber sie wirken doch!

Zusammenfassung der Ziele und Maßnahmen zum Thema „Gute Luft und Ruhe“

Ziele	Maßnahmen
Walderhaltung	Sich einsetzen für den Wald, privat und ggf. als Behördenvertreter, in Politik, Verbänden, Bürgerinitiativen
Neuaufforstung in waldarmen Gegenden	Bei Landbesitzern, Gemeinden und in Verfahren der ländlichen Entwicklung für Aufforstung werben
Erhaltung der Ruhe im Wald, Lärmschutz, Schutz vor Zerschneidung durch Straßen usw.	Sich einsetzen, privat und ggf. als Behördenvertreter, in Politik, Verbänden, Bürgerinitiativen
Erhaltung der guten Luft, Emissionsschutz	wie oben
Beim Betreten des Waldes „aufatmen können“	Dauerwaldbestockung an vielbesuchten Waldeingängen und Waldparkplätzen schaffen

3.3.2 Natürlichkeit

Was ist ein natürlicher Wald? Die Antworten auf diese Frage könnten allein ein Buch füllen. Fast alle wollen ihn. Doch fast jeder hat eine andere Vorstellung davon.

Ökologen sagen: er muss erstens der *„Potentiellen Natürlichen Vegetation"* *(PNV)* entsprechen und zweitens alle *natürlichen Abläufe des Lebens und Sterbens* ungestört zulassen. Eine solche Definition schließt – streng genommen – Forstwirtschaft aus, denn diese entfernt ja eine Menge Bäume – Biomasse – lange bevor sie ihr biologisch mögliches Lebensalter erreicht haben. Die ursprünglichen ökologischen Kreisläufe und Stoffströme werden damit verändert.

„Naturgemäße" Forstleute fordern ebenfalls die Potentielle Natürliche Vegetation – zumindest weitgehend –, sind bei den natürlichen Abläufen des Lebens und Sterbens aber schon wesentlich großzügiger. Ungestört können diese nicht bleiben, weil sonst keine Forstwirtschaft möglich wäre. Weitestgehend soll sich der wirtschaftende Mensch aber an natürlichen Abläufen orientieren. Wo dabei die Grenzen liegen, ist Thema vieler Glaubenskriege zwischen „Naturgemäßen" und bloß „Naturnahen".

Ein **Forstwirt** schließlich wird sagen, dass Waldwirtschaft *immer* relativ natürlich sei: im Gegensatz zu Flur und Siedlung erhalte sie ja den Wald als ursprüngliche Vegetationsform in unserem Land. Dem Menschen stehe es zu, sich aus der Natur zu nehmen, was er zum Leben braucht. Als Teil der Natur sei er sozusagen eingeplant; auch ein handfest genutzter Wald sei in gewisser Weise natürlich.

Und der **Spaziergänger**? Für ihn geht es eigentlich gar nicht um die Frage, was natürlich *ist*, sondern was natürlich *wirkt*. Und dabei lässt man eine große Bandbreite gelten. Der Gegenbegriff – künstlich – beginnt erst weit jenseits ökologischer Genauigkeit. Es kommt sogar vor, dass man „künstliche" Landschaften, wie etwa die Lüneburger Heide, viel natürlicher empfindet als beispielsweise einen Fichtenhochlagenwald, welcher genau der PNV entspricht.

Natürlichkeit: Menschen inbegriffen

Das Wort „natürlich" steht für die meisten einfach für „wohltuend und gut"; einem körperlich und seelisch gesunden Menschenleben förderlich. Noch deutlicher als beim Begriff „ökologisch" schwingt bei „natürlich" im allgemeinen Sprachgebrauch eine positive Wertung mit.

Bezogen auf die Landschaft gilt als „natürlich", was **vielfältig, kleinräumig und abwechslungsreich** ist; künstlich empfindet man dagegen „Monokulturen", große einförmige Anbauflächen und gerade, symmetrische Linien.

Das Bild von Natürlichkeit, das die meisten Mitbürger in sich tragen, ist in hohem Maße geprägt von der traditionellen, **bäuerlichen Kulturlandschaft**, die wir erst im zwanzigsten Jahrhundert so dramatisch verändert haben. Die „natürliche" Welt muss überschaubar sein, muss Sonne und Schatten enthalten, muss ein gutes und schönes menschliches Leben verheißen. Ein Kornfeld zum Beispiel, mit Mohn, Kamille und

Kornblumen, ein paar Bäumen und buntem Wegrain ist für viele Inbegriff des Natürlichen, ein Maisacker das Gegenteil.

Auch viele Vertreter der Umweltbewegung, aktive Naturschützer, tragen andere Vorstellungen von Natürlichkeit im Herzen als ihre wissenschaftlich ausgebildeten Fachleute. Es geht um ein **Gleichgewicht**, das oft „ökologisch" genannt wird, im Grunde aber nur sinnlich, ästhetisch wahrgenommen wird. Wenn dieses Gleichgewicht stimmen soll, darf weder der Mensch erkennbar Übermacht über die Natur haben, sie in seinem Sinne total verformen, noch darf die Natur Übermacht über den Menschen haben. Letzteres würde man beispielsweise empfinden, wenn allzu dichte Wälder die Landschaft verfinsterten.

Der Mensch muss Raum haben in der Landschaft, sich andererseits in sie einfügen. Er soll sie gestalten, aber nicht niederwalzen; bearbeiten, aber nicht „unterjochen". Beide, sowohl Mensch als auch Natur, müssen ihr Eigenleben bewahren können; doch soll zugleich ihre Verbundenheit spürbar sein.[102]

Anders als beim Denkansatz der „Potentiellen Natürlichen Vegetation", der den Menschen auszuklammern versucht, hat in *dieser* „Natürlichkeit" der Mensch sehr wohl seinen Platz. Ganz selbstverständlich ist er Bestandteil der Natur, steht ihr nicht nur gegenüber, wie im wissenschaftlichen Weltbild. Man kann die Zielvorstellung formulieren als **Harmonie zwischen den Kräften der Natur und denen des wirtschaftenden Menschen**. Eine Harmonie, die nicht hieb- und stichfest definierbar, nur gefühlsmäßig spürbar ist. Alle unsere Urlaubslandschaften haben (noch) etwas davon. An der Beliebtheit bei Wanderern kann man ein wenig ablesen, wie viel dieser Harmonie jeweils empfunden wird.

Für die Waldästhetik, die ja menschliches Erleben zum Thema hat, kann nicht das wissenschaftliche Verständnis von Natürlichkeit gelten. Weil sie den Menschen bejaht, mit all seinen Bedürfnissen und Gefühlen, **muss sie das Wagnis auf sich nehmen, jene ungreifbare Harmonie zwischen Mensch und Natur als Ziel anzustreben.**

Damit wird manches zum Wert, was aus ökologischer Sicht ein Problem ist. Umgekehrt kann auch zum Problem werden, was ökologisch wertvoll ist. Deshalb darf Waldästhetik, wie ich sie verstehe, keinen Alleinvertretungsanspruch erheben. Wenn die Ziele in der Praxis auseinandergehen, wird man abwägen und im Wirtschaftswald mit dem dritten Pol, der Ökonomie, nach Lösungen suchen müssen. (s. Grafik S. 220)

Was fördert nun diesen **Eindruck von Natürlichkeit**, diese angestrebte Harmonie zwischen Wald und Mensch, im Forst? Die Frage ist verfänglich; verleitet sie doch dazu, Regeln aufzustellen, die im Interesse der Vielfalt und Abwechslung immer wieder durchbrochen werden müssen. In Kapitel 2.13 hatte ich ausgeführt, dass Schönes nicht immer nur Harmonisches, sondern auch Erhabenes, Interessantes und sogar Nüchternes beinhalten kann.

Dennoch sehe ich einige Grundsätze, die zwar nie dogmatisch angewandt werden dürfen, aber im Allgemeinen gültig sind.

Auch „künstliche“ Nadelholzforste können auf die Menschen „natürlich“ wirken, wenn sie eine gewisse Harmonie ausstrahlen. Diese Harmonie ist für das Walderleben ungleich wichtiger als wissenschaftlich erfassbare Naturnähe.

3.3.2.1 Betriebsform und Verjüngungsverfahren

Seit es Forstleute gibt, disputieren sie untereinander über die optimale Betriebsform und das optimale Verjüngungsverfahren. Vor einigen Jahren haben sich Naturschützer eingeschaltet, was die Kontroverse sehr belebt. Neuen Zündstoff hat dabei die aktuelle Diskussion um die „gute fachliche Praxis" gebracht, wobei sich ökologische und ökonomische Argumente ziemlich unversöhnlich gegenüberstehen. Die ästhetische Betrachtungsweise ist von beiden unabhängig und findet Positives und Negatives in beiden Denkrichtungen.

Bei den forstlichen Betriebsformen unterscheidet man **Hoch-, Mittel- und Niederwälder**. Hochwälder werden normalerweise generativ – also über Samen – verjüngt. Sie dürfen zur Nutzholzerzeugung relativ „hoch" wachsen; Niederwälder dagegen verjüngt man vegetativ – über Stockausschläge – und erntet sie flächig nach zwei bis vier Jahrzehnten, wenn sie noch ziemlich „niedrig" sind, meist zur Brennholzgewinnung. Der Mittelwald hat seinen Namen daher, dass er kurzumtriebigen Niederwald und langumtriebigen Hochwald auf derselben Fläche kombiniert. Er ist praktisch ein Niederwald, bei dem man immer einzelne, besonders gute Stämme – meist Eichen – älter werden lässt und erst nach Erreichen eines nutzholzfähigen Durchmessers erntet.

Da Brennholz bei uns untergeordnete Bedeutung hat, nehmen Nieder- und Mittelwälder nur mehr 0,7 % der deutschen Waldfläche ein. Bei unseren französischen Nachbarn findet man sie noch wesentlich häufiger. (s. S. 360)

Gebräuchlichste Nutzungsform ist hierzulande der **Schlagweise Hochwald**. Dabei ist der gesamte Wald in Bestände – „Schläge" – eingeteilt, die aus mehr oder weniger gleich alten Bäumen bestehen, und nach Erreichen eines bestimmten „*Umtriebsalters*" mehr oder weniger flächig verjüngt werden. Er heißt deshalb auch „Altersklassenwald". Ihm gegenüber steht der **Plenterwald**, der nie flächig verjüngt wird, sondern bei dem immer nur einzelne Stämme nach Erreichen einer bestimmten „*Zielstärke*" geerntet werden.

Der Schlagweise Hochwald, hat in der gegenwärtigen Debatte schon rein vom Namen her schlechte Karten. Im Zeitalter des Schlachthausparadox′ klingt „Schlag" brutal; da hört man buchstäblich Äxte klingen und Kettensägen dröhnen. Der **Kahlschlag**, den man meist in einem Atemzug mit dem Verfahren nennt, ist zum Oberzankapfel geworden und findet allmählich Eingang ins allgemeine politische Diskussionsvokabular. Dort spricht man unter anderem vom „Kahlschlag" bei Sozialleistungen, Subventionen usw.

Obwohl beim Schlagweisen Hochwald heute Saum- und Femelschläge (s.u.) vielerorts gebräuchlicher sind als Kahlschläge, und obwohl es nicht genau festgelegt ist, ab welcher Fläche der Kahlschlag eigentlich beginnt, wird die gesamte schlagweise Wirtschaft oft als „Kahlschlagwirtschaft" bezeichnet und negativ als „Försterwald" abgetan. Viel moderner, sanfter und „nachhaltiger" klingt ein Wort wie „**Dauerwald**", dessen Abgrenzung allerdings genauso wenig klar ist, wie die des Kahlschlags. Ähnlich gut, weil ihn kaum jemand versteht, verkauft sich der Begriff Plenterwald. Wie wäre es wohl, wenn man diesen gerechtigkeitshalber als „Plenterschlag“ bezeichnen würde?

Doch diese Diskussionen laufen unter Fachleuten oder solchen, die sich dafür halten. Wie schon Heinrich von Salisch feststellte, ist der **einfache Waldbesucher** erheblich toleranter als die Experten und Gegenexperten, die über solche Fragen streiten. Er akzeptiert ein weites Spektrum der Waldbehandlung und kann den verschiedensten Waldformen ästhetische Reize abgewinnen. Es darf nur nicht alles gleich aussehen. Dann würde der Wald langweilig.

Insofern ist Waldästhetik nichts für Prinzipienreiter. Ein offenes, empfängliches Wesen und lebendiges Gefühl sind unersetzlich; missionarisches Verfolgen einer einzigen (forstlichen) Lehre produziert eher Gleichförmigkeit und Langeweile.

Der Plenterwald

Die Plenterung wird von ökologisch orientierten Kreisen heute gern als erstrebenswertes Modell herausgestellt, weil sie den Wald am meisten Wald sein lässt. Nie wird er flächig beseitigt. Nachdem nur immer einzelne Stämme entnommen werden, stehen junge und alte Bäume verschiedener Arten auf engstem Raum beieinander. Insofern dürfte die Plenterwirtschaft natürlichen Abläufen – insbesondere der Waldverjüngung – in unseren Breiten am nächsten kommen.

Im Grunde ist ein Plenterwald aber genauso ein Kunstprodukt und hat mit Urwald ebenso wenig zu tun wie der Schlagweise Hochwald.

> *„**Urwaldbestände weisen höchst selten eine dauernde Plenterwaldstruktur auf**“,* schreibt der Schweizer Waldbau-Professor Hans Leibundgut[103]. *„Auch bei anfänglicher Stufigkeit besteht doch eine ausgeprägte Neigung zur **Bildung gleichförmiger, einschichtiger Bestände** mit einer sehr spärlichen und vorwiegend von schattenertragenden Nebenbaumarten gebildeten Mittel- und Unterschicht.“*

Die Plenterphase entsteht in Urwäldern unserer Breiten normalerweise nur vorübergehend und kleinflächig als eine von sieben Entwicklungsphasen, die Leibundgut im Urwald unterscheidet. (s. Kasten)

Sieben Entwicklungsphasen des Urwaldes unterscheidet der Schweizer Waldbauprofessor und Urwaldforscher Hans Leibundgut. Sie wiederholen sich zyklisch, in Buchenwäldern etwa alle 300 Jahre:
die ***Optimalphase*** mit geschlossenen, starken Baumholzbeständen,
die ***Altersphase***, in der die Bäume ihr natürliches Reifealter erreichen und bereits einige abzusterben beginnen,
die ***Zerfallsphase***, in der so viele Altbäume absterben, dass sich der Kronenschluss auflöst,
die ***Verjüngungsphase***, in der sich überall junge Bäumchen etablieren: die „Verjüngung“
die ***Plenterwaldphase***, in der Alt und Jung auf engstem Raum nebeneinander stehen
die ***Jungwaldphase***, in der die meisten Altbäume abgestorben sind, so dass die Nachkommen das Bild beherrschen,
die ***Phase des gleichförmigen starken Stangenholzes und Baumholzes***, in der die jungen jetzt groß und stark werden. Damit geht der Urwald allmählich wieder in die Optimalphase über und der Zyklus beginnt von Neuem.

Und wie steht es um die Harmonie, welche die Menschen ja eigentlich hinter dem Decknamen Natürlichkeit suchen? Kleinflächig ist sie im Plenterwald sehr schön spürbar: Die enge Partnerschaft von alten und jungen Bäumen wird oft wie das Bild einer **harmonischen Familie** empfunden: Die schlanke, große Fichte oder Tanne verkörpert das männliche Prinzip, den Vater; die rundliche, aber ebenfalls kräftige Buche ist als „Mutter des Waldes" bekannt; und dicht an diese gedrängt und von ihnen beschützt stehen viele kleine und größere „Kinder": die Verjüngung.

Wenn dann noch hie und da Altbäume belassen werden, die ihrem natürlichen Tod entgegengehen, sind auch die Großeltern einbezogen und tatsächlich entstehen so wunderbare Wälder.

Problematisch wird es nur, wenn man die Plenterwirtschaft zum Standardverfahren erhebt. Dann kommen die **Nachteile** zum Vorschein, die Bonnemann (siehe S. 87) beispielsweise im tropischen Regenwald empfand: Der Wald wird langweilig. Es gibt keine Ausblicke, keine Freiflächen, in denen Licht und Sonne hereinkommen. Die Sichtweite ist überall beschränkt auf 20, 50 oder maximal 100 Meter. Ein gewisses Blickfeld, Sonne und Freiheit brauchen wir aber zur inneren Harmonie.

Auf vielen Exkursionen, die ich mit Forst- und anderen Leuten unternommen habe, kam immer wieder das gleiche **Aufatmen auf der Lichtung**. Sich niederlassen und rasten ist eine Art spontaner Reflex, sobald man nach einem ausgedehnten Gang durch schattige Bestände eine sonnendurchwärmte Freifläche betritt. Wahrscheinlich hat die-

Bäume aller Alterstufen wachsen im **Plenterwald** auf engstem Raum beieinander (Aufnahme aus dem Kreuzberger Gemeindewald nahe Freyung, Bayerischer Wald).

ses Verhalten auch mit urtümlichen Instinkten zu tun, mit der Angst vor wilden Tieren z.B., die unsere Vorfahren im geschlossenen Bestand leichter überraschen konnten. Sogar manche „Naturgemäße" (s.u.: Anhänger der „Arbeitsgemeinschaft Naturgemäße Waldwirtschaft" – ANW) führen – bei entsprechender Witterung – ihre Diskussionen um den Dauerwald lieber auf der Lichtung als im dunklen, schattigen Bestand.

Alfred Möllers „Dauerwald"

Der Eberswalder Waldbauprofessor Alfred Möller entwickelte (1922) die Lehre vom „Dauerwald", der einzelstammweise – im Plenter- bis Femelprinzip – bewirtschaftet und nie flächig abgetrieben wird. Seine Gedanken sind für mich sehr wertvoll und die ANW, die sie in Erinnerung hält und weiterentwickelt, ist es auch. Möllers großes Verdienst war es, der seinerzeit vor allem in Preußen exzessiv betriebenen Kahlschlagwirtschaft mit Nadelholzpflanzung wieder naturnähere Waldbauverfahren entgegenzusetzen. Eine Fußnote bei Vietinghoff-Riesch (1940) wirft ein Licht auf die Verhältnisse: „*Welche Ausmaße der Kahlschlag im 19. Jahrhundert oft annahm, mag daraus hervorgehen, dass um 1858 in der Görlitzer Heide* ***Hiebsflächen von 375 ha zusammenhängend*** *nicht selten waren.*"

Gegen solche Auswüchse zu kämpfen, den Wald – wie es Möller tat – nicht nur als Wirtschaftsobjekt, sondern als **Gesamtorganismus** zu verstehen, natürliche Verjüngung und Laubholz überhaupt wieder als Werte in Erinnerung zu rufen, dafür sind wir ihm bis heute dankbar. Wermutstropfen bei dem ganzen Engagement war allerdings eine extreme **Polarisierung**, die in der heutigen Diskussion zwischen Forstwirtschaft und Naturschutz wieder aufzuleben scheint. Möller hatte zwar betont, dass Dauerwald nicht gleich Plenterwald sei, in der Praxis aber nur zwischen **Dauerwald und Kahlschlagbetrieb** unterschieden.

Ähnlich tun dies heute verschiedene Positionspapiere der Umweltverbände. Damit gerieten und geraten aber alle Verfahren flächiger Wirtschaft in Misskredit. Und dies erscheint keinesfalls gerechtfertigt; nicht ökologisch und schon gar nicht ästhetisch.

> *„Infolgedessen,"* sagte Vietinghoff-Riesch 1940, *„ist der Dauerwaldstreit zu einer der unfruchtbarsten und gehässigsten Auseinandersetzungen innerhalb der forstlichen Welt geworden."*[104]

Diese Worte möge bedenken, wer die Dinge allzu sehr vereinfacht, und die an sich hervorragende Idee der Einzelstammwirtschaft zum allgemein verbindlichen Prinzip erheben will. Einerseits braucht jede Sache „Missionare", andererseits waren immer schon jene ihre Totengräber, die sie absolut setzten. Es gibt nichts Ideales, was überall passt; im Waldbau ebenso wenig wie in Politik oder Religion. (Im übrigen belegen diese und andere Aussagen Vietinghoff-Rieschs, dass er kein einseitiger Verfechter des Dauerwaldes war, wie das heute bisweilen dargestellt wird).

Möllers Gedanken fanden bis in unsere Tage gewissen Anklang, jedoch nicht den allgemeinen Durchbruch, den er sich erhofft hatte. Einzelstamm-Wirtschaft ist selten und echte Plenterwälder nehmen definitiv nur 0,3 % der deutschen Waldfläche ein. [105] Nicht nur aus ökologischer, sondern auch aus waldästhetischer Sicht ist mir das **viel zu wenig**. Ich könnte mir durchaus das Zehnfache oder mehr vorstellen.

Nur eben den Dauer- oder Plenterwald als „**Allheilmittel**" zu verkaufen, halte ich für einen Fehler. Manche Naturschützer übernehmen diese Forderung kritiklos von Forstleuten, die sie als „natürlichste" Waldbauform propagieren. Aber jeder menschliche Waldbau hat etwas „Künstliches"; umgekehrt finden auch Verfahren wie Schirm-, Femel- oder Saumschlag ihre Entsprechung in unbeeinflussten Naturwäldern. Meine Beobachtung ist, dass die wenigsten Naturschützer ohne forstliche Vorbildung wissen, was sie mit Plenterstrukturen fordern; und meine Befürchtung ist, dass viele gar nicht mehr so begeistert wären, wenn sie es wüssten.

Weil es in Fotos oft so dargestellt wird, bringen viele den Plenterwald mit der „wilden Waldnatur" in Verbindung, mit absterbenden Baumriesen, Faulhöhlen und geheimnisvoller Einsamkeit – so wie bei Rotkäppchen. Dass jedoch auch der Plenterwald ein **intensiv genutzter Wirtschaftswald** ist, dass man sich – wenn man Geld verdienen muss – natürliches Wachsen und Sterben dort genauso viel und so wenig leisten kann wie im Alterklassenwald, dass seine kleinräumige Nutzungsart ein sehr dichtes Wegenetz erfordert, und dass er bei längerem Durchwandern langweilig und beengend wirken kann, durchschauen die wenigsten. Wie sollte man auch, nachdem es im deutschsprachigen Raum nur in der Schweiz größere Plenterwaldflächen gibt?

Vorsicht also mit allgemeinen Patentlösungen. So große Vorteile sie auch örtlich haben mögen, den „großen Wurf" gab es im Waldbau noch nie, und ich traue niemandem, der ihn anbietet.

Buchen-Hallenwälder

Was mir beim Plenterwald – so gern ich ihm mag – auch sehr fehlt, sind die majestätischen **Hallenbestände**. Die Einzelstammwirtschaft durchbricht immer wieder das Kronendach und bringt überall Licht und Verjüngung hinein. Dadurch füllt sie den eigentlich geschlossenen, dämmrigen „Waldesdom" salopp gesagt mit „Grünzeug" und nimmt ihm Raum und Weite.

Gewiss habe ich gelernt, dass Hallenbestände mangels Stufigkeit eine waldbauliche „Sünde" darstellen. Doch nicht nur im Waldbau kann Sündhaftes ausgesprochen schön sein. Viele großartige Buchenwälder, die „Heiligen Hallen" zum Beispiel, sind gerade nicht aus Einzelstamm-, sondern aus schlagweiser Wirtschaft hervorgegangen; genauer gesagt aus Großschirmschlägen (s.u.).

Dabei entsprechen sie augenscheinlich durchaus der „Optimal- und Alterphase" (s.o.) unserer Urwälder, bieten also kein unnatürliches Bild. Das Wort „naturgemäß", das sich für die Einzelstammwirtschaft eingebürgert hat, bezieht sich ja nicht auf das **Erscheinungsbild des Waldes,** sondern nur auf das Verjüngungsverfahren. Auch flächig, also nach eingebürgertem Sprachgebrauch „nicht naturgemäß" bewirtschaftete

Hallenartige Altbuchenbestände auf Rügen: ein herrliches Wald- und Raumerlebnis. (Aufnahme: Peter Zach)

Wälder, können zeitweise unseren Urwäldern sehr ähnlich sehen. **Man muss sie nur alt genug werden lassen,** eine Forderung, die im naturgemäßen Waldbau ebenso wenig selbstverständlich ist, wie im konventionellen. Der Buchenurwald verjüngt sich femelweise, wobei sich die Lücken aber rasch wieder schließen. Urwälder sind deshalb zwar ungleichaltrig, aber über lange Phasen nicht stufig, sondern „*einschichtig und gleichförmig*" – wie Hallenwälder.

Mögen Ökologen auch andere Schwerpunkte setzen: ästhetisch ist das Erscheinungsbild eines Waldes wichtiger als sein Verjüngungsprinzip. Und an diesem Erscheinungsbild gemessen, verdient ein Buchenhallenwald mindestens ebenso, vielleicht sogar eher das Prädikat „naturgemäß" als ein Plenterwald. Aber ich will nicht auf der leidigen Terminologie herumreiten. Wenn ein „herkömmlich" bewirtschafteter Wald etwas Uriges, Natürliches hat, dann ist er ästhetisch einfach wertvoll.

Der „Vater der forstlichen Landschaftsgestaltung", Arnold Freiherr von Vietinghoff-Riesch schrieb zu den Buchenhallenwäldern:[106]

„Der landschaftliche Eindruck hallenartiger Altbuchenbestände in Dunkelschlagstellung ist außerordentlich stark. Wir wollen ihn nicht missen, obgleich der Femel die natürlichere Verjüngungsform bedeutet."

Aus heutiger landschaftsästhetischer Sicht widmet Nohl dem **Raumerlebnis** intensive Betrachtung. **Leere und Füllung** zusammen ergeben die ästhetische Raumwirkung und müssen in günstigem Verhältnis zueinander stehen. Ein völlig leerer Landschafsraum – die Ackerlandschaft unserer fruchtbaren Tiefebenen zum Beispiel – wird kaum als Raum wahrgenommen; ein total ausgefüllter – etwa ein Fichtenstangenholz – auch nicht, weil es von außen wie eine Wand wirkt.

„In Wäldern ist die Transparenz oftmals gering. Meist stellen nur Wegebereiche offene und klar überschaubare, also hoch transparente Räume dar, während die großen Waldflächen häufig wenig einsehbar sind. ***Eine relativ hohe Transparenz besitzen alte, aufgelockerte Wälder, insbesondere, wenn das sichtbehindernde Unterholz fehlt. Es ist empirisch nachgewiesen, dass Wälder mit großer visueller Eindringtiefe ästhetisch sehr positiv beurteilt werden.****"* [107]

Für viele Menschen – denen ich mich zurechne – sind Buchenhallenbestände ein Inbegriff des deutschen Waldes. Und ich fände es sehr traurig, wenn sie unseren Kindern verloren gingen, weil man ein anderes Prinzip reitet. Selbst wenn mich Waldbauprofessoren und Naturschützer gemeinsam dafür schimpfen: Aus waldästhetischer Sicht sollen Hallenbestände durchaus wieder geschaffen werden, und dazu ist der Schirmschlag geeignet. (Def. s. u.)

Der Schlagweise Hochwald

Mit diesen Gedanken ist die Betriebsform Schlagweiser Hochwald angesprochen. Obwohl es viele Verjüngungsverfahren darin gibt, bringt man ihn propagandistisch gern mit dem Reizwort „Kahlschlag" in Verbindung. In Wirklichkeit gibt es außer diesem aber den *Schirmschlag*, der meist im Buchenwald stattfindet, den *Saumschlag* als Regelverfahren für die Fichte sowie den *Femelschlag*, der meist in (Berg-) Mischwäldern angewandt wird. Je nach Örtlichkeit werden die genannten Verfahren auch kombiniert.

Beim **Schirmschlag** wird in mehreren Hieben der gesamte Altbestand ziemlich gleichmäßig aufgelichtet, damit sich natürliche Verjüngung ansamt; sobald diese gesichert ist – in der Regel nach ein bis drei Jahrzehnten–, räumt man das Altholz darüber ab. Der **Saumschlag** (s. Abb. S. 242) ist ein streifenweiser Kahlhieb, der ebenfalls auf natürliche Verjüngung ausgerichtet ist, und deshalb nicht breiter als ein bis zwei Baumlängen geführt wird. Sobald sich am Altholz-Saum gesicherte Verjüngung eingestellt hat, wird dieser allmählich zurückgenommen, so dass die Verjüngung mit dem Saum weiter schreiten kann. Der **Femelschlag** (s. Abb. S. 242) schließlich ist ein „Löcherhieb". Ins Altholz schlägt man unregelmäßige, kleine Lücken, durch die Licht auf den Boden fällt und das Keimen natürlicher Verjüngung einleitet. Wenn diese ankommt, erweitert – rändelt – man die Löcher allmählich, vergrößert damit die Ver-

Der **Saumschlag** ist das gebräuchlichste Verjüngungsverfahren für Fichtenwälder. Buchtig, nicht schnurgerade geführte Säume können sehr reizvoll sein. Sie bieten schöne Ausblicke innerhalb des Waldes und können ein Gefühl von Raum entstehen lassen. Wärmeliebende Tierarten, die im geschlossenen Wald fehlen, insbesondere Vögel und Schmetterlinge, trifft man.

Uhrglasförmige Verjüngungskerne kennzeichnen den **Femelhieb**: das wichtigste Verjüngungsverfahren für Bergmischwälder. Er ist der Natur „am feinsten abgelauscht".

jüngungskerne und führt sie durch Abnutzung des Altholzes – meist innerhalb von 2 - 4 Jahrzehnten zusammen.

Welches Verfahren wo angewandt wird, hängt von Baumart, Standort, Zeit und vielen anderen Faktoren ab. Wenn man verschiedene Waldbautechniken nutzt, ist der Schlagweise Hochwald jedoch auf großen Flächen abwechslungsreicher als der Plenterwald.

Leider werden bei theoretischen Diskussionen um die Prinzipien selten die tatsächlich **vorhandenen Baumarten** berücksichtigt. Wo seit Jahrhunderten nur Kiefern wachsen, kann ich nicht in ein paar Jahren den schönsten stufigen Mischwald herbringen, den man sich beim Plenterprinzip normalerweise vorstellt. Wenn es gilt, **Ausgangslage und Wunschvorstellungen** zu realistischen Zielen zu vereinen, ist die vorgegebene Baumartenmischung ökologisch und ästhetisch wichtiger als das waldbauliche Vorgehen. (Im nächsten Kapitel Näheres dazu.)

Vielfalt als ästhetische Kernforderung

Um es noch einmal zu betonen: Ich bin ein großer Freund der Plenterung; sie ist aus waldästhetischer Sicht gut und wertvoll; aber andere Verfahren sind es auch.

Forstwirtschaft fasse ich – wie in Kapitel 1.6.4. gesagt – als eine Art **Zwiesprache des wirtschaftenden Menschen mit dem Wald** auf. Das Medium sind nicht Worte, sondern Taten beziehungsweise natürliche Vorgänge. Auf Seiten des Menschen im Wesentlichen Fällung und Pflanzung, auf Seiten des Waldes Wachsen und Sterben.

Der Mensch macht zum Beispiel einen Hieb: Schirm-, Saum-, Kahlhieb oder was auch immer. Und der Wald antwortet mit Wachstum. Unter Schirm lässt er die Tanne wachsen oder die Buche; am Saum die Fichte und auf dem Kahlhieb Birke, Kiefer und Weidenröschen. Gleichzeitig antwortet der Wald mit Sterben: auf dem Kahlhieb werden junge Tannen eingehen. Auch Überhälter, die nicht gut auf den Freistand vorbereitet sind, werden kränkeln und schließlich ausfallen. Unter Schirm werden Lichtbaumarten sterben, Eichen zum Beispiel oder Kiefern. Aber immer ist die Antwort des Waldes Leben und Sterben zugleich.

Bei dieser Betrachtung ist es übrigens zweitrangig, ob man den Wald – wie Alfred Möller – als Organismus auffasst, oder wie die Wissenschaft als Ökosystem. Entscheidend ist die Tatsache, dass er lebendig reagiert.

Und je nachdem, was der Mensch tut, fällt die Antwort des Waldes anders aus. So entsteht **Vielfalt**. Wenn man sich einmal von forstlichen Zielen löst, und rein ästhetisch denkt beziehungsweise empfindet, dann ist das Weidenröschen auf dem Kahlschlag auch wertvoll: es ist mindestens ebenso schön wie die jungen Tannen im Bestandesschatten. Ich erlaube mir, mich trotz aller forstlichen Vorbehalte darüber zu freuen.

Auch über **Gräser** zum Beispiel. In meinem Bücherregal steht noch eine Broschüre aus den siebziger Jahren: „*Ungräser in Wort und Bild*“. Ästhetisch wie ökologisch gibt es keine Un-Gräser. Ich freue mich über sie, vor allem wenn sie auf Schlagflächen in der Spätsommersonne hellgelb leuchten und freundliche Stimmung in den dunklen Wald bringen.

Wenn ich mir diese Freuden erlaube, sehe ich den Wald und alle forstlichen Maßnahmen mit anderen Augen: nicht mit Försteraugen und nicht mit Ökologenaugen, sondern eher mit **Kinderaugen**. Dann gibt es weniger Wertungen und wenn ich werte, dann nicht unbedingt wie ein Fachmann. Wichtig finde ich, dass immer wieder Neues, Schönes, Interessantes, Großartiges zu erleben ist. Denn wenn es etwas gibt, das Kinder hassen, dann Langeweile.

Das wichtigste ästhetische Ziel – was die forstlichen Betriebsformen und Verjüngungsverfahren angeht – ist Vielfalt. „Variatio delectat" hieß es schon in der Antike[108]. Und in der Vielfalt haben alle Waldbauverfahren Platz. Der Schirmschlag bringt die schönsten Buchendome hervor; der Saumschlag lässt immer wieder Innenränder entstehen, an denen Licht und Schatten spielen, Gräser, Schmetterlinge und viele Vögel leben. Der Femelschlag zeigt, ähnlich wie der Plenterwald, das enge Miteinander von Alt und Jung. Mit seiner horst- und gruppenweisen Verjüngung sieht Vietinghoff-Riesch darin „*diejenige Betriebsform, die dem Werden – Sein – Vergehen des Waldes am feinsten abgelauscht ist*"[109].

Zankapfel Kahlschlag

Und sogar der Oberzankapfel Kahlschlag hat seinen Platz. Freiflächen im Wald können schön sein. Grob, traurig oder unharmonisch wirken sie nur, wenn sie frisch sind, wenn Stöcke und Äste herumliegen und sich noch keine Vegetation etablieren konnte. Doch dauert dieses Stadium in der Regel bloß wenige Monate. Danach lassen Schläge Weite spüren. Im Gebirge bieten sie oft herrliche **Ausblicke und Fernsichten**. Natürlich muss der Wald dazu genügend Fläche aufweisen. Wenn ich ein Wäldchen mit zwei, drei Hektar mitten in der Flur habe, und schlage davon einen Hektar kahl, dann ist das möglicherweise eine Katastrophe.

Ganz schlimm kann ein Kahlschlag sein, wenn er den Blick öffnet auf eine Neubausiedlung, ein Industriegebiet, oder andere großtechnische Bauwerke. Derartige Zivilisationsprodukte können das „Waldgefühl" ziemlich kaputt machen. Vor allem moderne Industriebauten zerstören in ihrer **Maßstablosigkeit** jede Ahnung von Harmonie, wobei es gleichgültig ist, ob es sich im Sinne dogmatischen Umweltschutzes um „gute" Technik – z.B. Windparks – oder um „böse" – z.B. Kernkraftwerke – handelt. Wer mit einem Kahlschlag solche Perspektiven eröffnet, betreibt ästhetische Körper- oder besser gesagt Seelenverletzung.

Wenn ich dagegen einen großen Forst mit 10 000 Hektar durchwandere, dann genieße ich es durchaus, wenn mal ein paar Hektar irgendwo kahl geschlagen, offen, frei, farbenfroh und sonnig sind. „*Niemand ist glücklich in der Welt, als Wesen, die frei einen weiten Horizont genießen*" – sagt man in Indien.

Auch **Kahlschläge** mit Licht, Weite und üppigem Graswuchs haben ihren Reiz. Wo sie allerdings unfreiwillig entstehen, wie hier im Bild durch Windwurf, wird man nicht obendrein weitere anlegen.

Vom ästhetischen Standpunkt geht die Diskussion um ein **Kahlschlagverbot** an den wirklichen Problemen vorbei. Da hadert man, ob es nun ein Hektar sein darf, ein halbes oder zwei. Mit derart strengen Reglementierungen tötet man Vielfalt. In empfindlicher Lage kann ein halbes Hektar schon zu viel sein, während anderswo fünf Hektar – ästhetisch – problemlos sind. In den großen Wäldern Skandinaviens kennt man ganz andere Dimensionen, ohne dass daraus ein Problem gemacht würde.

„Wanderzonen im Wald“, sagt der Landschaftsplaner Nohl, der sich intensiv mit menschlicher Erholung befasst, *„werden möglichst auch Schlagflächen enthalten, die als sonnige und üppig eingewachsene Bereiche körperliche und ästhetische **Kontrasterlebnisse** vermitteln“.*[110] Solche Forderungen möge man bitte nicht falsch verstehen: Der Kahlschlag ist ästhetisch genauso wenig das „Nonplusultra“ wie alle anderen Waldbauverfahren. Aber genau wie diese kann er schön sein und darf deshalb nicht von Grund auf verdammt werden.

Immer kommt es auf die Ausgangslage an. Wenn irgendwo im Mittelgebirge hektarweise stufige Mischwälder oder Altbuchen „runtergehauen“, und die Kahlflächen mit Douglasien „ausgepflastert“ werden, ist das mit Verlaub eine „Riesensauerei“! Aber dazu werden die Verantwortlichen trotz Kahlhiebsverbots Wege finden. Auch passt der Kahlschlag im intakten Bergmischwald nicht, weil die verschiedenen Baumarten verschiedene Umtriebszeiten haben. Die Buche braucht einfach länger als die Fichte, und wenn ich alles „auf einen Schlag“ liquidiere, ist entweder die Buche zu jung oder die

Fichte zu alt. Bei solcher Ausgangslage gilt es vorsichtig zu wirtschaften, dem Wald keine Gewalt anzutun.

In den großen, gleichförmigen Kiefern- und Fichtenforsten dagegen braucht man keine kleinkarierten Maßregelungen. Dort können Freiflächen die Waldlandschaft bereichern und überdies zur **Laubholzeinbringung** zweckmäßig sein. Auf dem Kahlschlag kann ich ohne die Vorgaben des Vorbestandes waldbaulich ganz neu anfangen. Auch die Tierwelt ist damit nicht immer benachteiligt: Charakteristische Vögel wie Ziegenmelker und Baumpiper leben gerade an Bestandesrändern bestens. In den Bergen finden Raufußhühner reichlich Nahrung im Beerkraut, und Deckung im Gebüsch der Schläge.

Ästhetisch wichtiger als die Größe von Kahlschlägen ist das Belassen von einzelnen Altbäumen, sogenannte **„Überhältern“** (s. Abb. S. 282). Wenn man unbedingt etwas reglementieren wollte, was ich hiermit keinesfalls anstoßen will, dann sollte man Überhälter auf Schlagflächen vorschreiben. Kiefern und Lärchen, verschiedentlich auch Eichen, können sich im Freistand zu wunderbaren, markanten Baumpersönlichkeiten entwickeln. Sie bieten der Misteldrossel eine Singwarte und dem Bussard einen Ansitz. Heutigen Menschen sind sie besonders nahe, weil sie die Einsamkeit des Individuums symbolisieren (siehe Kap. 2.3). Ein **Hauch von Erhabenheit** geht von ihnen aus.

Nicht nur beim Kahlschlag sind Überhälter schön und sinnvoll, sondern genauso beim Saumschlag und anderen Verfahren. Stets müssen sie rechtzeitig auf den Freistand vorbereitet werden, indem man sie möglichst viele Jahre vor dem eigentlichen Hieb bereits von bedrängenden Nachbarn befreit.

Ein waldästhetisches Argument, das gegen den Kahlschlag spricht, ist die Tatsache, dass in empfindlichen Lagen unter Umständen Spätfröste den Laubholzanbau erschweren. In einem solchen Fall wirken die Schläge **langfristig** negativ, was bei der Zielfindung und Maßnahmenplanung zu bedenken ist. Aber diese Gefahr besteht nicht überall. Ein Vorwald aus Weichlaubholz kann helfen und im Übrigen wird man auch nicht überall Laubholz einbringen.

Naturverjüngung versus Pflanzung

In dem Zusammenhang ist noch eine andere „Heilige Kuh“ plakativ vereinfachter Waldökologie anzusprechen, die **Naturverjüngung**. Es wird oft so hingestellt, dass diese in jedem Fall besser sei als Pflanzung. Wahrscheinlich spielt dabei psychologisch wieder mal der Name eine Rolle: Was „natürlich“ ist, kann für viele – forstlich ungeschulte? – Zeitgenossen eigentlich nur gut sein. Doch frage ich mich, ob Naturverjüngung in reinen oder fast reinen Nadelholzbeständen, die immerhin über 40% unserer Waldfläche ausmachen, immer Sinn macht. Hier kann doch auf natürlichem Wege nichts anderes nachkommen, als Nadelholz, und dies ist andererseits – ökologisch wie ästhetisch – Stein des Anstoßes. Wie soll man dort um **Pflanzung** herumkommen, wenn man Laubholz will – von der seltenen und teuren Saat einmal abgesehen?

Naturverjüngung im Schutz des Altholzes: Schön, wenn der Wald seine „Kinder" selbst erzieht. Aber wo der Altbestand nur Fichten enthält, können leider nur Fichten nachkommen.

Laubbäumchen in eintönige Nadelholzforste zu pflanzen, ist Grundlage für eine schönere Zukunft. (Das Bild stammt aus den 80er Jahren, als es noch eine größere Zahl Waldarbeiter im Forst gab. Die abgebildete Winkelpflanzung mit der Wiedehopfhaue ist heute wegen der ungenügenden Wurzelentwicklung kaum noch üblich.)

Ästhetisch ist Pflanzung nur dann ein Problem, wenn sie allzu „künstlich“ wirkt. Und die Wirkung beginnt immer schon mit der Hiebsführung. Sind die **Hiebsfronten** linear und die **Pflanzreihen** deutlich sichtbar, dann wähnt sich der Betrachter weniger in einem Wald als vielmehr auf einem Holzacker. Die Gerade kommt im natürlichen Gelände praktisch nicht vor und sollte deshalb auch im Waldbau weitestgehend tabu sein. **Organische Formung und Anpassung ans Gelände sollte heutigen Waldbau bei allen Maßnahmen vom Ackerbau unterscheiden.**

Weil Säume besonders der Gefahr unterliegen, schematisch, geometrisch hingelegt zu werden, steht wohl in jeder modernen Forsteinrichtung die Anweisung, sie „buchtig“ zu gestalten. Tut man dies, dann können auch die Pflanzreihen nicht „unnatürlich“, linear werden. Im Übrigen ist es immer ratsam, **Pflanzreihen grundsätzlich parallel zum Weg** zu legen und nicht senkrecht. Wanderer und Spaziergänger nehmen sie dann oft gar nicht wahr. Wo die Begleitvegetation gering ist, wo man also die Kultur nicht „ausgrasen“ muss, kann man unter Umständen ganz auf den Reihenverband verzichten.

Im übrigen sei daran erinnert, dass „Pflanzen“ eine sehr menschliche und befriedigende Tätigkeit ist, die gerade Naturschützer – nicht nur zum **Tag des Baumes** – gerne öffentlich pflegen. Bäume zu pflanzen, wird oft regelrecht sanft- und edelmütig dargestellt, im Gegensatz zum Fällen, dem das Zerstörer-Image – Stichwort Schlachthaus-Paradox – anhaftet. Jahrzehntelang war die „Kultur-Frau“ auf dem deutschen Fünfzigpfennigstück Inbegriff pfleglichen Umgangs mit der Natur. Pflanzung ist ein Teil der **Harmonie zwischen Mensch und Natur,** die wir gefühlsmäßig suchen.

Prinzipiell also ist die Pflanzung im Wald aus ästhetischer Sicht genauso in Ordnung wie die Naturverjüngung. Für eine Bewertung kommt es darauf an, wo, was und wie jeweils gepflanzt wird. Wenn der Altbestand passt, und die Naturverjüngung läuft, hat Letztere selbstverständlich Vorrang. Wo die Ausgangslage unbefriedigend ist, kann Pflanzung jedoch erneuern und heilen. Fichten oder Douglasien unter gesunde Alteichen oder -Buchen zu pflanzen, ist verantwortungslos. Laubbäumchen in eintönige Nadelholzwüsten zu bringen, verdienstvoll.

Dass man früher – dem militärisch geprägten Schönheitsideal entsprechend – auch im Wald auf Reih und Glied, gerade Ausrichtung und „vorbildliche Haltung der Baumschul-Kadetten“ achtete, war eine Erscheinung der Zeit, die zumindest ästhetisch Vergangenheit ist. Für unser heutiges Empfinden soll der Wald eben keine künstliche Veranstaltung sein, sondern möglichst viel Natürliches enthalten.

Stockausschlagswälder

Als letzte, heute nur noch selten anzutreffende forstliche Betriebsform seien die **Nieder- und Mittelwälder** angesprochen. In vieler Hinsicht bilden sie einen Sonderfall, den nicht wenige Naturschützer hoch schätzen.

Bilder aus dem Mittelwald: Er besteht aus zwei Schichten: dem Oberholz, das alt werden darf und dem Unterholz, das etwa alle 30 Jahre flächig als Brennholz geerntet wird.

Oben: Das Unterholz wurde hier im vergangenen Winter auf den Stock gesetzt und hat zwischenzeitlich wieder knie- bis hüfthoch ausgetrieben.

Unten links: Der Stockhieb im Unterholz erfolgte auch im Vorjahr, das Oberholz ist aber bereits rund 100 Jahre alt.

Unten rechts: etwa 100 jährige Eiche (Oberholz) inmitten von etwa 15jährigem Unterholz.

„Die Betriebsarten des Ausschlagwaldes sind ohne Ausnahme ***unnatürlich****",* sagt Vietinghoff-Riesch. *„Seltsamerweise kann sich jedoch niemand ihrem landschaftlichen Zauber entziehen ... Der* ***große landschaftliche Reiz*** *dieser Betriebsarten besteht vor allem in der Holzartenzusammensetzung und in ihrer Eigenschaft als Übergang zum Feld oder zur düsteren Waldlandschaft."* [111]

Damit spricht der Begründer der forstlichen Landschaftsgestaltung das **Licht** an, welches in Nieder und Mittelwäldern viel üppiger vorhanden ist, als im Hochwald. Mit dessen Begriffen gesehen, befindet sich ein Großteil des Niederwaldes ja immer im Kahlschlag-, Kultur- oder Dickungsstadium. Und gerade da findet eine ungeahnte Vielfalt an Tieren sonnige, geschützte, heimliche und nahrungsreiche Lebensräume: Von Feldschwirl, Halsbandschnäpper, Haselhuhn über Eidechsen, Käfer, Schmetterlinge bis zu Siebenschläfern, Hasen und Wildkatzen. Das undurchdringliche Gestrüpp erinnert manchmal an die mediterrane Macchia, die bekanntlich ein besonders reiches Vogel- und Insektenleben birgt.

Im Mittelwald kommen noch die wunderbaren **Alteichen**, die „Lassreitel" hinzu, die den Überhältern im Hochwald entsprechen. Mächtige Kronen können sie in dieser Waldform entwickeln; als Baumpersönlichkeiten stehen sie frei und stark in der meist hügeligen Landschaft. Da sie Refugien für eine Reihe von seltenen Tierarten bilden – für den anderenorts vielfach ausgestorbenen Mittelspecht beispielsweise – sind die Reste alter Mittelwälder auch aus ökologischen Gründen schützenswert.

Von den Gehölzen haben vor allem die **Wildobstarten,** Kirsche, Wildapfel und Wildbirne, Seltenheitswert. Landschaftlich tragen aber auch die lichtliebenden Birken, Weiden und viele verschiedene Sträucher mit ihren **Blüten und Beeren** zum Reiz der Nieder- und Mittelwälder bei.

Obwohl sie im krassen Gegensatz zu den schattigen und kühlen Buchendomen unserer ursprünglichen Hochwälder stehen, und obwohl sie hochgradig „künstlich" sind, empfinden die meisten Menschen Nieder- und Mittelwaldlandschaften als „natürlich". Eben nicht im Sinne puristischer Naturschutzphilosophie, sondern im Sinne von Harmonie; jener Harmonie, die uns auch an anderen menschlich geformten Landschaften – von der Lüneburger Heide bis zur Toskana – unwiderstehlich anzieht. Dafür sollte in unseren Wäldern gewisser Raum bleiben.

Zusammenfassen möchte ich das Thema forstliche Betriebsform und Verjüngungsverfahren mit zwei Sätzen von Vietinghoff-Riesch (1940), denen ich aus heutiger Sicht nichts hinzuzufügen habe:

„Dass radikale Nutzungsformen in Wäldern mit organischer Struktur dem Landschaftsempfinden widersprechen, darüber darf es ... keine Unklarheit geben. ***Im übrigen lehnt die Lehre von der forstlichen Landschaftsgestaltung jede generalisierende Regel ab, da die deutschen Wälder eine viel zu verschieden geartete Vergangenheit und – infolgedessen auch Gegenwartsstruktur besitzen, um sie mit so wenig fest umrissenen Begriffen wie Dauerwald und Kahlschlagbetrieb meistern zu können****."* [112]

3.3.2.2 Pflege- und Durchforstungsbetrieb

Maßnahmen der Waldpflege und Durchforstung prägen zwar das Erscheinungsbild des Waldes nicht so einschneidend wie Betriebsform und Verjüngungsverfahren, wirken aber ebenfalls auf das ästhetische Erleben. Im Mittelpunkt steht die Frage, wie dicht und geschlossen Waldbestände gehalten werden; forstlich spricht man vom „**Schlussgrad**". Wird ein Jungwald sehr dicht gehalten, bleibt der Waldboden kahl und trägt außer ein paar Moosen und Pilzen praktisch keine grüne **Bodenvegetation**.

Dies kann hie und da durchaus interessant sein. In Kapitel 2.13 wurde ja beschrieben, dass nicht nur Schönes im engeren Sinn ästhetischen Wert hat, sondern auch Interessantes, Geheimnisvolles. Es kann uns Entdecker-Freude bescheren. Liebhaber mancher Pilzarten beispielsweise suchen solche Bestände bevorzugt nach Beute ab; und Waldläufer finden dort nicht selten **Tierspuren**, von abgenagten Zapfen über Rupfungen des Sperbers, verwitterte Knochen bis zu Losung und Gewöllen.

Doch großflächig wirken fehlender Bodenbewuchs, fehlendes Grün arm und eintönig. Gerade dichte Nadelholzjungbestände mit ihren absterbenden Astquirlen weisen zusammen mit der unzersetzten Streu am Boden durchweg eine fahle **Braunfärbung** auf. Solche finsteren Waldorte empfinden die meisten Menschen trist und ungesund. Sie atmen etwas von Tod und Beklemmung. Das Gedränge der Bäume, der tatsächli-

Mittelalter Fichtenreinbestand in (ästhetisch) optimaler Lichtstellung: Es tut wohl, wie sich der ursprünglich kahle Waldboden allmählich begrünt. Moose und Gräser fassen Fuß, aber noch keine Brombeere. Mit etwas Gefühl für die richtige Behandlung kann man auch solch eintönigen Waldorten einen bescheidenen Reiz verleihen. Hoffentlich fällt die nächste Durchforstung ähnlich vorsichtig aus.

che Lichtmangel, beengen und bedrücken nicht wenige Betrachter auch psychisch. Vielen erscheinen sie unnatürlich, künstlich.

Auch Laubholzbestände, vornehmlich Buchen, strahlen im **Stangenholzalter** keine vitale, lebendige Stimmung aus. Zur Winterzeit wirken sie fast noch langweiliger, hässlicher und „toter“ als Nadelholzbestände. Da sie wesentlich durchsichtiger sind, vermitteln sie in der kalten Jahreszeit nicht einmal jenen Hauch von Geheimnis, den der Nadelwald sich stets bewahrt. Dort schwirren ja immer wieder Goldhähnchen herum, der Eichelhäher lässt hie und da sein Rätschen hören oder ein Eichhörnchen, das seinen Kobel in einer dichten Fichtenkrone hat, hinterlässt seine Spuren.

Kontrast-Erleben

Abgesehen von dem hie und da spürbaren Geheimnisvollen, Interessanten liegt der ästhetische Wert solch hässlicher Waldorte vor allem im **Kontrast**. Allein durch ihre Existenz werten sie den Anblick eines hohen, starken, räumigen Altholzes auf. Die Freude, ein solches zu betreten, ist größer, wenn ich vorher längere Zeit langweilige oder finstere Jungbestände durchwandert habe. Andererseits kann ich deren bescheidene Reize, die trotz oder auch wegen aller Tristesse vorhanden sind, nur erkennen, wenn genügend Althölzer vorhanden sind.

Eine Waldwanderung kann und soll **Höhen und Tiefen** bieten, genau wie das Leben. Hier liegt ja der Trugschluss: dass es eine ästhetisch ideale Waldform gäbe, die nur schön sei, und die zu durchwandern nur Freude mache. Mag ein bestens gemischter Plenterwald noch so ansprechend sein. Lange genug durchwandert wird er langweilig, wie das Leben, das wir nur schön gestalten wollen, aus dem wir alle Tiefen und Durchhänger verbannen. Es wird zu einem „Einheitsbrei“, der letztlich nicht dauerhaft zufrieden macht.

Auch zu einer **Bergwanderung** gehört der lange Anstieg durch das Tal, durch finstere Wälder, durch die „Klamm“ mit all ihrer „beklemmenden“ Enge. Erst sie lassen den Gipfel, das Licht, die Weite zum Erlebnis werden. Sich mit der Seilbahn hinauf chauffieren zu lassen und nur über Gipfel und Höhen zu wandern, mag manchem „Höhenflieger“ bequem erscheinen. Aber die große Begeisterung kommt dabei nicht dauerhaft auf. Zum intensiven Bergerleben, zum seelischen Berührtsein fehlt etwas Wichtiges: Tiefe, und Mühsal.

Doch wieder zurück in die Wälder. Indem ich den ästhetischen Wert auch finsterer, ungepflegter und eintöniger Nadelholzjungbestände beschreibe, sehe ich vor meinem geistigen Auge bereits einige Vertreter der Forstwirtschaft zufrieden lächeln: Also passt unser Wald ästhetisch doch so, wie er ist. – Halt! Er hat durchaus Schönes, aber ganz so rosig sieht es nicht aus. Gemessen an den eintönigen Reinbeständen ist die Fläche der Althölzer, die uns erhebende oder auch erhabene Momente gewähren, sehr gering.

Und der Schluss ist nicht zutreffend, dass die Freude darüber umso größer sei, je weniger davon vorhanden sind. Denn dazwischen stehen Frustration, Sorge und Zorn:

Wenn es so wenig wirklich schöne, räumige Altbestände gibt, dass ich auf vielen Waldwanderungen und in vielen Waldgebieten gar keine finde, dann zweifle ich an der Forstwirtschaft. Dann stelle ich in Frage, ob sie überhaupt deren Wert kennt. Und dann kommt mir das Gefühl, dass sie alles andere, vor allem das Geld, wichtiger nimmt als Waldschönheit. Verlustschmerz über das Verlorene keimt in mir und Sorge, wie es weiter gehen soll. Diese Lage ist Anlass zu der Diskussion, die momentan öffentlich über Wald und Forstwirtschaft geführt wird.

Lichtstellung und Bodenverwilderung

Den dichten Jungbeständen steht draußen ein anderes Phänomen gegenüber, das es in der Vergangenheit nicht in diesem Ausmaß gab: die **Auflichtung jüngerer Bestände** und damit zusammenhängend die „**Bodenverwilderung**". Fürchtete man solche Probleme früher nur als Folge von Katastrophen, vor allem von Schneebruch, werden heute viele ganz normale Jungwälder von Unmengen Brombeere, Holunder und anderen – meist nitrophilen – Bodenpflanzen unterwandert. Moose, Pilze, Heidelbeeren und sogar die früher so verbreiteten Gräser gehen zurück, werden von den wuchskräftigeren Konkurrenten überwuchert.

Der ganz normale Wahnsinn: sobald etwas Licht in die Bestände fällt, werden fruchtbare Waldböden heute vielerorts zum **Dornenverhau**. Und Licht bringen nicht nur Schadereignisse wie Sturm, Schnee und Käferfraß, sondern auch starke Durchforstungseingriffe mit den zugehörigen Rückegassen.

Die Ursachen sind verschiedene: Einerseits liegt es an den **starken Durchforstungseingriffen,** denen viele Wälder heute schon in jungen Jahren unterzogen werden. Weil man die Bäume schneller in lukrative Stärken bringen will, stellt man sie schon früh sehr licht: eine Art Schnellmast, die wir aus der Landwirtschaft kennen, und die in der Forstwirtschaft seit den zwanziger Jahren als „**Schnellwuchsbetrieb**" eingeführt ist[113].

Heute erzwingen zudem die großen Maschinen und die Forderungen der Holzindustrie hohe Entnahmesätze. Es wird „**tüchtig reingelangt**" in die (Jung-)Bestände.

Kleckern – wie man es früher tat – ist finanziell nicht mehr machbar; man muss klotzen, wenn man mit den schwachen Durchforstungshölzern die Erntekosten decken oder vielleicht noch ein paar Euro verdienen will; wie in der Landwirtschaft, wo man von zwei, drei Schweinen oder Hühnern nicht leben kann, sondern deren hundert oder tausend braucht.

Andererseits beruht die Veränderung der Waldflora auch auf den enormen **Stickstoff-Mengen**, die unser Wald ständig aus der verschmutzten Luft filtert. Sobald etwas Licht auf den Boden fällt, lässt dieser hochwirksame Dünger viele Bodenpflanzen üppig ins Kraut schießen, die früher lediglich ein Schattendasein führten. Nicht zu unterschätzen ist zudem die Wirkung des Stickstoff-Überangebotes auf die Bäume selbst. Sie bilden im Verhältnis zu einer schwachen Wurzel viel Blatt- und Nadelmasse, was sie labiler und anfälliger gegen Sturm und Schnee werden lässt. So entstehen vielerorts neue Lücken.

Und schließlich verlichten auch die Baumkronen selbst: durch neuartige **Waldschäden** sowie allerhand gefräßige **Insekten**. Borkenkäfer und Blattwespen nehmen auf ihre Weise immer wieder Nadelbäume heraus und sogar die Eichen leiden hie und da unter Kahlfraß durch Schmetterlingsraupen. Die **Klimaerwärmung** der letzten Jahre begünstigt die gefährlichen Krabbeltiere.

Aus den genannten Gründen sind unsere Wälder – über das ganze Land gesehen – längst nicht mehr so dicht, wie sie es noch vor dreißig Jahren waren. Der Waldboden wird durch die verbesserten Lichtverhältnisse grüner, was ja eigentlich schön wäre. Doch wenn des Guten zu viel geschieht, wenn das „Kraut“ wuchert wie verhext, dann kehrt sich die Sache ins Gegenteil. Manche Waldbestände – insbesondere auf nährstoffreichen Böden – sind praktisch **nicht mehr betretbar**, weil mannshohe Brombeerranken jeden Schritt zum Kampf machen. Da hilft auch keine Machete; die biegsamen Dornenranken sind viel zu elastisch und hängen sich sofort in die Kleidung. Waldästhetisch wirken solche Bestände **unfreundlich, abweisend und gefährlich**.

Nicht nur vom Eindruck her, sondern tatsächlich verweist das Gestrüpp den Waldbesucher auf die Wege. Der Weg wird zu einer Insel im ansonsten lebensfeindlichen Raum. Die „Waldfreiheit“, die Möglichkeit „in die Kreuze und Quere zu gehen“, wie es H. W. Riehl (s. Kap. 1.5) formulierte, ist verloren, und meist ist der Mensch froh, wenn er solche Wälder wieder verlassen kann. Sie sind nicht geeignet, Freunde für den Wald zu gewinnen oder gar für die Forstwirtschaft, die sie hervorbringt.

Im übrigen sind solche **„Krautwüsten“** sowohl waldbaulich als auch betriebswirtschaftlich unerwünscht. Bilden sie doch ein undurchdringliches Hindernis für natürliche Verjüngung, und kostet es gegebenenfalls viel Geld, sie für eine Pflanzung zu beseitigen. In manchen Betrieben, wo Brombeerranken die Verjüngung unmöglich machen, werden sie tatsächlich von Hand ausgerissen. Zum richtigen Zeitpunkt ausgeführt, ist das zwar wirksam, aber immer eine Plackerei, für die man erst mal Leute finden muss.

Chemie-Einsatz und Waldästhetik

Andere Forstbetriebe greifen zur **Chemie**, was angesichts manch höllischen Verhaus zwar verständlich ist, doch den großen Nachteil hat, dass in dem Dickicht vereinzelt hochkommende Eichen und andere Laubbäumchen mit auf der Strecke bleiben.

Chemie – konkret gesagt **Herbizide** – sind aus waldästhetischer Sicht ansonsten nicht ganz so kategorisch abzulehnen wie aus ökologischer. Der Grund ist einfach: man bemerkt allenfalls kurz nach dem Einsatz an einer Gelbfärbung der betroffenen Pflanzen, dass hier etwas geschehen ist. Schon wenig später sind aber – für den normalen Waldbesucher – kaum noch Spuren zu entdecken.

Wenn allerdings lebendige, bunte **Schlagfluren** großflächig beseitigt werden, so dass nicht einmal mehr Gräser und Weidenröschen blühen, oder wenn – wie das in manchen Christbaumkulturen geschieht – alles außer Nadelbäumen tot gespritzt wird, dann ist das auch ästhetisch eine traurige Verarmung und eine Schande.

Im Übrigen darf man die **Wirkung des Wissens** nicht unterschätzen, die jedes sinnliche Wahrnehmen begleitet. Wer *weiß*, dass in einem Wald ähnlich hemmungslos gespritzt wird wie in der Flur, kann diesen Wald nicht mehr unbefangen schön finden. Solches Wissen belastet. Im ersten Teil wurde erörtert, dass es in der Waldästhetik nicht nur um „Waldbilder“ geht, sondern um die Lebenswelt, die der Wald für uns bildet. Er ist eben die andere Welt, die Gegenwelt zu Stadt und Flur, in der wir eine gewisse „Heile“ erwarten. **Aus diesem Grund darf Chemie-Einsatz nur als letztes Mittel erfolgen, wenn Handarbeit unmöglich oder unzumutbar ist**.

Bunte Schlagfluren sind ästhetisch sehr wertvoll. Sie totzuspritzen soll im Wald tabu sein.

In meiner aktiven Zeit habe ich diesen Extremfall beispielsweise in verlichteten, völlig mit Brombeere unterlaufenen Fichtenaltbestände auf Lößboden gesehen, in die wir **Buchen einbringen** wollten. Ökologen mögen es mir verzeihen, dass ich dort den Einsatz von Herbiziden gutgeheißen habe, um den Brombeerverhau einzudämmen und Laubbäumchen für die neue Waldgeneration pflanzen zu können. Wer dagegen ist, sollte vielleicht einmal probieren, einen Hektar wohlgenährter Brombeerstauden von Hand auszureißen.

Aus waldästhetischer Sicht kann der Zweck manchmal die Mittel heiligen; es darf keinen Dogmatismus geben. Wenn ich heute die jungen Buchen inmitten der Fichtenreinbestände anschaue, freue ich mich darüber, dass wir sie damals – trotz gewisser Bedenken ausnahmsweise mit chemischer Hilfe – gepflanzt haben.

Das beste und einzige Mittel, das langfristig gegen Bodenverwilderung auf nährstoffreichen Standorten hilft, ist **Schatten**. Weil sich im Wald alles ums Licht dreht – der ganze naturnahe Waldbau ist ja im Grunde nichts anderes als richtige Lichtsteuerung – kann man auch die Bodenvegetation damit in den Griff bekommen. Und wer Schatten sagt, meint **Buche**. Sie ist nicht nur das wertvolle Naturerbe, für das wir in Deutschland besondere Verantwortung tragen, sondern auch unentbehrliche Helferin des Waldbaus. Mich beeindruckt es immer wieder, wie eine einzige unterständige Buche inmitten von Nadelwald die Bodenvegetation um ihren Stammfuß „unter Kontrolle“ hält. **Buchenpflanzung** ist – waldbaulich, ökologisch und ästhetisch – das Gebot der Stunde.

Wegen der drohenden Bodenverwilderung müsste es auf wüchsigen Standorten zentrales waldbauliches Ziel sein, **alle jüngeren Bestände dicht zu halten**. Nicht so dicht, dass Finsternis jede Bodenvegetation erstickt, aber eben nicht so licht, dass sie explodiert. Doch da kommen wir ins Gehege mit den Maschinen, die erstens alle 20 bis 30 Meter ihre Rückegasse brauchen, zweitens nur wirtschaftlich arbeiten, wenn auch eine erkleckliche Holzmenge bei der Durchforstung anfällt. So ist die Verlichtung auch in jüngeren Beständen vielerorts vorprogrammiert. Es ist zu hoffen, dass die Forstwirtschaft intensiver an diesem Problem arbeitet.

„Bestandesfeinerschließung“

Zum **Maschineneinsatz** wurde in Kapitel 2.8 bereits einiges gesagt. **Breite und eng beieinander liegende Rückegassen** sind das augenfälligste Zeichen ihres Wirkens. Meist werden die Maschinenlinien schnurgerade in den Wald hineingetrieben und fallen besonders in jüngeren Beständen als künstliche Schneisen auf; der Wald wird quasi schraffiert und seines „wilden“, ungeregelten Charakters beraubt. Was früher „Feinerschließung“ hieß, kann heute oft nur noch „**Groberschließung**“ genannt werden. Wenn der Wanderer – wie das in vielen Hanglagen der Fall ist – von der einen Forststraße durch die Rückelinie bereits die nächste sehen kann, schrumpft der Raum und verliert weitgehend sein Geheimnis. „Alles unter Kontrolle“ ist der Eindruck.

Liegen dann noch **Äste, zerbrochene Kronen- und Stammteile** auf den Gassen, über die das stählerne Ungetüm seine Spur wälzt, kommt unweigerlich der Vergleich

Fahrspuren oder Reisigmatratze: worin (ästhetisch) das kleinere Übel liegt, ist Geschmacksache.

mit der Zerstörung tropischer Regenwälder auf: Die Bilder ähneln jenen, die uns das Fernsehen aus Brasilien zeigt. Nicht Harmonie zwischen Mensch und Natur, sondern Rücksichtslosigkeit ist der Eindruck.

Man könnte, sagt Stefan Schaffner, der den **Zusammenhang zwischen Holzerntetechnik und Image der Forstwirtschaft** untersuchte,

> *„ ... neben ökologischen Standards für den Einsatz von Forsttechnik auch* ***Standards danach ausrichten, um eine möglichst hohe Akzeptanz in der Bevölkerung zu erreichen*** *... Im Grunde darf beim praktischen Einsatz von Forsttechnik im Wald nichts passieren, was den Eindruck zerstört, Forstwirtschaft hat ein Interesse an Wald und Gesellschaft. Es darf nicht viel passieren, was den Eindruck verstärkt, Holzerntetechnik (zer)stört das Naturerleben im Wald und hinterlässt dauerhafte Schäden“.* [114]

Wie und in welchem Umfang man Rücksicht auf die Empfindungen der Waldbesucher nehmen kann, ohne die modernen Ernteverfahren zu kippen, ist strittig. Sind die Fahrspuren das Problem oder gerade die „Reisigmatratze“, die man auf der Gasse liegen lässt, um die Spuren zu verhindern? Lässt sich – beispielsweise bei schlechtem Wetter, drängender Lieferverpflichtung, und großem Holzanfall – überhaupt schonend arbeiten? Müssen die Waldbesucher solche Beeinträchtigungen nicht in Kauf nehmen, nach dem Motto: ***Wo gehobelt wird, fallen Späne***?

Zu diesen Fragen gibt es keine eindeutigen Antworten. Es gilt Kompromisse zu finden zwischen wirtschaftlichen Realitäten und teilweise sehr hohen Anforderungen der Öffentlichkeit. Das Mindeste, was die Forstwirtschaft aus meiner Sicht tun kann und auch in eigenem Interesse tun soll, ist Folgendes:

- **Rückegassen nicht geradlinig, sondern gebogen anlegen**, damit man nicht tief in sie hinein und durch den Wald hindurch sieht (s. Abb. unten)
- Größere Hiebsmaßnahmen und damit verbundene Beeinträchtigungen der Walderholung auf **Hinweisschildern** ankündigen und um Verständnis nachsuchen
- Ästhetisch empfindliche (Erholungs-) Wälder nur bei **passendem Wetter** durcharbeiten; Reihenfolge und Priorität der Hiebe entsprechend flexibel planen
- Eingriffe in vielbesuchten Erholungswäldern **vorsichtig** führen, nicht so viel entnehmen, dass der Wald völlig sein Gesicht ändert
- **Zerstörte Wege unmittelbar nach einem Einsatz wieder herrichten**, so dass sie begehbar und befahrbar bleiben

Schnurgerade Rückegassen durchlöchern den Wald optisch ...

Denn, so Schaffner:

„Nicht die Nutzung an sich, sondern der Umgang mit dem Wald bei seiner Nutzung steht in der Kritik."

Wenn die Menschen diesen Umgang unangemessen und unpfleglich empfinden, wird der Ruf nach Gesetzen und Reglementierungen lauter. Eine Spirale, die letztlich nur zu mehr Bürokratie und Verdruss führt.

Zu den Pflege- und Durchforstungsverfahren ist aus waldästhetischer Sicht ansonsten wenig zu sagen. Wenn das Bestandesgefüge nicht – wie oben beschrieben – zu sehr aufgelockert wird, nimmt kaum jemand einen nennenswerten Unterschied zwischen Hoch-, Nieder- oder Auslesedurchforstung wahr. Im Zweifel ist die heute fast überall gebräuchliche **Zukunftsstamm-Methode** vorzuziehen, weil sie relativ starke Bäume fördert, ihnen Standraum schafft und sie dadurch zu schönen, kräftigen Baumindividuen heranwachsen lässt. Auch die **Astung** ist – schonend betrieben – problemlos, weil sie den meisten Waldbesuchern ohnehin nicht auffällt. Außerdem sind die Dürräste unseren Nadelbäumen keine Zier.

... gebogene verschwinden sanft aus dem Blickfeld.

Raum für Ungewöhnliches

Wünschenswert ist bei allen Pflege- und Durchforstungsarbeiten, **hie und da auch krumme, zwieselige oder verwachsene Stämme stehen zu lassen**. Die Ordnungsliebe der deutschen Förster, gepaart mit wirtschaftlichem Kalkül, ging in der Vergangenheit oft viel zu weit. Alles Unregelmäßige, Gebogene, Seltsame wurde frühzeitig ausgemerzt. „Protzen" und „Säue" fanden und finden keine Gnade, obwohl gerade sie langfristig das Zeug zu echten **Baumpersönlichkeiten** hätten. Man könnte sie an Wegrändern beispielsweise gezielt stehen lassen und nähme damit jenen Kritikern Wind aus den Segeln, die den deutschen „Försterwald" – nicht ganz zu Unrecht – als eintönig und steril abtun.

Wie schnell ist er weggeschnitten, der „krumme Hund". Aber gerade in eintönigen Nadelholzforsten freut sich das Auge über gelegentliche Besonderheiten am Wegrand. (Foto aus dem Kleinprivatwald)

Waldästhetisch katastrophal wirken alle schablonenhaften Verfahren, z.B. die **Reihenentnahme**. Wie eine schematisch betriebene Reihenpflanzung selbst leiten solche Methoden zum **Plantagenbetrieb** über. An Scheußlichkeit und Naturferne kaum zu überbieten sind viele auf diese Weise behandelte Pappelpflanzungen in unseren Flussniederungen. Oben schnurgerade Reihen geklonter Hybrid-Pappeln, unten nichts als Brennnesseln; so präsentieren sie sich als herz- und seelenlose Holzfabriken, die mit Wald nichts zu tun haben.

Dass Naturschützer gerade die Auwälder zum bevorzugten Feld ihres Kampfes gegen eine als naturfern und rücksichtslos empfundene Forstwirtschaft gewählt haben, hängt mit diesen Methoden zusammen. Aber auch in Kieferngebieten beispielsweise bieten **schematische Durchforstungseingriffe** Anlass zu Kritik.

Insgesamt gilt für alle Pflege- und Durchforstungsmaßnahmen, insbesondere für maschinelle Arbeitsverfahren, dass der Wald seine natürliche Ausstrahlung behalten muss. **Die Sprache von Wald und Natur darf nicht durch die Sprache von Maschine und Produktion übertönt werden.**

Ferner soll gerade im Altersklassenforst das Geradlinige, Schulmäßige, Militärische nicht verstärkt werden; es muss schon in Jungbeständen gewisser **Raum für Unregelmäßiges, Markantes, Besonderes** bleiben. Der krumme, astige, zwieselige Baum ist kein „Fehler", sondern Naturerscheinung, die ihre Daseinsberechtigung hat und Respekt verdient.

3.3.2.3 Verschiedene Zeichen menschlichen Einflusses

Dass Wald nicht nur Natur ist, dass er auch Betrieb ist, Jagdrevier usw., wurde im zweiten Teil ausführlich behandelt. Doch suchen die meisten Menschen im Wald vor allem das Natürliche und sind enttäuscht, wenn sie dort zu viel Menschengemachtes, Künstliches finden. Neben der großen waldbaulichen Gestaltung sind es eine Reihe von **Kleinigkeiten**, die Einfluss darauf haben, wie natürlich oder unnatürlich ein Wald wirkt.

Auf die ästhetische Ausstrahlung von **Jagdkanzeln und Hochsitzen** wurde im Kapitel 2.10 bereits eingegangen; auch die Problematik von Wildschutzzäunen wurde dort angesprochen. Ich hoffe, dass sie in möglichst vielen Wäldern bald ihre Daseinsberechtigung verlieren. Im Zusammenhang mit Jagd und Wild fallen noch die verschiedensten Variationen von **Einzelschutz gegen Verbiss-, Schäl- und Fegeschäden** ins Auge (s. Abb. umseitig). Seien es die diversen Formen von Terminalknospenschutz, Grüneinband, Plastikköcher, Fegespiralen oder „Kürassiere" – alles ist widernatürlich und waldästhetisch störend. Einen gewissen „Charme" hat allenfalls die Schafwolle, mit der man in manchen Revieren kleine Tannen gegen hungrige Rehe schützt.

„Graffiti"

Ähnlich unnatürlich wirken **Farbmarkierungen** im Wald, die manche Förster ausgesprochen großzügig anbringen, auch wenn es Alternativen gäbe. Es geht ja so leicht, und innerhalb von Sekunden kann man die eigene Wichtigkeit für jedermann auf Jahre hinaus sichtbar demonstrieren.

Bei Bäumen, die ohnehin zu fällen sind, ist das Ganze kein großes Problem. Die Tupfer verschwinden im Zuge der Holzernte von selbst, und die alte Reißhaken-Methode war auch keine ansprechendere Alternative. Bei den **Rückegassen** wird es jedoch traurig. Wenn sie alle 30 Meter angelegt sind und dann noch mit möglichst grellfarbigen Doppelstrichen links und rechts gekennzeichnet, dann nimmt das dem Wald den letzten Rest von Würde. Das Bild vom maschinengerechten „Försterwald",

Einzelschutz gegen Wildverbiss:

Plastikköcher (oben links) sind absolute Fremdkörper im Wald.

Weißteer (oben rechts) ist etwas weniger auffällig, aber dennoch künstlich.

Einen gewissen „Charme“ hat die Schafwolle (unten links). Am besten wäre es natürlich, wenn man ohne das alles auskäme.

der menschlichen Interessen gänzlich untergeordnet ist und mit Natur nicht mehr viel zu tun hat, drängt sich auch dem gutwilligen Betrachter auf. Reicht nicht einseitige Bebänderung, die man nach dem Hieb wieder entfernt? Oder kann man nicht – als Minimalforderung – wenigstens eine gedeckte Farbe verwenden?

Schlimm finde ich auch dauerhafte Farbmarkierungen an **Totholz**, das man extra für den Specht und seine Futtertierchen stehen lässt. Morsche Stämme sollen ja gerade Natur sein, natürliches Leben enthalten und ermöglichen, werden aber oft durch Kreuze, Schlangenlinien und Tiersymbole verunstaltet. Lieber als diese Graffiti wären mir kleine Schilder auf der vom Weg abgewandten Seite; noch besser die generelle Anweisung, dass alle unmarkierten Baumleichen tabu sind.

Hässlich wirkt es auch, wenn – vor allem in der Kiefer – geastete **Zukunftsstämme** dauerhaft markiert werden. Hier wäre die Minimalforderung, die Zeichen auf der Wegabgewandten Seite anzubringen und ebenfalls eine gedeckte Farbe zu verwenden.

Oder **Versuchsflächen** und **Stichprobenpunkte** für die verschiedensten Inventuren: oft sind sie bunt wie ein Jahrmarkt; etwas Bescheidenheit würde ich mir von unseren WissenschaftlerInnen wünschen, zumal in den ihnen anvertrauten Naturwaldreservaten. Als professionelle Denker müssten sie doch praktikable Alternativen finden können?

Ökologisch mag die ganze Färberei im Wald kein Problem sein. Dem Specht ist es egal, wie sein Höhlenbaum aussieht, und biologisch kann die Sprühfarbe rückstandsfrei abbaubar sein; meinetwegen sogar mit dem blauen Öko-Engel prämiert. Aber Menschen, die in unseren Wäldern die letzten Reste von Natur suchen, stoßen die üppigen Färbereien vor den Kopf. Einer Forstwirtschaft, die nach gesellschaftlicher Akzeptanz sucht, erweisen sie keinen Dienst. **Grundsätzlich sollten sich alle, die draußen mit Markierfarbe umgehen, Sensibilität für das Wesen des Waldes bewahren und für die Mitmenschen, die es suchen** (s. Abb. umseitig).

„Schilderwald"

Ähnlich verhält es sich mit diversen **Schildern**, die teils warnend, teils belehrend auf alle möglichen Gefahren und Verhaltensregeln hinweisen. Von Zecken und Fuchsbandwürmern über Ruhe im Wald – welche die Tierlein angeblich brauchen – bis zur unerlaubten Abfallbeseitigung springen einen verschiedenste Mahnungen an. Mag ja sein, dass manche notwendig sind, doch scheinen einige Interessengruppen – nicht zuletzt Jäger – den Wald als traditionell rechtsfreien Raum einseitig für ihre Zwecke zu besetzen. Viele Waldbesucher verunsichert das, manche verärgert es, und die, die es treffen soll – Abfallsünder zum Beispiel – kümmern sich buchstäblich einen Dreck darum.

Es wäre schön, wenn gerade Förster ein waches Auge darauf richten, dass ihr Revier Wald bleibt und nicht zum Schilderwald verkommt.

Die Haare sträuben sich mir, wenn das sogenannte „**Umweltsponsoring**" jetzt auch mit Werbetafeln in den Wald eindringen soll. In ihrem Artikel „Wer sponsert den

Gerade die schönsten Teile von Naturwaldreservaten sind oft von der hohen Wissenschaft gezeichnet. Uralte Baumpersönlichkeiten werden zu Nummern. Bitte, liebe ForscherInnen, sucht nach Alternativen!

Hier kommt der Harvester. Jeder sieht es, alle 20, 30 Meter. „R“ steht für Rückegasse; im Bestandesinneren folgen massenhaft Schrägstriche (s. S. 218).

Schön, dass dieser Stumpf stehen bleibt, weniger schön die Methode: lieber diejenigen Stümpfe markieren, die rauskommen!

Specht?" beschreiben Mertens und Schoop, wie ein kommunaler Forstbetrieb alte Bäume einer Versicherungsgesellschaft gegen Entgelt für Werbezwecke zur Verfügung stellt. Der Forstbetrieb leistet dabei Folgendes:

> *„Bereitstellung der Bäume und Baumgruppen zu Sponsoring-Zwecken; werbetechnisches Nutzungsrecht aller im Stadtwald ausgeschiedenen Baumdenkmäler; (**Die Versicherung erhält das Recht, ihr Logo, sowie den Satz: unterstützt durch ... jeweils auf Tafeln anzubringen**.) Pflege und Erhalt der Baumdenkmäler, Ersatz der Beschriftungstafeln bei Zerstörung; Teilnahme des Oberförsters an einem jährlichen Medienanlass (es sollten mindestens zwei Baumdenkmäler pro Jahr mit einem Festakt eingeweiht werden) ..."*

Dieses Produkt (die alten Bäume) bietet folgende Vorteile:

> *„Es besitzt ein hohes Wertepotenzial; alte Bäume üben auf die meisten Menschen eine besondere Anziehungskraft aus. Das Image des Försters – Teilnahme am Medienereignis – ist positiv.* ***Bäume, insbesondere alte Bäume, bieten Assoziationen zu Ewigkeit, Beständigkeit und lassen sich damit gut mit dem gewünschten Image einer Versicherung verbinden****."*

Macht der Turbokapitalismus denn vor gar nichts Halt? Zählt außer Geld überhaupt noch etwas? Sind wir so arm, dass wir uns nicht einmal alte Bäume und darin wohnende Spechte ohne Werbeschilder leisten können?

Doch schließlich entscheidet jeder Oberförster selbst, inwieweit er sich und die ihm anvertrauten Bäume für solche Dinge vermarkten lässt. Und jeder Waldbesucher entscheidet, ob er seinen Versicherungsvertrag angesichts solcher Respektlosigkeit beibehält. Mancher Schuss geht nach hinten los. Ich hoffe jedenfalls, dass derartige Geschichten Einzelfälle bleiben, dass wir nicht die Arbeits- und Geschäftswelt, vor der wir scharenweise zur Erholung in den Wald flüchten, durch die Hintertür wieder hineinholen.

Es mag in der Wirtschaft Leute geben, die tatsächlich etwas für den Wald übrig haben und sich irgendwie für ihn engagieren wollen; nicht alle sind ja so frei von ethischen Erwägungen, wie das bisweilen den Anschein hat. Doch gilt es für solches Engagement andere Wege zu finden, als Schilder an Bäume zu nageln. Wege, die den **Wald als Natur** erhalten.

Durchaus könnte ich mir beispielsweise vorstellen, dass eine Versicherung einen stadtnahen Acker kauft, diesen aufforstet und für die Menschen waldästhetisch ansprechend gestaltet. Wenn ein bereits vorhandener Wald zum Verkauf heransteht, könnte man auch einen solchen erwerben und waldbaulich für die erholungssuchende Bevölkerung gestalten. Mich würde es nicht stören, wenn am *Parkplatz* ein dezentes Schild angebracht ist: „*Die XY-Versicherung als Eigentümer dieses Waldes wünscht gute Erholung*". Der Parkplatz als Schnittstelle zwischen Wald und Zivilisation verträgt in dieser Hinsicht einiges. Der Wald selbst aber muss frei bleiben, und möglichst wenig berührt von Zivilisationseinflüssen seine Waldnatur bewahren.

Zusammenfassung der Ziele und Maßnahmen zum Thema „Natürlichkeit“

Ziele	**Maßnahmen**
Harmonie von Natur und Wirtschaft	Alle Wirtschaftsmaßnahmen überdenken, die Mensch und Technik gegen die Natur übermächtig erscheinen lassen; das rechte Maß suchen
Pfleglicher Einsatz der Holzerntetechnik	Rückegassen nicht geradlinig sondern gebogen anlegen; größere Hiebsmaßnahmen im Erholungswald ankündigen; nur mäßig eingreifen; auf passendes Wetter achten; zerstörte Wege wieder herrichten
Abwechslung bei Betriebsformen	Plenterwald vermehren, Mittel- und Niederwald örtlich erhalten
Vielfalt an Verjüngungsverfahren	In der schlagweisen Wirtschaft möglichst viele Verfahren ausschöpfen: Schirm- , Saum- , Femel- und ggf. auch Kahlschlag; Naturverjüngung und Pflanzung
Landschaftliche Einbindung von Schlägen und Kulturen	Hiebsfronten nicht gerade, rechtwinklig sondern immer organisch, geschwungen, geländeangepasst führen; Pflanzreihen – wenn überhaupt – dann parallel zum Weg
Raumerleben und Transparenz im Wald	Alte Hallenbestände erhalten und wieder neu aufbauen; Überhälter auf Freiflächen belassen
Kontrasterlebnisse	Dichte Jungbestände sollen mit lockeren Altbeständen wechseln; vegetationsarmer, brauner Waldboden mit lebendiger, grüner Krautschicht
Angemessene Bodenvegetation; Betretbarkeit	Bodenverwilderung auf nährstoffreichen Standorten verhindern, Bestände dicht halten, Schattholz – Buche einbringen; vielfältige aber überschaubare Schlagflora erhalten
Raum für Eigenartiges, Unregelmäßiges	Krumme, zwieselige, protzige, markante Baumpersönlichkeiten schon bei Jungbestandspflege und Durchforstung teilweise erhalten
Kein Plantagenbetrieb	Kein schablonenhaftes, schematisches, sondern selektives Arbeiten bei Pflanzung, Pflege und Durchforstung
Wenig Zeichen menschlichen Einflusses	Jagdliche Einrichtungen wie Hochsitze und Kanzeln landschaftsangepasst und bescheiden bauen; Zäune und Einzelschutz gegen Wildschäden durch verantwortungsbewusste Jagd überflüssig machen; Altzäune abbauen; Farbmarkierungen minimieren; so wenig Schilder wie möglich anbringen; Umweltsponsoring unschädlich gestalten

3.3.3 Mischung

Fragt man Waldbesucher, welche Art von Wald sie bevorzugen, dann heißt die Antwort in aller Regel: Mischwald. Ergründet man diesen Wunsch tiefer, dann verhält es sich damit jedoch ähnlich wie mit der Natürlichkeit: Nicht das Prinzip ist ausschlaggebend, sondern die gefühlsmäßige Wirkung. Es kommt also weniger darauf an, dass der Wald tatsächlich eine Mischung aus verschiedenen Baumarten enthält, sondern dass er vielfältig und gemischt *wirkt*. Teilweise deckt sich der Wunsch nach Mischung sogar mit dem Wunsch nach Natürlichkeit: Eine natürliche (Wald-)Landschaft macht man – sinnlich – unter anderem daran fest, dass sie sich vielfältig, kleinräumig und abwechslungsreich präsentiert (siehe Kapitel 2.3.3).

Kleinflächig gemischter Wald aus Fichte, Buche, Kiefer, Eiche und anderen Baumarten.

Ein bestens gemischtes, aber sonst gleichförmiges Stangenholz aus Eiche, Hainbuche, Kirschbaum, Ahorn und Linde zum Beispiel, das sogar der Potentiellen Natürlichen Vegetation entspricht, ruft beim Waldbesucher meist weniger Begeisterung hervor als ein alter Fichtenwald mit dicken Bäumen, natürlicher Verjüngung, Gräsern und Moosen am Waldboden. Dass der Fichtenwald auf dem Standort eine „standortsfremde Monokultur“ darstellt, spielt keine Rolle. Er bietet ein vielfältigeres Walderleben, und deshalb sehen die meisten darin eher den gewünschten Mischwald als im Stangenholz.

Mischung im ästhetischen Sinn heißt nicht nur Mischung von Baumarten, auf die sie der forstliche Sprachgebrauch beschränkt, sondern es geht auch um gemischte Strukturen, Dichten, Größen, Lichtverhältnisse, Sichtweiten usw. Großes und Kleines, Junges und Altes, Grünes und Braunes, Enge und Weite, Licht und Schatten, Offenheit und Geheimnis sind dort ebenso gemischt wie Eiche und Kiefer, Buche und Fichte, Erle und Esche. Fachleute mögen diesen ästhetische Mischungsbegriff als unwissenschaftlich oder gar einfältig abtun. Doch beruht er auf einer lebendigen **Vielfalt an Empfindungen**.

Mischwald heißt weniger, dass der Wald verschiedene Baumarten enthält, sondern dass er verschiedene Gefühle auslöst. Und der gefühlsmäßige Unterschied zwischen jungen und alten Bäumen, Licht und Schatten, Enge und Weite usw. wird oft größer und intensiver erlebt als derjenige zwischen Eiche und Esche. Ästhetik hat eine andere Logik als Wissenschaft. Es geht nicht um Fakten sondern um Gefühle.

Forstleute haben sich diese Empfindungsvielfalt weitgehend abtrainiert: Für ihren Beruf ist es notwendig, die feinen Unterschiede zwischen winterlich kahlen Eichen und Eschen zu erkennen. Empfinden – also sinnlich erkennen – brauchen sie kaum. Zum Auszeichnen, Kalkulieren und Vermarkten ist rationales Erkennen der Tatsachen wichtiger. Gefühl kann sogar hinderlich werden, wenn es von wirtschaftlichen Erwägungen ablenkt.

Weder präzise ökologische noch forstwirtschaftliche Kriterien können also den weitgefassten ästhetischen Mischwaldbegriff umreißen, der seinerseits recht unkompliziert ist: **Ein Mischwald ist – kurz gesagt – ein abwechslungsreicher Wald.**

Abwechslung, Vielfalt ist ein zentrales ästhetisches Prinzip, zu dem bereits unter dem Stichwort „Natürlichkeit“ einiges gesagt wurde. Der Landschaftsplaner Wöbse schreibt:

> *„Abwechslung ist ein wichtiger, ästhetischer Reiz, der einerseits erforderlich ist, um unsere Sinnesorgane zu regenerieren, andererseits, um die Schönheit ein und desselben Phänomens nicht zu reduzieren.* ***Landschaftsbilder von hoher Vielfalt und Eigenart und größter Schönheit verlieren bei gleichzeitig weit reichender räumlicher und zeitlicher Ausdehnung an Wert.*** *“* [115]

Unter diesem Blickwinkel soll die **Baumartenmischung** beleuchtet werden, die sicherlich große Bedeutung für den ästhetischen Wert unserer Wälder hat. Über den

Wald prägt sie vielerorts sogar ganze Landschaftsräume sowie das Lebensgefühl ihrer Bewohner und Besucher.

Räumlich lassen sich drei verschiedene Stufen der Abwechslung unterscheiden:

- erstens die großräumige Abwechslung im Waldkleid der verschiedenen Landschaften bzw. „Wuchsgebiete",
- zweitens die Abwechslung in der Waldzusammensetzung einer Gegend,
- drittens die Abwechslung im einzelnen Waldgebiet selbst.

3.3.3.1 Großräumige Abwechslung und Eigenart der Landschaft

Vegetationskundlich gesehen liegt Deutschland im Bereich der sommergrünen Laubmischwälder. Die **Buche** würde – wenn der Mensch nicht eingegriffen hätte – etwa drei Viertel unserer Pflanzengesellschaften beherrschen. Tatsächlich nimmt sie noch **14,8 %** der Waldfläche ein. In wärmeren Gebieten, dem Norddeutschen Tiefland, sowie den großen Flussniederungen und Teilen der Mittelgebirge wäre die **Eiche** bestimmend. Sie bringt es heute noch auf **9,6 %**.

Kiefern träfe man als Beimischung vor allem auf trockenen Sandböden an, also in den nördlichen und östlichen Bundesländern, im Rhein-Main-Gebiet oder in Teilen Nordbayerns. Ihr Anteil wurde – meist in Monokultur – auf **23,3 %** erhöht. Die **Fichte** wäre nur in wenigen, rauen Kammlagen der Mittelgebirge und in den Alpen zu Hause; als Brotbaum der Forstwirtschaft hat diese ihr zu **28,2 %** der Waldfläche verholfen.

Die übrigen Baumarten wären kleinflächig eingestreut: Erle und Esche zum Beispiel in Gewässernähe, Linde und Hainbuche in den warmen Eichenwäldern, Tanne und Bergahorn in den Bergmischwäldern, Birke und Aspe auf Windwurfflächen, usw. Heute teilen sich diese alten Europäer die restliche Waldfläche mit Fremdländern wie Douglasie, Sitkafichte oder Roteiche.

Die **Forstwirtschaft** hat das natürliche Waldkleid Deutschlands erheblich verändert und dabei teils neue Vielfalt, auf großen Flächen aber auch neue Einfalt produziert. Vor allem hat sie den **Waldcharakter ganzer Landesteile umgeformt**: Mittelgebirge wie Erzgebirge, Sauerland, Eifel, Hunsrück oder weite Teile Bayerns hat sie – wie den Schwarzwald selbst – mit einseitigem Fichtenanbau zu „Schwarzwäldern" gemacht. Und viele Tieflagen hat sie zu „Kiefernwüsten" und „Steckerleswäldern" umgestaltet. Die ursprünglich vorhandenen großen Laubwälder konnten sich – meist aus jagdlichen Gründen – nur in wenigen Gebieten halten: im Pfälzerwald, Spessart, Weserbergland zum Beispiel.

Es geht hier nicht darum, diese Veränderungen zu verurteilen oder die alten Förster als Schuldige anzuklagen. Ich möchte nur realistisch betrachten, was an Baumarten da ist, wie es wirkt, und was gegebenenfalls daraus werden kann. Die **„Ersatzwälder"** sind uns ja Heimat und Lebenswelt geworden. Wir haben uns – weitgehend – damit abgefunden und finden sie häufig sogar schön. Nach zwei Generationen – sagt Nohl (s.

Kap. 2.13) – ist der Anpassungsprozess mehr oder weniger vollzogen, die Landschaftsveränderung ist akzeptiert, zumindest geschluckt. Und die Nadelwälder gibt es seit fast zwei Jahrhunderten.

Interessant ist, dass (fast) **reine Nadelwaldregionen** wie Fichtelgebirge, Schwarzwald oder Sauerland sogar bei zahlenden Touristen keinesfalls weniger beliebt sind als Laubwaldgebiete: Pfälzerwald, Spessart oder Steigerwald. Wie im zweiten Abschnitt des Buches erörtert wurde, wirkt der Wald eben in erster Linie durch seine bloße Existenz: als Freiraum, Oase der Stille, Gegenwelt zur Zivilisation. Dann kommt lange nichts; und erst viel später geht es darum, wie der Wald aussieht, welche Baumarten darin wachsen und wie er bewirtschaftet wird.

Doch mögen wir uns auch noch so abgefunden haben, mit den Bäumen, welche uns die Forstwirtschaft vor die Nase – pardon, in die Landschaft – gesetzt hat, so ganz glücklich sind viele Zeitgenossen damit nicht mehr. Im Naturschutzgesetz steht gleich zu Anfang etwas von **Vielfalt, Eigenart und Schönheit** unserer Landschaften, die zu erhalten, zu entwickeln und, soweit erforderlich, wieder herzustellen seien. Tatsache ist ja, dass viele große Forste weder sonderliche Vielfalt, noch markante Eigenart enthalten und Schönheit nur in den Grenzen der Relativität.

Oft bieten sie eine Art DIN-genormtes Waldbild, das sich eigentlich nur nach Kiefern- und Fichtenforsten einteilen lässt. Andererseits muss man bedenken, dass auch unsere **Naturwälder**, wenn wir sie wieder herzaubern könnten, nicht gerade Ausbund an Abwechslungsreichtum waren: drei Viertel Buchenwälder – finster, mit verflixt wenig Kontrast, wenn auch in den Zerfallsphasen artenreich, und kleinflächig weitaus ansprechender als 80 jährige Fichte. Angenommen, wir würden die ursprüngliche Vegetation jetzt überall wieder herbringen – dies nur als theoretische Vorstellung – dann würden wir vielerorts die künstliche Langeweile durch eine – potentiell – natürliche ersetzen.

Weil wir von einem solchen Waldzustand aber Lichtjahre entfernt sind, die natürlichen Waldgesellschaften in vielen Regionen praktisch verschwunden sind, gilt es auch aus ästhetischen Gründen, unbedingt wieder auf diese hinzuarbeiten. Um es auf einen kurzen Nenner zu bringen: **Von der verbliebenen „Eigenart“ der deutschen Waldlandschaften ist soviel zu retten, wie möglich. Und wo die ursprüngliche Eigenart durch großflächigen, monotonen Nadelholzanbau verloren ging, ist sie teilweise wieder herzustellen.**

Teilweise heißt nicht völlig. Es ist ja denkbar und im Zuge der Klimaerwärmung gar nicht so abwegig, dass die Fichte beispielsweise im niederbayerischen Hügelland rapide zurückgeht. Dann kann es so weit kommen, dass unsere Kinder etwas von Heimatgefühl verlieren; dass ihnen die grünen Fichten fehlen, unter denen sie aufwuchsen, spielten und Schwammerln suchten; dass sie die Reste dieser Fichtenwälder vielleicht sogar als „historische Nutzungsformen“ bewundern, und schützen wollen, so wie wir es heute mit Niederwäldern oder ehemals streugenutzten Flechten-Kiefernwäldern tun.

Doch das ästhetische Bewusstsein der Menschen ändert sich, und wir wissen nicht in welche Richtung. Deshalb würde ich die Beschäftigung mit solchen Problemen gerne vertagen, bis es so weit ist. Unsere Kinder, Enkel oder Urenkel werden dann Lösungen finden. Für unsere Zeit, denke ich, folgt aus diesen Gedanken, dass wir uns anstrengen müssen, die ursprünglichen Laubwälder wieder herzubringen, dabei die gegenwärtige Baumartenmischung, insbesondere Fichte und Kiefer aber nicht gänzlich verteufeln dürfen. Ästhetisch ist es zu einseitig, nur im „Natürlichen“ das Beste, Wertvollste und Schönste zu sehen. Ideales gibt es nicht; Schönheit braucht Abwechslung.

Wie die verschiedenen Baumarten und die von ihnen gebildeten Waldgesellschaften auf unser Gemüt wirken, hat schon Heinrich von Salisch beschrieben. Zwar ist diese Wirkung immer subjektiv. Wie das persönliche Verhältnis der Menschen zum Wald selbst, hat sie stets mit Herkunft, Walderlebnissen in der Kindheit und persönlichen Neigungen zu tun. Für viele, die in den Kiefernheiden Brandenburgs aufgewachsen sind, ist Wald Kiefernwald. Für Kinder des Bayerischen Waldes ist es Fichtenwald usw. Doch lassen sich gewisse Empfindungen beschreiben, die verschiedene Wälder kollektiv in den meisten Menschen auslösen.

3.3.3.1.1 Buchenwälder

Wenn man junge Buchen betrachtet, diese zarten, sich windenden, unregelmäßig und sperrig wachsenden Büsche, dann erscheint es kaum glaubhaft, dass sie einmal zu jenen großartigen, schlanken, gerade in die Höhe strebenden Säulen heranwachsen, die

Buchenjugend:
Oben: Eine Maus hatte hier Bucheckern gehortet.
Rechts: Aus diesen sperrigen Büschen können einmal „Heilige Hallen“ werden.

Inbegriff unseres Waldes sind. Einzeln tun sie das auch nicht. Es macht die Gruppe. Die Buche ist **der Waldbaum** schlechthin. Im Freistand findet man wohl hundertmal mehr Eichen und Linden als Buchen.

„Mutter des Waldes" hat sie der große Lehrer naturnahen Waldbaus, Karl Gayer (1822 – 1907), genannt, weil ihre Streu im Vergleich mit Fichten- und Kiefernnadeln fruchtbaren Humus bildet. Und ihr Schatten spendendes Laub hält den Boden frei von wucherndem Kraut. In dichten Buchenwäldern können sich lediglich Waldmeister, Sauerklee oder ein paar zarte Gräser halten, abgesehen von den verschiedensten **Frühblühern**, Buschwindröschen, Leberblümchen, Seidelbast usw., die vor dem Laubaustrieb der „Mutter" ihre kleinen Blütenwunder vollbringen.

Wenig mütterlich verhält sich die Buche zu anderen Baumarten: Wo ihr Boden und Klima zusagen, dunkelt sie alle anderen aus und bildet nahezu reine Bestände. Es gibt keine Baumart, die so **unduldsam gegenüber Mischholzarten** ist. Aufgrund dieses Selbstbehauptungswillens wäre sie in Mitteleuropa klare Siegerin in dem harten Kampf, den die Holzarten um den Lebensraum Wald führen. Vor allem wäre die Buche weitaus konkurrenzstärker als die bei uns als Sinnbild der Kraft verehrte „Deutsche Eiche".

Sieht Gayer in der Buche offenbar die weibliche Symbolik, so findet Grottewitz,

> *„dass man für die Buche das Bild eines schönen stattlichen Ritters wählen müsste aus der Zeit der Minnesänger, im Gegensatz zu der einem alten, biderben germanischen Recken vergleichbaren Eiche."*[116]

Bäume beziehungsweise Empfindungen, die sie bei uns auslösen, sind eben viel zu komplex, als dass sie sich auf einfache Muster wie männlich / weiblich – unipolar – festlegen ließen.

Breiteste Zustimmung dürfte dagegen das bewegende Lob ernten, das Heinrich von Salisch auf unsere Buchenwälder sang:

> *„**Die schönsten deutschen Wälder liefert uns die Buche**, ... In strenger Form sich aufbauend, eine wie die andere als schlanke, mächtige Säule in ebenmäßigem Abstande, fügen sie ihre Kronen dicht zusammen zum hohen Kuppeldach, welches sie über leichtem Astwerk mit wohlgeordnetem Laube wölben. Ein wunderbar feines, mattschillerndes Silbergrau, belebt durch den zarten Überzug der Flechten und Moose, umkleidet die langen, wohlgerundeten Schäfte, die jene gewaltigen Hallen urwüchsiger Altholzbestände tragen. Mehr wie andere stimmen sie den Menschen zur Andacht ..."* [117]

Wirklich überwältigend und „erhaben" werden Buchenwälder allerdings erst, wenn sie wachsen dürfen, solange ihre natürlichen Kräfte reichen, und das sind an die 300 Jahre. Buchendickungen, Stangenhölzer und auch angehende Baumhölzer sind meist „Allerweltswälder", die wenig Begeisterung hervorrufen. Nachdem die Forstwirtschaft aber schon nach 120 bis maximal 180 Jahren die Säge ansetzt, kommen wir leider viel zu selten in den erhebenden Genuss **alter Bestände**.

Ach, hätten wir doch mehr von diesem Wald, der eigentlich so selbstverständlich wäre in unserem Land. Bild aus dem Buchen-Naturwaldreservat Brunnstube im Steigerwald.

Die Nationalparks Jasmund und Müritz sowie Hainich – alle in der ehemaligen DDR – beherbergen die bedeutendsten Vorkommen. Unter Totalschutz, sodass sie ihr natürliches Lebensalter erreichen können, stehen nicht einmal ein Promille unserer ursprünglichen Buchenwälder.[118] Was fordern wir vergleichsweise von armen Tropenländern bezüglich ihrer Primärwälder?

Zu allen Jahreszeiten bieten alte Buchenwälder **wunderbares Walderleben**: im Frühjahr die zarten, lichtgrünen Blätter, im Sommer das kühle Dämmerlicht des „Waldesdoms“, im Herbst die leuchtende Rotfärbung und selbst im Winter die oft von Raureif gezierten Zweige, oder die Blätter der Jungpflanzen, die sich bis zum Frühjahr an den Bäumchen halten.

Wenn die Buche in letzter Zeit auch **finanziell wieder interessant** wurde, so ist das eine zweischneidige Sache: Einerseits hat man deshalb in unseren Wäldern große Mengen wertvoller Altbuchen geschlagen, um die international lebhafte Nachfrage zu decken. Bis nach China gingen deutsche Buchen, und hinterließen in heimischen Wäldern – ästhetisch wie ökologisch – empfindliche Lücken.

Andererseits ist es gut, dass die neue Absatzlage den **Buchenanbau** überhaupt wieder wirtschaftlich macht. Das Tief, welches die „verlorene Baumart“ über ein Jahrhundert zeichnete, scheint mittelfristig überwunden. Nicht wenige Privatwaldbesitzer sind wieder geneigt, ihr mehr Raum zu gewähren. Und ein lebendiger, finanziell halbwegs gesunder Buchenwaldbau auf großer Fläche ist besser als bloß ein Museumsbetrieb in ein paar Schutzgebieten. Mögen diese noch so notwendig sein, sie können der Buche als Waldbaumart nicht großräumig helfen.

So ist es nun mal mit allem: Auch wer Schweine, Hühner und Gänse auf dem Bauernhof sehen will, muss akzeptieren, dass sie geschlachtet werden. Denn nur zum Anschauen könnte sie selbst der engagierteste Biobauer nicht längere Zeit durchfüttern. Ich habe Respekt vor der ethischen Einstellung vieler Vegetarier, aber wenn wir alle Vegetarier würden, müssten unsere Bauernhöfe viehlos arbeiten und damit sehr viel an Erlebniswert einbüßen. Sie würden ärmer; genauso wie unsere Wälder in den letzten Jahrzehnten ärmer wurden, weil niemand mehr Buchenholz wollte. Es geht nicht darum, die Wirtschaft großflächig einzustellen, nach der Devise „Baum ab – nein danke“; sondern es gilt, so zu wirtschaften, dass eine Harmonie zwischen Mensch und Natur erhalten bleibt oder wieder gefunden wird.

3.3.3.1.2 Eichenwälder

Die Eiche kann nichts dafür, dass sie gerade in Deutschland zum Sinnbild für Macht, Sieg und Heldentum gekürt wurde. Was den alten Griechen der Lorbeerkranz, wurde hierzulande – von der Romantik bis zum „Tausendjährigen Reich“ – das **Eichenlaub**. Heute noch findet man es auf den Schulterklappen hoher Offiziere.

Dabei hängen diese Bräuche vor allem damit zusammen, dass Eichenlaub – für solche Zwecke oder auch als „Bruch des glücklichen Waidmannes“ verwendet – nicht so

Herbstlicher Eichen-Hainbuchenwald in der Donau-Niederung

schnell welkt wie andere Baumblätter. Es ist härter als Buchen- oder gar Lindenlaub, und Härte soll damit demonstriert werden. Zusätzlich verstärken die **knorrigen Äste** diesen Eindruck, die infolge der vergleichsweise lückigen Belaubung markant hervortreten. Schatthölzer wie Buche und Linde verhüllen ihre Äste eher in dichtem Gezweig. Auch die raue **Borke** hat Symbolwert, soll eine solche doch nach einschlägigem Weltbild auch den deutschen Mann nach außen schützen.

Arme Eiche! Wenn ich könnte, würde ich den ganzen **Helden-Ballast** über Nacht von ihr nehmen und sie – wie die anderen Bäume auch – einfach als Baumlebewesen betrachten. Aber das geht natürlich nicht, und überhaupt gehört es zu den Menschen, dass wir für alles Mögliche Symbole brauchen.

Wie die meisten Helden ist sie im Grunde ausgesprochen **empfindlich**. Zwar besiedelt sie im Gegensatz zur Buche auch vergleichsweise schlechtere, also feuchte, trokkene und saure Böden. Auf durchschnittlichen und besseren Standorten jedoch ist sie den Schatthölzern Buche und Hainbuche hoffnungslos unterlegen. Sogar traditionelle Eichengebiete wie der Spessart – sagen Vegetationskundler – würden wahrscheinlich von der Buche unterwandert, wenn der Mensch die Eiche nicht aktiv begünstigen und fördern würde. Schon im Mittelalter tat er das. Jahrhunderte lang war die Eiche **wichtigster und beliebtester Waldbaum**, der Nutz-, Brennholz und Schweinemast lieferte. Niemand weiß, ob ohne menschliche Hilfe heute überhaupt noch Eichen in unseren Mittelgebirgen wachsen würden.

Der „Titan“ also menschliches Hätschelkind? Auf jeden Fall sehr pflegebedürftig. Das weiß jeder Forstmensch, der die Eiche in gemischten Jungbeständen gegen Fichte, Kiefer, Buche, Kirsche oder verschiedenste andere Baumarten zu verteidigen sucht. Sie braucht **Licht und Raum**, deswegen ist der Plenterwald ihrem Gedeihen auch nicht förderlich. Unter schattigem Altholzschirm sind andere robuster.

Kurz gesagt kann sie auf den meisten Standorten nur dann ihre Kraft entwickeln, wenn der Mensch ihr die Konkurrenten vom Leib hält. Dann allerdings reift sie zu jener Baumpersönlichkeit, die Dichter und Maler inspiriert.

Weil die Eiche sehr alt wird – 500 Jahre sind normal und 1000 Jahre möglich – regt ihr Anblick zum **Nachdenken** an. Viele Eichen, die wir heute bewundern, sind im dreißigjährigen Krieg gekeimt, als die menschliche Gesellschaft im Chaos versank und kaum ein Landsfürst Muße hatte, Wild für sein Jagdvergnügen zu hegen. Die Viehherden waren damals ebenso dezimiert wie die Hirschrudel, so dass sich die Wälder vielerorts ungestört verjüngen konnten. Bäume, die auf ein so langes Leben zurückblicken, regen unsere Phantasie an. Eine Eiche tut dies ganz anders als eine Pappel zum Beispiel, die genauso dick sein mag, aber nur vier, fünf, sechs Jahrzehnte „auf dem Buckel” hat.

Nicht nur nahrhaft für das Wild, sondern auch schön: Eicheln.

Markant wie die Eichbäume selbst, sind ihre Früchte, die **Eicheln**. Nicht nur über den Umweg des Schweinebratens sondern auch direkt wurden sie in der Vergangenheit von Menschen verzehrt. Verschiedene Methoden – vom Wässern bis zum Rösten – wurden angewandt, um Bitter- und Gerbstoffe daraus zu entfernen. Es ist faszinierend, welche Mengen ein Baum in einem guten Jahr tragen kann. Unter einer kleinen, nicht einmal 20jährigen Eiche in meinem Garten fand ich schon über 10 Kilo.

Bei Kindern ist das Eicheln-Sammeln und Männlein-Bauen ziemlich aus der Mode gekommen. Trotzdem ist so eine Frucht etwas Schönes; und es ist Walderleben, gelegentlich Eicheln in die Hand zu nehmen und sich einfach darüber zu freuen. Zusammen mit dem charakteristischen Geruch des Falllaubs gehört das zum Herbst, wie die Blumen zum Frühling.

So kennen und lieben wir die Eiche: als kraftvolle Baumgestalt.

3.3.3.1.3 Kiefernwälder

Sand, Licht und ein weiter Himmel prägen die Landschaften, in denen sich unsere Kiefernwälder oft über riesige Flächen ausdehnen. Der Boden ist bedeckt von Gras, Heide, Beerkraut, Adlerfarn, auf ganz armen Standorten auch nur von Moosen, Flechten, ein paar zierlichen Gräsern und einigen anmutigen Hungerkünstlern unter den Blumen. Harzduft erfüllt die Luft; gerade, sandige Wege führen in lichte Ferne; Ruhe herrscht, vom einfachen Lied des Baumpipers noch unterstrichen, der an den sonnigen Rändern der weiten Schläge brütet.

Die Kiefer ist neben der Birke unsere genügsamste Baumart. Trockenheit und Nässe, Hitze und Kälte, alles nimmt sie hin; nur Licht braucht sie. Mit rund 80 % Kiefernanteil ist Brandenburg Kernland dieser Holzart. Aber auch Lausitz, Lüneburger Heide und

Sand, Licht und ein weiter Himmel prägen unsere Kiefernwald-Landschaften (Bild aus der Dahlener Heide bei Leipzig).

alle anderen **Heidelandschaften** tragen ausgedehnte Kiefernforste – Aufforstungen devastierter ehemaliger Laubwälder.

In Süddeutschland wächst sie großflächig in Franken und der Oberpfalz; hie und da sogar im Hochgebirge, wo sie auf sonnigen, trockenen Südhängen die wunderschönen **Schneeheide-Kiefernwälder** bildet. Diese sind neuerdings in die Diskussion geraten, weil sie mancherorts mit der Trennung von Wald und Weide verschwinden. Solange Kühe den Aufwuchs fressen, halten sie die Wälder licht. Wird nicht mehr geweidet, kommen Fichten auf, verdunkeln die Bestände und verdrängen Kiefer und Schneeheide.

Überhaupt sind **Kiefernwälder in Deutschland auf dem Rückzug**. Nachdem die Streunutzung eingestellt ist und aus der verunreinigten Luft eine kontinuierliche Stickstofffracht in unsere Waldböden gelangt, werden diese laufend „fetter“. Anspruchsvollere Baumarten gewinnen dadurch an Konkurrenzkraft; namentlich die Fichte unterwandert vielerorts die Kiefernwälder. Wo es wenig Wild gibt und noch Alteichen in der Umgebung stocken, kommt auch die Eiche. Im Nürnberger Reichswald kann man ihrer Ausbreitung, die hauptsächlich der Eichelhäher betreibt, förmlich zuschauen. Dass die Kiefer auch **wirtschaftlich wenig interessant** ist, beschleunigt ihren Rückgang. Skandinavien und Russland können Kiefernholz billiger produzieren als wir.

Wenn die Zeit der Kiefer allmählich abläuft, gehen damit auch eine Reihe schwerer Probleme zurück: **Bodenversauerung, Schädlingsfraß und Waldbrände** folgten der einseitigen Kiefern-Monokultur auf dem Fuß. Forstlich gesehen ist die Kiefer – wie die Fichte – ausgesprochen katastrophenträchtig, was die **Gleichaltrigkeit** vieler Nadelholzforste erklärt. Wenn zehntausend Hektar auf einen Schlag kahlgefressen oder vom Wind geworfen werden, wachsen danach auch zehntausend Hektar wieder gleichaltrig heran. Langeweile in Reinkultur.

Schließlich ist die Kiefer diejenige Nadelbaumart, die am längsten künstlich und rein angebaut wurde. Der „Nürnberger Tannensäer“ Peter Stromeier begann schon im 14. Jahrhundert damit. Sie bedeckte und prägte über Generationen hinweg karge, verarmte Landschaften, die sich jetzt allmählich verändern.

Vom ästhetischen Standpunkt aus wird niemand die **Monotonie** großflächiger Kiefernreinbestände bezweifeln. Eine Monotonie freilich, die in ihrer Weite manchmal schon wieder schön ist.

Außerdem ist die einzelne Kiefer, wenn sie alt genug werden kann, ein sehr eindrucksvoller und interessanter Baum. Sie hat etwas Exotisches, Leichtes. Ihre lockere, **schirmartig aufgebaute Krone** erinnert von Ferne an die markanten Einzelbäume der Steppen Afrikas. Beim Überhalt kommt ihre Individualität und Persönlichkeit voll zur Geltung.

Hungerkünstler unter den Blumen finden im Kiefernwald ihr Auskommen: Sandnelken.

In China und vor allem Japan schätzt man sie als Gartenbaum: Kiefern gelten dort als Symbol eines langen Lebens voll Weisheit und Güte. Sie werden dem männlichen Prinzip zugeordnet, im Gegensatz zu den als weiblich empfundenen Laubbäumen Weide und Pfirsich, die ebenfalls in fast allen Gärten zu sehen sind.[119]

Der Schlesier von Salisch geriet in seiner Forstästhetik ins Schwärmen, wenn es um die Kiefer ging.

> *„Fast hätte ich Lust,* ***etwas überschwänglich ihr Lob zu singen****, aber so bescheiden wie sie ist, würde es gar nicht in ihrem Sinne sein, wenn sie jemand über Gebühr herausstreichen wollte ... Wollten wir uns einen Freund unter den Bäumen des Waldes wählen, um mit ihm von Freud und Leid zu reden, zu welchem könnten wir da anders gehen wollen als zu solcher alten Kiefer?"*

Im Kleinen bietet auch der ausgedehnteste Kiefernwald durchaus **Vielfalt**. Unterschiede zwischen den verschiedenen Altersstufen gibt es bei allen Baumarten, doch bei der Kiefer sind sie so groß, dass man glauben könnte, es mit verschiedenen Gehölzen zu tun zu haben. Zur Schönheit junger Kiefern, ihrer **kerzenartig aufstrebenden Maitriebe** sowie deren Vergleich mit Laubhölzern und Fichten meint von Salisch:

> *„Solange sie also noch jung und klein sind, da vermögen die Nadelhölzer gar wohl mit den Laubhölzern um den Preis zu ringen. Wer möchte wohl den Christbaum geringer schätzen als die Pfingstmaien! Nun wählt man zum Christbaum zwar nicht leicht die Kiefer, sondern die an Farbe lebhaftere, durch die Menge der Seitenzweige zierlichere Fichte, aber über diese Zurücksetzung weiß sich unsere Freundin zu trösten. Schmücken wir sie nicht mit Lichtern, so setzt sie selbst sich die Kerzen auf."* [120]

Nach der ansprechenden „Kindheit", wächst der Kiefernwald allerdings bald in eine Phase, die wohl niemanden zu Begeisterungsstürmen hinreißt: *„Etwas Langweiligeres als einen* ***Fuhrenstangenort****, gibt es wohl kaum*", sagt Hermann Löns:

> *„Lauter Fuhren von zwanzig bis vierzig Jahren, aber alle aus demselben Jahre zusammen, nie durcheinander, und dann noch in Reihen gepflanzt. Und doch pürsche ich sie jeden Morgen ab ... Es sind immer dieselben Fuhrenstangen, aber es ist doch immer etwas anderes ..."* [121]

Wer sehen kann wie Löns, findet sogar in solchen Wäldern Anlass zur Freude.

Beerkrautteppich im licht geschlossenen Kiefernbestand.

Wird das Baumholzalter wieder ein bisschen interessanter als das Stangenholz, so bildet das Altholz letztlich den Höhepunkt ästhetischen Erlebens; vor allem, wenn es so aussieht, wie jenes im Kleinprivatwald von Löns' Heiderevier:

> *„Ein Traumplatz ist es, ein Sinneort, den ich mir suchte in dieser Jagd.* ***Hohe Fuhren*** *schatten dort über langer Heide, dickstämmige, tiefbezweigte.* ***Bauernwald*** *ist es, wildgewachsener, ungemaßregelter, und darum ist er so schön. Nicht schnurgerade, wie im Forst, nicht in Reihe und Glied stehen sie da, die rotleibigen, dusterlockigen Bäume, frei durften sie wachsen, wie der Wind sie anwehte."*[122]

Sehr viel gewinnt ein Kiefernwald, wenn die Hungerkünstlerin unter den Nadelbäumen von derjenigen unter den Laubbäumen, der **Birke**, begleitet wird. Standfestigkeit und Ausdauer paaren sich dann mit Anmut und Grazie zu wunderbaren Wäldern. In unseren Breiten gibt es diese nur auf armen Heideböden; in extensiv bewirtschafteten, ehemaligen Truppenübungsplätzen sind sie noch vergleichsweise häufig.

Einen weiteren, fast ein wenig rührseeligen Aspekt bringt Heinrich von Salisch zur Kiefer:

> *„Der Kiefernwald ist übrigens auch im Winter ein rechter* ***Kinderwald****, warm, windstill, trocken und reich an tausend Kleinigkeiten, wie sie Kindern Freude machen. Da sind die alten Zapfen, ein schönes Spielzeug für die Kleinsten, von Größeren wird schon das Korallenmoos gewürdigt und die Pracht der Hypnumarten. ... Da ist das zutrauliche Goldhähnchen, das sich so hübsch von nahe betrachten lässt, da sind die geschäftigen Meisen, der hämmernde Specht, und unter dem Wachholderstrauch sitzt der Hase und denkt nach."*

Wachholdersträucher im Kiefernwald? Wo gibt's das noch? Ihr Verschwinden zeigt, wie sich unsere Wälder in hundert Jahren für uns langsam, biologisch gesehen jedoch rasend schnell verändert haben. Wo einmal die Bodenvegetation ins Kraut schießt, geht die Ära nährstoffarmer Wälder zu Ende. Vorbei ist es dann mit Flechten und Moosen, vorbei mit dem überschaubaren Kinderwald. Der Boden wird besser, begrünt sich üppiger, andere Baumarten kommen, und bringen auch wirtschaftlich mehr. Kiefer wird zum „Auslaufmodell".

Unter diesen Voraussetzungen ist der Kiefernwald ästhetisch nicht mehr der alte, nicht mehr der *Kinderwald*. Die hochwachsende Krautschicht findet ihre Entsprechung in einer gleichmäßig angesetzten Kronenschicht, dazwischen die dünnen Stämme – viele heutige Kiefernwälder wirken seltsam **zweischichtig, symmetrisch, und damit langweilig**. Diese durchsichtigen Waldbilder, die man heute tausendhektarweise in den Kieferngebieten antrifft, bieten wenig Schönes, Interessantes, Geheimnisvolles. In ihrer Monotonie brauchen sie dringend Auflockerung und Abwechslung: Laubholz tut Not! Sogar Fichten und Douglasien sind mancherorts schon ein Lichtblick, indem sie andere Farben, Sichtschutz und Schatten einbringen

Was die alten, nährstoffarmen Flechtenkiefernwälder angeht, jene „**forstlichen Armenhäuser**", wünsche ich mir, dass zumindest einige von ihnen bewahrt werden können. Auch wenn dazu unkonventionelle Methoden angewandt werden müssen, meine ich, sind sie es wert.

Außerdem sollte die Kiefer möglichst überall, wo sie standörtlich passt, als **Mischbaumart** erhalten bleibt. Dazu ist – wie bei der Eiche – Licht und Raum nötig; man darf nicht zu kleinflächig verjüngen.

Das Erscheinungsbild der Kiefer ist so eindrucksvoll, dass weder Fichte noch Douglasie, noch sonst irgendeine Baumart sie ersetzen können. Keine hat auch die Standfestigkeit und Langlebigkeit, die im **Überhalt** den schönsten Ausdruck findet. Allenfalls die Lärche kann mithalten, aber sie ist ein Gebirgsbaum, der kaum in die ausgedehnten Tieflagenwälder passt. Landschaftliche Eigenart zu respektieren und zu pflegen, ist nicht nur gesetzlicher Auftrag, sondern auch wesentlicher Teil aller Waldästhetik.

Der **Überhalt** einzelner Altbäume ist klassisch im Kiefernwaldbau. Allein deshalb wäre es wünschenswert, dass einzelne Kiefern wo möglich in allen Wäldern erhalten bleiben.

3.3.3.1.4 Fichtenwälder

Wohl keine Baumart löst bei uns so **zwiespältige Gefühle** aus, wie die Fichte. Vom Volk als Christbaum besungen, von Naturschützern als Holzacker-Pflanze geschmäht, von der Forstwirtschaft als Brotbaum geschätzt – so hat sie unzählige Gesichter. Weil sie aus rauen Berglagen stammt, ist sie äußerst vital. Man könnte sogar sagen aggressiv, was ihren **Ausbreitungsdrang** angeht. Als Fichten im 18. Jahrhundert begannen, die verlichteten Hutwälder des Voralpenlandes massiv zu unterwandern, befahl der bayerische Kurfürst, sie flächendeckend auszurotten. Man wollte damals lieber Eiche.

Doch weil Wild und Weidevieh das Laubholz bevorzugt fraßen, war dies ein ziemlich hoffnungsloses Unterfangen. Erst als die Stallfütterung aufkam, die Waldweide an Bedeutung verlor, und gleichzeitig große Holznot einsetzte, wandelte sich die Einstellung zu der stacheligen „**Rottanne**" (wie man die Fichte auch nennt). Sie wurde zur erwünschten Baumart, und ab dem 19. Jahrhundert pflanzte man sie mit deutscher Gründlichkeit überall hin, wo es nur ging.

Ihre große Ausbreitungskraft macht heute veränderungswilligen Förstern zu schaffen, die sie vielerorts gerne durch Laubholz ersetzen würden. Sobald etwas Licht in die Altbestände fällt, beginnt die Fichtennaturverjüngung zu keimen, und innerhalb weniger Jahre hat sie den Boden so dicht bedeckt, dass es unverhältnismäßig teuer kommt, sie zu entfernen und durch Laubholz zu ersetzen. **Waldumbau** wird unter solchen Voraussetzungen zu einem Wettlauf mit der Zeit. Wo sie sich wohl fühlt, zum Beispiel in der Münchener Schotterebene, unterwandert die Fichte sogar mit viel Aufwand gepflanzte Eichen-Jungbestände.

Ästhetisch strahlt sie klare **Regelmäßigkeit und Berechenbarkeit** aus.

> *„Der Baum",* schrieb der Schweizer Christian Küchli, *„muss auf den ordnungsliebenden Menschen schon immer einen guten Eindruck gemacht haben: Mit gerader Stammachse und klarem Verzweigungsmuster unterscheidet sich die Fichte schon von frühester Jugend von den bengelhaften Eichen, Ulmen oder Linden."*[123]

Und im Englischen, wo sie „*spruce*" heißt, versteht man unter „*sprucing up*" auch „*auf Vordermann bringen*".

Zugute halten muss man der Fichte aber, dass ihre Ordentlichkeit durch die Art des Anbaus, Reihenpflanzung, Durchforstung usw. erheblich verstärkt wird. Natürliche Fichtenwälder in **Berglagen** sind keinesfalls regelmäßig. Je höher man steigt, desto lückiger werden sie und desto mehr tritt auch bei der Fichte das Individuelle, die Baumpersönlichkeit in den Vordergrund. Kraftvoll stehen die windzerzausten **Wetterfichten** auf Kämmen und Graten, auf Hochalmen und an der Baumgrenze. Oft mehrfach vom Schnee gebrochen, mit drei, vier und mehr Wipfeln werden sie dort zu „Kandelaberfichten", zum Sinnbild für Widerstandskraft und Überlebenswillen. Solche Wälder spotten jedem Ordnungsstreben.

In feucht-kühlen Berglagen sind Fichtenwälder eigentlich zu Hause (Bild aus den bayerischen Voralpen).

Mit das augenfälligste Merkmal unserer Fichtenforste im Flach- und Hügelland ist ihre **Dunkelheit**. Zumal in Fichtenjungbeständen wird es nie richtig Tag. Einerseits wirkt die Benadelung der Bäume wesentlich finsterer als die der Kiefer oder gar die Blätter der Laubbäume; andererseits ist es der potentiell dichte Bestandesschluss, der Fichtenwälder im Volksmund zu „Schwarzwäldern" macht.

Dadurch vermittelt jeder Fichtenwald etwas **Geheimnisvolles**, Unergründliches, Märchenhaftes. Im Gegensatz zur lichten Kiefer gibt es stets Bereiche, die dem menschlichen Auge verborgen bleiben. Seien es dichte Kronen, in denen die lichtscheue Eule ihr Tagesversteck findet, seien es Jungwüchse oder Dickungen, in denen sich viele Vögel und nicht zuletzt das Wild verbergen, vom Hasen bis zum Hirsch.

Übertroffen wird die Dunkelheit der Fichtenwälder – wenn man von der seltenen Eibe absieht – nur durch die **Weißtanne**. Weil ihre Nadeln noch mehr Schatten ertragen, baut sie erheblich dichtere Kronen auf, sofern sie nicht unter der Luftverschmutzung leidet. Der „dunkle Tann" ist sprichwörtlich geworden.

Kandelaberfichte auf einer Hochalm: Sinnbild für Widerstandskraft und Überlebenswillen.

Wenn es Frühling wird, bekommt der ansonsten finstere Fichtenwald für ein paar Wochen ein freundliches Aussehen. Leuchtend hellgrün heben sich dann die **Maitriebe** vom dunkelgrünen Hintergrund der älteren Zweige und Nadeln ab. Wie ein Wunder erscheint es auch, dass ein so finsterer Baum solch herrlich **purpurrote Blüten** hervorbringt. Wer nicht gerade unter Pollenallergie leidet, kann die oft gigantischen Wolken gelben Blütenstaubes – von Ludwig Ganghofer eindruckvoll geschildert – faszinierend erleben.

Kleinode im Waldfrühling: die dunkelroten Fichtenblüten.

Diese kraftvolle Schönheit im Frühjahr hat wohl dazu beigetragen, dass die Fichte im Mittelalter sehr beliebt war. Doris Laudert schreibt:

„Die Fichte galt früher als bergender und bewahrender, weiblicher Baum, der die Fähigkeit besaß, Krankheiten von den Menschen zu übernehmen, so dass diese wieder gesund wurden. Schon zu Hildegards Zeiten (1098 – 1179) war die Rottanne aufgrund ihrer besonderen Gabe angesehen. Die Äbtissin bezeichnete sie als Sinnbild der Kraft. In alten Kräuterfolianten trifft man wiederholt auf Anleitungen, mit denen Krankheiten – vor allem Rheuma – in den Stamm des Baumes zu bannen waren."

Wenn Heinrich von Salisch so nett formuliert: ***„eine der größten Schönheiten eines Baumes ist***

seine Beastung", dann verdient diese bei der Fichte besondere Betrachtung. Am jungen Baum stehen die Äste hoffnungsvoll aufsteigend rund um das Stämmchen: Prototyp des strahlend geschmückten Christbaums, bevor Nordmannstanne und Blaufichte unsere Wohnzimmer eroberten.

In der Dickungsphase und in Durchforstungsbeständen sterben jedoch die unteren Äste rasch ab. Die Wälder vermitteln dann jenes düster braune Bild, das von vielen unbedarften Betrachtern als **ungesund** empfunden, bisweilen sogar mit Waldsterben in Zusammenhang gebracht wird. Dieser Ausdruck bleibt vielen Fichtenbeständen bis zum Erntealter. Solange Dürräste deutlich sichtbar sind, ist Tod sichtbar. Die Äste haben den Kampf ums Licht verloren, sind aber nicht, wie Buchenäste, bald abgefallen, sondern halten sich zäh über Jahrzehnte. **Dürräste und Fichtenforste** gehören zusammen; haben ein gemeinsames Problemimage.

Ganz anders wirken **alte Fichtenwälder** mit starken, weit hinauf astfreien Stämmen. Vor allem, wenn Jungwuchs zwischen den mächtigen, grauen Säulen ankommt, in Femellöchern, die man in den Bestand gehauen hat, oder am Saum. Solche Fichtenwälder genießen große Sympathie und kaum jemand kommt das Wort „Monokultur" über die Lippen.

Zu Beginn der achtziger Jahre habe ich einmal an einer Waldbesucherbefragung im Fichtelgebirge mitgearbeitet[124] und gestaunt, wie gut die Fichte dabei wegkam. Eine Befragung im Freisinger Auwald, wo es eigentlich kaum Fichten geben dürfte, bescheinigte ihr ebenfalls breite Sympathie.[125]

Fichtenwald hat viele Gesichter; gerade im **Winter** steht er hoch in der Gunst des Publikums. Befragungen haben ergeben, dass bei aller Kritik an Monokulturen *reine* Nadelwälder vergleichsweise immer noch beliebter sind als *reine* Laubwälder.[126]

Wenn Fichten alt werden können und Platz genug haben, werden die verschiedenen **Beastungstypen** deutlich sichtbar: Kamm-, Bürsten- und Plattenfichte. Allen ist gemeinsam eine leichte Abwärtsneigung der unteren Äste. Nur im oberen Kronenabschnitt bleiben sie immer aufgerichtet, wie beim Christbaum. Weil aber in älteren Beständen die hängenden Äste optisch dominieren, entsteht gemeinsam mit dem dunklen Grün der Nadeln ein schwermütiger, **ernster Charakter**, der allen Fichtenwäldern zu eigen ist.

Bei der **Kammfichte** hängen zudem die Zweige schlaff von den Ästen, was gerade in Zeiten neuartiger Waldschäden den Eindruck des „Durchhängens" verstärkt. Waren es doch die entnadelten Zweige dieser Form, die den Ausdruck „*Lamettasyndrom*" entstehen ließen.

Bürstenfichten tragen ihre Zweige ziemlich struppig um die Äste herum. Bei Plattenfichten sind sie fächerförmig angeordnet und meist insgesamt sehr schmal. **Plattenfichten** sind Hochlagentypen und besonders widerstandsfähig gegen Schnee und Eisanhang. Wenn dichte Schneewolken die Berge einhüllen, bilden sich ja unglaublich schwere Eispanzer an den Bäumen

Im Winter steht der Fichtenwald hoch in der Gunst des Publikums. Verschneite Fichten gehören zur Heimatlandschaft, in den meisten Mittelgebirgen ebenso wie in den Alpen.

Markant sind die **Wurzeln der Fichte**. Wenn sie auch häufig als „ökologisch minderwertiger Flachwurzler" abgetan wird, hat das weitverästelte Wurzelsystem, das sich kraftvoll in Felsklüfte krallt, in ihrer Bergheimat doch enormen Wert. Tiefgang ist hier nicht möglich, Standfestigkeit muss aus der Breite kommen. Fichtenwurzeln prägen das Bild der Bergwälder; Bergpfade und Wanderwege bewahren sie vielfach vor Erosion. Bewusst nimmt man dieses **Fundament des Bergwaldes** selten wahr, oft erst, wenn man bei Dämmerung unsanft darüber stolpert. Ein paar Wurzelschnitzer sehen es anders und helfen uns, Einmaligkeit und Schönheit jeder Fichtenwurzel zu erkennen.

Sogar der saure **Rohhumus**, der viele Fichtenwaldböden bedeckt, hat seinen Reiz. Wo etwas Sonne hinkommt, kann man sich im Sommer ohne weiteres auf die trockene warme Nadelstreu setzen; gern lege ich mich auch einmal lang hin, und schaue in die sanft vom Wind gewiegten Fichtenkronen. Dort spielt sich viel mehr Leben ab, als man im normalen menschlichen Gesichtskreis wahrnimmt. Die wenigen Pflanzen, die am Boden ihr Auskommen finden, bilden ein natürliches Polster. Drahtschmiele oder Wachtelweizen sind aus der Nähe betrachtet wunderschöne, filigrane Geschöpfe. Zwischendrin liegen Zapfen und im Herbst wachsen Pilze.

„*Es gibt*", sagte Vietinghoff-Riesch „*überaus stimmungsvolle Stunden im ödesten Fichtenreinbestand.*" Und dazu braucht es nicht einmal unbedingt Sonnenschein. Bei **Regen** genieße ich es besonders, dass der Fichtenwald – überhaupt Nadelwald – seine Stille bewahrt. In Laubwäldern prasseln die Regentropfen auf die Blätter, dass es nur so rauscht.

3.3.3.2 Abwechslung in der Waldzusammensetzung einer Gegend

Wenn die beschriebenen vier Hauptbaumarten auch die allermeisten unserer Waldgesellschaften prägen, so gibt es kleinflächig doch eine Reihe weiterer Waldtypen. Normalerweise wachsen sie auf **Sonderstandorten**, die wegen Nässe, Trockenheit, Höhenlage usw. nicht von den verbreiteten Wald- bzw. Forstgesellschaften besiedelt werden können. Waldästhetisch wirken sie sozusagen als Salz in der Suppe.

Deutlich setzen sich zum Beispiel **Auwälder** von den Landwaldgesellschaften ab. Im unmittelbaren Einzugsbereich der Flüsse stockend, werden sie bei Hochwasser überflutet. Zwar sind nur spärliche Reste ursprünglicher Auwälder übrig geblieben, doch befinden sich viele in der Nähe von Ballungsgebieten. Damit sind sie Schwerpunkte für Erholung und Walderleben.

Man unterscheidet die im Wesentlichen aus Weiden bestehende Weichholzaue von der Hartholzaue, die Esche, Ulme, Eiche, Ahorn, Erle und andere Laubbäume, in Gebirgsnähe auch Fichte enthält. Der besondere Reiz der Auwälder liegt in ihrer engen **Verzahnung mit dem Wasser**. Flüsse, Seen und alle ihre Übergangsformen üben ja eine ähnliche Wirkung auf unser seelisches Empfinden aus wie Wälder. Weil sie wie diese etwas Ursprüngliches, Geheimnisvolles haben, ziehen sie Erholungssuchende besonders stark an. Auf eine Wasserfläche zu schauen, kann den Zivilisationsmenschen in kurzer Zeit innerlich verändern. Es entspannt, regt Gefühl und Phantasie an (s. Abb. unten).

Indem verschiedenartigster Wald mit Kiesflächen, Tümpeln, Altwassern und Sümpfen wechselt, potenziert sich die Wirkung des Auwaldes. Man taucht in eine **andere Welt** ein, hat mehr als anderswo den Eindruck, in der „Natur" zu sein.

Weichholzaue mit Silberweiden an der Donau

Imposante Baumpersönlichkeiten, vor allem alte Weiden und Pappeln, gelegentlich auch Eichen, tragen das Ihre bei.

Ästhetisch wie ökologisch wurde an den Auwäldern schwer gesündigt. Die meisten hat man gerodet, den Rest forstwirtschaftlich oft bis zur Unkenntlichkeit verstümmelt. Ich erinnere mich, wie man Ende der sechziger Jahre einen der letzten Rhein-Auwälder bei Düsseldorf, einen wunderbaren Dschungel mit alten Weiden und Schlingpflanzen, in eine **Pappelplantage** umwandelte. Mit Herbiziden wurde die Begleitvegetation beseitigt und bald darauf gab es außer den uniformierten Pappelreihen nur noch Brennnesseln. Aus heutiger Sicht kein Ruhmesblatt für die Forstpartie.

Als Mischbaumart in ansonsten naturnahen Auwäldern ist gegen die Pappel ästhetisch wenig einzuwenden. Gruppenweise eingestreut, vor allem nicht in Reih und Glied, können Pappeln mit ihrer enormen Wuchskraft rasch zu imposanten Bäumen heranwachsen. Bei kaum einer anderen Baumart hat der Pflanzer die Chance, dies selbst zu erleben. Gerade auf mageren Kiesböden oder in Auen, deren Altbestände in den Nachkriegsjahren geplündert wurden, und die arm an starken Harthölzern sind, bringen 50jährige Pappeln oft allein das Gefühl, in einem richtigen Wald zu sein. Man sollte möglichst viele von ihnen bis zum natürlichen Tod stehen lassen. Der Erlebniswert des lebendigen Baumes steht bei Pappeln oft in keinem Verhältnis zum Holzwert.

Ebenso selten wie richtige Auwälder sind **Bruchwälder** geworden. Das Grundwasser, welches im Auwald mit dem Wasserspiegel der Flüsse wechselt, steht dort ständig hoch an. Der Boden ist sumpfig

Überschwemmte Hartholzaue

Entlang naturnaher Bäche des Flach- und Hügellandes gibt es meist schmale Erlen-Eschen-Bruchwald-Streifen.

und besteht aus Torf, den auf basischen Böden Erle und Esche, im sauren Bereich Birke und Kiefer besiedeln. Da sich die Bäume dort schlecht verankern können, gibt es gelegentlich Freiflächen, die einen besonderen Reiz vieler Bruchwälder ausmachen. Immer haben solche Sümpfe etwas von Wildnis, zumal sie außerordentlich schlecht begehbar sind; oft nur bei Frost oder großer Trockenheit. In Osteuropa sind sie noch häufiger.

Die Gruppe der feuchten und nassen Waldgesellschaften schließen die **Moore**. Sie wurden oft erst durch menschliche Entwässerung zu Wäldern, vorher waren vor allem die Hochmoore so nass und sauer, dass Bäume nur in ihren Randbereichen gedeihen konnten. Allenfalls ein paar niedrige Spirken hielten die Ungunst des Standortes aus. Wenn wir heute großflächig Birken und Kiefern dort finden, in höheren Lagen auch Fichten, dann deutet dies darauf hin, dass die Moore nicht mehr aktiv sind, ökologisch kaputt, sozusagen.

So schmerzlich der Verlust ursprünglich waldfreier **Hochmoore** ist, auch die sekundären Moorwälder haben ihren Reiz. Birken bilden dort oft lichte Bestände, zwischen denen sich Heide- und Beerkraut halten. Fichten fallen besonders durch ihre gewaltigen Wurzelsysteme auf, mit denen sie sich im weichen Torf zu halten versuchen.

Abgetorftes Hochmoor mit Birken, Fichten und Kiefern. Sehr schön ist der Wechsel zwischen Wald, Wasser und offener Moorvegetation.

Verschiedentlich werden heute Hochmoore **renaturiert**. Die künstlich angelegten Entwässerungsgräben werden dazu geschlossen, so dass die Flächen wieder vernässen. Vorhandene Bäume „ersaufen“ förmlich und ihre toten Gerippe erinnern ans Waldsterben. Doch langfristig werden die neu belebten Moore das gesamte Landschaftsbild wieder bereichern. Der große Reiz liegt gerade im Wechsel zwischen Wald, Wasser und natürlichem Offenland.

Im Gebirge haben sich als typische Waldgesellschaften hie und da ausgedehnte **Bergmischwälder** erhalten. Ihre Baumartenzusammensetzung – Buche, Tanne, Fichte,

Bergahorn – macht sie zum Idealfall für Plenterwirtschaft. Junge Tannen können viele Jahrzehnte im Schatten der Altbäume verharren, um plötzlich kraftvoll loszuwachsen, wenn einer der alten Riesen weichen muss.

Das feuchte, schattige Klima der Schluchtwälder lässt vor allem Farne gedeihen.

In engen Tälern werden Bergmischwälder unterbrochen von Eschen-, Ulmen- und Ahornreichen **Schluchtwäldern**, die ein besonders feuchtes und schattiges Klima bieten. Viele baumbewohnende Pflanzen – Epiphyten – gedeihen hier: Moose, Flechten, Farne. Zusammen mit dem überall rinnenden Wasser und dem dunkelfeuchten Dämmerlicht bieten sie eine Ahnung von Wildnis, die heutzutage als Abenteuer – „canyoning“ – vermarktet wird.

Wo die Berge hoch genug sind, wird die alpine Waldlandschaft gekrönt von den lichten **Lärchen-Zirbenwäldern**. Hier, in der Kampfzone des Waldes gegenüber Latschen- und Grünerlengebüsch, Zwergstrauchgesellschaften und alpinen Grasfluren zeigt der Wald noch einmal ein überaus eindrucksvolles Gesicht. Mögen die oft dicht mit Flechten bewachsenen, mehrfach von der Eislast gebrochenen Bäume einzeln stehen oder sich in Trupps und Gruppen gegenseitig Schutz bieten: immer ist jeder einzelne Baum eine Persönlichkeit. Und der Wald ein schützender Mantel für den Berg, seine Tiere, Pflanzen und die Menschen.

Lärchenwald in den Zentralalpen (Nockberge)

Außer den genannten Waldgesellschaften gibt es noch andere, die kleinflächig das Bild unserer ansonsten von den vier Hauptbaumarten geprägten Forste auflockern. Seien es die Gebüsche aufgelassener Weinberge, seien es Quellgebiete oder sturmgepeitschte Küstenstreifen. Als Kleinode in der Landschaft sind **Wälder auf Sonderstandorten** ästhetisch ebenso wertvoll wie ökologisch und sollen deshalb in aller Regel erhalten, gegebenenfalls auch wieder aufgebaut werden.

Sturmgebeugter Küstenwald in Schleswig Holstein

3.3.3.3 Abwechslung im einzelnen Waldgebiet

Wenn ich oben die Eigenart einer Landschaft bzw. eines Standortes herausgestellt habe, die sich im Waldkleid ausprägt, und die es zu schützen gilt, dann darf dieser Grundsatz nicht zu eng ausgelegt werden. Weil Vielfalt ein zentrales Prinzip der Landschaftsästhetik ist, soll im einzelnen Waldgebiet **Raum für Besonderes, Außergewöhnliches** bleiben. Sonst wird auch der schönste und für einen Standort typischste Wald langweilig (s. Kap. 2.13).

Wie diese Vielfalt im einzelnen Waldgebiet zu realisieren ist, wie also die kleinräumige Abwechslung im Waldbild konkret aussehen soll, ist so von den **örtlichen Voraussetzungen** abhängig und so **subjektiv**, dass es schwer fällt, allgemein darüber zu schreiben. Jeder Wald hat ein anderes Gesicht und jede Forstfrau, jeder Forstmann hat eigene Vorstellungen und Vorlieben. Was die Waldbesucher angeht, ist es genauso. Trotzdem will ich ein paar Gedanken dazu äußern, und zwar anhand jenes Waldes in der niederrheinischen Tiefebene, den ich in meiner Jugend oft aufgesucht habe.

Die potentielle natürliche Vegetation ist dort Eichen-Hainbuchenwald, Buchenwald, und entlang eines Baches auch Erlen-Eschen-Bruchwald. Tatsächlich fanden sich diese Waldgesellschaften, wenn auch meist in ziemlich jungen Stadien. Daneben gab es auf großer Fläche forstliche Pflanzungen verschiedenster Baumarten, die sehr unterschiedliche ästhetische Wirkung hervorriefen:

So hatte man auf sandigen Partien jede Menge **Kiefernkulturen** angelegt. Damals, im Dickungsstadium boten sie vielen Tieren Unterschlupf, vom Kaninchen bis zum Wildschwein, was sie durchaus interessant machte. Wenn ich heute – nach 30 bis 40 Jahren – hinschaue, sind daraus durchsichtige Baumhölzer geworden, unter denen Adlerfarn und andere Bodenpflanzen wuchern. Die **Langeweile** mittelalter Kiefernwälder verbreitet sich und macht deutlich, dass man dieser Baumart – ästhetisch gesehen – zuviel Raum gegeben hat. Ein paar Hektar hätten den Wald bereichert, zig Hektar machen die entsprechenden Waldpartien öde.

Weiterhin gab es ein kleines **Fichten-Baumholz**, das ich gern aufsuchte, weil es dort immer etwas zu sehen gab: Besonders die Gewölle der Eulen sind mir in Erinnerung, und dass in der Dämmerung oft der Ruf des Waldkauzes zu hören war. Bis heute bin ich der Ansicht, dass dieser kleine Fichtenfleck eine Bereicherung für den Wald bzw. für das Erleben war, obwohl die Fichte natürlicherweise nicht ins rheinische Flachland passt. Aber sie bringt ein anderes Element in den Wald: das **Dunkle, Schattige, Geheimnisvolle**, das auch im Winter erhalten bleibt.

Bestärkt durch die erwähnten Waldbesucherbefragungen, die der Fichte eine vergleichsweise hohe Beliebtheit bescheinigen, bin ich der Meinung, dass man sie überall, wo sie wächst, zumindest in bescheidenem Umfang tolerieren soll. Nach zwei Jahrhunderten Anbau ist sie in keiner Landschaft des deutschsprachigen Raums ganz fremd. Unter anderem die Verwendung als Christbaum hat eine positive Beziehung geschaffen. In Verruf gebracht hat sie der großflächige, plantagenmäßige Anbau, nicht der Fichtenhorst, der irgendwo eingestreut ist.

In einer anderen Ecke stockten etwa 20jährige **Lärchen**. Mit ihren lockeren, spitzen Kronen erscheinen sie – nicht nur ökologisch sondern auch ästhetisch – an Bergregionen angepasst. Ihre Kronenform findet – wie die der Fichte – Entsprechung in Gipfeln und Graten. Die breite Tiefebene lässt sie für mich in gewisser Weise deplaziert erscheinen.

Aber trifft dies nicht auch für die Fichte zu? Doch! Damit sich spitzkronige Nadelhölzer harmonisch ins Landschaftsbild fügen, ist zumindest eine leicht gewellte Mittelgebirgslandschaft Voraussetzung. Wird Fichte in großem Stil rein und schematisch angebaut, dann verstärkt eine flache Landschaft sogar den Eindruck der Plantage.

Warum würde ich nun die Fichte im Flachland tolerieren, die Lärche aber nicht, oder allenfalls in Einzelexemplaren? Weil die Fichte zum einen das Schattenelement in den Wald bringt, zum anderen das Wintergrün. Somit bereichert sie ästhetisch. – Na ja, wird mancher sagen, ziemlich vage Gefühlsäußerungen. – Stimmt. – Ist da das Konzept der Potentiellen Natürlichen Vegetation nicht klarer und handfester? – Doch, sicherlich.

Aber dass Gefühle vage sind und subjektiv, ist für mich kein Anlass, sie zu negieren. Ich stelle mich dieser Vagheit ebenso wie anderen Empfindungen, die Mitmenschen dazu haben. Verschiedene Wälder anders zu empfinden ist für mich o.k., Gefühle abzuschalten, und der Wissenschaft das Feld bzw. den Wald zu überlassen, ist schwach und bringt uns im Verhältnis Mensch / Wald nicht weiter. Ästhetische Werte lassen sich nur spüren.

Mein liebster Aufenthalt in diesem Wald war ein kleines **Buchenaltholz**, an dessen Rand auch ein paar Eichen und Wildkirschen stockten. Obwohl es von schlechter Bonität war, vermittelte es zumindest im belaubten Zustand am ehesten den Eindruck eines großen Waldes. Im Winter war es zu durchsichtig: man sah von jeder Stelle bereits die Feldflur bzw. die umliegenden Kieferndickungen. Ich hätte mir ein Vielfaches der Fläche davon gewünscht. Buchen und Eichen fügen sich als rundkronige Laubbäume gut in die ebene Landschaft ein. Sie wirken dort „heimatlich", vor allem wenn sie starke Stämme und breite Kronen haben.

„Gastbaumarten" und Waldästhetik

Neben den in Mitteleuropa beheimateten Baumarten fanden sich im beschriebenen Wald auch eine Reihe **ausländischer Gehölze**. Fremdartigste Wirkung entfalteten einige große Kulturen von Thuja und anderen säulenförmige Koniferen. Mag es sich dabei auch um Versuchsanbauten handeln, so ist hier doch die Grenze dessen überschritten, was der heimische Wald vertragen kann, ohne sein Gesicht zu verlieren. Abwechslung soll sein, aber nicht wie in einem botanischen Garten. Offensichtliche Exoten, die jeder Urlauber in der Toskana oder sonst wo beheimatet weiß, passen in einen Park. Der Wald soll zwar ein vielfältiges Mosaik verschiedener Stimmungen bieten, aber dabei heimischer Wald bleiben. **Wer Baumarten aus aller Welt zusammenwürfelt wie Tiere in einem Zoo, zerstört das Wesen des Waldes als Teil der heimatlichen Natur**.

„*Waldgärtnerei*" war unter Forstleuten schon immer ein Schimpfwort. Sie verstehen darunter zwar mehr die Beschäftigung mit Kleinigkeiten, aber für mich gehört der künstliche Anbau exotischer Baumarten ebenfalls dazu.

Interessant können solche Arten – von der Hemlocktanne bis zum Mammutbaum – vielleicht als **Einzelexemplare** an markanten Punkten sein, zum Beispiel an Wegekreuzungen. So erleichtern sie die Orientierung in großen Wäldern, wo die Gefahr besteht, dass jede Ecke gleich aussieht. Wenn an dieser Kreuzung ein Lebensbaum, an jener eine Weymouthskiefer und an der dritten eine Sumpfzypresse stehen, dann sind dies sozusagen **lebendige Ortsschilder**. Darüber hinaus sollte man sich aber mit gärtnerischen Ambitionen im Wald zurückhalten.

Etwas weniger problematisch sind Baumarten, die von ihrem Habitus her den heimischen sehr ähneln. Im besagten Wald fanden sich beispielsweise Roteiche und Douglasie. Die Ästhetik ist hier toleranter als streng ausgelegte Ökologie, wenngleich das Wissen um die „Unnatürlichkeit" solcher Bestände auch beim Erleben mitwirkt. Außerdem muss man die indirekten Wirkungen berücksichtigen: Mangels Co-Evolution bieten ausländische Baumarten weniger Insekten, Pilzen und anderen heimischen Organismen Lebensraum. In großem Stil angebaut, mindern sie also die Vielfalt der Flora und Fauna.

Die nordamerikanische **Roteiche** steht – was ihre Schaftform betrifft – irgendwo zwischen Eiche und Buche, so dass viele Waldbesucher sie nicht bewusst als Exotin wahrnehmen. Sie bietet den großen Vorteil, dass sie auch auf kargem Boden schnell wächst und bereits nach wenigen Jahrzehnten den Eindruck eines älteren Waldes vermittelt. Hie und da beigemischt, vor allem in Kiefernrevieren, gefällt sie mir gut, zumal im Herbst, wenn ihre unvergleichliche Laubfärbung das Bild der Waldlandschaft bereichert. Auf besseren Standorten, wo die heimische Eiche gedeiht, sollte man Letzterer aber nicht ohne zwingenden Grund den Raum nehmen, zumal sie in vielen Wäldern selbst selten ist.

Die Roteiche bringt hübsche Farbtupfer in eintönige Kiefernforste.

Mit der **Douglasie** verhält es sich ähnlich. Der Laie unterscheidet sie nicht von der Fichte. Sie ist im Begriff, zu einer Art Modebaum zu werden, unter anderem, weil sie etwas sturmsicherer ist als die Fichte und kaum von Insekten – z. B. Borkenkäfern – befallen wird. Leider erscheint sie im Reinbestand ebenso langweilig und steril wie diese. In Reih und Glied gepflanzt, die Zukunftsstämme geastet, mit kurzem Umtrieb von 70 - 80 Jahren, leitet sie deutlich zur Plantagenwirtschaft über. In Mischung mit anderen Baumarten kann sie den Wald aber durchaus bereichern. Ihre starken Dimensionen wirken eindrucksvoll, die höchsten Bäume Deutschlands sind Douglasien.

Die Douglasie beeindruckt durch ihren gewaltigen Wuchs. Außerdem leidet sie weitaus weniger unter Schadinsekten als die Fichte. (Die Wipfel der Jungfichten im Vordergrund zeigen deutliche Fraßschäden der Kleinen Fichtenblattwespe.)

Eine andere Exotin, die **spätblühende Traubenkirsche**, macht sich beispielsweise im Rhein-Main-Gebiet oder in den Berliner Forsten so breit, dass dort von naturnahem Waldbau im klassischen Sinn nicht mehr gesprochen werden kann. In den 50er Jahren hatte man die amerikanische Baumart großflächig unter Kiefernreinbestände gepflanzt, um diese stabiler gegen Schadinsekten, Vergrasung und Waldbrände zu machen. Diese Ziele wurden erreicht, jedoch um den Preis, dass überall, wo Licht hinkommt, die Traubenkirsche das Regiment übernimmt.

Für die allermeisten Erholungssuchenden stellen die fremden Bäume ästhetisch kein Problem dar, obwohl sie kaum schöne, starke Stämme bilden. Man ist zufrieden, überhaupt Wald zu haben und angesichts der zuvor üblichen Kiefernreinbestände auch in keiner Weise verwöhnt. Da es kaum bezahlbar wäre, die vitale Traubenkirsche auf Dauer niederzuhalten, wird den Forstleuten wohl nichts anderes übrig bleiben, als mit der Florenverfälschung zu leben. Traurig ist, dass gepflanzte Buchen, die als Schatthölzer in der Lage wären, die Traubenkirsche auszudunkeln, vielerorts von Maikäfer-Engerlingen gefressen werden.

Zu den ausländischen Baumarten lässt sich noch vieles sagen. Die **Robinie** beispielsweise macht mancherorts Probleme, weil sie durch Wurzelbrut große Flächen unterwandert. Andererseits ist sie mit ihrem knorrigen Stamm, der tiefgefurchten Borke, den duftenden Schmetterlingsblüten und dem lichtgrünen Laub ein überaus ansprechender Baum. Vor allem eintönige Kiefernwälder auf Sandböden kann sie sehr bereichern.

Die **Weymouthskiefer** verschwindet allmählich wieder wegen Blasenrost-Befalls, doch hat(te) auch sie mit ihrem gewaltigen Wuchs und dem zarten, blaugrünen Nadelkleid große Reize.

In wärmeren Gegenden werden verschiedentlich **Nussbäume** gepflanzt, deren lichtgrünes Laub sehr ansprechend ist. Und **Balsampappeln** können schnell schöne Wälder bilden, wo heimische Baumarten nur sehr langsam wachsen.

Zusammenfassend lässt sich sagen, dass das „ästhetische Urteil“ über ausländische Baumarten wohl noch subjektiver ist als jenes zu den heimischen. Da es sich nicht um „Natur“ im ursprünglichen Sinne handelt, sondern um anthropogen hergebrachte, insofern „künstliche“ Elemente, kommt

Hybridpappeln bilden schnell einen ansehnlichen Wald.

man in den Bereich des Geschmacks. Und dazu gehen die **Empfindungen** ebenso weit auseinander, wie die **Meinungen** der Ökologen, wenn sie über die Behandlung von Herkulesstaude, Goldrute oder Indischem Springkraut diskutieren. Bekämpfen oder dulden – zu dieser Frage gibt es sogar in der „objektiven" Wissenschaft lebhafteste Auseinandersetzungen.

Nachdem die allermeisten Menschen den Wald als **Inbegriff der Natur** schätzen, sollten Waldbesitzer und Forstleute mit fremdländischen Baumarten auf alle Fälle vorsichtig umgehen. Wie das Beispiel der Traubenkirsche zeigt, gerät schnell etwas außer Kontrolle und verändert die Landschaft für Generationen. Waldästhetik ist wie alles menschliche Landschaftserleben in gewissem Rahmen konservativ. Wir haben die natürliche Eigenart einer Region als Maßstab einprogrammiert, wenn auch nicht absolut und ohne jede Möglichkeit zur Erneuerung.

Heinrich von Salisch dachte bereits zu seiner Zeit über großflächigen Ausländeranbau nach und trat ihm mit folgendem Argument entgegen:

> *„Die fremden Baumarten stören uns in der Illusion, „im Freien", das heißt von einer sich selbst überlassenen Natur umgeben zu sein, und sie mindern den doch erwünschten Kontrast zwischen Forst und Garten."*

Und sogar der Gartenbauer Fürst Pückler schreibt:

> *„Im Park benütze ich in der Regel nur inländische oder völlig akklimatisierte Bäume und Sträucher und vermeide gänzlich alle ausländischen Zierpflanzen, denn auch die idealisierteste Natur muss dennoch immer den* ***Charakter des Landes und Klimas*** *tragen, wo sich die Anlage befindet, damit sie wie von selbst so erwachsen erscheinen könne und nicht die Gewalt verrate, die ihr angetan ward."*[127]

Sicherlich sahen und sehen das andere Gartenarchitekten anders, ebenso wie manche Forstleute. Aber eine gewisse Grundwahrheit in dieser Argumentation kann wohl niemand bestreiten.

Mischungsform

Zur Abwechslung in einem Waldgebiet gehört als weiterer zentraler Aspekt die **Mischungsform**. Falls sich Forstleute ausnahmsweise darüber einig sind, welche Baumarten auf einen bestimmten Standort passen, das „Bestockungsziel" also Konsens findet, dann diskutieren sie meist umso heftiger darüber, wie die verschiedenen Baumarten räumlich zu verteilen sind. Aus ästhetischer Sicht schreibt Heinrich von Salisch dazu:

> *„Was nun die im hergebrachten Sinne gemischten Bestände betrifft, so ist es mit dem einfachen, gleichmäßigen Durcheinandermengen verschiedener Holzarten noch nicht getan. Hundert Hektar, mit Fichte und Kiefer in ganz gleichmäßiger Verteilung bestockt, werden nichts voraus haben vor einer gleichen Fläche, die zur einen Hälfte mit reinen Fichten, zur anderen mit reinen Kiefern bestanden*

wäre; im Gegenteil ist sicherlich das letztere Verhältnis als das durch Kontrast anziehende besser.“[128]

Dass beide Modelle nicht unbedingt erstrebenswert sind, sagt er später. Hier wichtig ist jedoch das **Prinzip des Kontrasterlebens**. Man kann es ästhetisch nicht hoch genug einschätzen, was die moderne Landschaftsästhetik bestätigt. In Kapitel 3.3.2.1 – Betriebsform und Verjüngungsverfahren – wurde schon gesagt, dass die Einzelstamm-Mischung nicht allein das Nonplusultra sein kann. Es ist schön, durch einen Plenterwald zu gehen, aber es ist auch schön, einen alten Fichten- oder Buchenreinbestand zu durchwandern und schließlich auf eine sonnige Kulturfläche zu treten. Daran hat sich seit Heinrich von Salisch nichts geändert, der zwecks Kontrastwirkung dazu riet:

„... lieber in sich gemischte Laubholzbestände mit gleichfalls in sich gemischten Nadelholzbeständen wechseln zu lassen, jeder Teil allerdings aufgeschmückt ... durch Einzeleinsprengung von Nadel- beziehentlich Laubholz ...“.[129]

Zusammenfassung der Ziele und Maßnahmen zum Thema „Mischung“

Ziele	Maßnahmen
Erhalt bzw. Wiederherstellung landschaftstypischer Wälder – Wahrung landschaftlicher „Eigenart“	Vorhandene Wälder mit typischer Baumartenzusammensetzung erhalten; die Baumarten der ursprünglich heimischen Vegetation teilweise wieder einbringen, dabei aber die inzwischen etablierten, sekundären Forstbaumarten nicht völlig verdrängen
Mehr Buchenwälder	Vorhandene Buchenbestockung erhalten und Buche möglichst großflächig neu pflanzen
Mehr Eichenwälder	Eichen-fördernde Verjüngungsverfahren anwenden, Licht schaffen, wo die Eiche den Schattholzarten unterlegen ist
Abwechslung in monotonen Kiefernforsten; Erhalt der Kiefer als Mischbaumart; Landschaftlicher Reiz durch Altkiefern und Überhälter; Erhalt sehr nährstoffarmer Kiefernwälder; Erhalt von Schneeheide-Kiefernwäldern	Großflächige Kiefernreinbestände mit Laubholz anreichern; die Kiefer als Mischbaumart dulden und ggf. durch Lichtstellung fördern; Überhaltbetrieb, wo möglich; nährstoffarme Flechtenkiefernwälder erhalten, ggf. durch künstliche Ausmagerung, Streunutzung; Schneeheide-Kiefernwälder erhalten, ggf. durch Waldweide
Abwechslung in monotonen Fichtenforsten; Erhalt der Fichte als Mischbaumart	Fichtenreinbestände mit Laubholz anreichern; die Fichte als Mischbaumart in bemessenem Umfang überall dulden, wo sie wächst
Erhalt bzw. Wiederherstellung aller Auwälder, Bruchwälder und sonstigen besonderen Waldgesellschaften mit ihrer natürlichen Baumartenzusammensetzung	Intakte Au- und Bruchwälder sowie Waldgesellschaften auf Sonderstandorten natürlich verjüngen; Pappelplantagen und sonstige monotone Ersatzforste auf die natürlich vorkommenden Holzarten umbauen; die Pappel als Mischholzart wegen ihrer imposanten Erscheinung bewahren

Ziele	Maßnahmen
Mehr seltene heimische Baumarten	Selten gewordene Baumarten wie Tanne, Eibe, Elsbeere, Wildobst usw. auf passenden Standort pflanzen und pflegen
Kleinflächig Raum für außergewöhnliche Baumarten, auch Ausländer	Fremdartig wirkende Baumarten (nur) als Einzelexemplare in geringer Zahl einbringen, beispielsweise an markanten Wegekreuzungen; kein bunt zusammengewürfelter „Zoo" von Exoten; Charakter der Natur bewahren; akklimatisierte und unauffällige Ausländer wie Roteiche, Douglasie nur in bemessenem Umfang und nicht in großen Reinbeständen, sondern in Mischung einbringen
Kontrasterlebnis in der Mischung	Verschiedene Baumarten weniger großflächig, gleichmäßig, einzelstammweise mischen, sondern lieber gruppen-, horst- oder bestandsweise.

3.3.4 Alte Bäume

> *„**Das schönste freilich, was der Wald besitzt, sind seine altehrwürdigen Bäume und Bestände**“*, schrieb H. Burckhardt 1880. *„... Der alte Baumbestand muss endlich fallen, doch schone seiner, wo er eine seltene Erscheinung ist, bis andere Rücksichten ihr Recht fordern. Dem **alten Eremiten** aber, dem Zeugen mächtiger Naturkraft, an dem Jahrhunderte und ganze Generationen mit ihrer Geschichte vorübergingen, der vielleicht unter Millionen Bäumen seinen besonderen Namen führt und, weithin bekannt, manchen längst schlummernden Sohn des Waldes unter seinem Dach sah – ihm gönne seine Stätte, bis der Sturm ihn bricht oder sein letztes Blatt verblichen ist. Dann setze ihm einen jungen Stamm zum Andenken und zum Namenserben, ein Merkzeichen des Ortes im weiten Wald.“*[130]

Wenngleich wir heute kaum noch so würdig formulieren können, hat sich ein gewisser Respekt vor alten Bäumen doch bis in unsere Tage bewahrt. Vor einigen Jahren wurde beispielsweise ein Kuratorium *„**Alte Liebenswerte Bäume in Deutschland**“* gegründet.[131] Es beschäftigt sich mit dem Erhalt markanter Baumpersönlichkeiten in Wald, Flur und Siedlungsbereich, insbesondere auch mit dem Schutz der Alleen. Bemerkenswert finde ich, dass man das Wort „liebenswert“ nicht scheut. Zwar sind für mich eigentlich *alle* Bäume liebenswert, oder noch weiter gefasst, die gesamte „Biosphäre“, doch immerhin bekennt man sich hier offen zum menschlichen Gefühl.

Dass uns mächtige, alte Bäume so beeindrucken, hängt einerseits mit ihrem Alter zusammen, andererseits wohl auch einfach mit ihrer **starken Erscheinung**. Wenn der Mensch das Maß aller Dinge sei, und wenn wir bedenken, dass auch kräftige Exemplare seiner Art nur wenig über zwei Meter Höhe und einen halben Meter

Lange muss man suchen in unseren Wirtschaftswäldern, um alte Bäume zu finden. Großflächige Altbestände sind noch seltener.

„Durchmesser" aufweisen, dann wird die Relation bewusst. Ein 40 Meter hohes Baum-Wesen, dessen Stamm schon zwei Meter Durchmesser hat, stellt uns buchstäblich in den Schatten. Und weil wir Baum und Mensch oft unbewusst miteinander in Verbindung bringen, entsteht Respekt. Oder auch Angst und Aggression, zum Beispiel wenn das Baumwesen zu nah bei unserem Haus steht. Wie viele Streitigkeiten gibt es unter Nachbarn, weil dem einen über den Kopf wächst, was der andere liebt.

Für die Waldästhetik würde ich es – wie Burkhardt und von Salisch – als (grobe!) Faustregel akzeptieren, dass der ästhetische Wert alter Waldbestände am höchsten ist. Aber Vorsicht: je nach Ausprägung und Umgebung können auch junge und mittelalte Wälder (sehr) wertvoll und ansprechend sein.

Bäume als (verlorenes) Maß

Die Größe und Erhabenheit (s. Kap. 2.13) alter Bäume wird heute vielerorts relativiert durch **menschliche Bauwerke**: Hochhäuser, Brücken, Industriebauten und in der freien Landschaft neuerdings Windkraftanlagen. Sie lassen klein erscheinen, was die Natur hervorbringt, weshalb man sich gut überlegen sollte, wo man sie hinbaut. Ökologisch mögen sie auch in der Nähe eines alten Waldes oder gar im Wald selbst problemlos sein, ästhetisch sind sie dort aber eine Katastrophe. Sie zerstören natürliche Relationen und nähren menschliche Größenphantasie. Der Wald wird klein und im wahrsten Wortsinn untergeordnet.

In tropischen Urlaubsparadiesen, Costa Rica zum Beispiel oder Mauritius, gibt es eine „**Palmengrenze**", wonach Bauwerke, auch Hotels, nicht höher sein dürfen als die Bäume. Für unser Land mögen wir so etwas absurd finden, doch fliegen wir gern in solche Gegenden, um uns zumindest im Urlaub eine gewisse **Harmonie** zu gönnen. Wir könnten diese Harmonie auch hierzulande pflegen. Sicher nicht in Großstädten, aber zumindest in unseren Naturparks. Etwas Bescheidenheit wäre dazu notwendig und vor allem die Wahrnehmung: erkennen, was wir mit der monströsen Baukultur eigentlich anrichten. Indem wir uns (wieder) an alten Bäumen orientieren, können wir viel an – äußerer und innerer – Harmonie gewinnen.

Forstleute und Altbäume: eine schwierige Beziehung

Das Verhältnis der Forstleute zu alten Bäumen ist ausgesprochen zwiespältig. Man muss unterscheiden zwischen flächigen Althölzern und Einzelbäumen. Altbestände flächig stehen zu lassen – vom Naturschutz als **Altholzinseln** gefordert – stößt bei vielen Forstleuten auf Widerstand. Zu sehr dominiert – kollektiv gesehen – der Wirtschafter, als dass man zuschauen wollte, wie das wertvolle Holz allmählich von Rotkern, Fäule sowie allerhand Pilzen und Insekten heimgesucht wird. Gerade beim Nadelholz ist die Abnehmerseite zudem gar nicht an starkem Holz interessiert, so dass man die Fichte beispielsweise kaum dicker als 60 Zentimeter werden lässt.

Die Folge ist, dass unsere Wälder sehr jung sind. Regelmäßig werden sie verjüngt, bevor sie auch nur annähernd das Greisenalter erreichen. Als „*Kindermord*" bezeichnete deshalb – etwas sarkastisch – der Münchner Waldbauprofessor Peter Burschel in seiner Vorlesung die Gepflogenheiten unserer Forstwirtschaft. Bestand in den 70er und 80er Jahren die Tendenz, das Umtriebsalter heraufzusetzen, bei der Fichte zum Beispiel von 100 auf 120 Jahre, geht die Entwicklung derzeit in entgegengesetzte Richtung. Wenn man die oben genannte Faustregel anerkennt, dass Althölzer (bei derzeitiger forstlicher Ausgangslage) ästhetisch am wertvollsten sind, dann **sinkt der ästhetische Wert** unserer Wälder folglich auf breiter Front, indem diese abnehmen.

Gewissen Ausgleich schaffen die **Naturwaldreservate**, die in den letzten Jahrzehnten überall eingerichtet wurden, doch ist ihre Fläche mit knapp 30 000 Hektar in der BRD sehr gering. Man sollte hier sehr viel großzügiger sein und mindestens doppelt so viel ausweisen.

Windräder am Schauinsland (bei Freiburg). Wald wird hier buchstäblich untergeordnet; das Bild beherrscht menschliche Technik, als Wahrzeichen seiner Dominanz zig Kilometer weit zu sehen.
(Foto: Peter Uthoff)
Übrigens sind es wieder mal die Bäume nicht allein, die wir so skrupellos behandeln: Weil eine gigantische Hochhauskulisse seine optische Integrität zu zerstören droht, hat die Unesco den Kölner Dom kürzlich auf die Rote Liste bedrohten Weltkulturerbes gesetzt. Auch in München gibt es eine Bürgerinitiative, die das gewachsene Stadtbild vor einer Entwertung durch hemmungslose Hochbauten schützen will.

Vielleicht führt die schlechte Ertragslage zu einer gewissen **Extensivierung**: Wo der Holzerlös die Kosten nicht mehr deckt, mag man eher geneigt sein, die Säge ruhen zu lassen. Dagegen steht jedoch die Angst vieler Förster, überflüssig zu werden; beim privaten Waldbesitz auch die Befürchtung, dass – wenn die Bäume erst einmal alt und dick sind – Naturschützer die Hand darauf legen und alles unter die „Käseglocke" eines Schutzstatus stellen. Gerade im Wald sollte der Naturschutz deshalb sensibel mit seinen Instrumenten umgehen.

Was alte **Einzelbäume** betrifft, ist man etwas großherziger. Sie zu belassen tut wirtschaftlich weniger weh, als dies bei größeren Beständen der Fall ist. So gibt es schöne Beispiele von Forstleuten, die sich aus Überzeugung hinter ihre alten Bäume stellen, um sie möglichst lange zu erhalten. **Aktionen** wie „Baum-Methusalem" oder „Baumpatriarchen", nicht zuletzt auch das oben genannte Kuratorium, sind wegweisend, sofern sie ohne aufdringliche Sponsoren ablaufen, welche die alten Bäume gern öffentlich „vor ihren Karren spannen" (siehe Kapitel 3.3.2.3).

Oft ist es hilfreich, wenn die Bäume einen **Namen** haben. Von Salisch schreibt:

> *„Ich möchte glauben, dass Namengebung ein ganz besonders geeignetes Mittel ist, bemerkenswerten Bäumen Beachtung und Schonung zu sichern. Eine „**Danckelmann-Kiefer**" fällen zu lassen, wird nicht leicht ein Vorgesetzter dem Oberförster vorschreiben."*

Leider sind Forstleute hier nicht sonderlich phantasievoll. Dies mag damit zusammenhängen, dass sie den **Mitleidseffekt** fürchten, und sich deshalb nur wenig Gefühl gegenüber Bäumen erlauben. (s. Seite 34)

Im Siedlungsbereich ist dies anders: Vor allem Linden – die „menschlichsten aller Bäume" – tragen fast immer klangvolle Namen, welche die Bevölkerung als Kulturgut lebendig hält: König-Ludwig-Linde, Kunigundenlinde, Franzosenlinde ... Warum sollen es im Wald nicht die Förster selber sein, deren Andenken in Form eines Baum-Namens gepflegt wird?

Wie bei Althölzern ist es auch bei markanten Einzelbäumen wichtig, rechtzeitig potentielle **Nachfolger** heranzuziehen für den Fall, dass die alten Riesen einmal ausfallen: Bäume an exponierter Stelle, die stark und vital genug sind, noch ein paar Jahrzehnte oder Jahrhuderte zu überdauern. Heinrich von Salisch regt an, in einem Forst

> ***„... alle Holzarten, die auf dem Standort heimisch sind oder (nur durch unsere Eingriffe verdrängt) einst heimisch waren, wenigstens in einigen ansehnlichen Musterbeispielen jeder Gattung zu hegen ...".***

Dem ist aus heutiger Sicht voll beizupflichten.

Was damals wohl noch weniger zu Buche schlug, was aber heute das Verhältnis vieler Förster zu alten Bäumen trübt, ist die **Verkehrssicherungspflicht.** Wenn Sturm geht, Nassschnee fällt oder Eisanhang die Äste niederdrückt, kann unter Umständen ein Waldbesucher zu Schaden kommen. Dann wird die Frage gestellt: Wer hat Schuld? Wie kann – möglicherweise – ein forstlich Sachkundiger so leichtsinnig sein, einen alten, nicht mehr ganz gesunden Baum stehen zu lassen? Und warum überhaupt? In vielen Lebensbereichen, nicht nur im Wald, hat sich aus diesen Fragen – zumindest in Deutschland – geradezu eine Haftungsmanie entwickelt.

Eigentlich sieht zwar jeder vernünftige Mensch, dass es bei solchen Wetterlagen unter alten Bäumen gefährlich wird. Aber bisweilen findet er bzw. seine Versicherung einen Richter, der die Maßstäbe eines Vorgartens auch an den Wald – die freie Natur – anlegt. Es wäre wichtig, dass unsere Richterinnen und Richter hier Augenmaß bewahren und den ideellen, ästhetischen Wert eines alten Baumes in ein angemessenes Verhältnis zu dem Risiko setzen, das von ihm ausgeht. Mit übertriebenem Sicherheitsdenken kann man sehr viel Schönes kaputtmachen.

Refugien für alte Bäume

Nahezu ungeteilte Freude genießen alte Bäume in **Parks**. Dort erwartet man sie sogar, noch mehr als im Wald, und das Sicherheitsrisiko wird durch entsprechende Hinweise kalkulierbar gehalten. Englische Gärten, die im 19. Jahrhundert angelegt wurden, beherbergen oft herrliche Baumgestalten, zumal sie den lichten Hutwäldern nachgebildet sind, die damals von der modernen Forstwirtschaft verdrängt wurden.

Da **Parkbäume** in der Regel viel mehr Platz haben als ihre Artgenossen in den Wäldern, können sie sich mächtig ausbreiten. Äste, welche in der Forstwirtschaft als

Holzfehler gelten – „*der größte Fehler eines Baumes ist sein Ast*" – werden zum Wert. Ob man allerdings mehr Gefallen an den säulenartig aufstrebenden Stämmen des Waldes oder an den üppigen Kronen der Parkbäume findet, ist Geschmacksache.

Malerische **Hutwälder** (s. Abb. S. 35) selbst, die Vorbilder der Parklandschaft, findet man – von den Almen des Hochgebirges abgesehen – nur noch ganz vereinzelt: teils in herrschaftlichen Jagdgattern. Sie sind Kleinode der Landschaft, die ohne traditionelle Jagd vielleicht schon gänzlich verschwunden wären. Sie zu erhalten ist eine Kulturaufgabe ersten Ranges.

Zusammengefasst wäre aus waldästhetischer Sicht wünschenswert, dass Forstleute und Waldbesitzer sich erstens dazu durchringen, wo irgend möglich **Altbestände zu schonen**, und dass sie zweitens markante **Baumpersönlichkeiten** bewusst erhalten bzw. neu heranpflegen. In Umkehrung von Christoph Martin Wielands berühmtem Spruch würde ich ihnen – wie in Kap. 2.3 angesprochen – ans Herz legen, „*vor lauter Wald die Bäume nicht zu übersehen*".

Zusammenfassung der Ziele und Maßnahmen zum Thema „Alte Bäume"

Ziele	Maßnahmen
Mehr Althölzer	Altbestände möglichst lange halten; Umtriebszeiten erhöhen, wo irgend möglich; Forstwirtschaft extensivieren, wo sie unrentabel ist, Mut zum Nichtstun
Mehr Naturwaldreservate	Forstpolitisch auf mehr Totalschutzgebiete hinwirken; Öffentlichkeitsarbeit für diese Idee betreiben, die Menschen nicht aussperren
Mehr markante Einzelbäume	In jedem Revier die wichtigsten Hauptbaumarten in einigen stattlichen Einzelexemplaren vorhalten; einzelne starke, mittelalte Bäume schonen, um langfristig wieder mehr markante Baumpersönlichkeiten heranzuziehen; den Bäumen Namen geben; Hutwälder erhalten, wo irgend möglich; ggf. bei extensiver Grünlandnutzung wieder neu heranziehen
Bäume als Maßstab	Auf hohe Bauwerke, z.B. Windkraftanlagen, in bzw. in der Nähe von Wäldern oder markanten Einzelbäumen verzichten

3.3.5 Tiere im Wald

> *„**Wenn das Tierleben des Waldes sich uns längere Zeit verbirgt, so erscheint der Wald tot**; er beginnt uns zu langweilen. Solcher Abspannung gegenüber genügt dann schon eine geringfügige Äußerung des Tierlebens, um unsere Aufmerksamkeit wieder zu wecken, unser Gemüt nach der einen oder der anderen Richtung hin anzuregen.“* [132]

So beschreibt Heinrich von Salisch sehr treffend, was wir heute als Erlebniswert der Waldtiere bezeichnen würden. Dieser ist grundlegend. Ohne Tiere, ihre vielfältigen Spuren und Laute wäre der Wald nicht nur langweilig, sondern einfach traurig.

In Kapitel 2.10.2 wurde bereits einiges zur Bedeutung des *Wildes* gesagt. Ganz allgemein scheint die Tierwelt im Wald ähnliche Vorlieben zu haben wie der ästhetisch erlebende Mensch. In **Althölzern** mit großen Bäumen, morschem Holz und einer hohen Vielfalt an Strukturen tritt sie besonders reichhaltig auf. Dort gibt es viele schöne, interessante und teils auch seltene Arten, wie Baumläufer, Fliegenschnäpper, Eulen, Fledermäuse, Siebenschläfer, denen eine Vielzahl von Spechten ständig ein großes Wohnungsangebot schafft.

Ebenfalls beliebt bei Tieren sind die ganz jungen Stadien des Waldes, vor allem sonnige **Kulturflächen**. Dort treffen wir z.B. wärmeliebende Schmetterlinge, und die größeren, uns besonders nahestehenden Pflanzenfresser – Reh, Hirsch und Hase – finden in der üppigen Vegetation Nahrung. **Dickungen** bieten vielen Tieren Schutz vor Witterung und Deckung gegen Feinde.

Vergleichsweise wenig interessant – für Tiere ebenso wie für Menschen – sind dagegen Baum- und Stangenhölzer, also **mittelalte Wälder**. Zwar findet man auch dort Mäuse, Meisen, Buchfinken und gelegentlich einen Sperberhorst oder Fuchsbau, aber die Zahl und Vielfalt der Tiere ist weitaus geringer als in sehr alten und sehr jungen Beständen. Ausnahmen bilden einige Spezialisten, die zu Massenvermehrung neigen, wie Borkenkäfer, Nonnenfalter oder Kieferneule.

Weil die Fauna in abwechslungsreichen Waldlandschaften, die einen hohen Anteil von Althölzern sowie eine mosaikartige Mischung verschiedener Waldformen aufweisen, bessere Lebendbedingungen findet als in großflächig bewirtschafteten, lässt sich wiederum als (grobe) Faustregel sagen: **Im Allgemeinen ist ein ästhetisch schöner Wald auch reich an Tierleben.**

Dabei gibt es sicherlich eine Wechselwirkung: Ein schöner Wald beherbergt viele Tiere, und diese tragen ihrerseits zur Schönheit des Waldes bei – weil sie selbst Bestandteile des Erlebniswertes sind. Ein Altholz zum Beispiel ist nicht nur wegen seiner hohen Bäume *schön* bzw. *erhaben*, sondern es ist auch *interessant*, weil wir dort verschiedensten Tieren begegnen können.

Die Psychologie der Begegnung

Das Wort „interessant“ ist in diesem Zusammenhang als Erlebniskategorie (s. Kap. 2.13) gemeint. Ansonsten erscheint es für die Begegnung mit Tieren zu oberflächlich. Findet doch in dieser Begegnung nicht nur die menschliche **Neugier** sondern auch sein **Kontakttrieb**, der Wunsch nach Beziehung gewisse Erfüllung. Und dieser Wunsch ist einer unserer tiefsten Antriebe, eng verflochten mit der Liebe. „*Alles wirkliche Leben ist Begegnung*“ sagt der Philosoph Martin Buber.[133]

Warum fühlen **Kinder** sich von Tieren magisch angezogen? Warum machen sie kaum einen Unterschied zwischen Mensch und Tier? Warum erwecken sie sogar Teddybären zu lebendigen Wesen? Und warum sind sie – wenn sie älter werden – von Jagd und Fischerei oft fasziniert? Weil die Begegnung mit Tieren nicht nur interessant, sondern ein seelisch tiefes Erlebnis sein kann. Anders als der Baum kann das Tier meinen **Blick** erwidern; mag dieser Blick seinerseits furchtsam oder neugierig sein, mag er in Flucht oder Annäherung münden, aber er ist Begegnung.

In unserer Welt, in der Menschen oft isoliert voneinander leben und **Sachen** eine überragende Rolle spielen, wird echte Begegnung zum seltenen Ereignis. Von bloßen Sachen kommt nichts zurück – nichts, was Gefühl hätte und uns innerlich berühren könnte. Der berühmte Tamagotchi wirkt ja nur deshalb, weil er Lebendigkeit vortäuscht bzw. nachahmt.

Rehgeiß in Waldwiese: Tiere sprechen uns intensiver an als Bäume, weil sie unseren Blick erwidern.

In der Begegnung mit dem Tier liegt **Ursprünglichkeit**; bisweilen mehr als in der Begegnung mit Menschen, deren Sprache so vieles vergegenständlicht und versachlicht. In der menschlichen Kommunikation geht es häufig nicht um „Ich und Du", sondern um „Es", nämlich ein Thema. Die Sprache lenkt dann von der Beziehung ab, macht aus der Du-Welt eine Es-Welt. Das ist beim Tier unmöglich, weil es sich mit uns nicht über etwas Drittes unterhalten kann. Wenn wir uns anschauen, ich das Tier, das Tier mich, dann geht es um uns beide; und wenn ich intensiv genug hinschaue, spüre ich sogar unsere gemeinsame Wurzel, die man Leben nennt.

> ***„Die Augen des Tieres haben das Vermögen einer großen Sprache,"*** sagt Martin Buber[134]. *„Diese Sprache ist das Stammeln der Natur unter dem ersten Griff des Geistes, ehe sie sich ihm zu seinem kosmischen Wagnis, das wir Mensch nennen ergibt.* ***Aber kein Reden wird je wiederholen, was das Stammeln mitzuteilen weiß****."*

Warum kommt mancher Jäger oft ohne Beute, aber doch mit erfülltem Herzen aus dem Wald zurück? Weil er – wie er es auszudrücken pflegt – „**Anblick**" hatte. Dabei muss es nicht immer ein Rehbock sein; Eichhorn, Marder, Dachs usw. können auch Freude machen. Bei aller Verantwortung, die mit der Jagd verbunden ist, wäre es verfehlt, dies als sentimentalen Luxus abzutun. Und keinesfalls zu vergleichen ist dieser lebendige Anblick mit dem konservierten in Film und Video.

Tiere in Gefangenschaft

Weil die Beziehung des Menschen zum Tier – ich würde gern von Tierliebe sprechen, wenn dieses Wort nicht so abgegriffen wäre – weil diese Beziehung so intensiv ist, wird sie auch kommerziell genutzt: Mit Zoo-, Haus- und Heimtieren wird das größte Geschäft gemacht. Draußen gibt es **Wildgehege und Schaugatter.** Diese sind beliebte Anziehungspunkte für Kinder wie Erwachsene, weil dort der gewünschte Anblick garantiert ist. Während Tiere in Freiheit sehr scheu sind und oft schon die Flucht ergriffen haben, bevor wir sie sehen, kann man ihnen im Gehege in Ruhe begegnen. Bei den meisten Besuchern bleibt diese Begegnung zwar – wie das Walderleben – an der Oberfläche, doch hat sie trotzdem ihre Wirkung. Auch wenn Tiere bloß flüchtig wahrgenommen werden, lösen sie Gefühle aus.

Gehegewild (s. auch Kap. 2.10.2) wirkt – wie frei lebendes Wild – als **Sympathieträger für den Wald**. Obwohl es eingezäunt ist, bringen wir es mit der Wald-Natur in Verbindung. Damit diese Verbindung positiv ist, müssen die Tiere **artgerecht gehalten** sein. Zu kleine Gehege oder gar Käfige, in denen die „Gefangenen" traurig in einer Ecke sitzen, wecken eher Mitleid. Vor allem viele Vogelvolieren halte ich nicht nur für überflüssig, sondern sogar schädlich, was eine positive Beziehung zwischen Mensch, Tier und Wald angeht. Man mag sie im Zoo dulden, aber nicht im Umgriff des Waldes, der für uns seelische Freiheit bedeutet (s. Kap. 2.1).

Damwild:
Alles Wild, auch das in Gehegen, steht für uns in Verbindung mit Wald und Natur.

Wildfütterung und Hege

Ein fast noch heikleres Thema im Zusammenhang mit dem Erleben von Waldtieren ist die **Wildfütterung**. Rehlein an der Raufe zählen immer noch zu den Sinnbildern einer Natur-Idylle. Im tiefsten Inneren sprechen sie wohl jeden irgendwie an. Sie symbolisieren eine – wenn auch in dieser Form fragwürdige – Harmonie zwischen Mensch und Wildtier: Der Jäger sorgt als Heger liebevoll für sein Wild. Es ist der **„gute Hirte“**, der schon in der Bibel als Metapher für den treu sorgenden Gott präsentiert wird, wobei ausgeblendet ist, dass der Hirte seine Tiere irgendwann ans Messer liefert.

So erfreuen sich **Schaufütterungen** großer Beliebtheit, beinhalten aber auch jene Doppelbödigkeit, was die Mensch-Tier-Beziehung angeht. Habe ich in den ersten Kapiteln angeregt, den Verstand zugunsten sensitiver Wahrnehmung öfter mal „abzuschalten“, ist es beim Wild wichtig, ihn zumindest hie und da wieder einzuschalten. Zumal es ja nicht nur die sensitive Wahrnehmung ist, die unsere Beziehung zu ihm prägt, sondern vor allem auch die Phantasie. Trotzdem gilt es, die **Gefühle zu bejahen**. Nur so kann man verstehen was sich – auch in uns selbst – um unser Wild herum abspielt.

Der amerikanische Forstmann **Aldo Leopold** hat sich mit diesem – wie er meinte typisch deutschen – Verhältnis intensiv auseinandergesetzt. In den 30er Jahren besuchte er „good old Germany“, das Land seiner Vorväter. Und angesichts kahlgefressener Waldböden, unerträglicher Verbiss- und Schälschäden, daraus resultierender Nadelholzreinbestände sowie horrender Unkosten für Kulturzäune und Winterfütterung fragte er sich, warum dies in Deutschland so sei.

> *„Die einfache Antwort für Besucher aus Amerika ist die Annahme, dass die Forstbeamten (die die meisten Jagdprivilegien besitzen) nicht gewillt sind, ihr Privatvergnügen zugunsten der Allgemeinheit zu beschneiden. Meiner Meinung nach gibt es eine viel genauere Antwort, die mir ein deutscher Förster gab. Er*

*sagte einfach: „**Das ist eine Liebesbeziehung**." Er sprach nicht nur für die Forstbeamten, sondern für alle Deutschen. Mit anderen Worten, die Deutschen nehmen lieber Schäden in Kauf, als dass sie auf das Vergnügen verzichten, Wild zu besitzen und zu sehen."* [135]

Diese grundlegende Erkenntnis Aldo Leopolds ist in ihrer Einfachheit wohl auch heute noch wahr. Waldliebe und Tierliebe gehören eng zusammen. **Die Freude am Wald ist sehr eng verbunden mit der Freude am Wild**. Dass die Steuerzahler allmählich das jagdliche Gebaren ihrer Forstleute nicht mehr mittragen, mag auch damit zusammenhängen, dass man draußen kaum noch Wild zu sehen bekommt. Wozu noch zahlen, wenn man selbst nichts mehr davon hat?

Wildtiere, die ihren eigenen natürlichen Lebensweg gehen, sind Bestandteil der „anderen Welt", die wir im Wald als Gegenpol zur unserer Zivilisation suchen. Gleichzeitig ist die Begegnung mit Wild auch ein Glückserlebnis und Teil jener Harmonie zwischen Mensch und Natur, die uns Letztere als „intakt" erleben lässt.

Statt überkommener Jagd und Hege müssen deshalb neue Wege des Wildtier-Managements gefunden werden, die dem Waldbesucher wieder die Freude des Anblicks in freier Natur bescheren (siehe Kapitel 2.10.2). Die Bedeutung der Tiere lässt sich gar nicht hoch genug einschätzen, wenn es um Sympathie für den Wald und seine Bewirtschaftung geht.

Ein heikles Thema: Wildfütterung. Trotzdem schön, die Tiere an der Schaufütterung so nah erleben zu können. (Foto Bayerische Staatsforstverwaltung)

Platz für „Raubtiere"?

Aus der Evolutionsgeschichte verständlich, erstreckt sich menschliche Tierliebe nicht auf alle Tierarten in gleichem Maße. Sehr zwiespältig ist unser Verhältnis zu den „großen Räubern", **Wolf und Bär**. Zwar hat sich der Hass vergangener Jahrhunderte gelegt, ist bisweilen sogar Mitleid und Zuneigung gewichen, aber angesichts der körperlichen Kräfteverhältnisse halten sich diese Gefühle in Grenzen. Weil ich diese Grenzen ernst nehme, sehe ich die Idee mancher Naturschützer, ausgerottete **Großraubtiere** wieder in unseren Wäldern auszusetzen, mit gemischten Gefühlen.

Uhu, Luchs und Wildkatze fügen sich ja gut ein in die Wälder und sind für unsereinen nicht gefährlich. Aber Wölfe und Bären haben andere Qualitäten. Sicher böte es einen gewissen Reiz und hätte durchaus Erlebniswert, wenn die auch noch so wenig wahrscheinliche Möglichkeit bestünde, draußen mit ihnen zusammenzutreffen. Andererseits aber wecken sie **Ängste** bei Spaziergängern und vor allem Anwohnern, die hautnah mit ihnen leben müssen. Jahrhunderte lang war der Wald ein Ort der Angst. Wollen wir diese wieder beleben? Fördert das die positive Einstellung zum Wald?

Im Gegensatz zu Amerika hat Deutschland keine Wildnis-Tradition. Wie der Medienrummel um ein paar aus dem Nationalpark entlaufene Wölfe zeigte, spalten solche Ansinnen die meist in der Stadt ansässigen Naturschützer tief von der Landbevölkerung. Ist es schon schwer genug, den Menschen vor Ort zu vermitteln, dass Wildnis, die bei uns nicht primär, sondern nur als „Verwilderung" anzutreffen ist, **hässlich** sein kann (s. Kap. 2.7); ich denke beispielsweise an die Borkenkäfer-Wälder an Rachel und Lusen. Wenn sie jetzt auch noch **gefährlich** gemacht werden soll, dann verspielt der Naturschutz damit wohl weitere Akzeptanz.

Das heißt für mich nicht, dass wir jeden Wolf oder Bär, der auf alten Wechseln in unsere Wälder einwandert, gleich erschießen oder gar vergiften müssten. Das wäre Jagd-Mentalität des tiefsten neunzehnten Jahrhunderts. Wo die Tiere in aller Stille, unbemerkt von der großen Öffentlichkeit einwandern, wo sie vor allem ihre Scheu gegenüber Menschen behalten und uns nicht gefährlich „auf die Pelle rücken", denke ich, ist eine friedliche Koexistenz möglich. Diese kann die Erlebnisqualität eines Waldgebietes sehr aufwerten.

Spektakuläre **Aussetzungsaktionen** würden mir – persönlich – aber widerstreben. Sie kämen mir als Theater vor, bei dem der städtische „homo clausus" Regie führt und die wilden Tiere als Darsteller benutzt. Symbolisch stehen die „Räuber" für verdrängte Wildheit in uns selbst. Hungrige Wölfe, urige Bären, Schießen und Schützen, Angst und Beruhigung, Freunde und Feinde – all das war immer schon Stoff für phantastische Geschichten, bei denen eigene Gefühle auf Tiere projiziert bzw. von diesen gespiegelt werden. Besser wäre es, sie in uns selbst zu bearbeiten.

Zwar kommen Wald und Naturschutz mit solchen Reißern in die Schlagzeilen. Aber es sind doch **Randthemen**, welche die öffentliche Diskussion an den Kernanliegen vorbeiführt und unnötig stark polarisiert. Bloß als Fressen für eine sensationshungrige Boulevardpresse, die daraus Geld macht, wären mir die Wildtiere zu schade.

Vogelschutz

Die Betrachtungen über Tiere und Walderleben möchte ich schließen mit ein paar Bemerkungen zum Vogelschutz. Fast an jedem Waldweg fallen ja die Nistkästen ins Auge, die der fürsorgliche Mensch für seine „gefiederten Freunde" installiert, nachdem er ihnen alle natürlichen Wohnmöglichkeiten gnadenlos weggesägt hat. Dies hat schon von Salisch erkannt und originell formuliert:

> *„Übrigens ist die ganze Nisturnenwirtschaft doch nur ein Notbehelf, denn die angehängten Kästen sehen nicht schön aus und erwecken den Eindruck,* ***dass die armen Vögel zur Miete wohnen müssen, wo sie doch Hausrecht haben sollten****.*

Man sorge daher für Einmischung von Aspen, Weiden und anderen Weichhölzern, in denen der zimmernde Specht schon bei 25 cm Stärke recht bequem für sich und andere die natürlichen Nisthöhlen herstellen kann. Bäume, in denen er schon Wohnungen angelegt hat, verschone man bei Durchforstung und Schlagführung nach Möglichkeit."[136]

Entgegen dieser Mahnung hat sich aber an unserer Vogelschutzpraxis in den verstrichenen hundert Jahren wenig geändert. Dies dürfte unter anderem daran liegen, dass der Mensch mit dem Bau von Nisthilfen – ähnlich wie bei der Wildfütterung – aktiv als „Guter Hirte" handeln kann. Das verschafft eine gewisse Befriedigung; ein **moralisch erhebendes Gefühl**. Tiefenpsychologisch spielt der menschliche Größenwahn mit, der Wunsch selbst Gott zu sein. Bloß etwas zu lassen – die morschen Bäume nämlich – erfordert dagegen Demut. **Es ist nicht leicht anzunehmen, dass in der Natur vieles besser läuft, wenn wir die Finger heraushalten.**

Erst in den letzten Jahren kann man hie und da ein gewisses Umdenken feststellen.

Immer mehr Menschen können einem morschen Höhlenbaum größeren ästhetischen Wert abgewinnen als an Bäume genagelten Holz(-beton-)kästen.

Der Specht sorgt im Wald für ausreichenden Wohnraum (Foto Peter Zach).

Immer mehr Menschen können morschen Höhlenbäumen größeren ästhetischen Wert abgewinnen als an Bäume genagelten Holz-(beton)-kästen. So mag allmählich die Zeit für die Erkenntnis reifen, dass Lassen in der Natur besser sein kann als Machen. Die derzeitige Finanzknappheit könnte auch beim Vogelschutz allzu eifrige „Macher“ bremsen. Wald ist ein Stück Natur und als solches sollten wir ihn behandeln – oder besser gesagt belassen.

Zusammenfassung der Ziele und Maßnahmen zum Thema „Tiere im Wald“

Ziele	Maßnahmen
Erhalt einer reichhaltigen, erlebbaren Tierwelt als Bestandteil der Waldnatur	Den Wald als Mosaik verschiedener Bestandsformen und Lebensräume gestalten; alte Wälder erhalten / Umtriebszeiten erhöhen; Freiflächen in Wäldern erhalten
Sichtbarkeit des Wildes - Möglichkeit, ihm auch als normaler Waldbesucher zu begegnen	Vielfältige Verjüngungsverfahren anwenden, ggf. auch kleine Kahlschläge mit Sichtmöglichkeit akzeptieren; Neue Konzepte für Jagd bzw. Wildtiermanagement erarbeiten und umsetzen, die das Wild für die Menschen wieder erlebbar machen; Gehege / Wildgatter einrichten bzw. dulden; dabei auf artgerechte Haltung achten, auf Käfige verzichten
Biologischer Vogelschutz	Künstliche Nistkästen allmählich durch eine reichhaltige „Infrastruktur“ an morschen Höhlenbäumen ersetzen

3.3.6 Ordnung

Der Hang zur Ordnung, sagt man, sei etwas typisch Deutsches, das offensichtlich vor unseren Wäldern nicht Halt macht. Besonders ältere Menschen monieren zum Beispiel häufig, dass draußen zuviel **Ast- und Reisigmaterial** herumliege. Da könne ja der Wald nicht gesund bleiben, heißt es, wenn man die „Brutstätten der Schädlinge" so leichtsinnig liegen lasse.

Auch **abgestorbene Bäume**, die verstärkt in unseren Wäldern zu sehen sind, fordern Kritik heraus. Manche Waldbesucher empfinden sie als Zeichen der Verwahrlosung. Man weiß, dass es auch in der Forstwirtschaft ums Geld geht, und interpretiert die moderne Waldbehandlung – nicht ganz zu Unrecht – als nachlässig. Oder man wittert dahinter – ebenfalls nicht unbegründet – „**Ökologie**". Und die stößt keinesfalls auf ungeteilten Beifall, sondern oft auf Skepsis, Angst und Ablehnung (s. Kap. 1.8).

Drei Problemkreise lassen sich unterscheiden, welche die von den meisten Waldbesuchern gewünschte Ordnung im Wald beeinträchtigen:

Erstens **zuviel „Natur"**, Totholz beispielsweise oder Sukzessionsflächen, die durch natürliche Vorgänge entstehen, und dann der natürlichen Entwicklung überlassen werden.

Zweitens **zuviel Technik** bzw. deren Spuren: zerfahrene Wege, angeschobene Bäume, liegen gebliebene Äste, Wipfel, Rindenhaufen, Rindenverletzungen an Randbäumen usw.

Drittens **Katastrophen** wie Stürme und Insektenkalamitäten. Diese sind (in diesem Zusammenhang) eigentlich kein eigener Problemkreis: Indem sie riesige Holzmengen bescheren, verstärken sie lediglich die beiden Erstgenannten; werden die Flächen nicht aufgearbeitet, bleibt massenhaft Totholz liegen: „natürliche Unordnung". Wird das Schadholz aufgearbeitet, gibt es gewaltige Eingriffsspuren durch Großmaschinen: „technische Unordnung".

Zuviel „Natur"

Waldästhetische Probleme, die durch zuviel „Natur" – im Wesentlichen stehendes und liegendes Totholz – entstehen, spielen heute nicht mehr die Rolle wie noch vor zwei, drei Jahrzehnten. Ältere Menschen, welche die früher im Forst übliche „**saubere Wirtschaft**" noch erlebten, geraten – rein demographisch – allmählich in die Minderheit. Nicht wenige haben auch akzeptiert, dass der Wald im Zeitalter der Zentralheizung nicht mehr „wie geleckt" aussehen kann. Suda und Pauli haben 1997 eine Befragung zu den großflächig abgestorbenen Fichtenwäldern des Nationalparks Bayerischer Wald durchgeführt und Folgendes festgestellt:

> *„Die derzeitige Situation widersprach den Wertvorstellungen der meisten Besucher* ***nicht****. Mehr als die Hälfte der Befragten war der Auffassung, dass nichts gegen die derzeitige Situation unternommen werden sollte, bzw. war sich*

noch unschlüssig. Maßnahmen, den Borkenkäfer zu bekämpfen oder die Bestände aufzuarbeiten, kamen nur für ca. 9% der Besucher in Frage. ***Bei diesem Thema herrschte jedoch kein gesellschaftlicher Konsens****. Vor allem ältere Besucher und Touristen mit einem niedrigen Bildungsniveau tendierten verstärkt zu einem Eingreifen."*[137]

Hier wird deutlich, wie **Wissen** unser ästhetisches Wahrnehmen beeinflussen kann. (s. auch S. 368) Jüngere Menschen – vor allem solche mit höherer Bildung – haben bereits in der Schule vom Wert natürlich ablaufender Vorgänge gehört und sehen diese im Durchschnitt positiver.

Andererseits darf man die **Gefühlsebene** nicht unterschätzen: Abgestorbene Bäume haben mit Tod zu tun und es ist eine Frage der grundsätzlichen Lebensorientierung, wie man dazu steht. Greift bei den Jüngeren bereits eine postmaterialistische Werthaltung? Neigen sie weniger zum Verdrängen als die Generationen der Aufbauer? Darauf gibt es wohl keine eindeutige Antwort.

Schließlich dürfte die Erfahrung von **Auslandsreisen** bei der Beurteilung unseres Waldzustandes mitspielen. In den großen Nationalparks Amerikas zum Beispiel gibt es keine „Ordnung" im traditionellen Sinn. Daran gemessen mag es manchem kleinkariert vorkommen, wenn wir hierzulande jedem toten Baum nachlaufen. Im Gegenteil: man erkennt diesen als Zeichen jener Natürlichkeit oder auch Wildnis, die man im Wald sucht. Und wenn Natürlichkeit sehr viel mit Harmonie zu tun hat, dann **wandelt sich offensichtlich auch unser Harmonieverständnis**. Es wird umfassender, bezieht den Tod mit ein; ebenso wie Raubtiere und Greifvögel, die diesen Tod bringen. Zunehmend akzeptieren wir ihre Existenz und ihre Rolle in der Natur, wenn dieser Wertewandel auch manchem viel zu langsam geht.

Zuviel Technik

Von der natürlich bedingten Unordnung – tote Stämme, in gewissem Umfang Äste etc. – ist die **forstwirtschaftlich bedingte Unordnung** zu unterscheiden. Sie schreitet mit der wirtschaftlichen und technischen Entwicklung voran, während gleichzeitig die Sensibilität dafür zunimmt.

Festgemacht wird sie beispielsweise an gewaltigen Ast- und Reisighaufen, umgedrückten jungen Bäumen, abgeschnittenen Wipfeln und Stammteilen, Rindenhaufen, Rindenverletzungen an Randbäumen oder auch Reisigmatratzen auf Rückegassen. **Moderne Forstwirtschaft arbeitet grob**. Ihre Spuren sind unübersehbar und bringen Unordentliches, Unharmonisches in die Natur.

Vor allem das – für die Forstwirtschaft – unverwertbare Restholz, das man „achtlos" am Waldboden verfaulen lässt, entfaltet eine starke Wirkung auf menschliche Gefühle. Wie gleichgültig, rationalistisch, profitgierig muss eine Forstwirtschaft sein, die es nicht nötig hat, das häufig schöne, starke – allenfalls astige – (Wipfel-) Holz aufzuarbeiten? Die Natur stellt uns hier Werte zur Verfügung, überheblich lehnen wir ab; wie Großwildjäger, die reihenweise Tiere erschießen, nur die Filetstücke herausschneiden

Hier hat der Mensch „gehaust“; die Reste lässt er achtlos liegen.

und den Rest nach Herrenart vergammeln lassen. Wie der Feinschmecker der Frösche fangen lässt, um lediglich die Schenkel zu essen. Wegwerfgesellschaft. Jetzt auch im Wald?

Gerade die **„Krone“**, den zu Lebzeiten vitalsten und wertvollsten Teil eines Baumes, behandeln wir so respektlos. Vom Stamm abgetrennt und am Waldboden sinnlos verrottend, reckt sie noch viele Jahre „anklagend“ ihre Äste gen Himmel. Traurig. Jedenfalls für Menschen, die ihre Empfindungen nicht mit Gedanken über ökonomische Wertlosigkeit oder ökologischen Wert einer liegenden Baumkrone zudecken (können). Und Letzterer wird schließlich auch unter Fachleuten nicht einhellig gelobt, zumindest was die Hauptbaumart Fichte betrifft.

Auch **Rindenverletzungen an Randbäumen**, die durch Holzlagerung verursacht werden, stoßen vielen Wanderern übel auf. Nachdem sich der Mensch (nach wie vor) unbewusst mit dem Baum identifiziert (s. Kap. 2.3), leidet mancher innerlich mit, wenn er harztriefende Abschürfungen an den Randbäumen gewahrt, die seinen Weg säumen. Tief im Inneren spürt er das Leid der blutenden Kreatur, empfindet darin vielleicht einen stummen Schrei gegen die Rücksichtslosigkeit der „Herren-Menschen“. Daraus kann Wut wachsen gegen jene „Herren des Forstes“, die Bäume so gefühllos behandeln. Und letztlich kommt wieder Zweifel auf, ob unser Wald bei ihnen in guten Händen ist.

Mag die Forstpartie solche Empfindungen der „Laien“ auch als sentimental oder rückständig abtun. Aus waldästhetischer Sicht liegen in den gehäuften Bildern forsttechnisch bedingter „Unordnung“ große Probleme, die sich unter gegenwärtigen Rahmenbedingungen nicht leicht lösen lassen (s. Kap. 2.8).

Anders, sorgfältiger zu arbeiten, kostet Geld. Dies aber ist knapp wie nie zuvor; und die Forderung vieler Stammtische, Arbeitslose zum „Aufräumen“ des Waldes heranzuziehen, braucht angesichts der Schwere und Unfallgefahr dieser Arbeit wohl kaum ernsthaft diskutiert zu werden. Ein bescheidener Ansatz läge neben dem Einsatz von Brennholz-Selbstwerbern und der Entwicklung waldpfleglicherer Maschinen in der unter Kapitel 1.4 angedachten Möglichkeit, Waldarbeit als Erlebnis zu gestalten. Das ist aber ein langer Weg, den nur einzelne Betriebe gehen können.

Wenn die Forstwirtschaft neben der materiellen auch die ästhetische Wertschöpfung (s. Kap. 2.8) bejaht, dann steckt sie in einem Dilemma: **Einerseits wollen die Menschen einen forstwirtschaftlich gepflegten Wald**. Man will Holznutzung; keine „chaotischen", sich selbst überlassenen, überdichten Bestände, die beispielsweise aus Naturverjüngung ohne Pflege hervorgehen würden; in denen alles wild durcheinander wächst, alte Schneebrüche liegen und dürre Stangen stehen bleiben. Solche Waldbilder sind nur in bemessenem Umfang akzeptabel. Die nutzende, ordnende und pflegende Tätigkeit der Forstwirtschaft – das bestätigen diverse Befragungen – ist prinzipiell gewünscht (s. Kap. 3.3.11).

Andererseits will man von den Maßnahmen der Forstwirtschaft möglichst wenig sehen. Man will eben keinen forstwirtschaftlich und erntetechnisch durchrationalisierten Wald; keine lieblos liegengelassenen Reste ausgeschlachteter Baumkadaver, keine Spuren der Zerstörung an Wegen, an der Verjüngung und am verbleibenden Bestand. Schonend, verantwortungsbewusst und in gewisser Weise dankbar soll die Forstwirtschaft mit dem geliebten Wald umgehen.

Obwohl dieses Dilemma unter den gegenwärtigen technischen und wirtschaftlichen Bedingungen schwer zu lösen ist, gibt es doch einige Dinge, die mit vergleichsweise geringem Aufwand machbar sind:

- Verschiedene **Holzernteverfahren** sind vor jeder Auftragserteilung auch nach immaterieller, ästhetischer Wertschöpfung bzw. Wertvernichtung zu beurteilen.
- Massiert anfallendes **Ast- und Gipfelmaterial** lässt sich vielerorts problemlos durch Selbstwerber aufarbeiten.
- Vom Harvester **schief gedrückte junge Bäume** kann man zumindest in Sichtweite viel begangener Waldwege entfernen.
- Randbäume lassen sich vor dem Poltern mit angebundenen Stangen gegen **Rindenverletzungen** schützen.

Viele Mosaiksteine prägen das Bild der Forstwirtschaft in der Öffentlichkeit. Über aller Anspannung, die das Holzgeschäft mit sich bringt, neigen etliche Forstleute und Waldbesitzer dazu, vermeintliche „**Nebensächlichkeiten**" zu vernachlässigen. Langfristig ist solches Desinteresse aber fatal, weil es für die Besucher eben keine Nebensächlichkeiten sind. Und die Waldbesucher sind gleichzeitig Verbraucher, die Holz nur dann bevorzugen, wenn es naturpfleglich und rücksichtsvoll gewonnen wird.

Katastrophen

Katastrophen potenzieren die genannten Probleme und sind in neuerer Zeit stark auf dem Vormarsch. Insgesamt fällt heute in unseren Nadelholzforsten etwa soviel Holz als zufälliges Ergebnis – ZE – an, wie planmäßig geerntet wird. Zwar schwankt der Anteil von Jahr zu Jahr; seit den neunziger Jahren gibt es aber keine dauerhafte Trendwende. Die Folgen lösen bei vielen Menschen **Betroffenheit** aus und das Gefühl, dass es mit der gesamten Natur – für die der Wald ja Inbegriff ist – bergab geht.

Borkenkäfer-Fläche am Lusen: Katastrophen im Wald mitsamt der entstehenden Unordnung sind zumindest teilweise natürlich. Sie öffnen uns die Augen für Naturgesetze, die wir in der Zivilisation großenteils verdrängt haben.

Die Forstwirtschaft kann dies kaum ändern, zumal sie selbst hart getroffen ist. Das ist allgemein bekannt. Die Leute haben gewisses Verständnis, hoffen aber, dass für die Zukunft stabilere Wälder aufgebaut werden.

Zwangsläufig erfüllt hier der Wald eine wichtige **pädagogische Funktion**, indem er uns die Folgen unseres rücksichtslosen Umweltverhaltens greifbar vor Augen führt. In den Städten oder auch an den Menschen selbst bemerken wir deren Nachteile ja weniger drastisch. Die körperlichen und seelischen Auswirkungen sind subtiler. Sie gehen schleichend voran; an vieles haben wir uns gewöhnt und nehmen es als unabänderlich hin.

Katastrophale Schäden im Wald aber reißen manchen aus dem Trott und öffnen – zumindest für kurze Zeit – die Augen. Der Anblick verwüsteter Wälder berührt uns, geht vielen „unter die Haut". Von neuer Erhabenheit spricht deshalb der Landschaftsplaner Nohl (s. Kap. 2.13). Insofern hat es etwas Gutes, wenn hie und da auch katastrophale „natürliche" Unordnung im Wald sichtbar ist.

Wichtigste Aufgabe der forstlichen Verantwortungsträger ist, dass sie auch angesichts verwüsteter Wälder nicht vergessen, welcher immaterielle Wert trotz allem darin liegt. **Es ist eben nicht nur wirtschaftlicher Schaden, der da entsteht,** das sollte öffentlich bewusster werden. Von der Allgemeinheit finanzierte Aufarbeitungs- und Wiederaufforstungszuschüsse können helfen, aufzuräumen, eine gewisse Ordnung wieder herzustellen und für die Zukunft stabilere Wälder aufzubauen.

Zusammenfassung der Ziele und Maßnahmen zum Thema „Ordnung"

Ziele	Maßnahmen
Ein Wald, der zwar in bemessenem Umfang natürliche Unordnung, aber möglichst wenig technisch bedingte – künstliche – Unordnung enthält	Holzernteverfahren auch nach ihrer ästhetischen Wertschöpfung bzw. Wertvernichtung auswählen; gehäuft anfallendes Ast- und Gipfelmaterial von Selbstwerbern aufarbeiten lassen; dagegen stehendes Totholz in gewissem Umfang schützen; bei der Holzernte schief gedrückte junge Bäume in Sichtweite von Wegen entfernen; Randbäume gegen Rindenverletzungen durch Holzlagerung schützen; alles vermeiden, was den Eindruck hinterlässt, die Forstwirtschaft gehe rüde und gefühllos mit dem Wald um

3.3.7 Waldwege

Wenn Spaziergänger oder Wanderer beim Forstamt anrufen, weil sie sich über irgendetwas ärgern, dann hat dies in den meisten Fällen mit den Waldwegen zu tun. Da geht es um Sperrungen, darüber gefällte Bäume, um Zerstörung, die meist durch Holzbringung verursacht wird, um fehlende Markierung, einen zu groben Belag, der das Radfahren zur Rumpelpartie macht, um die konfliktträchtige gemeinsame Benutzung mit Reitern, im Winter auch Skilangläufern und vieles mehr. Dass die Waldwege so **zentrale Bedeutung für die Waldbesucher** haben, ist leicht verständlich: schließlich finden Walderholung und Walderleben zu 99 Prozent auf Wegen statt bzw. gehen von ihnen aus.

Man kann sagen, dass das forstliche Wegenetz die wichtigste Voraussetzung ist, welche die Forstwirtschaft der Bevölkerung für das Walderleben zur Verfügung stellt. Auch nicht staatliche Waldbesitzer tun dies **unentgeltlich**, zumindest was die Instandhaltung betrifft. Der Wegeneubau wird aus öffentlichen Mitteln erklecklich bezuschusst; auch mit dem Argument, dass die Waldwege der Allgemeinheit zur Erholung dienen.

Konflikte mit Waldbesuchern rühren meist daher, dass die Forstwirtschaft *ihre* Anforderungen an die Wege in den Vordergrund stellt, was durchaus verständlich ist, nachdem sie die finanzielle Hauptlast trägt. Ob es allerdings immer klug ist, auf den Vorrang zu pochen, ist eine andere Frage; ebenso die Art und Weise, wie man es tut. Akzeptanz und Image von Forst und Holz hängen mit davon ab, inwieweit sie die Erwartungen der Gesellschaft an den Wald erfüllen. **Und die Forststraße ist wichtigste Schnittstelle, an der die verschiedenen Anforderungen von Forstwirtschaft und Gesellschaft an den Wald zusammentreffen.**

Das Wegenetz steht heute in fast allen deutschen Wäldern fest. Der Wald ist ausreichend erschlossen; die Wegedichte genügt – bis auf wenige Ausnahmen – den Anforderungen sowohl der Forstwirtschaft als auch der Waldbesucher. Mancherorts kann man sogar von einer **Übererschließung** sprechen, so dass über Wegeneuplanung aus waldästhetischer Sicht wenig nachgedacht zu werden braucht.

Zunehmend taucht aber der Wunsch nach **Wegemarkierung** auf: Weil das Wandern wieder beliebter wird, versuchen Wander- und Fremdenverkehrsvereine überall schöne Wege zu finden, die sich als Wanderwege einrichten, markieren und vermarkten lassen. Und da gibt es durchaus Unterschiede, sowohl was den Wegezustand als auch den Verlauf angeht. Der Tourismusverband Hessen zum Beispiel hat ein **Qualitätssiegel für Wanderwege** erstellt. Laut Info-Broschüre[138] bürgt er für den Erlebniswert der empfohlenen Routen, der an folgenden Kriterien festgemacht wird:

- Wegeformat (Breite, Belag des Weges oder Wegrandgestaltung)
- Natürliches Umfeld (Schönheit von Wald und Flur, Gewässern usw.)
- Zivilisatorisches Umfeld (Sehenswürdigkeiten, Gastronomie, Siedlungsformen, Industrie)
- Wanderleitsystem (Markierungen, Wegweiser, Karten, Rastplätze)
- Makrostrukturen (Linienführung, Vernetzung, Abwechslungsreichtum)

Hier wird Landschafts- und Waldästhetik sehr praktisch: **Man bewertet** und letztlich

Walderholung und Walderleben finden zu 99% auf Wegen statt. Trassenverlauf und Wegezustand haben deshalb für die Waldästhetik größte Bedeutung.

Auf der schmalen Forststraße **links** ist der Läufer gefühlsmäßig in den Wald integriert ...

zahlen Kunden – Wanderer und Touristen – für Schönheit und Erlebnis. Dass die Forstwirtschaft vorerst wohl nicht viel von den erwarteten Einkünften mitbekommt, ist kein Argument, Gedanken darüber zu vernachlässigen. Vielleicht lassen sich ja doch über Naturpark, Gemeinde oder anderweitig Möglichkeiten finden, an der Entwicklung teilzuhaben.

Die Differenz zwischen dem, was an Wegequalität forstlich notwendig und dem, was ästhetisch wünschenswert ist, lässt sich jedenfalls in vielen Fällen monetär bewerten; beim Wegenetz viel einfacher als beim Waldbau. Deshalb im Folgenden ein paar grundsätzliche Gedanken zur ästhetischen Wirkung des forstlichen Wegenetzes.

3.3.7.1 Trassenverlauf

Was sind Kriterien für eine schöne Route? Sie muss dem Begeher eine ansprechende Wald-Landschaft erschließen. Langweilige oder gar hässliche Waldorte soll sie zwar

... **rechts** wandern die Menschen auf einem isolierten Straßenkörper mit Distanz zum Wald, sofern sie nicht – wie die Kinder – die Trasse verlassen.

nicht gänzlich meiden, aber nur in bemessenem Umfang durchqueren. In diesem Zusammenhang ist die in Kap. 3.1 vorgestellte **Kartierung des ästhetischen Wertes** sehr hilfreich. Positive und negative Kardinalpunkte lassen sich damit leicht festmachen.

Gerade oder Bogen?

Was die Wegtrasse selbst betrifft, macht es einen großen Unterschied, ob ich mich auf einer **kilometerlangen Geraden** durch den Wald bewege oder auf einer geschwungenen, den Höhenschichtlinien des Geländes angepassten Linie.

Auf der **kurvigen Trasse** ist die Sichtweite wesentlich geringer; dafür gibt es häufig Überraschungen. Nicht selten öffnet sich nach einer unübersichtlichen Biegung ein ganz neuer Blick. Wenn der Wald allerdings einförmig ist, nach der zehnten Kurve also immer noch das gleiche Waldbild wartet, wird auch der gebogenste Weg langweilig. Dann wünscht man sich einen weiten Blick, einen Horizont, der Orientierung ermöglicht, und ein Ziel bietet, das sich mental erfassen lässt.

Hier liegt die **Qualität der Geraden**. Vor allem im Flachland, wo die Forste häufig geradlinig erschlossen sind, vermittelt sie das Gefühl der Weite: Zwei, drei Kilometer kann ich durch ein großes Waldgebiet schauen, ohne dessen Ende auszumachen. Wie Eichendorff (s. Kap. 1.7.2.2), reizt ja alle Wanderer die Ferne. Und wandernd haben wir die Angewohnheit, ein Ziel zu suchen. Das kann ein markanter Baum sein, eine Bodenwelle, ein Hochsitz oder ein Wegeschild. Auf der langen Geraden sehe ich diese auf große Entfernung. Schon Heinrich von Salisch warnte davor, „*die gerade Linie auch da zu verwerfen, wo keinerlei Umstand zu einer Krümmung auffordert*".

Dass ich auf der langen Geraden auch jeden **Menschen** schon von weitem sehe, jedes Auto das mir entgegenkommt, löst zwiespältige Gefühle aus. Dem steht aber das Gefühl von Freiheit und Einsamkeit gegenüber, wenn ich kilometerweit niemanden sehe.

Lädt zum Wandern ein: alter Ziehweg im Mittelgebirge.

Gelegentlich erblickt man auch auf große Entfernung **Wild**, das über den Weg wechselt. Hasen laufen als Steppentiere gern direkt auf der Trasse, wobei sie den entgegenkommenden Wanderer oft lange übersehen. Wenn sie richtig in Fahrt sind, rennen sie manchmal unmittelbar an dem zur Bildsäule erstarrten Menschen vorbei. Rehe eräugen einen lange nicht, während sie im Kraut der Bankette äsen.

Unangenehm wirken gerade Wege in **kleinen Waldgebieten**. Wo sie ständig den Blick auf das Ende des Waldes und vielleicht sogar die Siedlung offen halten, hindern sie uns, abzuschalten. Es ist schwer, im Angesicht der Zivilisation in die Gegenwelt – Wald – einzutauchen.

Im **bewegten Gelände** können gerade Schneisen ausgesprochen rücksichtslos aussehen. Gewaltsam zerschneiden sie mancherorts Hügel und Täler. Steht dann auch noch an jeder Ecke eine überdimensionierte Jagdkanzel, erinnern sie unweigerlich an den berüchtigten Todesstreifen, der bis vor kurzem Deutschland teilte. **Im Berg- und Hügelland sollten sich die Wege auf jeden Fall organisch in die Landschaft fügen**.

Dabei kann aber des Guten zu viel geschehen, indem „*man Linien für umso schöner hält, je mehr Krümmungen sie aufweisen*“[139]. Schon Fürst Pückler bekämpfte die „***Korkzieherlinien***“, die man anfangs in der englischen Gartenkunst pflegte. Ihnen fehlen die positiven Elemente der Geraden, die den Raum weit und die Wegstrecke erlebbar macht. Der Wanderer tritt nahezu auf der Stelle, hat wenig Erfolgserlebnis. Jeder der schon einmal längere Wege in Serpentinen zurückgelegt hat, kennt das Gefühl, eigentlich kaum vom Fleck gekommen zu sein. Nur im Bergland haben die engen Kurven Sinn.

Insgesamt hat jeder Trassenverlauf seine Reize, der in die Landschaft passt; ob er gerade durch die Ebene verläuft, in weiten Bögen durch sanft gewelltes Hügelland, gewunden durch ein Bachtal, erhaben auf einem Höhenrücken oder vielfältig gemischt am Hang.

Besonderheiten im Trassenverlauf

Kleinode aus vergangener Zeit sind **Hohlwege**. Sie werden deshalb nicht selten als Landschaftsbestandteile geschützt. Man bewegt sich dabei praktisch im Wurzelraum der Bäume. Durch die tiefe Blickposition erscheinen die Stämme länger und gewaltiger als von ebenerdiger Warte.

Dämme, die meist entlang der Flüsse verlaufen, haben umgekehrte Wirkung: Man sieht von oben in den Wald und entdeckt im Kronenbereich manches, was man von unten nicht sieht: vom Vogelnest bis zu den zarten Baumblüten im Frühling.

Wahre Kunstwerke können alte **Brücken** sein. Weil der Transport von Steinen früher sehr teuer war, nahm man als Baumaterial meist Natursteine aus der unmittelbaren Umgebung und richtete daraus wunderbare kleine Gewölbe auf. Kein Vergleich mit den schnöden Betondurchlässen, die unsere modernen Forststraßen entwässern! Während das **Wasser** unter der Brücke sozusagen gleichberechtigt mit dem Weg ist und respektvoll gequert wird, mutiert es im Durchlass zum Störfaktor; als Abwasser wird es – wie im Kanal – entsorgt.

Es lohnt sich, für eine alte Brücke, sei sie auch noch so klein, hie und da vom Weg abzugehen. Erst aus seitlicher Perspektive zeigt sich manche als kleines **Kulturdenkmal**, das da – kaum beachtet – mit Füßen getreten wird. Auch das überquerte Wasser zeigt sich aus dieser Sicht anders. Seit jeher ziehen Brücken Maler an. Wie die Wege selbst stehen sie symbolisch für Verbindung.

Kleine Rinnsale wurden und werden auch heute noch oft nicht mit einer Brücke gequert, sondern mit einer **Furt**. Gerade für an Perfektion gewöhnte Stadtmenschen gehört es zu den schönsten Wald-Erlebnissen, auf ein paar wackeligen Steinen, die meist darin liegen, einen klaren Waldbach zu überschreiten. Mancher fühlt sich sogar veranlasst, Schuhe und Strümpfe auszuziehen und bekommt damit tatsächlich wieder Boden unter die Füße.

Sehr wichtig sind die **Aussichten**, die eine Wegtrasse bietet. Wenn Gelände und Bewuchs keinen weiten Blick in die Landschaft oder auf den Himmel erlauben, dann sollte man zumindest gut **in den Wald schauen** können. Dies klingt selbstverständlich, ist es aber nicht: Zu breite Trassen lassen oft links und rechts Strauchwerk wachsen, das den Blick in den Wald versperrt. Man fühlt sich dann ausgeschlossen, isoliert. Hier ist der Weg – ein menschliches Bauwerk – dort der Wald aber dazwischen keine Verbindung. Der Blick des Wanderers konzentriert sich zwangsläufig auf den Weg, und da dieser meist wenig interessant ist, verdrängen Gedanken die sensitive Wahrnehmung. Die Innenwelt gewinnt Oberhand über die Außenwelt.

Der Weg sollte – kurz gesagt – im Wald verlaufen, nicht durch den Wald. Etwas anderes ist, wenn der Weg selbst interessant ist, wenn es sich beispielsweise um eine Allee handelt. Auch in Wäldern können Alleen reizvoll sein; in Nadelwäldern zum Beispiel Eichen, Roteichen oder Kastanien.

3.3.7.2 Wegezustand

Neben dem Trassenverlauf sind Zustand eines Weges, insbesondere Breite und Belag entscheidend dafür, ob wir gerne auf einem Weg gehen oder nicht. Dabei gibt es je nach Fortbewegungsart verschiedene Ansprüche. **Spaziergänger** wollen gern breite Wege, auf denen sie nebeneinander gehen, sich unterhalten und gegebenenfalls auch den Kinderwagen schieben können. **Radfahrer** haben am liebsten asphaltierte Sträßchen und **Naturfreunde**, die gern allein sind und Tiere beobachten, mögen schmale, verschlungene Pfade.

Den idealen Forstweg gibt es also nicht, wie es ja überhaupt nichts Ideales gibt. Für Wanderer, die – wie in Kap. 1.5 beschrieben – das intensivste Walderleben haben, eignen sich wohl am besten **relativ schmale Fahr- oder Fußwege, die wegbautechnisch nicht im Bestzustand sind**. Breite Forststraßen, zumal mit sauber geputzten Gräben und gemähten Banketten schaffen Distanz zum Wald. Sie wirken steril und fremd, vor allem wenn sie auch eine straßenartig starke Wölbung aufweisen.

Hervorragend zum Wandern eignen sich die **alten Ziehwege**, welche die Vorgängergeneration unserer heutigen Forststraßen bilden. In den Mittelgebirgen und den Alpen sind viele davon erhalten. Sie sind etwa so breit wie ein Mensch hoch ist und weisen ein ausgesprochen sanftes, angenehmes Gefälle auf. Gebaut wurden sie unter anderem für die Holzbringung mit dem Schlitten, wozu sie bis Mitte des 20. Jahrhunderts auch genutzt wurden. Dann kamen die Lastkraftwagen. Und mit ihnen Planierraupen, die das moderne Forststraßennetz in die Wälder trieben.

Für das Walderleben müssen Wege keinesfalls immer perfekt sein.

Von Breite und Verlauf fügen sich die alten Wege meist sehr harmonisch in die Landschaft ein. Dies liegt mit daran, dass damals der Mensch das Maß aller Dinge war und nicht die Maschine. Oft sind sie noch mit einer handgesetzten **Steinpacklage** befestigt: jeder Stein wurde einzeln eingefügt und gegebenenfalls entsprechend behauen. So wird jeder Schritt, zum Erlebnis, wenn wir bewusst darauf gehen.

Wegbaumaterial

Das Wegbaumaterial, insbesondere das der Deckschicht, ist oft buchstäblich Stein des Anstoßes. Viele Forstbetriebe neigen dazu, recht groben Schotter aufzubringen, weil dieser besser auf dem Weg liegen bleibt. Wenn man so etwas im Erholungswald macht, wo auch noch reger Fahrrad-Verkehr herrscht, braucht man auf Beschwerden meist nicht lange zu warten. Feiner Splitt ist angenehmer, rutscht aber vor allem bei schnellem Autoverkehr innerhalb kurzer Zeit auf die Bankette. Von dort muss er dann mit einem **Wegepflegegerät** wieder hereingeholt werden, was bei den Besuchern auch nicht gerade Begeisterungsstürme auslöst. Reißt dieses doch neben dem Splitt auch Steine und Grasbüschel mit auf den Weg.

Ganz wenig Gedanken macht man sich über die **Farbe des Belags**. Doch hat sie einen sehr großen Einfluss darauf, wie sich eine Forststraße in den Wald einfügt bzw.

Die **Farbe des Wegbaumaterials** hat großen Einfluss darauf, wie sich ein Forstweg in den Wald einfügt. Obwohl es sich im Bild um eine breit aufgehauene Forststraße handelt, wirkt sie relativ harmonisch: Der ursprünglich helle Kalkschotter hat vom Buchenlaub eine dunkle Patina bekommen, die ihn mit dem angrenzenden Waldboden verbindet.

wie künstlich sie in der jeweiligen Gegend wirkt. Vor allem frisch gebrochener, fast weißer Kalkschotter macht die Forststraße zu einem absoluten Fremdkörper, der wenig Waldgefühl aufkommen lässt. Scheint dann noch die Sonne, tut der grelle Kontrast manchmal direkt in den Augen weh.

Wenn in der Gegend dunklere Gesteine zu haben sind, sollte man möglichst auf diese zurückgreifen. Ansonsten bekommen helle Beläge im Laufe der Zeit von selbst eine gewisse **Patina**: am ehesten durch Falllaub, sofern Laubbäume den Weg säumen, und nicht regelmäßig gepflegt wird.

Waldweg und Forststraße

Der Unterschied zwischen Waldweg und Forststraße ist fließend: Die Straße ist von ihrer Breite her für Fahrzeuge gemacht; der Weg für **Fußgänger**, früher auch für Zugtiere. Er passt sich besser dem Gelände an. Technisch kann man sagen, dass für einen Weg nur sehr wenig Erdbewegung notwendig ist.

Ein anderer Unterschied liegt in Zielsetzung: Generell dient eine Straße dazu, uns möglichst schnell zu einem wichtigen – in unserem Fall schönen – Punkt zu bringen. Für den Menschen, der sich auf der Straße bewegt, wird der Raum zum Hindernis, welches er überwinden muss bzw. will, um ans **Ziel** – zur gewünschten Attraktion – zu gelangen. Die Zeit wird bei dieser Grundhaltung zum Investitionsmittel: an sich ist sie sinnlos, aber notwendig zur Zielerreichung.

Mit manchen Sportgeräten – z.B. Motorrädern oder Rollerblades – wird auch die Straße zum Ziel. Dies ist ein anderes, viel schnelleres und detailärmeres Erleben als jenes beim Wandern. Indem die Zeit des Fahrens aber auch als Zeit des Lebens empfunden wird, doch vergleichbar.

Der Weg bietet – sofern er gut in die Landschaft eingebunden ist – sehr viel sinnliches Erleben: tausend große und kleine Reize können wir auf einem schönen Weg wahrnehmen, sofern wir offen und empfänglich dafür sind. Damit wird die Zeit des Gehens sinnvoll: Die Zeit des Gehens ist Zeit des Lebens. Der Weg wird zwar nicht zum alleinigen Ziel, aber zu *einem* Ziel meiner Waldwanderung (s. Kap. 3.3.9 Markante Punkte).

Mit den Vokabeln der Erlebnisgesellschaft kann man sagen: **Wege verbinden nicht nur Erlebnisräume, sondern sind Erlebnisräume**. Wenn wir bewusst darauf gehen, können sie uns lehren, auch das Leben wieder als Weg zu erleben; nicht als Straße, die uns schnellstmöglich von einem attraktiven Punkt zum nächsten bringt, aber den Raum dazwischen vergessen lässt. Der Weg ist – wie das Leben – Sinn und Ziel an sich.

Was die Erlebnisqualität angeht, liegen die meisten Forststraßen – je nach Ausbauzustand – irgendwo in der Mitte zwischen Weg und Straße. Damit sie für den Fußgänger nicht zu straßenartig wirken, ist eben ein nicht allzu perfekter Bauzustand – unter anderem ein **grüner Mittelstreifen** – angenehm. Er mindert den Straßencharakter und verbindet mit der Vegetation der Umgebung.

Ideal für wandernde Naturfreunde: **Bergpfad** mit geheimnisvollen Windungen und schönen Ausblicken.

Forstwirtschaft und Wegezustand

Indem ich schöne Waldwege wie oben beschreibe, ist mir klar, dass kein Förster für so etwas **belobigt** wird. Im Gegenteil. Die hoch gewölbte, frisch gesplittete Forststraße ohne Gras und ohne „Speckstreifen", stattdessen mit sauberen Gräben, großzügig breit aufgehauen, damit die Sonne den Belag trocknen kann, und Lagermöglichkeit für das Holz besteht – sie ist das Leitbild gepflegter Walderschließung.

Wohl kaum wird man diese **Zielvorstellung** – „bloß wegen der Ästhetik“ – überall aufgeben. Aber man kommt zu einer anderen Wertung, wenn man den Wegezustand aus der Sicht des Wanderers sieht. Manche Probleme werden zu Qualitäten und manche Qualitäten wertlos, ja sogar zu Problemen. Es gibt für alles viele Blickwinkel; mir ist wichtig, dass der ästhetische Beachtung findet.

Ein recht kurioser Blickwinkel ist mir in Person eines Revierförsters aus dem Fichtelgebirge in Erinnerung, der unbedingt die glatten Fahrspuren – die „Speckstreifen” – auf seinen Forststräßchen erhalten wollte. Mit Händen und Füßen wehrte er sich gegen Splitt und Wegepflegegerät. Warum? Weil Splitt die **Trittsiegel des Rotwildes** nicht aufnimmt. Und es war ein wichtiger Teil seiner Berufsfreude, jeden Morgen die Wege „abzufährten“. Ihm ging es um Erlebniswert, auch auf seinen Forststraßen. Sicher hat sich auch mancher Naturfreund über die Fährten gefreut.

Nachdem das **Geld** knapp wird, findet man das beschriebene Leitbild gepflegter Forststraßen draußen immer seltener. Im Gegenteil hat man mancherorts den Eindruck, dass der Wegezustand ins andere Extrem kippt. Die Holzindustrie verlangt heute Just-in-time-Lieferung, so dass es kaum noch ein Revierleiter schafft, seine früher wie den Augapfel gehüteten Straßen gegen unzeitige Abfuhr zu verteidigen. Wenn aber bei Regenwetter ein paar tausend Festmeter Holz aus dem Wald müssen, gibt es Gleise, Schlaglöcher und Pfützen wie Baggerseen. Dann braucht bloß noch am Montag ein erboster Biker anzurufen, der sich über den „Saustall“ beschwert, und schon ist die Freude komplett.

Zum Thema “Wegezustand” rentiert sich intensive **Öffentlichkeitsarbeit**. Weil die Wege wichtigster Berührungspunkt zwischen Forstpartie und Waldbesucher sind, kann man über dieses Thema relativ viele Menschen erreichen. Durchaus lassen sich dabei in aller Offenheit die eigenen – auch finanziellen – Probleme darstellen. Wer dies geschickt macht, schafft Verständnis und Bewusstsein für das, was viele Menschen allzu selbstverständlich im Wald erwarten.

3.3.7.3 Wegemarkierung

Forstleute und Waldbesitzer, die den Wald kennen oder sich zumindest mit Karten orientieren können, haben selten näheren Bezug zu Wegmarkierungen. Ob es nun der R 4, A 7 oder E 12 ist, auf dem sie gerade stehen, ist für sie nicht relevant. Man weiß, dass es die Autalstraße, der Pfarrholzweg oder die Schindelbergstraße ist; das genügt. Auch wo ein Weg hinführt, können sie nicht immer eindeutig sagen. Handelt es sich doch bei vielen Waldwegen um „**Holzwege**“, die kein anderes Ziel haben, als Waldarbeit und Holzbringung zu ermöglichen. Für Förster und Waldarbeiter führen sie zu einem Holzlagerplatz – für einen Wanderer enden sie blind.

Was da mit den vielfältigen **Zeichen und Zahlen** der Markierung in den Wald gelangt, ist eine andere Welt. Eine Welt die von außen kommt. Wer vor Ort wohnt, kennt sich aus, braucht keine Markierung. Außerdem neigen nur wenige Landleute

Wegmarkierungen sind wichtig, damit sich auch der Ortsunkundige zurechtfindet. Noch wichtiger, weil greifbarer als alle Nummern, sind jedoch Wegweiser. (Diesen hat eine Goldammer als Rastplatz gewählt).

zum Wandern. Meist sind es Wandervereine, in den Bergen auch der Alpenverein, welche die Routen kennzeichnen und die Markierungen instandhalten. Sie tun es für ihre Mitglieder sowie für die Allgemeinheit, insgesamt ein überwiegend **städtisches Klientel**. Dazu werden Bücher geschrieben und Führer. Fremdenverkehr ist für viele Gegenden ein wichtiger Wirtschaftsfaktor.

Nicht alle Waldbesitzer sind erfreut über die Farbkleckse, Zeichen und Tafeln. Man duldet sie, und nimmt im Allgemeinen **Rücksicht**. Hie und da verschwinden aber auch welche, beim Holzmachen oder sonst wie. Die Wanderer sind dann irritiert. Auf ihre Frage, wo denn nun der A 7 weitergehe, können ihnen die Einheimischen nicht immer weiterhelfen, weil sie es selbst nicht wissen. Manchem Landmenschen fällt es auch schwer, Leute ernst zu nehmen, die draußen herumlaufen, bloß weil sie Wald und Landschaft schön finden. Und wenn sie dann noch die Karte falsch rum halten? Na ja. Auf den Wegen prallen die Welten aufeinander.

Wegemarkierungen sind aus unserer Landschaft nicht wegzudenken. Sie geben Ortsfremden eine gewisse **Sicherheit** und ermöglichen ihnen damit erst ein tieferes Walderleben. Nur wer seinen Weg einschätzen kann und keine Angst hat, sich zu verirren, wird die innere Ruhe finden, sich für die Schönheit des Waldes zu öffnen. **Insofern sind Wegemarkierungen grundlegende Voraussetzung für praktisches Walderleben.**

Fast noch wichtiger als durchgängige Wegmarkierungen sind **Wegweiser** an den Gabelungen und Kreuzungen. Wenn schwarz auf weiß da steht, wohin der Weg führt, gibt das mehr Sicherheit als irgendeine Raute oder Nummer, die ich im Zweifelsfall nicht finde. Und im Wald sehen ja so viele Kreuzungen gleich aus. Diese Wegweiser zu gestalten, gibt es tausend Varianten. Von der einfachen Blechtafel bis zum kunstvoll geschnitzten Relief findet man alle Spielarten. Leider macht der Klau an den Waldrändern nicht Halt, so dass gerade die schönsten oft nicht lange stehen bleiben.

In schönen Gegenden gibt es (leider) **verwirrend viele Wanderrouten**, die sich vielfach überlagern. Mit den Dutzenden zugehöriger Zeichen findet sich auch der Geübte kaum zurecht. Und die handelsüblichen Wanderkarten helfen nur bedingt. Entweder ist nicht jeder Weg eingezeichnet, die Markierung verschwunden, der gesuchte Weg zugewachsen oder durch Baumaßnahmen ganz anders geführt. Hier wäre eine „Flurbereinigung" angebracht. Unbedingt sollten diejenigen, die sich vor Ort auskennen, **beim Aktualisieren der Routen, Markierungen und Karten mithelfen**. Dies liegt auch im Interesse einer sinnvollen „Besucherlenkung" (s. Kap. 3.3.9).

Eine andere Art von Markierung findet man zum Beispiel in Ballungsgebieten und Wintersportzentren: Für bestimmte Sportarten – wie Reiten, Mountain-Biking, Skilanglaufen – werden eigene Wege gekennzeichnet, welche die **Sportler von den Fußgängern trennen**. Dies ist notwendig, damit für Letztere der Waldweg erholsam bleibt und kein Stress aufkommt.

Für manche Bergstrecken gibt es jedoch keine Ausweichmöglichkeiten. Dort sausen die Biker oft mit einem „Affenzahn" herunter, so dass ein Fußgänger an schönen Wochenenden vor lauter Ausweichen wenig Muße findet. Die allgemeine Beschleunigung unserer Welt macht eben auch vor Wald und Gebirge nicht Halt; an einer Trennung von Sportlern und Fußgängern führt in solchen Fällen „kein Weg vorbei".

Ich plädiere dafür, über allem Sport die **einfachen Fußgänger** nicht zu vergessen – vor allem auch im Winter.

Zusammenfassung der Ziele und Maßnahmen zum Thema „Wege"

Ziele	Maßnahmen
Organisch in die Landschaft eingefügte, interessante Trassen	Wegeverlauf mit der Landschaftsform in Einklang bringen; im bewegten Gelände sowie in kleinen Waldgebieten lange, gerade Schneisen vermeiden, aber Kurven nicht ohne Grund bauen; auf Abwechslung zwischen geraden und gebogenen Strecken achten; Hohlwege, Dämme, Alleen erhalten, ggf. neu schaffen
Fußgängerfreundlicher Wegezustand; harmonische Einbindung in den Wald	Forststraßen nicht zu breit und straßenartig ausbauen; Einblick in den durchquerten Waldbestand offen halten; Wegezustand nicht überall technisch perfekt gestalten; auf Nebenstrecken grüne Wegemitte belassen; feine Materialien von dunkler Farbe als Belag wählen; Schäden durch Forstbetrieb möglichst vermeiden oder rasch beheben; alte Ziehwege mit Brücken, Furten usw. für Wanderer erhalten; Öffentlichkeitsarbeit zum Zustand der Waldwege betreiben
Orientierung und Sicherheit als Grundlage für Naturerleben auch für Ortsfremde	Bei der Auswahl und Markierung einiger schöner Wanderwege mithelfen; Wegweiser aufstellen oder zumindest dulden; wo nötig, Sportler und Fußgänger trennen

3.3.8 Abwechslung mit anderen Landschaftselementen

Ein **großer Wald**, den keine Straße durchschneidet und keine Siedlung unterbricht, ist eine Oase der Einsamkeit, von denen es in unserem Land nur noch wenige gibt. In seiner Mitte nichts zu hören als die Geräusche der Natur, den eigenen Schritt und den eigenen Atem, darin liegt sein größter Wert; unabhängig davon, welche Baumarten dort wachsen, ob sie der natürlichen Vegetation entsprechen oder nicht.

Wichtig ist für den Menschen – wie Schleiden[140] schreibt – das **Gefühl**

> *„dass er allein der ganzen Natur mit ihren ewigen Kräften, ihrem ewigen stillen Wirken gegenübertritt, dass er sich als klein und unabhängig vom Großen und doch wieder groß als lebendiger Teil des Ganzen empfindet, dass er dem erhabenen, jeder Störung und Wirrnis unzugänglichen, stetig und unveränderlich in gleicher Weise tätigen Naturgesetz sich mit einer erhebenden Vertrauenssicherheit hingeben kann, wo die Klugheit, die er im Verkehr mit den Menschen aufbieten musste, um seine Existenz zu behaupten, ebenso unnötig als machtlos ist ...“*

Der hier eindrucksvoll beschriebenen **Einsamkeit in einem großen Walde** steht die **Harmonie einer Kulturlandschaft** gegenüber, die Wälder, Felder, Wiesen, Siedlungen und Gewässer in kleinräumigem Wechsel enthält. Beide Landschaftsformen haben Erlebniswert. Bei der ersten ist der Wald alles, bei der zweiten ist er nur Teil des Ganzen. Der Mensch spielt dort stärker mit. Je nach persönlicher Neigung bevorzugt der eine diese, der andere jene Landschaft, und ein Dritter mag beide, je nach Stimmung und innerem Bedürfnis.

Mehrheitlich – das kommt bei landschaftsästhetischen Befragungen zum Ausdruck – wünschen die Menschen eher die harmonische – manche sagen auch liebliche –

Waldrand: Interessant und anregend ist immer der Wechsel von einer Landschaftsform in die andere.

Kulturlandschaft mit ihrem Wald-Feld-Wechsel. Der große Wald ist deshalb nicht *weniger* wert, er hat nur *anderen* Wert.

Was an der **kleinräumigen Kulturlandschaft** so reizt, ist einerseits die Abwechslung, andererseits – damit zusammenhängend – der offensichtliche Platz für ein gutes menschliches Leben. Im geschlossenen Wald kann dies nicht ohne weiteres gelingen. Die Muster dazu sind in uns archetypisch verankert, und prägen unser Schönheitsempfinden.

Besonders anregend ist immer der **Wechsel von einer Landschaftsform in die andere**. Nach längerer Wanderung durch sonnige Fluren in den Waldschatten einzutauchen, erleben wir ebenso angenehm, wie nach langer Waldwanderung eine Wiese zu betreten oder an ein Seeufer zu kommen. In der wissenschaftlichen Erfassung landschaftsästhetischer Werte wird deshalb unter anderem die **Länge der Vegetationsränder** gemessen.

Waldränder

Am Waldrand bildet sich die typische Zwitter-Vegetation aus, die nicht ganz Wald, aber erst recht nicht Feld ist: die **Sträucher**. Sie sind uns mit ihren Blüten und Früchten näher als die hohen Bäume. Die strahlend weißen Blüten der Schlehe, die duftenden Dolden des Holunders, die leuchtend orangen Früchte des Pfaffenhütchens, die lieblichen Blüten der Heckenrose und im Herbst ihre Hagebutten, sie alle erfreuen uns mit ihrem Anblick. Sicher spielt bei dieser Sympathie mit, dass wir einiges von ihnen essen können. Zum Gesichtssinn kommen also – auch wenn wir die Gelegenheit selten nutzen – Geschmack und Geruch hinzu. Außerdem die **Freude des Sammelns**: eine Tätigkeit, die dem Menschen seit Urzeiten Befriedigung und Sicherheit gibt.

Am Waldrand fand der Mensch immer schon Nahrung und Deckung, Licht und Schatten, Weite und Versteck, und nicht zuletzt ein reiches Tierleben, das den Jagdtrieb reizt. Bis ins letzte Jahrhundert fing man dort auch bei uns gern Singvögel, die unsere Vorfahren – wie heute noch einige unserer mediterranen Nachbarn – als Fleischbeilage zur ansonsten kargen Kost schätzten.

Der Waldrand ließ das Herz unserer Vorfahren höher schlagen: Niemand wusste genau, was ihn dahinter erwartet. Beute oder Raubtiere? Süße Früchte oder zwielichtige Menschengestalten? Nahrhafte Pilze oder Verirren? Den Wald von außen zu sehen, regt bis heute unsere **Phantasie** an. Eigentlich wird er durch diese Außenansicht erst zum Wald. Als er noch überall herrschte, nannte man ihn Wüste (s. Kap. 1.5). Der Wald, unsere Liebe zu ihm, lebt vom Gegenpol. Dass unser Empfinden in kleinräumig strukturierter Landschaft ständig zwischen den Polen oszilliert, macht wesentlich ihren Reiz aus.

Vom Naturschutz kommt gelegentlich die Forderung, abrupten Wald-Feld-Wechsel grundsätzlich zu vermeiden und stattdessen **Waldmäntel** aus heimischen Straucharten anzulegen. Aus waldästhetischer Sicht ist ein sanfter Übergang sicher angenehm,

An Waldrändern freuen wir uns über bunte Sträucher:
oben Haselkätzchen,
unten links Schlehen,
unten rechts Pfaffenhütchen

zumal sich hier die Sträucher mit ihrer Schönheit zeigen. Aber es gibt nichts absolut gültiges: Auch ein scharfer Waldrand, der bereits von außen einen kleinen Einblick zulässt in die geheimnisvolle, dämmrige Waldinnenwelt, hat seinen Reiz. Und Haselsträucher, Him- und Brombeeren gedeihen dort allemal.

Andere Landschaftselemente

Was sind die bevorzugten Elemente, die Abwechslung zu Wäldern und Forsten bringen? Ein Gang durch die reich strukturierte Landschaft unserer Mittelgebirge zeigt sie in bunter Vielfalt:

Dort gibt es grüne **Wiesen**, die mit ihrer Lichtfülle, Überschaubarkeit, Fruchtbarkeit und vielerorts friedlich weidenden Rindern und Schafen immer schon Symbol eines guten menschlichen Lebens waren. Ferner gibt es **Felder**: auch für die modernste und technisierteste Gesellschaft Grundlage menschlicher Nahrung. Im Frühjahr tragen sie die grüne Saat, im Sommer das leuchtend gelbe Getreide, im Herbst und Winter zeigen sie uns den duftenden Ackerboden, der zunehmend Erlebniswert bekommt, je mehr wir davon zubetonieren.

Dann gibt es glänzende **Seen**, die „Augen der Landschaft"; **Flüsse** als Lebensadern, Bäche, Moore und Tümpel. Der Anblick von Wasser, sagt man in China, stärkt die Seele. Wasser ist, vor allem im Sommer, wohl die beliebteste Abwechslung zum Wald.

Wasser ist wohl die schönste Abwechslung zum geschlossenen Wald.

Hie und da gibt es auch noch **Heideflächen** mit Calluna und Ginster; eigentlich Zeugnisse menschlicher Übernutzung, und als solche gar nicht konform mit der heute wie das Evangelium gepredigten Nachhaltigkeit. Aber einfach schön. *„Heidepflanzen sprechen zum Gemüte*“, sagt man.

Weiter sind es auch **Bodenabbaustellen**, die unsere Landschaft bereichern; wenn ihre Anlage auch zunächst Werte zerstört und deshalb oft Widerstand auslöst. Gerade in alten Sandgruben gibt es neben viel Licht und einem nicht nur für Kinder herrlich weichen, auch nach dem stärksten Regenguss bald wieder trockenen Boden, wunderbare Pflanzen: Sandnelke, Silbergras, Blaugras, filigrane Strauchflechten und Moose.

Kiesgruben gewähren einen tiefen Einblick in die Entstehung unserer Landschaft. Was die Flüsse über Jahrtausende angeschwemmt und abgelagert haben, liegt offen vor uns: Kies, Sand, Ton, hie und da sogar ein alter Baum, eine Mooreiche oder gar Skelette von ausgestorbenen Tieren.

Steinbrüche sind wahre Fundgruben für die fossilen Reste vergangener Zeiten. Im Kalk findet sogar der geologisch ungeschulte Wanderer Abdrücke von Ammoniten, Muscheln, Krebsen. Solche Ausflüge in die Vergangenheit können ausgesprochen spannend sein. Doch auch in der Gegenwart gibt es einiges zu erleben: Vom Uhu bis zum Kolkraben nisten dort herrliche Vögel, und allein der Blick in die Felswände hat ein wenig der Faszination, die viele von uns ins Hochgebirge zieht.

Schließlich haben auch menschliche **Siedlungen** als Kontrast und Unterbrechung der Wälder Erlebniswert. Auf der inneren Suche nach der Harmonie des „Natürlichen“ finden wir in Dörfern schöne Beispiele, wo es langgehen könnte. Alte, gewachsenen Siedlungsstrukturen enthalten oft jenes „Gleichgewicht“ zwischen Mensch und Natur, das wir nicht exakt definieren, aber sehr wohl spüren können. Dort lässt sich das Maß holen, das wir im heutigen Baustil oft vermissen.

Die genannten Elemente sind neben dem Wald wichtig, damit wir uns in einer Landschaft wohl fühlen. Um sie zu erhalten, findet es breiten Konsens, in waldreichen Gebieten weitere **Aufforstungen**, vor allem der Tallagen, zu bremsen. Zu viel Wald verfinstert die Landschaft; sie wird undurchdringlich, unharmonisch und zieht nur noch wenige Wanderer und Touristen an. Auch bei den Anwohnern kann zuviel Wald die **Stimmung** beeinflussen und gewisse Abwanderungstendenzen fördern. Offiziell gehen die Menschen zwar meist, um anderswo einen Arbeitsplatz zu finden, doch denke ich, spielen Gefühle bei allen Wanderungsbewegungen mit. Dass umgekehrt Wälder in einer sonst offenen Landschaft positiv auf die Siedlungstendenz wirken, steht außer Frage (s. Kap. 3.3.1). Insgesamt überwiegen in Deutschland bei weitem jene Regionen, die von Aufforstungen ästhetisch profitieren würden.

Auflockerung großer Wälder

Wie ist es aber mit dem Wald selbst: Soll man ihn eher abwechslungsreicher, teils also offener gestalten? Oder lieber dicht geschlossen halten, wie es die Verfechter des

Dauerwaldes fordern? Der Mensch habe zwei Drittel unserer Landschaft gerodet, sagen Anhänger dieser Idee; das sei genug Abwechslung, genug Fläche für die oben beschriebenen Offenland-Elemente. Der Wald solle Wald bleiben, geschlossen, wie er natürlicherweise wäre. Er kann nicht als Rückzugsgebiet für Arten herhalten, die eigentlich in der Flur ihre Heimat hätten, daraus aber von rücksichtslos betriebener Landwirtschaft verdrängt werden.

Ökologisch ist diese Argumentation nicht (ganz) von der Hand zu weisen. Aber was ist mit der „vergessenen Art" Mensch? Braucht die nicht auch ein Rückzugsgebiet? Aus waldästhetischer Sicht wäre der resultierende Zustand jedenfalls wenig erstrebenswert (s. Kap. 3.3.2.1). Zwar ist ein Wald – im Gegensatz zum Park – nur ein „beiläufig ästhetisch" gestalteter Raum, doch ganz darauf zu verzichten wäre zu wenig. Unsere Gesellschaft braucht den Wald in erster Linie als Freiraum, als Psychotop. Wenn wir diese Wirkung des Waldes stärken und verbessern wollen, dann kann ein geschlossener Dauerwald kleinflächig, insbesondere in kleinen Waldgebieten schön sein; ausgedehnte Wälder aber bedürfen der **Auflockerung**, damit wir uns darin wohlfühlen.

Worin kann diese Auflockerung größerer Wälder bestehen? Zunächst ist es wichtig, alle oben genannten Landschaftselemente, die darin eingestreut sind – Wiesen, Äcker, Moore, Fischweiher usw. – unbedingt zu erhalten. Verschiedentlich lassen sie sich auch neu anlegen oder wieder herstellen, wenn sie verändert sind. Vor allem in den öffentlichen Wäldern hat man in den letzten Jahrzehnten beispielsweise sehr viele Feuchtbiotope ausgebaggert; jedes für sich eine kleine Bereicherung.

Was die Waldwirtschaft selbst betrifft, kommt es im Wesentlichen auf die richtige Verteilung von Licht und Schatten an (s. Kap. 2.6).

Ein großer Wald braucht Lichtungen. Über Schlagflächen (mit Überhältern) wurde bereits gesprochen (s. Kap. 3.3.2.1). Sie bringen Sonne, Freiraum und Blickfeld in den Wald. Kritiker sagen, dies tue der Sturm sowieso, weshalb der Mensch nicht zusätzlich einzugreifen brauche. Wo der Sturm tatsächlich Kahlflächen schafft, dürfte Einigkeit bestehen, dass wir nicht noch mit großen Hieben „eins draufsetzen". Auch wirtschaftlich wäre das meist widersinnig. Aber der Sturm arbeitet ungleichmäßig: Weite Partien lässt er – glücklicherweise – verschont, und da ist der wirtschaftende und gestaltende Mensch gefordert.

Holzlagerplätze können willkommene Lichtungen im weiten Wald-Meer sein. Oder die Almen im Gebirge, die oft mit **Waldweide** verbunden sind. Mögen die gefräßigen Kuhmäuler den Jungwuchs zermalmen und deshalb forstlich auch noch so unerwünscht sein: schön sind sie doch, die von ihnen licht gehaltenen Weidewälder.

Zu den Almen gehören **Hütten.** Nicht als Störung der Natur werden diese von den meisten Wanderern wahrgenommen, sondern als Teil davon. Als der – hier bescheidene – Teil, der dem Menschen ein naturverbundenes Leben erlaubt; der ihn selbst sich als Teil der Natur empfinden lässt. Weil Almhütten meist allein oder mit wenigen anderen zusammen inmitten weiten natürlichen Raumes stehen, vermitteln sie den

Waldhütte – harmonische Verbindung von Mensch und Natur (Foto Erich Haubold).

Eindruck, in die Natur eingebettet zu sein. Für viele sind sie Inbegriff der Harmonie, die sie im eigenen Wohnumfeld verloren haben, und nach der sie sich sehnen.

Einiges dieser Ausstrahlung können auch die oftmals traditionsreichen **Forstdienststellen** sowie Jagd-, Pflanzgarten- und forstliche Diensthütten mit ihrem Umgriff vermitteln. Meist sind sie in althergebrachter Bauweise – je nach Landstrich z.B. im Fachwerkstil, aus Sandstein oder Holz – errichtet, die Wände mit Efeu bewachsen und das Ganze von alten Bäumen oder Obstbaumwiesen umgeben. Gewahrt man allerdings beim Näherkommen Schilder mit der Aufschrift „Privatbesitz, betreten verboten", weil die Gebäude an Privatleute verkauft wurden, oder gar die Warnung vor Selbstschussanlagen, dann ist Schluss mit der Harmonie.

Ästhetisch darf und soll der Wald ruhig Spuren menschlicher Wirtschaft zeigen, Licht und Abwechslung enthalten. Er braucht nicht nur Natur sein. Aber die menschlichen Einflüsse sollen sich harmonisch einfügen in die Waldlandschaft.

Zusammenfassung der Ziele und Maßnahmen zum Thema „Abwechslung mit anderen Landschaftselementen"

Ziele	Maßnahmen
Neben großen Wäldern als Orten der Einsamkeit eine kleinräumige, abwechslungsreiche, harmonische Kulturlandschaft	Im Zusammenhang mit dem Wald auch andere Landschaftselemente schützen: Wiesen, Felder, Seen, Flüsse, Heiden, ggf. auch Kies- und Sandabbauflächen, Steinbrüche und gewachsene Dorfstrukturen; Aufforstungen in waldreichen Landschaften vorsichtig betreiben, vor allem Wiesentäler erhalten
Innere Auflockerung großer Waldgebiete	Eingestreute Elemente der Abwechslung – Wiesen, Äcker, Moore, Weiher, Tümpel usw. erhalten und ggf. neu anlegen; Lichtungen schaffen bzw. erhalten durch entsprechende Waldbauverfahren, Holzlagerplätze, örtlich auch Waldweide; zum Wald gehörige Forstdienststellen, Hütten (keine Wochenendhäuser) mit ihrem Umgriff erhalten und ggf. pflegen

3.3.9 Markante Punkte

Wer wandert, braucht ein Ziel. Auch wenn der Weg selbst das Ziel ist, muss er irgendwo hinführen. Das unterscheidet Wandern vom bloßen Umhergehen. Schon beim einfachen Spaziergang suchen wir uns gerne einen Punkt, den wir ansteuern. Diese, ein wenig widersprüchlichen menschlichen Antriebe möchte ich kurz so formulieren: **Ich wandere nicht, um an ein Ziel zu gelangen, aber ich brauche ein Ziel, um wandern zu können.**

Der Parkplatz

Ein Ziel ist in diesem Zusammenhang ein markanter Punkt in der Landschaft. Im Zeitalter des Automobils ist das häufigste Ziel des Wanderers der Parkplatz, von dem er aufgebrochen ist. Gewissermaßen beißt sich die Katze da in den Schwanz.

Der Parkplatz ist für die meisten Waldbesucher Start und Ziel zugleich. Seiner Gestaltung sollte man deshalb einige Aufmerksamkeit widmen.

Weil der **Waldparkplatz** so zentrale Bedeutung hat, sollte man seiner Gestaltung gewisse Aufmerksamkeit widmen. Er ist sozusagen das Tor zum Wald: Anlaufpunkt für alle Waldaktivitäten – Spazierengehen, Wandern, Joggen, Radfahren – und gleichzeitig deren Schlusspunkt. Insofern stimmt er uns auf den Waldbesuch ein und prägt den Eindruck vom Wald, den wir mit nach Hause nehmen. Er wirkt wie ein Aushängeschild. Ist er voller Pfützen, Holzresten oder liegen gar Abfälle herum, dann stößt er eher ab, als dass er einlädt. Der widerwärtige Eindruck verfolgt uns zumindest eine Zeit lang beim Gehen, Joggen usw.; er überträgt sich auf unser Waldgefühl.

Ein Mindestmaß an **Ordnung und Sauberkeit** muss der Waldparkplatz deshalb aufweisen, auch wenn das nicht immer billig ist.

Ob es dagegen immer so viele Schilder sein müssen, die uns dort empfangen? Jedes Kind weiß doch inzwischen, dass das Wild seine Ruhe braucht und Zecke wie Fuchsbandwurm auf uns lauern. Ein **„Willkommen“** wäre förderlicher für ein gutes Verhältnis der Waldbesucher zu Wald und Forstwirtschaft als solche Mahnungen.

Schranken, welche die vom Parkplatz wegführenden Forststraßen sperren, sind prinzipiell in Ordnung. Sie schaffen klare Verhältnisse und geben dem Besucher die Sicherheit, dass hier niemand unbefugt reinkommt. Ohne Schranke besteht ja eine latente Versuchung, doch hineinzufahren; vor allem, wenn einem andere Fahrzeuge begegnen, die man nicht eindeutig als Forstbetrieb identifizieren kann. Was mir widerstrebt, ist die moderne (Un-) Sitte, Schranken aus Metall zu bauen. Holz ist viel wär-

„Holz – und deine Welt hat wieder ein Gesicht" – gerade beim Eingang in den Wald!

mer und natürlicher: „waldgemäßer". **Wo soll die Werbung für Holz beginnen, wenn nicht am Waldeingang?**

Markante Punkte pflegen

Nach dem Parkplatz gibt es im Wald viele weitere markante Punkte, welche die Besucher gerne als **Etappenziele** ansteuern: Berggipfel, Aussichtspunkte, Gasthäuser, Hütten, Burgruinen, Kapellen, Gedenksteine, Wegekreuze, stattliche Einzelbäume, Beobachtungskanzeln, Wildgehege, Waldspielplätze und vieles mehr. Solche markanten Punkte gehören zum Wald und zum Walderleben. Bei der Bevölkerung sind sie sehr beliebt. Sie zu pflegen heißt gleichzeitig, die Wertschätzung des Waldes zu pflegen.

Ihr Erlebniswert liegt meist darin, dass sich hier **Natur und Kultur** treffen. Nicht zu unterschätzen ist, dass an vielen dieser Punkte mehr Menschen zu finden sind. Dies kommt dem „Rudeltrieb" entgegen, den wir alle in unterschiedlicher Ausprägung in uns tragen.

Waldästhetisch gesehen erfüllen sie unter anderem einen Zweck, den man heute als „**Besucherlenkung**" bezeichnet: Gepflegte „Attraktionen" konzentrieren viele Menschen auf geringer Fläche, so dass im übrigen Wald die Einsamkeit als Gegenpol zur Zivilisation gewahrt bleiben kann. Heinrich von Salisch bringt es so auf den Punkt: *„Baut man also gut gangbare, ausreichend breite Wege zu den Bierquellen, dann hat der übrige Wald Ruhe."*[141] Menschen, die eben diese Ruhe besonders suchen, sollen die Möglichkeit haben, sich auf der großen Waldfläche zu vereinzeln.

Recht beliebt sind in diesem Zusammenhang **Waldlehrpfade**, die zudem einen gewissen pädagogischen Effekt haben. **Trimmpfade** sind zwar etwas aus der Mode gekommen – wohl hauptsächlich wegen der Haftungsfrage, in Stadtnähe werden sie aber immer noch gern benutzt.

Wohl am häufigsten finden wir als markante Punkte **Religiöse Gebäude und Symbole:** Kapellen, Wegkreuze, Marterl, Gipfelkreuze usw. Sie erinnern an die spiri-

Waldkapelle als markanter Punkt im Wald: Wanderziel, Rastplatz und Ort der Besinnung für viele Waldbesucher.

tuelle Dimension unseres Lebens, veranlassen zur Besinnung und zum Nachdenken. Auch unbewusst wahrgenommen wirken sie.

Leider gibt es bei den **Gipfelkreuzen** in manchen Gegenden die inflationäre Tendenz, auf jedem „Maulwurfshügel“ ein solches zu installieren. Mir wäre es lieber, den ein oder anderen, wenig besuchten Gipfel einfach Natur sein zu lassen. Auch in den Alpenvereinen denkt man in diese Richtung.[142] Wenn die Kultur zu dominant wird, und *alle* Freiräume symbolisch besetzt, gerät die Natur ins Hintertreffen. Der letzte Hauch von Wildnis geht dann verloren. Ich wünsche mir diesbezüglich mehr Fingerspitzengefühl und vor allem mehr Bescheidenheit.

Einen Bezug zur Geschichte rufen **Gedenksteine und Ruinen** in uns wach. Sie machen die Zeit erlebbar, welche kontinuierlich fließt und die Jahre unseres Lebens in einen großen Zusammenhang stellt. Ruinen, Denkmäler oder auch alte Grenzsteine zu erhalten, ist deshalb ebenso wichtig, wie Baumveteranen vor der Fällung zu verschonen. Naturdenkmal und Kulturdenkmal ergänzen sich; die einen bestehen aus organischem, lebendigem Material, die anderen aus „totem“ Stein. Doch wird dieser Stein, wenn wir davor stehen oder ihn vielleicht mit unserer Hand berühren, auf seine Weise lebendig, bekommt ein wenig Seele von unserer Seele.

Natursteine

Den Steinen im Wald widmet Heinrich von Salisch ein ganzes Kapitel. In chinesischen und japanischen Gärten sind Steine ebenso zentrale Elemente wie Bäume und grüne Pflanzen. Sie stehen symbolisch für das „Tao“, jene Ur-Kraft, die die Welt hervorbrachte, darin wirkt und über alle Namen und Vorstellungen erhaben ist. Deshalb enthalten Steine – wie Mensch, Tier und Pflanze – „Qi“, die Lebenskraft. In fernöstlicher Empfindungsweise sind sie keinesfalls tot, wie wir meinen.

Unsere Kultur misst dem Stein an sich wenig Bedeutung zu, sofern er nicht behauen und von Menschenhand geformt ist. Im Gegenteil bringen wir Steine oft eher mit negativen Eigenschaften, wie Härte und Kälte in Verbindung. Möglicherweise hängt diese negative Sicht des Steines damit zusammen, dass der bei uns von Natur aus allgegenwärtige Wald die Steine immer feucht und kühl hält. Man setze sich bloß einmal auf einen schattigen, bemoosten Waldfelsen und im Gegensatz dazu auf einen sonnigen, durchwärmten im Offenland. Optisch hat der bemooste sicher auch großen Reiz, aber als Ort eines guten menschlichen Lebens ist er untauglich. Der besonnte Fels dagegen ist ein angenehm warmes Stück Erde, das zum Verweilen und Genießen einlädt.

Entsprechend sind **Fels- und Steinformationen im Wald** oft Streitobjekte, die Wandervereine und Forstpartie auseinander dividieren. Wünschen die Ersteren, dass die Felsen freigestellt werden, sichtbehindernder Baumbewuchs entfernt wird, und der Stein in seiner Größe, Schönheit und vielleicht auch mit seiner Aussicht auf das Umland besser zur Geltung kommt, sehen die Förster in solchen Forderungen häufig „Pritzlkram“ oder gar einen Angriff auf ihre Hoheit über den Wald. Sie fühlen sich dann berufen, „ihre“ Bäume zu verteidigen, so dass ein rechter Hickhack entsteht.

Felsformation im Mittelgebirge: mit dem Freihauen sollte man nicht kleinlich sein. Der Wanderer braucht Abwechslung und Ausblicke aus dem Waldmeer.

Ich möchte dazu anregen, in Steinen genauso „Natur“ zu sehen wie in Bäumen. Gerade in großen Waldungen haben sie als Kontrast zum Wald, als markante Punkte und Ziele für Wanderer hohen ästhetischen Wert. Und weil **Steine und Sonne** eng zusammengehören, damit wir sie positiv erleben, sollte man – meine ich – mit dem Freistellen markanter Felsen nicht zu kleinlich sein. Im übrigen sind viele dieser Felsen einfach schön.

Unsere Mittelgebirge und sogar größte Teile der bayerischen Alpen liegen unterhalb der natürlichen Baumgrenze und haben deshalb von Natur aus nur sehr wenige sonnige Felsregionen, an denen der Mensch schauen und sich wohl fühlen kann. Es ist für mich keine Sünde den menschlichen Bedürfnissen da entgegenzukommen, zumal auch Eidechsen, Schlangen und allerhand Käfer und Falter sonnige Stein- und Felspartien lieben.

Ruhebänke

Zum Schluss der Gedanken zu markanten Punkten im Wald, möchte ich den Wert von **Ruhebänken** ansprechen. Während man sie in den sechziger und siebziger Jahren noch eifrig aufstellte, wurden sie in den Achtzigern als „Möblierung des Waldes“ verpönt. Zusammen mit Papierkörben verschwanden die Bänke vielerorts, so dass der Wanderer entweder „durchmarschieren“, oder sich auf den Waldboden setzen musste, wenn er eine Pause einlegen wollte.

Weil man jedoch ihren Wert als **Orte der Rast und Beschaulichkeit** erkennt, baut man heute hie und da wieder neue. Bevorzugt verwendet man das dauerhafte Holz von Eiche, Douglasie oder Robinie, so dass hässliche und unnatürliche Holzschutzmittel überflüssig werden. Leider vergisst man oft, einen gewissen Umgriff und Ausblick freizuhalten. Wenn die vorgelagerte Kultur in die Höhe wächst, wird manche Bank

Ort der Beschaulichkeit: die Bank im Wald

praktisch wertlos. Es wäre besser, sie dann abzubauen und an einen anderen Ort zu verfrachten.

Als Faustregel für die Anzahl geben Landschaftspfleger etwa eine Bank pro 800 bis 1000 Meter Wanderweg an. In stark frequentierten Naherholungsgebieten ist der halbe Abstand empfehlenswert.[143]

Erfahrene Wanderer haben natürlich immer eine **eigene Sitzgelegenheit** dabei; ich nehme meist ein Aufblaskissen, das als Camping-Artikel für ein paar Euro zu haben ist. Leider ist es nicht resistent gegen Brombeeren, also mit Vorsicht zu verwenden. Dafür bietet es den Vorteil, an schönen Waldorten unabhängig von vorhandenen Einrichtungen einen Rastplatz wählen zu können.

Zusammenfassung der Ziele und Maßnahmen zum Thema „Markante Punkte"

Ziele	Maßnahmen
Ansprechende Parkplätze als Tore zum Wald	Parkplätze technisch in ordentlichem Zustand halten; sauber halten; keine überflüssigen Schilder, Ermahnungen, stattdessen ein Willkommen; Schranken nicht aus Metall sondern aus Holz bauen
Ein Netz von markanten Punkten als Wanderziele; Hauptattraktionen räumlich gebündelt	Punkte mit religiösem Bezug pflegen z.B. Kapellen, Wegkreuze, Marterl; Gipfelkreuze auf touristisch bedeutende Berge beschränken; Punkte mit geschichtlichem Bezug pflegen, z.B. Ruinen, Denkmäler, Grenzsteine; Felsen und markante Steine in bemessenem Umfang freistellen; Hauptattraktionen wie Waldspielplätze, Wildgehege, Trimmpfade, Waldlehrpfade räumlich bündeln und gut pflegen; Ruhebänke alle 800 bis 1000 Meter, in Naherholungsgebieten alle 400 bis 500 Meter aufstellen

3.3.10 Forstpersonal auf der Fläche

Verständlicherweise sehr wichtig ist Waldbesuchern ihre persönliche Sicherheit. Vor allem Frauen haben häufig Angst, einsame Wege zu gehen. In der Tat sind vor allem stadtnahe Wälder nicht ungefährlich. Man möchte deshalb eine **zuverlässige Person**, die draußen präsent ist, für Sicherheit und Ordnung sorgt. Am besten eignen sich dazu der Förster bzw. die Försterin.

Man weiß, dass Forstleute gleichzeitig Jäger sind, dass sie Waffen tragen und diese im Interesse der Allgemeinheit einsetzen dürfen. Übersteigerte persönliche Motive – Habgier, sexuelle Gier, Bestechlichkeit oder Profitstreben – unterstellt man ihnen nicht. Auf ein so **integeres Image** können nur wenige Berufsgruppen stolz sein.

Äußerst selten wird es von einzelnen „schwarzen Schafen“ verletzt.

Die Sicherheit, die der Förster den Menschen gibt, hat aber noch eine andere Komponente: Sie beinhaltet auch **das beruhigende Gefühl, jemand draußen zu wissen, der sich uneigennützig für Wald und Natur – und damit für die Belange naturliebender Menschen – einsetzt.**

Die meisten Waldbesucher begrüßen es, einen Förster als Ordnungshüter und Dienstleister im Wald zu wissen. (Foto Roland Günter)

Dabei sieht man den Förster / die Försterin grundsätzlich als *Person*. Er / sie ist im Bild der Öffentlichkeit jener Mensch, der den Wald *schützt*, hauptsächlich kranke Bäume fällen lässt und krankes Wild erlegt. Ihm steht die Forstwirtschaft gewissermaßen gegenüber, als diejenige, die den Wald *nutzt,* teilweise sogar rücksichtslos übernutzt; und die Forstverwaltung, die an einem Obrigkeitsimage leidet: Verwaltungen gelten allgemein als bürokratisch und wenig menschenfreundlich.

Ein guter Förster schützt – im öffentlichen Meinungsbild – den Wald auch gegen diese Einflüsse, also auch gegen seine eigene Organisation, wenn es sein muss. Er ist weder typischer Wirtschafter, noch trockener Beamter. In gewisser Weise „**Anwalt der Natur**“ – wenn diese Rolle auch zunehmend von Naturschutzverbänden reklamiert wird. Vor allem ist der Förster **Mensch**, was in einschlägigen Fernsehserien stets unterstrichen wird.

Dass es in der Realität zwischen FörsterInnen, Forstwirtschaft und Forstverwaltung personelle Überschneidungen gibt, und dass auch FörsterInnen dabei nicht immer so menschlich agieren (können), wie man das von ihnen wünscht, bleibt bei diesem Image (bisher noch) weitgehend unberücksichtigt. Die Dinge werden kaum rational durchdacht oder hinterfragt.

Förster sind in gewisser Weise Garanten der Harmonie, die man draußen sucht, und teilweise auch findet. Wenn sie aus unserem Wald verschwinden, was für die Zukunft nicht auszuschließen ist, hinterlassen sie eine Lücke. Dass sich der Wald in letzter Zeit weniger ordentlich präsentiert, wilder Müll unübersehbar zunimmt, und dass die Wege bisweilen von der Forstwirtschaft ramponiert sind, wird von manchen bereits als Anzeichen eines Rückzugs gewertet. Nicht wenige befürchten, dass sich bald niemand mehr – sorgfältig und liebevoll – um den Wald kümmern wird.

Ungewisse Zukunft

Nachdem sich die verschiedenen Landesregierungen mit Sparplänen gegenseitig überbieten und auch die Privatisierung des gesamten Staatswaldes ernstlich erwogen wird, schlagen die Naturschutzverbände Alarm. In Bayern z.B. hat sich ein „**Bürgerwaldforum**" gebildet, welches sich für den Erhalt des Staatswaldes als Allgemeingut einsetzt und unter anderem fordert, die Forstreviere – zumindest in Stadtnähe – wieder zu verkleinern. Man will Forstleute als Garanten für einen schönen, ökologisch intakten Wald sowie als Dienstleister für die Bevölkerung draußen greifbar haben.

Großflächig zeichnet sich jedoch ein deutlicher **Rückzug der Forstleute aus dem Wald** ab, der wie es scheint, nur schwer aufzuhalten ist. Die Reviergröße, die ein Förster / eine Försterin zu betreuen hat, steigt ständig. Manche Großprivatwaldbesitzer gehen sogar zu einer funktionellen Organisation über, die ganz auf einen örtlich verantwortlichen Revierleiter verzichtet.

Im Privatwald lässt sich das nicht verhindern. Im öffentlichen Wald, der in besonderem Maße dem Allgemeinwohl dient, sollte man sich aber gut überlegen, wie man die von der Bevölkerung mehrheitlich gewünschte Präsenz von Forst-Menschen auch im Zeitalter knapper Kassen aufrecht erhält. Können Jäger die Ordnungsfunktion übernehmen oder Vertreter der Naturschutzwacht? Oder ausgewählte Waldarbeiter, die geringere Personalkosten verursachen? Bringen diese die nötigen Kompetenzen mit und können sie letztlich die gewünschte Berufsauffassung entwickeln?

Die Frage ist, ob man überhaupt Leute braucht, die sich sorgfältig und liebevoll um den Wald – für die Menschen – kümmern; und zweitens, ob man andere – „billigere" – findet, als die Forstleute. FörsterInnen, die allein mit dem Holzgeschäft aus- oder gar überlastet sind, und daneben keine Zeit für die Anliegen der Bevölkerung finden, haben in diesem Wettbewerb schlechte Karten. Bloß als Holzmanager brauchen wir keinesfalls „teure" Beamte.

Vieles wird sich wohl in den nächsten Jahren ändern. Die **Zerschlagung** der traditionell als Sonderbehörden organisierten Forstverwaltungen muss jedoch nicht unbedingt der GAU für die Forstpartie sein. Es ist ja nicht so, dass deren Bürgernähe und Dienstleistungsorientierung bisher immer das Nonplusultra waren. Wenn die Forstverwaltung in die Kreisverwaltungsbehörde integriert wird, damit in die Städte rückt und dort personell ausreichend besetzt wird, kann sie ihre Aufgaben vielleicht sogar besser wahrnehmen.

Ich würde anregen, die Karten neu zu mischen: zunächst **Ziele und Aufgaben** im Verhältnis von Wald und Mensch klar zu formulieren (s. Seite 220); sie können örtlich sehr unterschiedlich sein; dann zu schauen, wer sie am besten umsetzen kann: wie und zu welchen Konditionen. Der Bürgerwille wird dabei im Vordergrund stehen, Forstleute werden maßgeblich mitreden. Mit einem Festhalten an starren Laufbahnsystemen, Gehältern, Besitzständen usw. könnten sie sich aber selbst im Weg stehen. Nicht nur Fordern, sondern auch Loslassen und neue Ideen sind gefragt. Schließlich wird die Forstpartie neue Allianzen in der Gesellschaft suchen müssen, wenn sie ihre Stellung in der Bevölkerung erhalten will.

Zusammenfassung der Ziele und Maßnahmen zum Thema Forstpersonal auf der Fläche

Ziele	Maßnahmen
Sicherheit der Waldbesucher durch Präsenz von Forstleuten auf der Fläche; die Sicherheit, draußen Menschen zu haben, welche sich für einen schönen, ökologisch intakten Wald einsetzen und sich dabei als Dienstleister für die Bevölkerung verstehen	Öffentliche Diskussion über die Aufgaben des Waldes und des Forstpersonals verstärken; sich im Kreis der Forstleute selbst Gedanken darüber machen, wie man den Beruf, respektive die Berufung, in Zukunft zu bezahlbaren Konditionen für Wald und Bevölkerung ausüben kann; wirkliche Dienstleister-Mentalität entwickeln; auch als Beamter in erster Linie Mensch bleiben; starre Laufbahnen und traditionelle Besitzstände loslassen; neue Allianzen in der Gesellschaft suchen

3.3.11 Was niemand fordert

Die in den vorangegangenen 10 Kapiteln genannten Ziele und Maßnahmen zur Waldästhetik leiten sich im Wesentlichen von den Wünschen ab, welche Waldbesucher bei forstlichen Befragungen regelmäßig äußern. Darüber hinaus gibt es Dinge, die nicht definitiv angesprochen werden, aber dennoch zum Walderlebnis gehören. Man würde sie wohl erst bewusst bemerken und einfordern, wenn sie großflächig fehlen würden.

Da ist zunächst das freie **Betretungsrecht**, das in fast allen unseren Wäldern gilt (s. Kap. 1.5 und 2.7). Es bildet die Grundlage jeden Walderlebens und darf nicht – wie verschiedentlich gefordert – zugunsten von Jagd oder Naturschutz eingeschränkt werden. Nur in seltenen Ausnahmefällen sind Sperrungen gerechtfertigt. Bestehende Betretungsverbote, zum Beispiel in Nationalparks sollen überdacht werden.

Weiter gehören zu den ästhetischen Werten, die nicht definitiv gewünscht werden, die verschiedenen **Erscheinungsformen der forstlichen Wirtschaft** (s. Kap. 2.8). Zum Beispiel der Duft geschlagenen Holzes, den wir an einem frischen Hieb oder Holzpolter wahrnehmen; oder der Baumstumpf, auf den sich der Wanderer gerne zum Ausruhen und Betrachten setzt; oder die Menschen, die einem draußen begegnen, die Waldarbeiter, Holzrücker, Förster.

Hinzu kommen viele **Kleinigkeiten**: Grenzmarkierungen zum Beispiel, die meist aus mehr oder weniger behauenen Steinen bestehen, oft aber auch nur aus Gräben, die den Waldboden durchziehen und sich durch ihre Pflanzenwelt vom übrigen Waldboden abheben; oder die Abteilungsschilder, die oft uralte Namen tragen: Schwedenloch, Franzosenschlag, Kohlstatt, Fuchsberg, Wölfelsau – meist Hinweise auf geschichtliche Begebenheiten, die man ohne sie lange vergessen hätte.

Das Tun und Schaffen der Menschen im Wald, die forstliche Wirtschaft ist – ästhetisch erlebt – nicht nur Problem sondern auch Wert. Ein anderes, ursprüngliches Naturverhältnis kommt darin zum Ausdruck: eben nicht jene dauernde Sorge um die Umwelt; nicht die Angst etwas zu stören oder kaputtzumachen in der zerbrechlichen Natur; und nicht der dauernd erhobene pädagogische Zeigefinger mit seinen Mahnungen an das grüne Gewissen.

Vielmehr kann der Mensch hier noch Mensch sein, sich mit seiner Kraft und seinem Geist betätigen, und Freude daran haben. Auch wenn der Waldbesucher dies nur indirekt erlebt: es wirkt, indem er sich – meist unbewusst – mit dieser Rolle identifiziert.

Im Walde ist die Axt erlaubt, ja sie gehört dazu und ohne sie wäre der Wald nicht unser Wald. Dass die Axt – oder neuerdings der Harvester – auf ein paar Prozent der Fläche ruht, ist notwendig: damit wir uns das Maß wieder holen, das wir leicht aus den Augen verlieren. Die Forstwirtschaft braucht Ruhezonen, von denen sie Abstinenz übt. Aber die Ruhezonen brauchen auch die Forstwirtschaft rundum. Kaum aus ökologischen Gründen, sondern aus psychologischen – oder einfacher aus menschlichen Gründen, aus tiefem inneren Bedürfnis.

Und auch was aus dem Wald heraus kommt, sollten wir nicht vergessen: das Holz. Heimische **Forstwirtschaft hält in uns die Verbindung zwischen Wald, Säge, Balken und Brett wach**. Indem sie draußen für jedermann erlebbar arbeitet, verhindert sie eine allzu große Entfremdung der Verbraucher zum Produkt (Schlachthausparadox). Sie ist wichtig, um das sinnliche Begreifen der natürlichen Zusammenhänge zu erhalten oder wieder zu wecken, wo es verloren ist, bei Kindern wie Erwachsenen. Kein Fernsehfilm und kein theoretischer Unterricht können die Wahrnehmung mit eigenen Augen, Ohren, Nase und mit dem ganzen Körper ersetzen.

Ziele und Maßnahmen, die nicht definitiv gefordert werden

Ziele	Maßnahmen
Freie Betretbarkeit der Wälder	Neue Sperrungen vermeiden, alte überdenken
Erlebbare Forstwirtschaft als Teil der Urproduktion	Die Forstwirtschaft als Teil des heimischen Waldes akzeptieren bzw. über Öffentlichkeitsarbeit und Waldpädagogik bewusst machen; Waldarbeit praktisch vorführen, nicht nur Waldführungen, sondern auch „Betriebsführungen“ anbieten; Die Rolle des wirtschaftenden Menschen dabei auch hinterfragen (lassen); Waldbesucher auch als Kunden verstehen; Die Werbung für Holz verstärkt mit Wald und Natur verbinden, in der Praxis dann aber auch entsprechend pfleglich und fürsorglich wirtschaften

3.4 Zielkonflikte zwischen Waldästhetik, Ökonomie und Ökologie

Bereits bei der Formulierung der Oberziele in Kap. 3.2 hatte ich dargelegt, dass ästhetische Ziele im Wald immer mit ökonomischen und ökologischen konkurrieren, und dass für jeden Einzelfall die Prioritäten abzuwägen sind. Im Folgenden sind die zuvor zusammengestellten waldästhetischen Ziele mit ökonomischen und ökologischen verglichen und auf Übereinstimmung, **Konsens** oder Konflikt, **Dissens** überprüft.

Grundsätzliches

Ziele der Waldästhetik	Ökonomie	Ökologie
Erhalt unserer Wälder als Psychotop	Konsens: Erhalt der Wälder als Wirtschaftsraum	Konsens: Erhalt der Wälder als Biotop, Naturraum, Ressource; (nur auf Sonderstandorten wollen Ökologen bisweilen den Wald zugunsten von Offenland-Biotopen zurückdrängen, was aber ästhetisch meist unproblematisch ist.)
Freie Betretbarkeit der Wälder	Unterschiedliche Positionen; vor allem aus jagdlichen Gründen wünscht man oft ein Wegegebot	Unterschiedliche Positionen: in ökologisch sensiblen Wäldern will man keine Menschen dulden
Erhalt der Ruhe im Wald, Lärmschutz, Schutz vor Zerschneidung durch Straßen usw.	Konsens	Konsens
Erhalt der guten Luft, Emissionsschutz	Konsens	Konsens
Erlebbare Forstwirtschaft als Teil der Urproduktion	Konsens: positives Erleben der Forstwirtschaft fördert langfristig den Holzabsatz; Probleme entstehen daraus, wenn Mitspracherecht eingefordert wird	Weitgehend Konsens
Harmonie von Natur und Wirtschaft; Eindruck von Natürlichkeit, (z.B. keine schematischen Rückegassen, auffälligen Farbmarkierungen, monströsen Hochsitze usw.)	Teils Konsens, teils heftiger Dissens: Harmonie ist kein Wirtschaftsziel; sie verhindert häufig Rationalisierung, Mechanisierung und Gewinnmaximierung	Teils Konsens, teils Dissens: ökologisch Wertvolles ist nicht immer harmonisch, insbesondere auf großer Fläche: z.B. natürliche Sukzession, PNV oder Dauerwald
Neuaufforstung in waldarmen Gegenden	Konsens	Meist Konsens (Sonderstandorte s.o.)

Waldbauliches Handeln und Gestalten

Ziele der Waldästhetik	Ökonomie	Ökologie
Kein Plantagenbetrieb sondern selektives Arbeiten	Im Einzelfall sehr unterschiedliche Positionen: Dissens vor allem in schematisch arbeitenden Nadelholzbetrieben	Konsens
Mehr Althölzer	Dissens: drohende Holzentwertung; schwieriger Starkholzabsatz	Konsens
Abwechslung bei Betriebsform und Verjüngungsverfahren; Kontrasterleben	Im Einzelfall sehr unterschiedliche Positionen: Freiheit des Wirtschafters oberstes Ziel	Teilweise Dissens: Naturschutzverbände favorisieren einseitig Dauerwald bzw. Plenterung
Kontrasterlebnis in der Mischung: lieber gruppen- bis bestandsweise mischen als einzelstammweise	Unterschiedliche Positionen je nach Ausgangslage	Unterschiedliche Positionen
Raumerleben und Transparenz im Wald	Im Einzelfall sehr unterschiedliche Positionen	Teilweise Dissens: Kollidiert mit Dauerwald-Idee
Landschaftliche Einbindung von Schlägen und Kulturen	Nur in Einzelfällen ein größeres Problem	Konsens
Angemessene Bodenvegetation; Erhalt der Zugänglichkeit des Waldbodens	Prinzipiell Konsens, in der Praxis aber oft Dissens: Starke Durchforstungseingriffe und Lichtstellung der Bestände fördern unerwünschte Bodenvegetation; Schattlaubhölzer einzumischen, ist teuer	Konsens
Raum für Eigenartiges, Unregelmäßiges	Dissens: Krumme, protzige, zwieselige Bäume bringen nichts und werden frühzeitig entfernt	Konsens
In bemessenem Umfang natürliche Unordnung: z.B. Totholz, Sukzessionsflächen	Häufig Dissens: oft Nutzungsverzicht erforderlich; Totholz kann auch den Forstbetrieb erschweren	Meist Konsens; nicht selten gehen ökologische Forderungen über das waldästhetisch wünschenswerte hinaus
Landschaftlicher Reiz durch Belassen von Überhältern, insbesondere in der Kiefernwirtschaft	Meist Konsens	Sofern überhaupt flächige Kiefernwirtschaft akzeptiert wird, Konsens
Mehr Naturwaldreservate	Dissens: Entzug von Wirtschaftsfläche	Konsens
Mehr markante Einzelbäume	Dissens: kein wirtschaftliches Interesse	Konsens

Baumartenwahl

Ziele der Waldästhetik	Ökonomie	Ökologie
Erhalt bzw. Wiederherstellung landschaftstypischer Wälder; Wahrung landschaftlicher „Eigenart"	Je nach Ausgangslage unterschiedliche Positionen: Grundsätzlich wird jede Einschränkung der Baumartenwahl als Eingriff in die wirtschaftliche Freiheit empfunden	Konsens
Mehr Buchenwälder	Je nach Ausgangslage unterschiedliche Positionen; Buchenpflanzung ist teuer	Konsens
Mehr Eichenwälder	Je nach Ausgangslage Unterschiedliche Positionen; Eichenpflanzung ist teuer	Nicht immer Konsens; wo die Eiche in der PNV fehlt, wird sie abgelehnt; außerdem sind die favorisierten Plenterstrukturen der Eiche z.T. abträglich
Abwechslung in monotonen Kiefernforsten	Je nach Ausgangslage sehr unterschiedliche Positionen; häufig Dissens	Meist Konsens, aber nicht alle Baumarten als Beimischung erwünscht (z.B. Roteiche)
Erhalt der Kiefer als Mischbaumart	Meist Konsens	Im Allgemeinen Konsens; allerdings sind die geforderten Plenterstrukturen der Kiefer nicht zuträglich
Erhalt von nährstoffarmen Kiefernwäldern und Schneeheide-Kiefernwäldern	Teilweise nur mit erheblichem Aufwand und öffentlichen Zuwendungen machbar	Konsens
Abwechslung in monotonen Fichtenforsten	Häufig Dissens: die Fichte ist Brotbaum; angesichts zunehmender Kalamitäten ist jedoch mehr Konsens in Aussicht	Konsens
Erhalt der Fichte als Mischbaumart	Konsens	Nicht immer Konsens: Fichte ist auch als Mischbaumart unerwünscht, wenn sie nicht zur PNV gehört
Erhalt bzw. Wiederherstellung aller Auwälder, Bruchwälder und sonstigen besonderen Waldgesellschaften mit ihrer natürlichen Baumartenzusammensetzung	Je nach Ausgangslage unterschiedliche Positionen; oft heftiger Dissens	Konsens
Mehr seltene heimische Baumarten	Je nach Ausgangslage unterschiedliche Positionen; erschweren flächiges Wirtschaften	Konsens
Kleinflächig Raum für ausländische Baumarten	Konsens; allerdings wird lieber großflächig gearbeitet	Dissens: Kollidiert mit dem PNV-Konzept

Forsttechnik und Walderschließung

Ziele der Waldästhetik	Ökonomie	Ökologie
Pfleglicher Einsatz der Holzerntetechnik (möglichst keine groben Fahrspuren, Ast- und Rindenhäufen, verletzte Randbaüme usw.)	Dissens: kostet Geld und behindert den Betriebsablauf	Meist Konsens; jedoch können z.B. wassergefüllte Fahrspuren ökologisch wertvoll sein
Organisch in die Landschaft eingefügte, interessante Wegetrassen	Meist kein Problem	Unberührt
Fußgängerfreundlicher Wegezustand	Dissens: kostet Geld; außerdem behindern Fußgänger und Radfahrer teilweise den forstwirtschaftlichen Verkehr	Unberührt
Orientierung und Sicherheit durch Wegmarkierungen - Grundlage für Naturerleben auch für Ortsfremde	Meist kein Problem; im Interesse der Besucherlenkung teilweise erwünscht	Meist unberührt

Hinweis: Die hier zusammengestellten Tabellen sind als forstpolitische Diskussions- und Arbeitsgrundlage gedacht: sowohl allgemein als auch für konkrete Entscheidungen. Insbesondere in Erholungswäldern ermöglichen sie bessere Problemanalyse und Zielfindung als die herkömmliche Gegenüberstellung Ökonomie / Ökologie. Gegebenenfalls lassen sie sich z.B. durch Farbmarkierungen (rot – gelb – grün), Ergänzungen und Streichungen modifizieren.

Sonstiges

Ziele der Waldästhetik	Ökonomie	Ökologie
Abwechslung zwischen Wald und anderen Landschaftselementen	Unberührt; lediglich bei Erstaufforstungen bisweilen Dissens	Meist Konsens
Innere Auflockerung großer Waldgebiete	Meist Konsens, sofern die eingestreuten Elemente wirtschaftlich begründet sind	Unterschiedliche Positionen; kollidiert teilweise mit dem Dauerwaldprinzip
Erhalt einer vielfältigen, erlebbaren Tierwelt als Bestandteil der Waldnatur; Sichtbarkeit des Wildes für Waldbesucher	Prinzipiell Konsens; aber in Einzelmaßnahmen umstritten; insbesondere, wenn dadurch die traditionelle Jagdausübung einsgeschränkt wird	Konsens
Biologischer Vogelschutz	Teilweise Dissens: Höhlenbäume und Totholz sind teuer und für den Betrieb hinderlich	Konsens
Bäume als Maßstab: auf hohe Bauwerke in Waldnähe verzichten	unberührt	Meist unberührt, jedoch Dissens bei Windkraftanlagen
Ansprechende Parkplätze als Tore zum Wald	Problemlos, wenn andere – z.B. Naturpark – die Kosten tragen	Unberührt
Ein Netz von markanten Punkten als Wanderziele; Hauptattraktionen räumlich gebündelt	Problemlos, wenn damit keine Kosten verbunden sind; im Interesse der Besucherlenkung teilweise erwünscht	Konsens; vor allem wegen des Lenkungseffekts
Sicherheit der Waldbesucher durch Präsenz von Forstpersonal auf der Fläche; Sicherheit für den Bürger, draußen Menschen zu haben, die für einen schönen, ökologisch intakten Wald sorgen und sich als Dienstleister für die Bevölkerung verstehen	Unterschiedliche Positionen: Kostet Geld; Konsens mit öffentlichen Forstbeamten	Konsens

Als erfreuliches Ergebnis verdeutlicht diese Gegenüberstellung, dass alle Kräfte – Forstökonomie, Ökologie und Ästhetik – an einem Strang ziehen, wenn es um die Erhaltung unserer Wälder geht. Auch die Erstaufforstung in waldarmen Gegenden findet meist breite Unterstützung, ebenso die Erhaltung bzw. Wiederherstellung von Ruhe und guter Luftqualität. Grundsätzliche Übereinstimmung gibt es ferner bei der Holzproduktion. Sie wird aus allen drei Blickwinkeln bejaht.

Konflikte zwischen Ästhetik und Ökonomie

Konflikte zwischen ästhetischen und wirtschaftlichen Zielen treten in der Waldgestaltung auf: Die **Harmonie zwischen Natur und Mensch**, welche der Waldbesucher draußen sucht, wird zwar von der Ökonomie nicht abgelehnt; soweit sie aber nicht im Kielwasser der üblichen Wirtschaft entsteht, werden dafür in der Regel auch keine Anstrengungen unternommen. Nur wenige, oft kommunale Forstbetriebe bilden Ausnahmen und verfolgen ästhetische Wertschöpfung als definitives Betriebsziel. Ansonsten ist Harmonie der Waldlandschaft kein ökonomisches Ziel, das man großflächig anstreben würde, weil sie – für sich gesehen – kein Geld bringt, sondern unter heutigen Umständen eher Geld kostet. Reibungspunkte sind im Einzelnen:

- schematisches Arbeiten, v.a. waldzerschneidende Rückegassen,
- gehäufter Anfall und Liegenlassen von Ast- und Gipfelmaterial,
- verletzte und schief gedrückte Bäume,
- zerstörte Wege; wenig fußgängerfreundliche Wegeinstandhaltung,
- kaum starke Altbäume/Althölzer, Fällung lange vor biologischer Reife,
- Nadelholz statt Laubholz, „Monokulturen“; reiner Douglasienanbau,
- oftmals gleichförmige und damit langweilige Verjüngungsverfahren,
- starke Durchforstungseingriffe mit Bodenverwilderung,
- frühzeitiges Ausmerzen unregelmäßiger, markanter Baumindividuen,
- zu wenig ungenutzte Naturwälder („Wildnis“),
- das Landschaftsbild störende Hochsitze,
- geringe Sichtbarkeit von Wildtieren und
- unsensible Verwendung von Farbmarkierungen.

Wohlgemerkt: **Trotz dieser Handicaps hat unser Wald ästhetischen Wert –Erlebniswert**. Er ist – so wie er ist – mehr oder weniger schön. Und wenn sich die Ertragslage zuspitzt, folglich noch rationeller gewirtschaftet werden muss, bleibt der Wald immer noch in gewisser Weise schön; allein durch seine Existenz als Freiraum für die Seele.

Unser Wald ist, so wie er ist, mit allen Handicaps immer noch schön.

Doch vielerorts erfordert es großes Wohlwollen, diese Schönheit im derzeitigen Zustand zu entdecken. Und es erfordert viel Bescheidenheit: wenn die Schönheit eben nicht im Waldbild zu erblicken ist, sondern nur in der Existenz des Waldes als Freiraum zu spüren ist; und vielleicht in Kleinigkeiten am Wegrand wahrnehmbar. Weder dieses Wohlwollen, noch die nötige Bescheidenheit kann man bei allen Menschen voraussetzen: keinesfalls bei den Mehrheiten, welche Forst- und Holzwirtschaft für ein besseres Ansehen suchen.

Wer zahlt ästhetische Aufwertung?

Wie sich der Waldzustand in Zukunft entwickeln wird, ob es beim derzeitigen – mehr oder weniger schönen – Erscheinungsbild bleibt, ob es schlechter wird, Richtung Holzplantage, oder ob der Wald schöner wird, ist eine politische Entscheidung. Ein schöner Wald ist aber nicht zum Nulltarif zu haben. Wenn er uns mehr Erlebniswert, mehr Lebensqualität bieten soll, uns intensiver als Natur begegnen und berühren soll, kostet das Geld. Weniger für aktive Maßnahmen als vielmehr für **Nutzungsverzicht**, für Schonen, Stehen- und Wachsenlassen. Jedenfalls ist ästhetische Wertschöpfung unter den gegenwärtigen forstwirtschaftlichen Bedingungen nicht ganz billig. Die Frage ist, was wir gesellschaftlich für wichtig ansehen, und daran anschließend, was uns ein schönerer – zum Beispiel älterer – Wald wert ist.

Derzeit betragen die Mehrkosten bzw. Mindererlöse, die sich aus der Erholungsfunktion ergeben, durchschnittlich im Privatwald rund 9 Euro pro Jahr und Hektar, im

Staatswald 18 und im Körperschaftswald 33.[144] Für Naherholungsgebiete, insbesondere viele Stadtwälder, liegen die Zahlen wesentlich darüber, für abgelegene Wälder sind sie sehr gering (s. folgenden Kasten). Keine der drei Waldbesitzer-Gruppen ist von sich aus bereit oder fähig, mehr zu leisten.

Was der Waldbesucher kaum bedenkt: Die Forstbetriebe tragen für die Erholung im heimischen Wald einige Kosten. Sie entstehen – mit örtlich sehr verschiedenem Umfang – in folgenden Punkten:

- Schutz der Waldbesucher vor Unfällen: Man muss für gefährliche Betriebsarbeiten, z.B. Holzernte, Wege sperren, Ausweichstrecken bereitstellen und beschildern.
- Beseitigung von Hindernissen auf Wander- und Radwegen: Nach Sturm- und Schneebruch sowie nach Hiebsmaßnahmen muss aufgeräumt werden.
- Fußgänger- und radfahrerfreundliche Wegeinstandhaltung: Man bringt z.B. Feinsplitt auf und lässt viel begangene Wege glatt walzen.
- Waldbrandverhütung: Reger Erholungsverkehr steigert das natürliche Waldbrandrisiko erheblich; Kosten verursachen u.a. Brandwache, Kontrollgänge, Beobachtungsflüge und ggf. Löscheinsätze.
- Schutz von Forstprodukten (z.B. Holz, Christbäume, Pflanzen) vor Diebstahl und Beschädigung; ggf. muss man auch Verluste tragen.
- Schutz forstlicher und jagdlicher Einrichtungen (z.B. Zäune, Pflanzgärten, Hochsitze); vor allem in Stadtnähe gibt es Zerstörungen.
- Müllbeseitigung an Straßen und Parkplätzen.
- Erschwerung der Jagd: In viel besuchten Erholungswäldern ist z.B. die Ansitzjagd kaum möglich; dadurch sinkt der Pachterlös; u.U. gibt es mehr Wildschäden.
- Aufwändigere Verjüngungsverfahren: Um vielbesuchte Waldparkplätze z.B. erhält man mancherorts eine Dauerbestockung.
- Rücksichtnahme bei der Baumartenwahl: Aus waldästhetischen Gründen verzichtet mancher Forstbetrieb z.B. auf lukrative Nadelhölzer.
- Verlängerung der Umtriebszeit: Schöne Altbestände werden bisweilen geschont.
- Belassen markanter Altbäume: Man verzichtet auf Holzerlös und Produktionsfläche.
- Freihalten von Aussichtspunkten, Felsen, Waldwiesen: Man bezahlt die Arbeiten und verzichtet auf Holzproduktionsfläche.
- Unterhalt von Sportpfaden, Wildschaugattern, Beobachtungskanzeln, Denkmälern, Seen – sofern dafür nicht Eintritt verlangt wird.
- Planungskosten entstehen sowohl extern, z.B. durch Mitarbeit in der Forstlichen Rahmenplanung, als auch intern durch Rücksichtnahme bei der Betriebsplanung.
- Waldführungen – soweit sie nicht im wirtschaftlichen Eigeninteresse des Forstbetriebs liegen.

Wenn man die Dinge so laufen lässt, verheißen weder gesamtwirtschaftliche Entwicklung noch technischer Fortschritt in absehbarer Zeit mehr Harmonie bzw. mehr Rücksicht auf waldästhetische Ziele. Entgegensteuern, um einen schöneren Wald aufzubauen, kann man einerseits über **gesetzliche Regelungen**: konkret über die Festsetzung von Mindeststandards. Diese Lösung ist nicht optimal, weil sie die wirtschaftliche Freiheit und damit möglicherweise die Vielfalt der Wälder einschränkt. Wie der Disput um die „Gute Fachliche Praxis" zeigt, stoßen derartige Reglementierungen auf Existenzängste und Widerstände in der Forstwirtschaft, zumal es in Ländern, die beim Holzabsatz mit uns konkurrieren, kaum vergleichbare Anforderungen gibt.

Andererseits kann man durch **öffentliche Zuwendungen** Einfluss nehmen: Im Staats- und Körperschaftswald durch Umverteilung von Haushaltsmitteln, im Privatwald durch Entgelt-Regelungen für gewünschte Leistungen oder Verzichte bei der Waldbewirtschaftung. Angesichts leerer öffentlicher Kassen ist dies schwierig. Doch darf man nicht vergessen, dass sich unsere „neue Armut" auf einem hohen Niveau bewegt. Manche Entwicklungsländer, deren Pro-Kopf-Einkommen nur einen Bruchteil des unseren beträgt, leisten vergleichsweise mehr für den Wald: insbesondere durch Nutzungsverzicht in Schutzgebieten.

Geld wäre durchaus da, die Frage ist, wofür wir es ausgeben. Ob beispielsweise Subventionen für die „notleidende Luftfahrt" oder für gewisse Kunsttempel wichtiger sind als für unsere Wälder? Sicherlich ist unsere Welt zu kompliziert, zu vernetzt, als dass man solche Fragen einfach mit ja oder nein beantworten könnte. Doch hatte es bisher häufig den Anschein, dass Natur erst an die Reihe kam, wenn andere hungrige Mäuler mehr oder weniger gestopft waren. Nachdem das Futter aber knapper wird, der Hunger allseits größer, kommen wir nicht umhin, Prioritäten zu setzen.

Die beste Lösung wäre wohl, wenn sich Waldschönheit direkt im **Holzpreis** bemerkbar machen würde, wenn die Verbraucher also einen schönen Wald über höheren Holzverbrauch und bessere Preise honorieren würden. Dann erübrigten sich die oben erwähnten Steuerungsmaßnahmen. Dazu ist aber erstens ein hoher Grad an Bewusstheit notwendig. Zweitens müsste die Forstwirtschaft intensiver an der ästhetischen Wertschöpfung arbeiten. Und drittens müsste in jedem Einzelfall transparent gemacht werden, wo das Holz herkommt: aus einem ästhetisch bzw. ökologisch rücksichtsvollen Betrieb oder aus Plantagenwirtschaft.

Ein Versuch in diese Richtung ist die **Zertifizierung**: FSC und PEFC. Sie ist Teil des gesellschaftlichen Diskussionsprozesses, den die Umweltverbände vor einigen Jahren zum Thema Wald eröffnet haben. Im Prinzip hat die Sache viel für sich, doch ist die Argumentation der Umweltverbände fast durchweg ökologisch. Damit spricht sie nur einen kleinen Teil der Bevölkerung an, dessen Meinungsmacht andererseits nicht zu unterschätzen ist. Aber die breite Masse erreicht man nicht.

Zudem hat die unselige Konkurrenz der beiden Zertifizierungssysteme zu einer heillosen Verwirrung derjenigen Verbraucher geführt, die guten Willens wären und etwas für den Wald tun wollten.

Die **Starre**, die in dieser Auseinandersetzung von beiden Seiten zum Ausdruck kommt, ist für mich ausgesprochen traurig: Die einen haben sich auf publikumswirksame, polemische Schlagworte wie „Raubbau“ oder „Kahlschlag“ eingeschossen, die für unsere Verhältnisse völlig übertrieben sind. Die anderen rücken nicht von ihrem erheblich zu hoch gegriffenen Standpunkt ab, dass deutsche Forstwirtschaft sowieso alles gut, schön und richtig mache. So ist man im gegenseitigen Ringen verbissen. Es geht um Macht: um die Frage, wer im Forst das Sagen hat. Der Wald selbst ist in den Hintergrund getreten. Das heimische Holz gerät dadurch möglicherweise sogar ins Hintertreffen zugunsten zweifelhafter Importe.

Mehr Ehrlichkeit und Beweglichkeit auf beiden Seiten wäre überfällig; und dann sollte man versuchen, ästhetische Ansprüche einzubringen, hinter denen sich eine schweigende Mehrheit der Bevölkerung – wenn auch meist unbewusst und bisher nicht definitiv angesprochen – sammeln würde. **Gutes Holz aus einem schönen, heimischen Wald, der außerdem ökologisch weitgehend intakt ist; und von einer Forstwirtschaft, die seinen Wert hoch hält, nicht nur die Holzpreise**. Utopie? Ich würde es eher als Vision bezeichnen, die langfristig durchaus realisierbar ist. Nicht vollständig und ausschließlich, aber in gewissem Umfang. Eine Art Realutopie, die umso stärkere Zugkraft gewinnt, je mehr Menschen sie teilen.

Konflikte zwischen Ästhetik und Ökologie

Spannungen zwischen ästhetischen und ökologischen Forderungen sind unter derzeitigen Verhältnissen nur gering. Im normal bewirtschafteten Wald tauchen sie kaum auf. Lediglich in **Schutzgebieten** gibt es unterschiedliche Positionen zum Betretungsrecht, oder zur Frage, wie viel „natürliche Unordnung“ in Form von Totholz und Sukzessionsflächen tragbar bzw. erstrebenswert sei.

Ein derzeit noch wenig aktueller, aber prinzipiell brisanter Konfliktherd liegt im einseitigen Propagieren des **Dauerwaldes** bzw. der Plenterung, die den Wald langfristig gleichförmiger und langweiliger machen. Schließlich kann in Zukunft auch die einseitige Betonung der potentiellen natürlichen Vegetation (**PNV**) zum Konfliktthema werden: wenn der Naturschutz beispielsweise die Eiche in natürlichen Buchenwaldgesellschaften ablehnt; oder wenn er den Menschen in den Mittelgebirgen ihre gewohnten und lieb gewonnen Fichten streitig macht. Sicherlich sind das bisher noch keine akuten Probleme, doch sollte man alles daran setzen, die Kräfte für Wald und Natur zu bündeln statt zu zersplittern.

Verglichen mit dem Verhältnis zwischen ästhetischen und wirtschaftlichen Zielen gibt es zwischen Ästhetik und Ökologie relativ breite **Übereinstimmung**: beim Erhalt alter Bäume und flächiger Althölzer zum Beispiel, beim Umbau großer Nadelholzreinbestände, bei der Forderung nach mehr Buchen- und Eichenwäldern, beim Erhalt der Au- und Bruchwälder, beim Wunsch nach mehr Naturwaldreservaten, nach mehr Wildnis, dem Erhalt einer reichhaltigen Tierwelt, oder bei der Forderung nach ausreichend Forstpersonal auf der Fläche.

Die Übereinstimmung hängt auch damit zusammen, dass manche ökologisch genannten Ziele verkappt ästhetische sind: Wenn der Naturschutz das dichte Rückegassennetz beispielweise anprangert und den Einsatz von Großmaschinen ablehnt, dann ist es sehr schwer, dies hieb- und stichfest mit *ökologischen* Argumenten zu begründen. Die Harvestertechnik kann ähnlich umweltverträglich arbeiten wie herkömmliche Arbeitsverfahren und gerade auf den ungeliebten Rückegassen findet beispielsweise das seltene Auerwild – wo es vorkommt – reichlich Nahrung. Und die so viel beschworene Nachhaltigkeit, eine der wichtigsten Forderungen, kann durchaus auch von konventioneller Forstwirtschaft mit Großmaschinen gewährleistet werden.

So sind es häufig doch ästhetische Werte, die man eigentlich schützen will: Die sogenannte ökologisch verträgliche Wirtschaft ist zum Großteil identisch mit einer maßvollen, harmonischen, menschenverträglichen. „Small is beautyful" heißt ja auch: klein ist *schön*, nicht ökologisch oder nachhaltig.

Der Naturschutz könnte nach meiner Einschätzung seine Basis wesentlich verbreitern, wenn er dies akzeptieren und in seinem Kommunikationskonzept berücksichtigen würde. Man sollte sich offener zu ästhetischen Zielen bekennen. Damit wäre man weitaus näher am Menschen. Hoffnungsvolle Ansätze gibt es. Gegen den immensen Flächenverbrauch für Gewerbe- und Verkehrsflächen startete der Bund Naturschutz in Bayern kürzlich eine Kampagne mit dem Titel „*Bayerns **Schönheit** bewahren*". Die Reaktion von politischer Seite zeigt, dass sich gerade das konservative Lager solchen Forderungen schlecht entziehen kann, geht es doch um den Wert „**Heimat**". Auch das 2004 nur knapp gescheiterte Volksbegehren gegen die Forstreform der Staatsregierung trug den menschlichen Titel: „Aus Liebe zum Wald" (s. Nachwort S. 399).

Inwieweit sich Naturschützer schließlich dazu herablassen, auch typische **Erholungs-Belange** zu vertreten, wird örtlich verschieden sein. Das Verhältnis ist ja nicht ungetrübt, da Naturschützer die „einfachen Erholungssuchenden" oder gar Sportler draußen bisweilen ziemlich lästig finden. Probleme mit dem Wegezustand beispielsweise, die mit Ökologie nichts zu tun haben, „normalen" Waldbesuchern aber sehr wichtig sind, hat man bisher meist ortsansässigen Wandervereinen überlassen. Diese verfügen jedoch in der Regel über noch weniger schlagkräftige oder schlagwillige Lobby als der Naturschutz, so dass die Forstpartie häufig ihre eigenen – wirtschaftlichen – Prioritäten setzen kann.

Ein Bündnis zwischen Naturschutz und „sanfter Erholung" – also vor allem mit Wanderern – hätte auch den großen Vorteil, dass man gemeinsam stärker gegen die Forderungen der „harten Erholung" – der Sport- und Tourismuslobby – auftreten könnte. Diese versucht ja mancherorts Wald und Natur massiv für ihre Zwecke umzugestalten. Vor allem der Skisport im Gebirge, mit immer neuen Liften, Schneekanonen und der zugehörigen Infrastruktur rückt dem Wald gefährlich zu Leibe. Nicht selten sind dabei sogar Waldbesitzer selbst beteiligt, weil sich solche Alternativen ungleich besser rentieren als einfache Forstwirtschaft.

Der Charakter des Waldes ist aber genau das Gegenteil von Fun-Park, Rummel und Action. Eben ein Ort, an dem Erlebnisse nicht gemacht, sondern selbst gefunden werden (s. Kap. 1.4). Um diesen Charakter – den Wald als Ort der Ruhe, der Freiheit und inneren Besinnung – zu erhalten, müssen tragfähige Bündnisse geschlossen werden. Das „**Bürgerwaldforum**" in Bayern (s. S. 345) ist ein beispielhafter Schritt in diese Richtung: Neben den Naturschutzverbänden sind darin der Alpenverein, der Dachverband der Gebirgs- und Wandervereine und die Interessengemeinschaft Kommunale Trinkwasserversorgung vertreten.

Forstliche Rahmenplanung

Ein **gesetzliches Instrument**, um die Prioritäten zwischen ästhetischen, ökonomischen und ökologischen Zielen vor Ort zu klären, ist die Forstliche Rahmenplanung nach § 6 Bundeswaldgesetz. Wenn sie als Vorrangfunktion „Erholungswald" ausweist, ist damit – theoretisch – eine Grundsatzentscheidung für die Waldästhetik getroffen. Zumindest auf dem Papier hat der betreffende Wald dann seine größte Bedeutung als Psychotop. Alle anderen Funktionen, insbesondere die wirtschaftliche, sind nachrangig.

In der Praxis unterscheiden sich die meisten Erholungswälder allerdings kaum von normalen Wirtschaftswäldern, und sie werden auch kaum anders behandelt. Die Forstliche Rahmenplanung ist von der Idee sehr gut, aber in der Praxis meist ein **stumpfes Schwert**, selbst in Bundesländern, die sie (meist als „Waldfunktionsplanung") vorbildlich umgesetzt haben. Der private Waldbesitz konnte sich nie dafür erwärmen. Nachdem das öffentliche Bewusstsein für den Wald gering ist – eher ein Un-Bewusstsein (s. S. 19) – kann sie möglicherweise ein leichtes Opfer der „Schlankheitskur" werden, die unsere Regierungen den Verwaltungen derzeit verordnen.

Vielleicht führt aber die öffentliche Diskussion über Sparmaßnahmen auch zu einer Neubelebung der Forstlichen Rahmenplanung. Können Forstleute und Naturschützer politische Mehrheiten von deren Bedeutung überzeugen? Wie dem auch sei: wird sie trotz Wiederbelebungsversuchen zu Grabe getragen, dann kann die „öffentliche Trauer" darüber zumindest das Wald-Bewusstsein in der Bevölkerung wecken oder stärken. Und ein waches Bewusstsein in den Herzen der Menschen ist allemal besser als eine Planung in der Schublade.

Ein Blick ins Ausland

Nachdem alle Industrieländer ähnliche Entwicklungen der Urbanisierung, Technisierung und Naturentfremdung durchmachen, der Wald also zunehmend als Ausgleichsraum für die Menschen benötigt wird, möchte ich einen kurzen Blick über die Grenzen werfen: **Wie lösen andere Länder die Zielkonflikte um die Waldbehandlung?**

Amerika, auf das wir gerne schauen, wenn wir nicht recht weiter wissen, verfolgt als Flächenland konsequent das Segregationsmodell: Insbesondere im **Privatwald**, der 58 % der Waldfläche ausmacht, gibt es gnadenlos gewinnorientierte Forstwirtschaft.

Sie produziert 90 % des in den USA geernteten Holzes und arbeitet mit allen verfügbaren Mitteln, vom Riesenkahlschlag bis zum Einsatz von Napalm, um Schlagabfälle und Begleitvegetation zu vernichten. Der Staat hat hier nur bedingt Kontrolle, nachdem lediglich 5% der Waldbesitzer mit allerdings 39% der Privatwaldfläche über einen schriftlich fixierten Forstwirtschaftplan verfügen. Private Waldbesitzer können auch ohne weiteres ihren Wald für das Volk sperren: „No trespassing“ heißt es dann: Betreten verboten.

Auf der anderen Seite gibt es vor allem im Staatswald, den National Forests, die knapp 20% der Waldfläche einnehmen, bewusste Waldlandschaftspflege: **Landscape Management**. Rund ein Drittel der Staatswälder steht unter völligem Schutz, dort wird kein Holz geerntet. Andere öffentliche Eigentümer, worunter vor allem die Nationalparkbehörde fällt, verfügen über die restlichen 22% der Waldfläche – meist unproduktive Standorte in extremen Lagen, von denen wiederum ein hoher Anteil geschützt ist. Reservate umfassen insgesamt rund 7% der US-amerikanischen Waldfläche.

Zusammengefasst gibt es in den USA ausgesprochen **krasse Gegensätze** in der Waldbehandlung, die für unsere Verhältnisse weder vorstellbar noch erstrebenswert wären. Vorbildlich ist jedoch die Tatsache, dass sich staatliche Forstleute nicht nur als Holzproduzenten, sondern auch als Landschaftsgestalter verstehen, und dass sie für dieses Geschäft auch Fachleute in ihre Verwaltungen integrieren.

Japan, ein anders „Vorbild“, exportiert kurzerhand seine Probleme: Während man den eigenen Wald großenteils unter Schutz gestellt hat, kauft man Holz in aller Welt. Bekanntlich landen vor allem die tropischen Regenwälder als Nutzholz, Zellstoff und Papier zu einem großen Teil in japanischen Fabriken und Haushalten. So lässt sich's im eigenen Land gut schützen.

Die **Mittelmeerstaaten** haben ebenso wie die **Briten** ihren Wäldern schon vor Jahrhunderten mehr oder weniger den Garaus gemacht. Für die verbliebenen Wälder gibt es meist kein allgemeines Betretungsrecht, so dass der Staat – wie in den Niederlanden – den Waldbesitzern Entgelt zahlen kann, wenn sie ihre Wälder für die Allgemeinheit öffnen. Großbritannien hat schöne Parks und schöne Heidelandschaften. Forstwirtschaft wird dort aber so gut wie ausschließlich plantagenmäßig betrieben.

Frankreich ist mit einem Waldanteil von 27% noch am ehesten mit Deutschland bzw. dem deutschen Sprachraum zu vergleichen. Drei Viertel sind Privatwald; teils extrem parzelliert und auf insgesamt 3,7 Millionen Besitzer verteilt. Es gibt kein allgemeines Betretungsrecht und eine enorme Bandbreite, was die forstliche Behandlung angeht. Im Süden trifft man häufig plantagenmäßige Kiefernwirtschaft. Um Bordeaux zum Beispiel hat man die „Landes“, riesige, ehemalige Dünen- und Heideflächen, weitläufig mit Seekiefer (Pinus maritima) in Reinkultur aufgeforstet.

Der Norden trägt eher Laubwälder von denen noch 14% als Mittel- und Niederwälder genutzt werden. Häufig wendet man dabei traditionelle Verfahren an; der Pferde-Einsatz ist um ein Vielfaches verbreiteter als bei uns. Es gibt aber auch herrliche Buchenbestände und vielbesuchte Erholungswälder, vor allem im Norden und im Pariser Becken, wo sich der größte Teil des Staatswaldes befindet. Der berühmte Wald von Fontainebleau südlich von Paris ist eine Art Vorzeige-Erholungswald, der durch die Künstlerkolonie Barbizon weit über die Grenzen Frankreichs hinaus bekannt wurde. Als Forêt d'émotions – Wald der Gefühle – wird er beworben.

Zukunft: Segregation?

Zusammengefasst verfolgen im Zielkonflikt zwischen Ökonomie und Ästhetik bzw. Ökologie fast alle anderen Länder das Segregationsmodell. Zu Zeiten geschlossener Märkte, als das Holz noch da gekauft und verbraucht wurde, wo es wuchs, konnte Deutschland seinen Weg der „multifunktionalen Forstwirtschaft", den Versuch, alle Waldfunktionen zu integrieren, noch einigermaßen dagegen behaupten. Zumindest Ansätze davon ließen sich verwirklichen, vor allem im öffentlichen Wald. Nachdem deutsche Forstwirtschaft jedoch in härtester, weltweiter Konkurrenz steht, ist dies schwierig geworden.

Lässt sich also auch bei uns die Segregation nicht aufhalten? Wird es auch bei uns bald nur noch wenige geschützte Inseln im Meer profitorientierter Forstwirtschaft geben? **Schutzgebiete** als einsame Oasen ursprünglicher Waldschönheit, die allerdings auch für Waldbesucher mit vielfältigen Regelungen, Verboten und Einschränkungen belegt sind?

Für diese Annahme spricht zum Beispiel der Trend, **Nationalparks** auszuweisen. So begrüßenswert diese an sich sind – ich will sie hier nicht in Frage stellen – so groß ist doch die Gefahr, dass man damit allzu laut rufende Naturschützer beruhigt, und sie mit ihren Forderungen von der großen Waldfläche ablenkt. Ein schönes aber kleines Feigenblatt, das den Blick auf eine rüde Forstwirtschaft im Rest des Landes versperren könnte?

Ferner stimmt bedenklich, dass auch die staatlichen Forstverwaltungen mit ihrer **Privatisierungspolitik** einen harten betriebswirtschaftlichen Kurs fahren und sich wie die meisten Großprivatwälder handfestem Gewinnstreben verschreiben.

Wenn man von einer gewissen Zahl privater **Waldliebhaber** absieht, die meist im kleineren bis mittleren Privatwaldbesitz zu finden sind, integrieren noch am ehesten die **Kommunen** die ästhetische Wertschöpfung in ihre Forstwirtschaft. Sie müssen im Stadt- oder Gemeinderat ihre Waldbehandlung direkt gegenüber den Bürgern vertreten, und setzen deshalb oft menschenfreundliche Prioritäten.

Bevor man also Staatswälder privatisiert, wäre es besser, sie zu „**kommunalisieren**", also den Gemeinden zu übertragen. Damit hätten die Bürger vor Ort viel mehr Mitspracherecht und der Wald würde am ehesten in ihrem Sinne behandelt. Der Staat bräuchte sein Eigentumsrecht nicht aufzugeben, sondern könnte mit einer Art langfristigem Pachtvertrag arbeiten. Hierüber kreativ nachzudenken wäre eine große forstpolitische Herausforderung, bei der man die Bahnen traditionellen Besitzdenkens und zentralistischer Verwaltung wohl verlassen müsste. Aber tragfähige Problemlösungen erfordern einen gemeinsamen, offenen Diskussionsprozess und brauchen langen Atem. Im Rahmen der Waldästhetik kann und will ich (nur) dazu anregen.

So wie sich die forstpolitische Situation im Moment darstellt, deutet tatsächlich vieles darauf hin, dass auch im deutschsprachigen Raum die Trennung von „knallhart" bewirtschafteten Forsten auf der einen und streng geschützten Wäldern auf der anderen Seite weiter fortschreitet. Für den einfachen Waldgänger, der nicht weite Reisen unternehmen will oder kann, sondern den Wald in seiner Heimat liebt und aufsucht, ist das ebenso unbefriedigend wie für die Forstwirtschaft, die um breite Anerkennung in der Bevölkerung bemüht ist.

Dass der Segregationsprozess hierzulande allerdings so weit gehen muss, wie in anderen Ländern, hoffe ich nicht:

Erstens haben wir eine verhältnismäßig gesunde Besitzverteilung. Und **Besitzvielfalt** schafft immer auch Nutzungsvielfalt sowie ein breites Spektrum an Waldformen.

Zweitens baue ich darauf, dass die Bevölkerung die beginnenden Veränderungen in der Waldwirtschaft erkennt, und dass sich **Widerstand** formiert. Zumindest der öffentliche Wald muss dann gegensteuern.

Drittens gibt es bei uns – auch unter Privatwaldbesitzern – eine „**Waldgesinnung**", die nicht überall so ausgeprägt ist. Und viele Waldbesitzer verdienen ihren Lebensunterhalt anderweitig, wollen bzw. müssen also keinesfalls das letzte aus ihrem Wald herausholen.

Viertens schließlich weiß ich, dass deutsche Forstwirtschaft in der Vergangenheit einmal für die ganze Welt **wegweisend** war. Warum sollen wir nicht auch jetzt wieder Wege finden, die dem allgemeinen Trend entgegenlaufen und anderen beispielhaft erscheinen? Dass dies gar nicht so abwegig ist, zeigt beispielsweise die italienische Umweltdiskussion, in der nicht wenige die deutsche Einstellung zu Natur und Wald als Vorbild sehen.

4 Natur- und Waldästhetik in Erziehung und Ausbildung

Sowohl Erziehung als auch Ausbildung werden bei uns meist als zielgerichtete Aktivitäten verstanden. Eltern, Erzieher, Lehrer, Meister und Professoren „bringen den jungen Menschen etwas bei", über das sie selbst verfügen, oder zu verfügen glauben. Während die Erziehung hauptsächlich soziale und ethische Verhaltensnormen vermittelt, beinhaltet die Ausbildung in erster Linie kognitive sowie im weitesten Sinne technische Fähigkeiten.

Mehr oder weniger unbewusst gehen wir dabei von einem unwissenden, unvollkommenen, lenkungsbedürftigen, kurz von einem **„schwachen" Kind bzw. jungen Menschen** aus, der erst durch den „starken" Erwachsenen die Kenntnisse und Fähigkeiten mitbekommt, welche ihn für das Leben in der Gesellschaft tauglich machen.

Diese Einschätzung trifft sicher für viele Lebensbereiche zu: insbesondere für den kognitiven Bereich und für den Bereich der technischen Fähigkeiten. Von sich selbst wird ein Kind beispielsweise nicht lernen, dass drei mal neun siebenundzwanzig ergibt; oder wie man mit Bausteinen ein schönes Haus baut, das nicht gleich wieder einstürzt. Auf diesen Gebieten ist ihm der Erwachsene überlegen.

Auch im ethischen Bereich muss das Kind wohl vom Erwachsenen geführt werden: wenn es z.B. darum geht, die Wirkung des eigenen Handelns auf die Gemeinschaft einschätzen zu lernen, oder eigene Ansprüche in Relation zu denen anderer zu sehen.

In der **Ästhetik** liegen die Dinge jedoch anders: da geht es um sensitive – sinnliche – Wahrnehmung (s. Kap. 1.3), und auf diesem Gebiet sind Erwachsene nicht überlegen. Im Gegenteil: auch beim Erwachsenen bleibt ästhetische Erfahrung im „inneren Kind" beheimatet (s. Kap. 1.5). Hier kann er ebenso vom Kind „lernen", wie das Kind von ihm. Große Künstler sehen es als Ziel, die Welt wieder mit jener kindlichen Klarheit und Unvoreingenommenheit zu sehen, die uns das Denken oft versperrt und vernebelt.

Gewiss kann Denken Zusammenhänge klären und Problemlösungen fördern. Auch wirkt das Denken letztlich beim ästhetischen Erkennen mit. Übernimmt es aber bereits bei der Wahrnehmung die Führung – und nicht erst beim Verarbeiten dieser Wahrnehmung – dann entgeht uns sehr viel „Erkenntnis".

Was bei uns an ästhetischer Erziehung stattfindet – soweit sie überhaupt bewusst abläuft – trägt der **sensitiven Stärke des Kindes** kaum Rechnung. Im Gegenteil. Die meisten Eltern legen bereits bei kleinen Kindern großen Wert auf Wohlverhalten und Leistung. Sie freuen sich, wenn ihr Nachwuchs schon im Vorschulalter schreiben und rechnen kann oder wenn er sportliche Erfolge heimbringt. Aber sinnliche Wahrnehmung sehen sie eher als **Träumerei** an, sofern diese bei den Kindern überhaupt zu Tage tritt. Nicht selten erstickt frühzeitiger Medienkonsum im Keim eine lebendige und aktive Wahrnehmung der Umwelt.

Kindergarten

In Kindergärten wird die **Leistungsorientierung** weiter gepflegt, indem man ästhetische Erziehung meist als geschäftige Bastelpädagogik betreibt. Fleißig wird gemalt, geschnipselt, geklebt, um die so entstandenen Werke schließlich an die Fensterscheiben zu heften, und damit den Blick in die Natur zu versperren. Hier zeigt sich die Priorität: Schaffen rangiert vor Wahrnehmen. Statt Spüren heißt es Machen. Verstärkt wird diese Orientierung durch den Umgang mit der Zeit: in dieser oder jener Stunde müsst ihr fertig werden. Dann kommt das nächste Programm, egal wo eure Seele ist.

Natürlich ist das nicht überall gleich; es gibt – in alternativen, aber auch in konventionellen Kindergärten – ErzieherInnen, die sensibler zu arbeiten versuchen. Sehr interessant sind die neuerdings entstehenden **Waldkindergärten**. Sie knüpfen an die Neugier der Kinder, ihren Entdeckungs- und Eroberungstrieb und ihre Sensitivität an.

Kinder des Waldkindergartens erleben den Wald nicht als Gäste oder Besucher. Für sie ist er vielmehr vertrauter und selbstverständlicher Lebensraum.
(Fotos freundlicherweise überlassen vom Verein Waldkindergarten Landshut)

Ihr großer Wert liegt darin, dass die Kinder den Wald nicht als fremde, bedrohte, schutzwürdige Umwelt erfahren, sondern als selbstverständlichen Lebensraum. Was wir normalerweise als Umwelt bezeichnen, steht uns ja gewissermaßen gegenüber, ist nicht unsere eigentliche Lebenswelt. Indem die Kinder täglich im Wald sind, ihn nicht nur als Gäste besuchen, bleibt er in seiner Andersartigkeit zwar Gegenwelt zu Stadt und Zivilisation, wird aber vertraut und selbstverständlich, statt entrückt und heilig. Die menschliche Rolle wird klarer: als Teil der Natur – Bewohner, Nutzer und Schützer zugleich.

Was schadet es, wenn Kinder dabei auch mal Aggression rauslassen, zum Beispiel wütend die Brennnesseln zerhauen, die sie soeben gebrannt haben? Die körperliche Auseinandersetzung mit der Welt ist doch Teil aller Natur- und Selbsterfahrung. Kinder, die hier ein gesundes Bewusstsein entwickeln, können später vielleicht auch der Land- und Forstwirtschaft positiver begegnen. Das mehrfach erwähnte Schlachthausparadox (s. Kap. 2.8) ist ein emotionales Phänomen und lässt sich nur auf dieser Ebene lösen. Denken mag dazu hilfreich sein, aber es genügt nicht.

Waldkindergärten sind für die emotionale Naturbeziehung so wertvoll, dass man sie gar nicht genug fördern kann.

Schule

In der Schule wird es mit der ästhetischen Erziehung keinesfalls besser als in den normalen Kindergärten. Ästhetik beschränkt sich auf „Nebenfächer“ wie Kunst und Musik, die zwar von den entsprechenden Lehrern, aber nur von wenigen Schülern ernst genommen werden. Im Umfeld der „Leistungsfächer“ – Deutsch, Mathematik, Sprachen usw. – empfindet man sie eher als **Erholung**. Das geht natürlich am Kern vorbei, erfordert wirklich sensitive Wahrnehmung auf einer anderen – nicht kognitiven Ebene – doch hohe Konzentration und den ganzen Menschen. Um wenigstens ein bisschen Zug in den Unterricht zu bringen, erteilt man auch in diesen Fächern Noten, wendet also das Leistungsprinzip an, was wiederum am Kern der Ästhetik vorbeigeht.

Ein tieferer **Naturbezug** ist im Kunstunterricht – ebenso wie in der Biologie – nur ausnahmsweise zu finden. Die Landschaft oder überhaupt Lebendiges wird wenig beachtet. Materie – die Urform allen Seins – wird in aller Regel zum **Material** degradiert, aus dem dann – „kreativ“ – etwas geschaffen wird. Dabei ist doch die – belebte wie unbelebte – Materie bereits geschaffen und böte so viele Reize zum Wahrnehmen.

Immer noch blüht hier die alte Hegelsche Hierarchie, wonach ästhetische Naturbegegnung nur eine Vorstufe zur ästhetischen Begegnung mit den Werken der Kunst sei. Ich sehe sie jedoch – wie Martin Seel[145] – nicht als Vorform, sondern als *„Hochform ästhetischen Bewusstseins“*.

Aufmerksames sinnliches Wahrnehmen ist Grundlage aller Ästhetik und gerade Kinder sind im Prinzip Meister darin. ***„Am Anfang sind wir alle Ästheten“***, sagt Gerd E. Schäfer[146]. Und die Förderung der ästhetischen Erfahrung *„... hat zunächst nichts* *mit kunsthaften Ansprüchen zu tun, sondern mit einer Vertiefung der sinnlichen Wahrnehmung der Wirklichkeit.“*

Von dem romantischen Maler Caspar David Friedrich ist bekannt, dass er oft viele Stunden im Wald vor einem einzigen Baum saß, um ihn zu „erkennen“. Erst dann zeichnete oder malte er. Dabei kamen großartige Dinge heraus. Ich meine, dass solche **Wahrnehmung** auch heute möglich ist, wenn wir uns die **Zeit** dazu nehmen. Auf jeden Fall wird jemand, der es fertig bringt, eine Stunde lang einen Baum zu betrachten, diesen anders sehen – tiefer erleben – als derjenige, der ihn gerade ein paar Sekunden – vielleicht durch den Sucher einer Kamera – betrachtet. Letzterer wird sich den Baum zwar als Foto aneignen, aber kaum innere Beziehung zu ihm entwickeln.

Heute zählt sehr viel der „Überblick“: Er ist wichtig zur Orientierung; aber nur der Anblick führt zum Einblick und letztlich zur Erkenntnis. Diese – nicht rationale – Erkenntnis wäre für mich – neben der Kreativität – wichtigstes Ziel jeden Kunstunterrichts und zugleich Grundlage aller **Umwelterziehung**. Denn „... *nur wenn die Menschen lernen, die Welt sinnlich anzusehen, werden sie lernen, sich ihrer anzunehmen*“ (Passmore, s. Seite 46).

Was die **Kreativität** angeht, ist diese in unserer Wissens- und Computerspielgesellschaft wahrscheinlich ebenso unterentwickelt wie die sensitive Wahrnehmung. Doch darf sie nicht über diese gestellt werden, sondern die Wahrnehmung muss als Grundlage der Kreativität geachtet und gepflegt werden. In künstlerischer Tätigkeit gehen Wahrnehmung und schöpferische Gestaltung Hand in Hand, lassen sich nicht klar trennen: Der Musiker nimmt seine Töne wahr, indem er spielt, der Maler seine Farben, während er malt, der Bildhauer sein Holz, seinen Stein, den er bearbeitet usw. Aber keinesfalls sind Wahrnehmen und Gestalten identisch. Gestalten ohne Wahrnehmen gibt es nicht, Wahrnehmen ohne – äußeres – Gestalten sehr wohl.

Bei den Prioritäten, die in der Schule – insbesondere im Kunstunterricht – gesetzt werden, spielt neben den Verpflichtungen des Lehrplans sicherlich auch die Persönlichkeit der Lehrerin oder des Lehrers eine große Rolle. Nachdem ich weder in den eigenen 13 Schuljahren, noch bei meinen Kindern irgendeinen nennenswerten Naturbezug erleben konnte, möchte ich Folgendes anregen: **Zumindest einmal im Jahr sollten KunstlehrerInnen mit ihren SchülerInnen zwei Stunden in den Wald gehen oder auch in einen Park, um dort Bäume zu malen oder zu zeichnen.**

Für viele SchülerInnen wäre das wahrscheinlich ein bleibendes Erlebnis, das sie nicht leicht vergessen. Schule sollte doch – wie Pestalozzi sagte – umfassend bilden: Kopf, Herz und Hand. Nur der Kopf – das Wissen – ist zu wenig, wenn es auch in Prüfungen und Studien am leichtesten nachzuweisen ist.

Ausbildung und gesellschaftliche Grundorientierung

In der Ausbildung wird es schließlich ganz düster um die Ästhetik. Wer nicht gerade Kunst, Musik, Architektur oder Landschaftsarchitektur studiert, kann ziemlich sicher sein, nie mehr mit solchen Dingen behelligt zu werden. Und selbst in den letztgenannten Fakultäten sind „Ästheten“ in der Minderzahl. Was das **Forstwesen** angeht, gab es stets einige Rufer in der Wüste, die nach Heinrich von Salisch das sinnliche Element wach zu halten versuchten. Doch hatten sie immer einen schweren Stand im vielstimmigen Chor der Naturwissenschaftler und Wirtschafter. Dabei beschwor doch schon Wilhelm Leopold Pfeil (s. S. 26): *„Das Wissen tut's nicht allein, wenn die Liebe fehlt.“* Und Grundlage aller Liebe ist Sensitivität.

Insgesamt wird durch die **Hungerformen ästhetischer Erziehung** in unserer Gesellschaft der Grundstein für Pragmatiker gelegt, für Tatsachenmenschen, die ihre ureigene Spürsamkeit in früher Kindheit aufzugeben lernen; als nicht gefragte Qualität irgendwo im Hinterkopf deponieren. Mit solcher Erziehung und Ausbildung lässt sich aber die Sinnkrise nicht lösen, in der so viele Menschen unserer Gesellschaft stecken. Statt Leistung und Rationalität, Nutzendenken und Karriere wäre **Wahrnehmungsfähigkeit** zu fördern. Nur über die Sinne können wir ja letztlich unseren Sinn finden.

Wer Glück hat, entdeckt vielleicht später nach langen Jahren der Schul- und Berufsausbildung die Rudimente seiner Sensitivität wieder, und kann sie wieder beleben. Gelingt dies, dann gibt es allerdings eine klare Hierarchie, was die **gesellschaftliche Anerkennung** betrifft: Dort rangiert die Kunstästhetik – fast wie zu Hegels Zeiten – immer noch meilenweit vor der Naturästhetik. Viele haben Respekt vor einem (erfolgreichen) Künstler; einen Kunstliebhaber siedelt man in den oberen Gesellschaftsschichten an. Aber einen Naturliebhaber? Belächelt man als verschrobenen Kauz, als Sonderling, irgendwo am Rande der Gesellschaft.

Egal wo wir hinschauen: in Schule, Wirtschaft, Sport, Kunst und sogar in der Liebe; das Ideal unserer Gesellschaft ist das des Machers, von Cäsar so prägnant formuliert: **veni, vidi, vici** – ich kam, sah und siegte. Man könnte doch sagen: ich wanderte, schaute, lauschte, sog die Waldluft ein und war froh. Aber was ist das schon?

Praktisch fällt es sicherlich nicht leicht, im Medienzeitalter die Wahrnehmungs- und Erlebnisfähigkeit junger Menschen zu fördern. Wie alle Werthaltungen können diese Dinge kaum mit Worten vermittelt werden, sondern vielmehr durch Beispiel, eigene Grundeinstellung und Lebensführung. Ist jede Erziehung eigentlich mehr ein Sein als ein Tun, so trifft dies für die Ästhetik ganz besonders zu. Ein **Funke muss überspringen**, damit im jungen Menschen etwas wach und stark wird, das im Grunde vorhanden ist.

Lange muss ich nachdenken, wenn ich nach Personen suche, die mir in Schulzeit und Ausbildung in dieser Hinsicht **Vorbild** waren. Aus der Schule fällt mir neben dem bereits erwähnten Biologielehrer mit seinen Stichlingen ein Musiklehrer ein, der beim Hören klassischer Töne wohl oft berührt war. Leider kanzelte er Leute, insbesondere Schüler, die seine hohe Begeisterung nicht verstehen oder gar teilen konnten, gern als „arme Würstchen“ ab.

Solche Überheblichkeit gegenüber weniger tief Empfindenden, die sowohl in der Kunst- wie auch der Naturästhetik nicht selten ist, zerstört manches zarte Pflänzchen der Sensitivität und weckt stattdessen Trotz. Sie entsteht, wenn die von W. L. Pfeil (s. S. 26) formulierte Bedingung nicht erfüllt ist, dass wahre Liebe zur Natur (oder Kunst) Hand in Hand gehe mit der Liebe zu den Menschen. Naturschützer, Forstleute und Jäger sind in dieser Hinsicht nicht ungefährdet.

Ein Altphilologe kommt mir als positives Beispiel in den Sinn, der seinen Homer sichtlich liebte, andererseits aber gewisses Verständnis für Schüler hatte, die ihn hassten.

In der forstlichen Ausbildung habe ich viele gute Fachleute erlebt, aber **emotionale Kraft**, die jenen Funken liebevoller Naturwahrnehmung hätte überspringen lassen, spürte ich selten. Ich weiß nicht, was im Verborgenen glühte, zumindest nach außen wurde es meist gut hinter Fachinhalten versteckt. Emotion ist auch nicht Sache eines Wissenschaftlers? Vielleicht. Aber ein Lehrender sollte sie haben. Wie sonst kann etwas auf die Studenten überspringen? **Zu erklären, wie Natur „*funktioniert*", reicht nicht**[147].

Mögen manche hochdotierte Lehrpersonen fachlich große Leuchten sein: wenn sie emotional kleine Talglichtlein – um nicht zu sagen Funzeln – darstellen, fehlt mir etwas Entscheidendes, Menschliches. Einiges ist schon gewonnen, wenn sie ihre Grenzen erkennen und ihrerseits von den jungen Leuten zu lernen bereit sind. Die Zeichen dafür sind bei aller Sachlichkeit unserer Welt nicht schlecht. **Jugend** wird für viele Alte zum Vorbild, zum Ideal, das sie anstreben. Ihre Erlebnisfähigkeit animiert die Erlebnisgesellschaft. Wenn heute Omas und Opas auf Rollerblades durch die Gegend sausen, warum sollen diese Omas und Opas nicht auch einmal mit offenem Mund vor einer alten Eiche stehen bleiben?

Je weniger Kinder es tatsächlich gibt, je weniger wir ihrer erfrischend ehrlich emotionalen Lebensart begegnen, desto größer wird unser Leidensdruck am trockenen Erwachsen-Sein. Und desto größer die Sehnsucht nach dem eigenen inneren Kind. Das lässt hoffen.

Sehr schön kann man bisweilen auf Waldspielplätzen oder in „**Walderlebniszentren**" beobachten, wie Eltern, insbesondere Väter, wieder Dinge in der Natur und in sich selbst entdecken, die sie lange vergessen hatten. Zusammen mit ihren Kindern schleichen sie wie Füchse durch den Wald, sammeln Holz, Moos, Zapfen, bauen Lager, springen über Bäche und klettern auf Bäume.

Vom Wert des Wissens

Bei aller Emotion will ich das Wissen um den Wald nicht abwerten. Es gehört zum Erleben dazu und kann eindrucksvolle Perspektiven eröffnen: Die Freude am Wiedererkennen einer Baumart, einer Vogelstimme, einer Blume kann anregen, sich weiter damit zu beschäftigen, länger und tiefer hinzuschauen. Manches erlebt man auch erst, wenn man darum weiß: viele Fährten und Spuren zum Beispiel, welche die Tiere des Waldes hinterlassen. Insofern ist **Wissensvermittlung**, wie sie in

Waldinformationszentren, auf Waldlehrpfaden, bei Waldführungen oder in Bestimmungsbüchern erfolgt, durchaus wichtig.

Wahrnehmen bzw. Erleben *ohne* Denken gibt es ja im Alltag nicht. Das wäre Meditation (s. Kap. 2.4), und die wird – nicht nur in den Wäldern – selten praktiziert. Für die normale Wahrnehmung gilt Werner Nohls Feststellung:

> *„Im Akt des ästhetischen Erlebens durchdringen sich Anschauung und Denken, Wahrgenommenes und Gewusstes.* ***Wo das notwendige Wissen nicht vorhanden ist, kann ein gegebener Reiz seinem Inhalt nach meist nicht oder nur unvollkommen entziffert werden****. Er wird in seinen formalen Aspekten (Größe, Farbe, Umriss usw.) wahrgenommen, inhaltlich aber nicht begriffen. Wer über bestimmte kulturelle oder ökologische Zusammenhänge in einer Landschaft etwas weiß, zieht meist den größeren ästhetischen Genuss aus dem Erlebnis.* ***Wissen ist also nicht nur, wie das Sprichwort sagt, Macht, im ästhetischen Bereich ist es auch Genuss****.“*[148]

Andererseits darf eine so plakative Darstellung nicht dazu verleiten, kognitives Wissen überzubewerten. Wissen ist zu vergleichen mit dem Brennholz, das erst durch den Funken der Emotion entfacht wird und seine Wärme entfaltet. Ohne diesen Funken bringt es nichts, vermodert auf lange Sicht nutzlos. Deshalb wünsche ich mir in möglichst vielen Menschen diesen Funken. Bei Lehrern und Professoren noch besser ein Feuerchen der Begeisterung, das andere anzustecken vermag.

Neue Wege praktischer Naturerziehung

Interessant zum Thema Naturerziehung ist das Konzept der „**Naturerfahrungsräume**“. Stadtplaner haben erkannt, dass – wie Hans Joachim Schemel[149] schreibt – *„... die Tendenz der Naturentfremdung durch allein kognitive Vermittlung ökologischen Wissens nicht aufzuhalten ist*.“ Also gelte es, Freiräume zu schaffen – in Stadtnähe aber auch in Wäldern und Schutzgebieten, die den Gesamteindruck von Naturnähe vermitteln, und in denen sich die Menschen, insbesondere Jungendliche, frei bewegen und spielerisch betätigen können; ohne restriktive Ge- und Verbote, ohne ständig die Interessen der traditionellen Landnutzer, Land und Forstwirtschaft, zu verletzen sowie ohne pädagogische Belehrungen. Die (jungen) Menschen sollen dort ihre **eigenen, elementaren Erfahrungen** in und mit der Natur machen.

> *„Ziel ist der unmittelbare, lustbetonte Naturkontakt, der die belastbare Landschaft ohne schlechtes Gewissen und ohne Belehrung nutzt und dabei (quasi nebenbei) dazu führt, dass der Mensch diese* ***„Gebrauchslandschaft“*** *lieben und schätzen lernt.“*

Forstlich ist dieses Konzept mit **Extensivierung** verbunden, geregelte Holznutzung entfällt. Ein Mindestmaß an Ordnungsfunktion muss wohl aufrecht erhalten werden, wenngleich Schemel offenbar wenig Sorge hat, dass Vandalismus Platz greifen könnte. Dieser entstehe vielmehr

„... in räumlichen Situationen, in denen sich Kinder und Jugendliche eingeengt fühlen, d.h. in denen ihnen zu wenig Freiraum und Bewegungsfreiheit zugestanden wird. ***Vandalismus ist eine Reaktion auf zu viel Struktur und Ordnung****."*

Mir tut es wohl, dass hier Freiheit statt Reglementierung, Gewährenlassen statt Betreuung und selbst Lernen statt Pädagogik propagiert wird. Andererseits hätte ich ein wenig Sorge, dass möglicherweise sozial problematische Gruppen solche Gebiete für sich in Besitz nehmen, dort ihre Treffen mit Musik, Lärm, Feuer, Müll und Glasscherben veranstalten. Damit würden diese Räume für die Bevölkerungsmehrheit unattraktiv oder gar gefährlich. Jene Menschen beherrschten die Szene und Natur träte in den Hintergrund. Sicher kann man Wege finden, solche Probleme in den Griff zu bekommen. Ich bin gespannt, wo und inwieweit sich dieses interessante, zukunftsweisende Konzept verwirklichen lässt.

Eichelhäher

Zum Nach-Denken schließlich eine kleine Rückblende auf die Natur- und Umwelterziehung vor 40 Jahren. Folgenden Artikel fand ich in der Zeitschrift „Der kleine Tierfreund“ vom Dezember 1963:

Boden unter den Füßen und über dem Scheitel den Himmel

Es kommt darauf an, dass wir das Wichtige vom Unwichtigen unterscheiden.
Was ist wichtig?
Was ist unwichtig?
Das Fußballspiel morgen, die Klassenarbeit in der Schule, die Freundschaft mit dem Nachbarn, das Fernsehprogramm, der Briefmarkentausch, Geldverdienen, die Hausaufgaben für den nächsten Tag, die Zeugnisse am Ende des Schuljahres!
Ja, das alles kann wohl wichtig sein,
aber es gibt Wichtigeres:

Dass du nicht den Boden unter den Füßen verlierst und nicht den Himmel über dem Scheitel! Wer sieht, wie Millionen junger Menschen das Beste nicht erkennen oder es gering achten, dessen Herz krampft sich zusammen.
Wie lange ist es her, dass du einmal allein im Grase lagst und den Wolken zugeschaut hast?
Wann hattest Du Zeit, ohne Ziel, ohne besonderen Zweck durch Wald und Feld zu bummeln – Tiere zu sehen und Pflanzen, deine entfernten Geschwister?
Wann saßest du einmal auf einem alten Steg am See und ließest die Füße vom Wasser liebkosen?
Gingst durch den Wald im Herbstlaub und hörtest den Eichelhäher rätschen?
Hast du einmal in deinem Leben aus einer klaren Quelle getrunken – so wie sie aus dem Berge kommt?
Vielleicht sagst du jetzt: Ja, das möchte ich schon gern ...
Und dann kommt das Aber.
Aber ich muss doch arbeiten, lernen, verdienen, fernsehen, Sport treiben, Briefmarken tauschen. Alle leben so – die Großen auch. Niemand hat heute Zeit. Da rasen die Autos; das klirrt und flimmert, das jagt und treibt – tagein tagaus, und ich stehe mitten drin und kann mich nicht freimachen davon.
Kannst du es wirklich nicht?
Dann ist dein Leben in Gefahr!
Wenn Du dich von dieser Hast des Alltages treiben lässt, dann ist dein Menschsein bedroht.
Du musst einfach Zeit haben, um die Stimme Gottes zu hören – in seinem Hause und in seiner Schöpfung!
Oder du verdirbst.
Wir sind rings von Technik umgeben: Radio, Fernsehen, Auto, Maschinen und Bomben, Stahl und Elektronen beherrschen Millionen von Menschen und treiben sie schlimmer als man früher Sklaven antrieb.
Nein – so darf es nicht bleiben!
Die Technik ist notwendig und nützlich.
Wir brauchen sie!
Aber sie soll Dienerin bleiben!
Sie soll dir und mir und uns allen dienen.
Wir dürfen uns nicht beherrschen lassen von ihr. Und das geschieht unweigerlich, wenn wir uns nicht lösen können, von all dem Massenrummel von technischer Musik, von Bahn und Auto, vom Flimmerbild und – vom übertriebenen Ehrgeiz.
Wir verderben, wenn wir nicht die Verbindung haben zur Erde, zur grünen, lebendigen Erde.

5 Ausblick

Seit dem Wiederaufbau in der Nachkriegszeit unterliegt unser Land einer ausgeprägten **Verstädterung**. Ballungsgebiete, worin sich die Menschen konzentrieren, dehnen sich mit rasanter Geschwindigkeit ins Umland aus. S-Bahnen und andere Nahverkehrsmittel minimieren die Entfernungen, so dass die Grenzen zwischen Stadt und ländlichem Raum verschwimmen. Während die Innenstädte an Wohnbevölkerung ausbluten, wuchern Siedlungs- und Gewerbegebiete an den Rändern. In Städten und Dorfgemeinden bieten sie nahezu das gleiche Bild.

Der Lebensstil in Stadt und Land – früher deutlich verschieden – gleicht sich rasch an. Mit dem drastischen Strukturwandel in der Landwirtschaft verloren auch weite Teile der Landbevölkerung den unmittelbaren Kontakt zur Natur. Die Geschichte von der Stadtmaus und der Feldmaus, die man uns früher als Kindern vorlas, hat sich überlebt.

Die politische Wende um 1990 rückte Deutschland in die Mitte Europas, und alle Zeichen deuten darauf hin, dass Verstädterung, Zersiedlung, Zerschneidung und Verlärmung in unserem Land auch in den kommenden Jahren ungebremst fortschreiten.

Inseln relativer Ruhe und Naturnähe sind vielerorts nur die **Wälder** geblieben. Ihnen kommt damit eine große Bedeutung, und den Waldbesitzern sowie öffentlichen Forstverwaltungen eine große Verantwortung zu. Wenn Natur-Erlebniswerte in den Wäldern nicht erhalten und gepflegt werden, verschwinden sie vielerorts völlig aus unserer Landschaft. Uns selbst, unseren Kindern und Enkeln gehen damit Möglichkeiten der Selbstentfaltung und Sinnfindung verloren.

Forstpolitisch ausgedrückt unterliegen unsere Wälder einem galoppierenden **Funktionenwandel**. Die materielle Wertschöpfung der klassischen Forstwirtschaft – das Holz – bleibt zwar wertvoll und gefragt, wichtiger wird jedoch die ästhetische Wertschöpfung. Die zunehmend knapperen Güter sind landschaftliche Schönheit, Ruhe, Natur, Harmonie, Anklänge an Wildnis – nicht das Holz. Dessen Erzeugung darf keinesfalls aufgegeben werden, aber sie tritt in einem dicht besiedelten Land ins zweite Glied zurück: ein Wandel, der nicht ohne Probleme verläuft und nicht nur Gewinner hinterlässt. Aber er scheint unausweichlich.

Das neue Bundesnaturschutzgesetz trägt dieser Werteverschiebung Rechnung: „***Beeinträchtigungen des Erlebnis- und Erholungswertes der Landschaft sind zu vermeiden***“, heißt es in § 2 (1) 13. Doch wo beginnt die Beeinträchtigung? Das kann ein Gesetz nicht genau definieren. Vielmehr ist ein lebendigen Prozess des Empfindens und darüber Redens notwendig, eine Art öffentlicher Aushandlung.

Die Stimmen im politischen Konzert, die den Erlebniswert der Natur weit oben in ihrem Werte-Kanon haben, sind leise, kaum hörbar. Zwar gibt es kein Lager, in dem die ästhetische Naturbeziehung oder einfacher gesagt Naturliebe gänzlich fehlen. Einzelne Menschen aller politischen Anschauungen haben sie. Aber es gibt auch kein politisches Lager, das sich aktiv und offen dazu bekennt.

Das bewahrende Element, der Konservativismus, sorgt sich eher um den Erhalt des herrschenden Systems, als um den von Natur und Landschaft. Das Soziale – die politische Linke – richtet ihre Energie mehr auf Lebensstandard als auf Lebensqualität. Der Liberalismus vergisst, dass eine frei agierende Wirtschaft nicht an Werten interessiert ist, die kein Geld bringen. Und die Grünen? Haben immerhin Natur in ihrem Programm, stellen im Zweifel aber Umweltschutz und Ökologie über den Wert sinnlich erlebbarer Landschaftsschönheit.

So bleiben es in allen Lagern Einzelne, die sich trauen, für Wald- und Naturschönheit – für ästhetische Werte – einzutreten.

Doch bei vielen Dingen muss erst ein ziemlich miserabler Zustand erreicht sein, damit man wach wird. Verlustschmerz war Anlass zu Baumgartens „Aesthetica"; er war Auslöser der Romantik, und wie es scheint, überkommt er uns auch heute wieder. Sehnsucht ist ein guter Führer für die Seele, wenn man sie zulässt und nicht mit Ersatzbefriedigungen mundtot macht.

Ersatzbefriedigungen gibt es allerdings viele in unserer Welt und die meisten werden sogar mit Milliardenaufwand beworben. Um hier nicht ganz unterzugehen, sollte man darüber nachdenken, **Werbung für Wald und Natur** zu machen. Seit meiner Jugend trage ich beispielsweise ein Plakat der Deutschen Bahn, damals noch Bundesbahn, in meinem Kopf: Da war nur ein großer, grüner Nadelwald drauf zu sehen und die Schrift: *Wald, wir haben uns lange nicht gesehen! – Die Bahn bringt sie hin.*

Warum nicht? In den USA ist so etwas selbstverständlich. Vielleicht kann die Forstwirtschaft hier mit dem sanften Tourismus, insbesondere der neuen Wander-Bewegung zusammenarbeiten. Identifikation mit dem heimischen Wald, mit Holz und letztlich auch mit der Forstwirtschaft gehen Hand in Hand.

Was die **Forstbetriebe** selbst betrifft, insbesondere die öffentlichen, brauchen sie mehr **ästhetische Leitbilder**. Ich meine nicht die heute übliche Schriftform, sondern tatsächlich Bilder, Fotos, die verdeutlichen, wo die Waldbehandlung hinsteuert. Konkret soll die forstliche Betriebsplanung, die Forsteinrichtung, nicht nur mit Zahlen arbeiten, sondern für jeden einzelnen Wald bzw. Forstbetrieb bildlich vor Augen führen – visualisieren, welchen Wald der Zukunft man will. Meist findet sich ja die ein oder andere Ecke im Wald, die so aussieht, wie man es sich vorstellt, die als Vorbild dienen kann. Wenn diese Leitbilder stimmen, wenn sie die Menschen ansprechen, werden Letztere eher geneigt sein, die Forstleute und die Forstwirtschaft auf ihrem Weg dahin zu unterstützen.

Der gesellschaftliche Diskussionsprozess über die Zukunft unseres Waldes, die Waldbewirtschaftung, ihre Ziele und Methoden, hat sich in den letzten Jahren erfreulich belebt. Was den **Stellenwert der Waldästhetik** dabei angeht, ihre Durchsetzungsenergie zwischen Ökologie und Ökonomie, mache ich mir keine Illusionen. Aber ich habe durchaus Hoffnung. Mag es sich noch so altmodisch anhören: Ich glaube an unsere Liebe zum Wald. Ihre Kraft ist in einigen Menschen wach, in vielen schlummert sie. Wenn wir sie wecken, zur Sprache bringen, kann sie den Wald, sein Erscheinungsbild verändern oder erhalten – je nach Ausgangslage.

Alles, was in diesem Buch gesagt und gezeigt ist, hat nur das eine Ziel: diese Liebe (wieder) zu stärken. Zwar können auch noch so viele Worte nicht den Kern treffen, das Gefühl nicht schaffen. Doch können sie sich darum herumranken, den Blick darauf lenken, Sensitivität, Wahrnehmung und Bewusstsein vertiefen. Wenn meine Worte dies bei Ihnen, liebe Leserin, lieber Leser tun, ist mein Ziel erreicht.

(Foto Erich Haubold)

6 Glossar

Hier werden (nur) einige Fachbegriffe erklärt, die im Text vorkommen. Wer sich ausführlicher informieren möchte, findet z.B. im Kosmos Wald- und Forstlexikon ein umfassendes Nachschlagewerk

Altholz: Baumbestand, der etwa das Erntealter, die → Umtriebszeit, erreicht hat

Auszeichnen: Markieren der Bäume, die zur Fällung vorgesehen sind; zentrale Tätigkeit eines Försters; heute wird meist mit Sprühfarbe markiert.

Astung: Entfernen der unteren Äste am stehenden, jungen Baum zur Erzielung wertvollen, astfreien Stammholzes. Am gefällten Baum spricht man von Entastung.

Baumholz: mittelalter Baumbestand, nicht mehr → Stangenholz und noch nicht → Altholz

Bestand: in sich einigermaßen homogener, etwa gleichaltriger Waldteil; man unterscheidet Reinbestände aus nur einer Baumart und Mischbestände aus verschiedenen Baumarten. Die → Forsteinrichtung „scheidet die Bestände aus", d.h. sie legt ihre räumliche Ausdehnung fest und trägt sie mit verschiedenen Farben in die → Nutzungskarte ein.

Bestandsschluss: Wuchsdichte der Bäume in einem → Bestand; er kann dicht sein, geschlossen, locker, lückig, licht, räumig bis aufgelöst

Bestockung: alles, was an Bäumen auf einer Waldfläche „stockt", d.h. steht und wächst

Bonität: auch Ertragsklasse; Maßstab für die Wuchskraft eines → Standortes; meist wird sie anhand der Höhenwuchsleistung ermittelt: auf einem guten Standort (z.B. Lößboden) werden die Bäume höher als auf einem schlechten (z.B. Sandboden), die Bonität ist besser.

Dauerwald: Wald, der nie flächig kahlgeschlagen wird. Der Begriff wurde etwa 1920 - 1935 von dem Eberswalder Waldbauprofessor Alfred Möller entwickelt. Zentraler Gedanke ist die „Stetigkeit des Waldwesens" - der Waldboden soll nie Freilandbedingungen ausgesetzt sein.

Dickung: dichter Jungwald

Durchforstung: Herausnahme von überzähligen bzw. schlecht geformten Bäumen im Laufe des Bestandslebens. Eine junge Fichtenpflanzung z.B. enthält etwa 3000 Bäumchen pro Hektar, natürlich angesamter Jungwald oft sehr viel mehr. Im Erntealter (etwa 100 Jahre) ist auf derselben Fläche noch Platz für 400 - 500 Stämme, die dann möglichst kräftig und wohlgeformt sein sollen. Mindestens 2500 Stämme werden also herausgeschlagen. Da die schwachen Stämmchen, die beim Durchforsten anfallen, heute wenig Ertrag bringen, gehen Überlegungen dahin, gleich nur 500 Stück zu pflanzen. Dadurch werden allerdings die Kronen sehr breit, die Stämme extrem astig, und bei Ausfällen durch Schädlinge, Sturm oder Schnee gibt es keine Ersatzbäume. In Jungbeständen bis zum Dickungsalter (→ Dickung) spricht man nicht von Durchforstung, sondern von Jungbestandspflege (→ Pflege), früher auch Läuterung. Danach beginnt die „Jungdurchforstung" und schließlich die „Altdurchforstung". Eine „Hochdurchforstung" erstreckt sich auch auf starke Bäume, die im Kronendach mitregieren, während bei der „Niederdurchforstung" nur schwächere, „unterständige", herausgehauen werden. Bei der heute gebräuchlichen „Zukunftsstamm-Methode" werden schon früh diejenigen Bäume (bei Fichte ca. 500/ha) ausgewählt und freigestellt, die das Erntealter erreichen sollen.

Eisernes Gesetz des Örtlichen: alte forstliche Erkenntnis, dass keine waldbauliche Regel allgemein und überall anwendbar sein muss. Waldstandorte sind zu vielfältig, als dass man ihnen mit schablonenhaften Verfahren gerecht werden könnte.

Fegen: Abwetzen des Gehörns vom Rehbock bzw. Geweihs vom Hirsch (hier auch „Schlagen") an jungen Bäumchen. Häufig wird dabei die Baumrinde stark beschädigt oder gänzlich abgeschabt, was zum Tod des Bäumchens führen kann. Im Gegensatz zum → Wildverbiss sind wirtschaftliche Schäden durch Fegen im Allgemeinen gering.

Festmeter: Maßeinheit für Rundholz, entspricht einem Kubikmeter reiner Holzmasse. Sobald das Holz gesägt ist, spricht man nicht mehr von Festmeter, sondern Kubikmeter. Brennholz und übriges Schwachholz wird in „Raummetern" aufgesetzt und berechnet, wobei die Luft zwischen den Hölzern mitzählt. Ein Raummeter enthält etwa 0,7 Festmeter reine Holzmasse.

Forsteinrichtung: forstliche Betriebsplanung; der Name kommt daher, dass man früher aus einem ungeregelten Wald einen regelmäßig genutzten Forst „einrichtete". Neben dem → Hiebsatz liefert die Forsteinrichtung vor allem die → Nutzungskarte sowie eine Auflistung aller Waldbestände des jeweiligen Betriebes. Da auch der laufende Holzzuwachs errechnet wird, trägt die Forsteinrichtung große Verantwortung für die → Nachhaltigkeit des Betriebs.

Forstpartie: aus dem französischen; partie = Teil, Menge von Waren oder Menschen, Branche; heute veraltete Bezeichnung für die forstliche Berufsgruppe

Furniereiche: Eiche, deren Stamm wertvolles gesundes, astfreies Holz enthält, das zu Furnieren (millimeterdünne Holzblätter) geschnitten wird.

Harvester: auch Vollernter; moderne, schwere Holzerntemaschine, die alle früher getrennten Arbeitsgänge – Fällen, Entasten, Ablängen usw. – in einem verrichtet

Hiebsatz: Holzmenge, die jährlich unter Beachtung der → Nachhaltigkeit aus einem Wald zu ernten ist. In größeren Forstbetrieben wird der Hiebsatz alle 10 bis 20 Jahre im Zuge der → Forsteinrichtung festgelegt.

Holzpolter, in Bayern auch „Ganter": am Wegrand zur Abfuhr bereitliegendes Stammholz

Hutwald: auch Hutewald oder Hutung; stark aufgelichteter Weidewald, in dem Vieh gehütet wurde; heute nur noch in kleinen Resten zu finden

Kalamität: für die Forstwirtschaft katastrophales Schadereignis, z.B. flächiger Borkenkäferbefall, Schneebruch, Sturmwurf

Kluppe: Holzmesswerkzeug, siehe Abb. S. 43

Kultur: frisch bepflanzte Waldfläche, die zwischen den jungen Bäumchen i.d.R. noch eine üppige „Schlagflora" trägt. Damit die Forstgehölze nicht von Gras und Kraut überwachsen werden und ersticken, muss die Begleitvegetation vielerorts gemäht werden: „Ausgrasen".

Lichtholzarten: Baumarten, die zum Gedeihen große Mengen Licht benötigen, insbesondere Eiche, Kiefer, Birke

Messerbuche: Buche, die zur Furnierherstellung mit der „Messermaschine" geeignetes, astfreies Holz enthält; nachdem Buchenmöbel in letzter Zeit wieder gefragt sind, werden entsprechende Stämme gut bezahlt.

Nachhaltigkeit: ursprünglich das forstwirtschaftliche Grundprinzip, wonach in einem Wald nur immer soviel Holz geschlagen werden darf, dass die nachfolgende Generation wenigstens ebensoviel Ertrag daraus schöpfen kann wie die derzeitige. Zuerst formuliert hat es Carl von Carlowitz 1713. Das Prinzip kann erst ab einer gewissen Forstbetriebsgröße gelten: Kleinbetriebe, die oft nur einen mehr oder weniger gleichaltrigen Holzbestand aufweisen, müssen diesen ernten, wenn er hiebsreif ist. Wesentliches Überschreiten der → Umtriebszeit birgt die Gefahr der Holzentwertung, was den Nachkommen wirtschaftlich schaden würde.

Nutzungskarte: Karte im Maßstab 1 : 10000 oder 1 : 5000, in der alle → Bestände je nach anstehender Nutzungsart mit verschiedenen Farben eingezeichnet sind

Pflege: auch Bestandspflege; laufende Entnahme von schlecht geformten oder überzähligen Bäumen. In Mischbeständen wird damit gezielt gesteuert, welche der vorhandenen Baumarten in welcher Anzahl alt werden. Die Pflege beginnt im Jungwald und wird in regelmäßigen Abständen bis zum Erntealter wiederholt. Wenn verwertbares Holz anfällt, spricht man nicht mehr von Pflege, sondern von → Durchforstung.

Potentielle Natürliche Vegetation (PNV): Vegetation, die ohne Einwirkung des Menschen vorhanden wäre. Da in Mitteleuropa praktisch alle Wälder und → Standorte seit Jahrhunderten menschlich beeinflusst sind, kann sie nur hypothetisch geschätzt werden.

Rückung: Herausziehen der gefällten Baumstämme aus dem Wald an die Forststraße; früher meist mit Pferden betrieben, heute mit Rückeschleppern oder größeren Maschinen. Weil die langen Stämme dabei oft an noch stehenden Bäumen vorbeischrammen, entstehen gefährliche Rindenverletzungen, die „Rückeschäden". Um Letztere gering zu halten, die Rückung insgesamt zu erleichtern und flächige Bodenverdichtung zu vermeiden, legt man alle 20 - 30 m Schneisen in die Bestände, die „Rückegassen".

Schattholzarten: Baumarten, die mit wenig Licht auskommen, deren Jungwuchs also auch unter einem „Altholzschirm" noch gedeiht; insbesondere Tanne und Buche; extrem schattenresistent ist die Eibe.

Schlag: Fläche, auf der Holz geschlagen wurde; in Erinnerung an die einstige Waldrodung bezeichnet man auch landwirtschaftliche Fluren, Äcker, noch als „Schläge".

Selbstwerbung: Holzernte durch den Käufer; wird heute i.d.R. bei Brennholz vereinbart; Nutzholz erntet der Forstbetrieb meist „in Eigenregie". Zunehmend kaufen aber auch Holzverarbeiter das Holz „auf dem Stock", schlagen es also mit Einverständnis des Waldbesitzers selbst.

Standort: Ort, wo Bäume stehen; es gibt gute, wuchskräftige und schlechte, wuchsschwache Standorte. Neben dem Boden ist vor allem die Geländeform entscheidend (z.B. Tallage, Hang, Kuppe) sowie das Klima: Niederschläge, Temperatur, Wind usw.

Stangenholz: junger Waldbestand nach dem → Dickungsstadium, in dem die → Durchforstung also schon verwertbares Holz mit etwa 7 - 20 cm Durchmesser, „Stangen", bringt

Stockausschlag: junge Triebe, die aus dem „Stock" (Baumstumpf, Stubben) wachsen, nachdem ein Baum gefällt wurde. Gut aus dem Stock treiben Eiche, Hainbuche, Linde; Nadelhölzer normalerweise gar nicht.

Sukzession: natürliche Folge von Pflanzengesellschaften nach einer radikalen Veränderung, z.B. Kahlschlag, Windwurf, Erdrutsch. Unter mitteleuropäischen Verhältnissen stellen sich meist sehr bald „Pioniergehölze" ein wie Birke, Weide, Aspe. Erst in den folgenden Waldgenerationen kommen die ursprünglichen Waldbäume zurück. Nachdem es eine gesetzliche Pflicht für Waldbesitzer gibt, Kahlflächen wieder aufzuforsten, ist die natürliche Sukzession in unseren Wäldern selten. In Nationalparks wird sie dagegen unter dem Motto „Natur Natur sein lassen" geduldet.

Totholz: natürlich abgestorbene oder auch gefällte Bäume und Baumteile, die im Wald verbleiben. Während man früher aus wirtschaftlichen und waldhygienischen Gründen fast kein Totholz duldete, hat man heute dessen Wert für die vielfältige Lebensgemeinschaft Wald erkannt. Vor allem stehendes Totholz ist ein wichtiger Lebensraum. Lediglich frisch vom Borkenkäfer befallene Fichten müssen unbedingt entfernt werden, damit die ausfliegenden Käfer nicht weitere Schäden verursachen. Dies ist immer noch die zentrale Maßnahme der Borkenkäferbekämpfung.

Überhälter: einzelne, starke Altbäume, die frei (solitär) stehen bleiben, während der umgebende → Bestand geerntet wird. Im Idealfall wachsen sie in den neu aufkommenden Jungwald ein und überdauern dessen → Umtriebszeit. Damit erreichen sie das doppelte Alter und werden zu imposanten Baumpersönlichkeiten. Vor allem Kiefer und Lärche sind geeignet.

Umtriebszeit: Zeitpunkt, zu dem die Bäume „hiebsreif" sind, das „Erntealter" erreichen. Sie liegt für die Fichte etwa bei 80 - 120 Jahren, für die Eiche bei 150 - 250 Jahren, für die meisten anderen Baumarten dazwischen. Lässt man die Bäume länger stehen, so wachsen sie zwar weiter (ein Baum, der nicht mehr wächst, ist tot). Jedoch wird der Holzzuwachs immer geringer, während gleichzeitig das Risiko steigt, dass Fäule und anderen Schädigungen das Holz entwerten.

Verjüngung: Ersatz eines alten Waldbestandes durch einen jungen. Neben diesem Vorgang wird auch der aufkommende Jungwald selbst als „Verjüngung" bezeichnet. Man sagt z.B., in einem → Altholz sei bereits üppige „Verjüngung angekommen". Verjüngt wird ein Waldbestand normalerweise, wenn er die → Umtriebszeit erreicht hat. Sobald der entstehende Jungwald soweit herangewachsen ist, dass er nicht mehr vom Wild gefressen oder von Begleitvegetation überwuchert werden kann, ist die Verjüngung „gesichert". Im Wirtschaftswald unterscheidet man natürliche Verjüngung, die aus Samenabfall unter den Altbäumen heranwächst, und künstliche Verjüngung, die vom Menschen gepflanzt oder gesät wird.

Waldorte: größere Forstbetriebe sind eingeteilt in Distrikte und Abteilungen (= in Norddeutschland auch „Jagen") sowie Unterabteilungen. Die Grenzen sind im Gelände dauerhaft markiert, meist mit weißen oder farbigen Ringen um Randbäume. Alle Einheiten sind nummeriert, Distrikte und Abteilungen tragen Namen mit örtlichem Bezug, z.B. „Klosterholz", „Keltenschanze", „Heuberg".

Wildverbiss: die Schalenwildarten, insbesondere Reh und Hirsch fressen neben Gräsern und Kräutern auch Blätter, Knospen und Triebe von Waldbäumen. Solange sich dieser „Verbiss" in Grenzen hält, solange vor allem die Gipfel-, End- oder Terminaltriebe junger Bäumchen in ausreichender Zahl unversehrt bleiben, ist dies problemlos. Mehr oder weniger schwere Schäden entstehen jedoch, wenn ein großer Wildbestand den Nachwuchs des Waldes durch intensiven und wiederholten Verbiss am Höhenwachstum hindert. Insbesondere die wohlschmeckenden Baumarten wie Tanne und die meisten Laubgehölze fallen u.U. für die nächste Waldgeneration aus, übrig bleiben, wenn überhaupt, nur Fichten und Kiefern.

Wildverbissschutz: Um das Wild fern zu halten wurden → Verjüngungsflächen bis vor wenigen Jahren in großem Stil eingezäunt; alternativ gibt es verschiedene Einzelschutz-Verfahren, mit denen die wichtige Endknospe der jungen Bäumchen geschützt wird. Wegen der hohen Kosten verzichtet man heute zunehmend auf diese Maßnahmen. Sofern die Wildbestände dabei nicht intensiver bejagt werden, kann dies zu einem Rückgang der empfindlichen Tannen und Laubgehölze und zum erneuten Vordringen der Nadelbaumarten führen.

Zertifizierung: der Versuch, das gehandelte Holz (dem man ja seine Herkunft nicht ansieht) mit einem Herkunftssiegel zu versehen, das nachhaltige und umweltgerechte Produktion (Forstwirtschaft) garantiert. Die an sich gute Idee wurde dadurch außerordentlich geschwächt, dass sich Forstwirtschaft, Umweltverbände und Holzindustrie nicht auf einheitliche Kriterien für umweltgerechte Forstwirtschaft einigen konnten. So existieren zwei verschiedene Herkunftssiegel: FSC (Forest Stewardship Council), das von den Umweltverbänden propagiert wird und PEFC (Pan-European-Forest-Certification), das von der Forstwirtschaft bevorzugt wird.

Zwiesel: Baum, dessen Stamm in zwei oder mehrere Teilstämme gegabelt ist

7 Schlagwort- und Namensverzeichnis

Schlagwortverzeichnis

Fett gedruckte Seitenzahlen verweisen auf Abbildungen.

G

H

I

J

K

L

M

N

T

U

V

W

Y

Z

Namensverzeichnis

T

U

V

W

Z

8 Literatur

Adorno, Theodor W: Ästhetische Theorie, Suhrkamp, Frankfurt 1970

Akademie der Künste: Waldungen – die Deutschen und ihr Wald, Ausstellungskatalog, Berlin 1987

Ammer, Ulrich und Pröbstl, Ulrike: Freizeit und Natur, Pareys Studientexte 72, Hamburg und Berlin 1991

Antonoff, Roman: Forstästhetik, der Begriff mit Zukunft, AFZ / Der Wald 21/1995

Arbeitskreis Forstliche Landespflege: Waldlandschaftspflege, ecomed-Verlag, Landsberg am Lech 1991

Barthelmess, A.: Wald, Umwelt des Menschen, Alber-Verlag, Freiburg/München 1972

Beuchert, Marianne: Die Gärten Chinas, Eugen Diederichs Verlag München 1988

Bode, Wilhelm und Hohnhorst, Martin von: Waldwende, vom Försterwald zum Naturwald, Beck-Verlag, München 1994

Borch, Wilhelm Freiherr von der: Die Ästhetik im Walde, Sylvan – Jahrbuch für Forstmänner, Heidelberg/Leipzig 1824

Braun, Anette: Wahrnehmung von Wald und Natur, Leske und Budrich, Opladen 2000

Buber, Martin: Ich und Du, Schneider-Verlag, Heidelberg 1983

Bundesministerium für Ernährung, Landwirtschaft und Forsten: Belastungen der Forstbetriebe aus der Schutz- und Erholungsfunktion des Waldes, Landwirtschaftsverlag Münster 1999

Bund Naturschutz in Bayern: Positionen zu Wald, Forstwirtschaft und Naturschutz 1994, teilweise abgedruckt in „Waldeslust, Waldesfrust“, Natur und Umwelt 4/99

Burckhardt, H.: Säen und Pflanzen nach forstlicher Praxis, 5. Auflage, Hannover 1880

Burschel, Peter und Huss, Jürgen: Grundriss des Waldbaus, 2. Auflage, Parey, Berlin 1997

Deutscher Forstverein: Waldfacetten – Begegnungen mit dem Wald, DRW-Verlag, Leinfelden-Echterdingen 1998

Dieterich, Viktor: Forstwirtschaftspolitik, Hamburg 1953

Eigner, G.: Der Schutz der Naturdenkmäler insbesondere in Bayern, Naturwissenschaftliche Zeitschrift für Land- und Forstwirtschaft, 3.Jahrgang, Heft 9/1905

Erlbeck, Reinhold - Haseder, Ilse - Stinglwagner, Gerhard: Das Kosmos Wald- und Forstlexikon, 2.Auflage, Stuttgart 2002

Ermacora, Andreas: Ein Kreuz mit dem Gipfelkreuz, in Österr. Alpenverein, 2/2000

Fiege, Gertrud: Caspar David Friedrich; rororo – Taschenbuch; Reinbek bei Hamburg 1977

Fromm, Erich: Die Kunst des Liebens, Ullstein, Frankfurt 1980 (Erstveröffentlichung 1956)

Fromm, Erich: Haben oder Sein, 1976

Geißler, Karlheinz A.: Zeit leben – vom Hasten und Rasten, Arbeiten und Lernen, Leben und Sterben, Quadriga Beltz, Weinheim 1985

Gröning, Gerd und Herlyn, Ulfert: Landschaftswahrnehmung und Landschaftserfahrung, Lit-Verlag, Münster 1996

Grom, Bernhard - Brieskorn, Norbert - Haeffner, Gerd: Glück – auf der Suche nach dem „guten Leben", Ullstein, Frankfurt / Berlin 1987
Hasel, Karl: Forstgeschichte, Pareys Studientexte 48, Hamburg u. Berlin 1985
Hatzfeld, Hermann Graf von (Herausgeber): Ökologische Waldwirtschaft, Verlag Müller, Heidelberg 1996
Haubl, Rolf: Angst vor der Wildnis – an den Grenzen der Zivilisation, in Laufener Seminarbeiträge 2/99, S. 47 – 56, Bayerische Akademie für Naturschutz und Landschaftspflege, Laufen/Salzach 1999
Haubold, Erich: Natur und Waldästhetik heute, Beitrag in Forstinfo (Bayerische Staatsforstverwaltung) 4/98
Hausrath, Hans: Waldschönheitspflege, in Handbuch der Forstwissenschaft, Band 1, 4. Auflage, Berlin 1926
Hesse, Hermann: Bäume, Insel-Taschenbuch, Frankfurt 1984
Hesse, Hermann: Siddharta, Suhrkamp Taschenbuch Nr. 182, Frankfurt 1974
Hessen Forst: Waldein, Waldaus ... Poesie des Waldes, Bing Verlag, Korbach 2001
Heydemann, Berndt: Die Rolle von Rationalität, Emotionalität und Ästhetik im Naturschutz – im Lichte von Persönlichkeiten, Beitrag in „Natur im Sinn", Stiftung Naturschutzgeschichte (Herausgeber), Klartext-Verlag, Essen 2001
Hill, Julia Butterfly: Die Botschaft der Baumfrau, Riemann Verlag, München 2000
Horneck, Heribert: Die Stille lügt nicht, Leopold Stocker Verlag, Graz und Stuttgart 1958
Hufnagl, L.: Die Waldschönheit und ihre Pflege, Wien 1939
Huncke, Wolfram: Mit Hermann Löns durch Wald und Heide, Südwest Verlag, München 1965
Joachim, Hans Friedrich in „100 Jahre IUFRO": W. L. Pfeil - Biographie, Eberswalde-Finow 1992
Kleinhans, Bernd: Schönheit der Landschaft, Artikel in Ostalb/Einhorn, Juni 1996
Köstler, Josef: Waldbau, Parey-Verlag, Berlin und Hamburg 1950
Krause, Christian L.: Jagdeinrichtungen und Landschaftsbild in Schutzgebieten, Beitrag in „Probleme der Jagd in Schutzgebieten", Jahrbuch für Naturschutz und Landschaftspflege 40, Herausgeber: ABN, Bonn 1987
Laudert, Doris: Mythos Baum, BLV-Verlag, München 1999
Lauster, Peter: Die Liebe, Econ-Verlag, Düsseldorf und Wien 1980
Lehmann, Albrecht: Der deutsche Wald, Internet-Beitrag, www.lpb.bwue.de
Leibundgut, Hans: Europäische Urwälder, Haupt-Verlag, Bern und Stuttgart 1993
Leong, Kenneth S.: Jesus – der Zenlehrer, Herder Spektrum, Freiburg 2000
Leopold, Aldo: Deer and Dauerwald, Journal of Forestry 1940, S. 460 - 466, Übersetzung von Helga Kunze, 1999
Lindenau, Günther: Die Erholungseignung des Auwaldes, Diplomarbeit am Lehrstuhl für Landnutzungsplanung und Naturschutz der LMU München, Freising 1996
Löns, Hermann: Kraut und Lot – Ein Buch für Jäger und Heger, Adolf Sponholtz Verlag , Hannover
Löns, Hermann: Mit Hermann Löns durch Wald und Heide – Die schönsten Tier- und Jagdgeschichten, Südwest-Verlag, München 1965
Mantel, Kurt: Wald und Forst in der Geschichte, Verlag Schaper, Hannover 1990
Mantel, Wilhelm: Wald und Forst, Rowohlt, Hamburg 1961

Martin, Olaf: Forstästhetik und Erholungsfunktion des Waldes in der BRD 1945 – 1960, Diplomarbeit am Institut für Forstpolitik, Forstgeschichte und Naturschutz der Universität Göttingen, 1989
Maslow, Abraham H.: Psychologie des Seins, München 1973
Mayer-Gampe, Pia: Der Wald als Symbol in Märchen und Mythen, Dissertation an der Forstwissenschaftlichen Fakultät der LMU München, 1999
Mayer-Gampe, Pia: Wälder und Wege, ein Phasenporträt der Evolution, Books on Demand GmbH, Norderstedt 2002
Mertens, Berthold und Schoop, Georg: Wer sponsert den Specht? Artikel in AFZ-Sonderheft Okt. 2001
Messner, Reinhold: Verlust der Wildnis, Interview in der Zeitschrift Nationalpark 3/99
Morgan, Marlo: Traumfänger, Goldmann, München 1995
Möller, Alfred: Der Dauerwaldgedanke, Berlin 1922, Nachdruck Oberteuringen 1992
Nohl, Werner: 30 Thesen zu einer anderen Ästhetik – vertieft am Beispiel städtischer Freiräume, Artikel in Natur und Landschaft, Heft 1/1983
Nohl,Werner: Landschaftsplanung, ästhetische und rekreative Aspekte, Verlag Patzer, Berlin/Hannover 2001
Nosswitz, Gabriele: Erholungswirksamkeit und Ästhetik von Waldbeständen im Fichtelgebirge und im südlichen Schwarzwald, Diplomarbeit an der Universität Freiburg, 1984
Orthbandt, Eberhard: Geschichte der großen Philosophen, Verlag Werner Dausien, Hanau
Ott, Konrad: Ökologie und Ethik, Attempto-Verlag, Tübingen 1993
Pauli, Bernhard: Wald und Forstwirtschaft im Meinungsbild der Gesellschaft, Mitteilungen aus der Bayerischen Staatsforstverwaltung, Heft 50, München 2000
Piechocki, Reinhard - Eisel - Körner - Nagel - Wiersbinski: Vilmer Thesen zu Heimat und Naturschutz, in Natur und Landschaft, 6/2003
Pretzsch, Hans und Seifert, Stefan: Strategische Planung der Nachhaltigkeit auf Forstbetriebsebene, Forstwissenschaftliches Centralblatt 122/2003, Seiten 231-249
Pretzsch, Hans und Seifert, Stefan: Methoden zur Visualisierung des Waldwachstums, Forstwissenschaftliches Centralblatt 119/2000, Seiten 100-113
Pröbstl, Ulrike: Auswirkungen der Waldsterbens auf Erholung und Fremdenverkehr in waldreichen Mittelgebirgslandschaften Bayerns, Forstliche Forschungsberichte der Universität München 89/1988
Pückler-Muskau, Hermann Fürst von: Andeutungen über Landschaftsgärtnerei, Insel-Verlag, Frankfurt 1988, von Günter J. Vaupel herausgegebener und kommentierter Neudruck des Originals aus dem Jahre 1833
Riehl, Wilhelm Heinrich: Die Naturgeschichte des Volkes als Grundlage einer deutschen Sozialpolitik, Band Land und Leute, Stuttgart 1857
Rilke, Rainer Maria: Von der Landschaft, Insel-Verlag, Frankfurt Band 1105
Roedle, J.: Wunder der Wildbahn, Franckh´sche Verlagshandlung, Stuttgart 1960
Rossmässler, Emil Adolf: Der Wald, 1863
Roth, Eugen: Für Zeitgenossen, Sanssouci, Carl Hanser Verlag, München 2002
Rozsnyay, Z.: Gedanken zur Forstästhetik und Waldverschönerung im Zeitalter der Bodenreinertragslehre, Forstarchiv, 1981

Rudolf, Stefan: Wahrnehmung und Landschaft – evolutionäre Erkenntnistheorie in der Landespflege, Schriftenreihe der FH Weihenstephan, Band 4, Freising 1998

Salisch, Heinrich von: Forstästhetik, 3. Auflage, Julius Springer, Berlin 1911

Schäfer, Gerd E.: Am Anfang sind wir alle Ästheten, Artikel in „Welt des Kindes“ 6/98

Schaffer, Ulrich: Wildnis in uns, Kreuz Verlag, Stuttgart 1989

Schaffner, Stefan: Hat moderne Forsttechnik eine Platz im Waldbild der Gesellschaft? Artikel in AFZ 21/2002

Scheer, Brigitte: Einführung in die philosophische Ästhetik, Primus-Verlag, Darmstadt 1997

Schellenberg, Ernst Ludwig: Das Buch der deutschen Romantik, Bamberg 1943

Schemel, Hans-Joachim: Erholung in „wilder“ Landschaft: die neue Flächenkategorie „Naturerfahrungsraum“, Laufener Seminarbeiträge 1/97, S. 141 – 147, Laufen/Salzach 1997

Scherzinger, Wolfgang: Naturschutz im Wald, Ulmer-Verlag, Stuttgart 1996

Schneider, Katharina: Die Welt der forstlichen Befragung, Diplomarbeit am Lehrstuhl für Forstpolitik der TU München; Freising 2001

Schulz, Gerhard: Romantik, Beck-Taschenbuch, München 1996

Schulze, Gerhard: Die Erlebnisgesellschaft, Campus-Verlag, Frankfurt 1992

Schulze Hannöver, Sandra und Becker, Martin: Natur im Sinn, Beitrag im gleichnamigen Sammelband der Stiftung Naturschutzgeschichte (Herausgeber), Klartext Verlag, Essen 2001

Seel, Martin: Eine Ästhetik der Natur, Suhrkamp, Frankfurt 1991, als Taschenbuch 1996

Sperber, Georg: Deer an Dauerwald, Artikel in Nationalpark, 4/1994, Seite 4ff

Sperber, Georg: Der Umgang mit Wald – eine ethische Disziplin, in Hatzfeld, Ökologische Waldwirtschaft, 1996, S. 37 – 66

Sperber, Georg: Buchenwälder – unser europäisches Naturerbe, Broschüre

Sölle, Dorothee: Lieben und arbeiten – eine Theologie der Schöpfung, Hoffmann und Campe, Hamburg 1999

Staffelbach, Ernst: Neubegründung der Forstästhetik, Artikel in AFZ 47/1984, S.1179ff

Steinhoff, Sabine: Forstästhetik 1910 – 1945, Diplomarbeit am Institut für Forstpolitik, Holzmarktlehre, Forstgeschichte und Naturschutz der Universität Göttingen, 1981

Stern, Horst: Mut zum Widerspruch, Kindler-Verlag, München 1974

Stiftung Naturschutzgeschichte: Wegmarken – Beiträge zur Geschichte des Naturschutzes, Klartext-Verlag, Essen 2000

Stölb, Wilhelm: Wir brauchen eine neue Waidgerechtigkeit, Artikel in „Die Pirsch“ vom 22.10.1993

Thich Nhat Hanh: Das Glück, einen Baum zu umarmen – Geschichten von der Kunst des achtsamen Lebens, Goldmann, München 1997

Thomasius, Harald: Wald, Landeskultur und Gesellschaft, Verlag Th. Steinkopf, Dresden 1973

Thoreau, Henry David: Walden oder Leben in den Wäldern, Diogenes Verlag, Zürich 1971

Vietinghoff-Riesch, Arnold Freiher von: Forstliche Landschaftsgestaltung, Neudamm 1940

Vietinghoff-Riesch, Arnold Freiher von: Forstästhetik oder forstliche Landschaftsgestaltung? Artikel in AFZ 1958, S. 294 – 296

Wöbse, Hans Hermann: Landschaftsästhetik, Verlag Eugen Ulmer, Stuttgart 2002

Wölfinger, Hans Jürgen: Entwicklung der Forstästhetik in Deutschland in der Zeit von 1860 bis 1920, Diplomarbeit am Institut für Forstpolitik, Holzmarktlehre, Forstgeschichte und Naturschutz der Universität Göttingen, 1980

9 Fußnoten

1 Siehe: Anette Braun, Wahrnehmung von Wald und Natur, S. 39
2 Zitat aus Wölfinger: Entwicklung der Forstästhetik in Deutschland 1860 - 1920
3 siehe Hasel: Forstgeschichte, S.209
4 Zitat aus Heinrich von Salisch: Forstästhetik S.5f.
5 Zitate aus Heinrich von Salisch: Forstästhetik, S.5
6 Zitat aus von Salisch: „Forstästhetik" S.4
7 Zitat aus Wölfinger: Entwicklung der Forstästhetik in Deutschland 1860 - 1920
8 Artikel in AFZ 1958: Forstästhetik oder forstliche Landschaftsgestaltung?
9 Vietinghoff-Riesch: Forstliche Landschaftsgestaltung, Seite 134
10 s. AFZ/Der Wald 21/1995 S.1157ff
11 Von Salisch: Forstästhetik, S. 10
12 Von Salisch: Forstästhetik, S. 226
13 Von Salisch: Forstästhetik, S. 87
14 Von Salisch: Forstästhetik S. 254ff
15 aus von Salischs Forstästhetik (S.275).
16 aus von Salischs Forstästhetik (S.254 ff).
17 von Salisch: Forstästhetik, S. 16
18 Wölfinger 1980, Seite58
19 Wölfinger 1980, Seite27
20 Von Salisch: Forstästhetik, S. 53
21 s. Brigitte Scheer: Einführung in die Philosophische Ästhetik, S.15
22 Zitat aus Eberhard Orthbandt: Geschichte der großen Phisosophen
23 siehe Eberhard Orthbandt: S. 278
24 Einführung in die philosophische Ästhetik 1997
25 „Wahrnehmung von Wald und Natur"
26 Info im Internet: www.bergwaldprojekt.de
27 Bayerischer Rundfunk, 26.04.02
28 Wahrnehmung von Wald und Natur, S. 211
29 zu finden bei Lukas 18, Matthäus 19, Markus 10
30 s. Riehl: Die Naturgeschichte des Volkes ... (Band: Land und Leute)
31 s. Brämer: „Der Wald als heiliger Hain"
32 s. Brämer 2002: Wald als touristisches Kapital - Internet-Beitrag
33 siehe Internet-Beitrag: Wald als touristisches Kapital
34 aus dem Griechischen: Anthropos – der Mensch im Mittelpunkt
35 aus dem Griechischen: Bios – das Leben im Mittelpunkt
36 aus dem Griechischen: Physis – die Natur im Mittelpunkt
37 „Ästhetische Theorie" S.107
38 Siehe Nohl „Landschaftsplanung" Seite 159ff
39 Zitat gefunden in *Wöbse,* Landschaftsästhetik

[40] S. Erich Fromm: Über die Liebe zum Leben
[41] Herausgegeben vom Bund Naturschutz in Bayern; Heft 4/2002
[42] Gefunden in Horst Stern: Mut zum Widerspruch, S. 105
[43] Ästhetische Theorie, erschienen 1970, S. 110
[44] Niedersächsisches Landesamt für Ökologie, Abt. Naturschutz
[45] „Die Liebe – Psychologie eines Phänomens“ S. 60
[46] z.B.: Kenneth S. Leong: Jesus - der Zenlehrer
[47] „Die Liebe“ S. 178
[48] „Von der Landschaft“, Werke V, Insel-Verlag Band 1105
[49] gefunden in Horst Stern: Mut zum Widerspruch S.66
[50] S. dazu: Gerhard Schulz: Die Romantik
[51] gefunden in „Wegmarken – Beiträge zur Geschichte des Naturschutzes“ S. 30
[52] Zitat gefunden in Schellenberg: Das Buch der deutschen Romantik, Bamberg 1943
[53] aus: „Mit Hermann Löns durch Wald und Heide“ ausgewählt und eingeleitet von Wolfram Huncke
[54] gefunden in „Wegmarken – Beiträge zur Geschichte des Naturschutzes“ S. 159
[55] Quelle: Akademie der Künste: Waldungen 1987, Seite 241
[56] Erich Fromm: Die Kunst des Liebens, S.57
[57] „Die Liebe“ Econ-Verlag 1980
[58] in „Die Tragweite der Wissenschaft“
[59] Zitat gefunden in „Wegmarken – Beiträge zur Geschichte des Naturschutzes“ S. 10
[60] Landschaftsplanung, Seite 16
[61] Diese Stichworte sind den BN-Positionen zu Wald, Forstwirtschaft und Naturschutz entnommen
[62] Piechocki et al. in Natur und Landschaft, Heft 6 / 2003 S. 241ff
[63] Wahrnehmung und Landschaft, Seite 38
[64] Forstästhetik S. 168
[65] Ästhetische Theorie S. 121
[66] s. Bericht zur Tagung „Wald als kultureller Erfahrungs- und sozialer Handlungsraum“ Hamburg, 5.-6.12.1998 von Leonie Koch-Schwarzer im Internet www.unibas.ch (volkskunde)
[67] Siehe dazu Karlheinz Geißler: „Zeit leben“
[68] siehe Erich Fromm: „Haben oder Sein“ S. 92 f
[69] siehe Antonoff: „Forstästhetik – der Begriff mit Zukunft“
[70] Herausgegeben von Hessen Forst, Forstamt Vöhl, Korbach 2001
[71] „Die Nützlichkeit der Landschaft“ in Gröning/Herlyn: Landschaftswahrnehmung und Landschaftserfahrung
[72] „Eine Ästhetik der Natur“ S. 177
[73] „Eine Ästhetik der Natur“ S. 147
[74] ebendort S. 189
[75] Quelle: Blätter für Naturschutz, Naturpflege, herausgegeben vom Bund Naturschutz in Bayern, 12. Jahrgang, Heft 1/2 , März 1929
[76] siehe: Rolf Haubl, Angst vor der Wildnis – An den Grenzen der Zivilisation

[77] The long shore: a psychological experience of the wilderness – Zitat gefunden bei Rolf Haubl
[78] Wildnis in uns S. 56
[79] N. Elias: Über den Prozess der Zivilisation 2 Bände, Suhrkamp Frankfurt/Main 1978
[80] Siehe: „Die Botschaft der Baumfrau“
[81] Verlust der Wildnis – Interview in „Nationalpark“ 3/99
[82] beschrieben in Pauli: Wald und Forstwirtschaft im Meinungsbild der Gesellschaft S. 88
[83] Dorothee Sölle: Lieben und Arbeiten, S. 60f
[84] ebendort S. 128
[85] Wald und Forstwirtschaft im Meinungsbild der Gesellschaft, S. 140
[86] Forstästhetik. Seite 259f
[87] Kapitel „Jägerbeichte“ S. 54
[88] siehe auch: W. Stölb 1993: „Wir brauchen eine neue Waidgerechtigkeit“
[89] eindrucksvoll und einfühlsam hat das z.B. J. Roedle in seinen Fotobüchern „Wunder der Wildbahn“ (1960) dargestellt
[90] Das Glück, einen Baum zu umarmen, Seite 35f
[91] „Forstästhetik“ Seite 33
[92] „Landschaftsplanung“ S. 38
[93] Ästhetische Theorie, S. 296
[94] Zitat gefunden bei Sperber 1996: Der Umgang mit Wald – eine ethische Disziplin, Seite 45
[95] Landschaftsplanung, Seite 120
[96] siehe beispielsweise Werner Nohl: Landschaftsplanung, 2001
[97] siehe Pretzsch / Seifert 2000 und 2003
[98] siehe Wöbse, Landschaftsästhetik, S. 66
[99] Quelle: Statistisches Bundesamt, 2003, Tendenz rückläufig, im Jahr 2000 noch 131 ha; zu bedenken ist, dass bereits an die 13 % der Landesfläche von Siedlung, Wirtschaft und Verkehr in Anspruch genommen sind.
[100] Siehe Nohl: Landschaftsplanung, Seite 191
[101] Landschaftsplanung, Seite 16
[102] siehe dazu auch Werner Nohl 1983
[103] Leibundgut: Europäische Urwälder Seiten 27 und 248
[104] Forstliche Landschaftsgestaltung, Seite 90
[105] Quelle: Bundeswaldinventur 2004
[106] Forstliche Landschaftsgestaltung (1940), Seite 95
[107] Landschaftsplanung, Seite 100 f; dort auch weiterführende Literaturhinweise, u. a. aus USA
[108] lateinische Übersetzung einer Stelle aus dem Drama „Orestes“ von Euripides: „Abwechslung erfreut“
[109] Forstliche Landschaftsgestaltung, Seite 94
[110] Landschaftsplanung, Seite 213
[111] Forstliche Landschaftsgestaltung, Seite 100
[112] Forstliche Landschaftsgestaltung, Seite 21 – siehe auch Fußnote 104
[113] siehe z.B. Hannes Mayer, Waldbau, Seite 206

[114] Schaffner, Stefan (2002): Hat moderne Forsttechnik einen Platz im Waldbild der Gesellschaft?
[115] Landschaftsästhetik, Seite 71
[116] Zitat gefunden bei von Salisch: Forstästhetik, Seite 88
[117] Forstästhetik, Seite 87
[118] Siehe Georg Sperber: Buchenwälder
[119] Siehe Marianne Beuchert: Die Gärten Chinas
[120] Forstästhetik, Seite 95f
[121] „Im Fuhrenstangenort“ – Mit Hermann Löns durch Wald und Heide, Seite 230
[122] „Unter den hohen Fuhren“ – Mit Hermann Löns durch Wald und Heide, Seite 213
[123] Zitat gefunden bei Doris Laudert, Mythos Baum, Seite 124
[124] Nosswitz 1984
[125] Lindenau 1996
[126] siehe K. Schneider: Die Welt der forstlichen Befragung
[127] Beide Zitate aus von Salisch, Forstästhetik, Seite 390f
[128] Forstästhetik, Seite 251
[129] Forstästhetik, Seite 252
[130] Zitat gefunden bei von Salisch, Forstästhetik, Seite 376
[131] www.alte-baeume.de
[132] Forstästhetik S. 169
[133] Ich und Du – Seite 18
[134] ebendort, Seite 115
[135] Zitat aus Aldo Leopold: Deer and Dauerwald
[136] Forstästhetik, Seite 305
[137] Zitat aus K. Schneider: Die Welt der forstlichen Befragung, S. 145
[138] Wandern in Hessen – www.hessen-tourismus.de
[139] Heinrich von Salisch: Forstästhetik, Seite 216-217
[140] Zitat aus Heinrich von Salisch: Forstästhetik, Seite 195
[141] Forstästhetik, Seite 307
[142] s. Ermacora, ÖAV 2000: „Ein Kreuz mit dem Gipfelkreuz”
[143] W. Nohl: Landschaftsplanung, Seite 198
[144] BML 1999
[145] Eine Ästhetik der Natur, Seite 53
[146] In „Welt des Kindes“ 6/98
[147] siehe dazu Berndt Heydemann 2001: Die Rolle von Rationalität, Emotionalität und Ästhetik im Naturschutz – im Lichte von Persönlichkeiten
[148] Landschaftsplanung, Seite 25
[149] in Laufener Seminarbeiträge 1/97

10 Nachwort

Weil in diesem Buch viel zum Thema „Wald- und Naturliebe“ gesagt ist, will ich kurz auf das Ende 2004 (unmittelbar vor Drucklegung dieses Buches) in Bayern gelaufene **Volksbegehren „Aus Liebe zum Wald“** eingehen. Eine Reihe von (Naturschutz-) Verbänden machte damit Front gegen die von der Staatsregierung eingeleitete radikale Reform der Forstverwaltung. Mir gefiel daran, dass Leute den Mut hatten, die menschliche Naturliebe mittels einer groß angelegten Kampagne in den öffentlichen Raum, in Städte und Gemeinden zu holen. Sie taten damit das, was ich in Kap. 1.7 und 1.8 als notwendig beschreibe. Deshalb habe ich sie unterstützt; das ist die eine Seite.

Auf der anderen Seite führte ich aber auch Gespräche mit Leuten, meist Waldbesitzern, die der Sache skeptisch gegenüber standen; und dabei wurde mir etwas klar: Mit dem Slogan „Aus Liebe zum Wald“ riefen die Akteure zwar die Naturliebe ins öffentliche Bewusstsein, gleichzeitig benutzten sie diese aber als politische **„Kampfparole“**. Es ging handfest gegen die Forstreform der Regierung und unausgesprochen stand die Botschaft im Raum: wenn du den Wald liebst, musst du dagegen sein, musst du unterschreiben, musst du uns folgen.

Pardon! Wie viele Auseinandersetzungen, Kreuzzüge, Kriege sind nicht schon *„im Namen der Liebe“* gegen anders Denkende geführt worden? Kann man im Gegenzug den Befürwortern der Forstreform ihre Liebe zum Wald absprechen? Kommt da nicht wieder die missionarische Masche heraus: „Wir sind die Guten“? (Auf der Sachebene war im Übrigen die enge Verquickung von Wald und Verwaltung von vorn herein eine Kröte, die zu schlucken mir schwer fiel. Ich fand die bisherige Struktur der Staatsforstverwaltung nie so „super“, dass sie über grundlegende Reformen erhaben war.)

Liebe ist – wie ich in Kap. 1.7 zu erklären versuchte – ein **verbindendes Gefühl**. Sie ist unteilbar, richtet sich nie allein auf eine Seite, sondern an Freunde und Gegner. Gewinner und Verlierer zu produzieren, widerspricht ihr. Sie als Banner im politischen Gefecht vor sich her zu tragen, wirkt ausgrenzend und schürt Ablehnung bis Hass bei „Andersgläubigen“. Damit verkehrt sie sich ins Gegenteil (sofern sie zuvor überhaupt umfassend und echt war).

So bin ich letztlich doch erleichtert, dass das Volksbegehren mit 9,3 % (knapp) scheiterte (10 % wären erforderlich gewesen). Hätten die Verfechter der „Liebe zum Wald“ ***gesiegt*** und hätten andere ***verloren***, so wäre der unselige Riss zwischen Naturnutzern und -Schützern noch tiefer geworden. Mit der Zwietracht hätte die „Liebe zum Wald“ selbst schweren Schaden genommen, wäre für die Reformbefürworter wahrscheinlich zum Reizwort geworden.

Trotz allem hat das Volksbegehren – so wie es lief – etwas sehr Wichtiges bewirkt: es hat der Öffentlichkeit, vor allem der Politik gezeigt, dass es Naturliebe gibt, dass sie wach ist, wahrscheinlich bei mehr als 9,3 % der Bevölkerung. Sie lässt sich jetzt gesellschaftlich wie politisch nicht mehr verdrängen. Insofern zeichnet sich (zumindest in Bayern) eine Trendwende im Naturschutz ab: weg von der Wissenschaftlichkeit, hin zum menschlichen Gefühl. Damit selbstbewusst und zugleich sensibel umzugehen, ist die Herausforderung der nächsten Zeit.

Weitere Titel im Verlag Kessel

ISBN	Titel	Autor(in)	Umfang	Preis
3935638035	Wildökologie	Gossow	306	18,00
3935638078	Wald und Schalenwild	Eisfeld et al.	155	14,00
3935638000	Forstliches Wörterbuch	Warkotsch	222	18,00
3935638523	Lebensraum Wald	Hofmeister	287	20,00
3935638027	50 Jahre Forstpolitik in Deutschland	Zundel/Schwartz	180	25,00
3935638043	Zielorientierte Steuerung im Forstbetrieb	Kramer	154	14,00
393563806X	Forstliche Nachhaltigkeit	Schanz	127	10,00
3935638094	Kohlenstoffspeicherung in Lenga-Primärwäldern Feuerlands	Weber	119	12,00
3935638108	Naturproduktivität, Nachhaltigkeit und Gemeinwohl	Wurz	233	15,00
3935638116	Die Dauerwaldbewegung in den Jahren zwischen 1880 und 1930	Seling	137	10,00
3935638124	Werttheorie und Bewertungstheorie als Grundlage der Waldbewertung	Kaiser	171	10,00
3935638132	Überführung von Altersklassenwäldern in Dauerwälder	Hanewinkel	213	14,00
3935638140	Ökologie und Vegetation der Wälder Nordostdeutschlands	Anders	283	23,00
3935638159	Walderholungsforschung	Zundel/Völksen	91	15,00
3935638167	Management von Forstbetrieben, Band 1	Oesten, Roeder	364	25,00
3935638175	Flexibilität als Entscheidungskriterium	Bücking	202	14,00
3935638191	Plenterwald und Plenterwaldüberführung	Hanewinkel	308	15,00
3935638205	Ein Beitrag zur Frühgeschichte der Sägemühlen	Gaebeler	279	23,00
3935638213	Planning for Sustainability	Eisenbeiss/Bürger	91	10,00
3935638221	Die Hölzer Mitteleuropas	Dietger Grosser	217	35,00
393563823X	Social and Political Dimensions of Forest Certification	Meidinger, Elliott, Oesten	354	30,00
3935638256	MUFOMA - New Paradigms in Management of Forests	Weber et al.	53	8,00
3935638264	Forstgeschichte 2. Auflage	Hasel, Schwartz	406	28,00
3935638272	Urbane Waldbesitzer	Schraml, Volz	208	19,00
3935638280	Forstliche Boden- und Standortsdaten des Nordostdeutschen Tieflands als Datenbasis für die Landschaftsmodellierung	Kopp, Jochheim	207	22,00
3935638299	Standörtlich-naturräumliche Grundlagen ökologiegerechter Forstwirtschaft	Kopp, Schwanecke	262	29,00
3935638302	On 189 Years of Confusing Debates over the König-Faustmann Formula	Navarro, G. A.	221	15,00
3935638329	Facetten der Forstpolitikwissenschaft	Weber, N.	122	14,00
3935638337	Naturnahe Waldbewirtschaftung durch private Waldeigentümer	Bieling	159	19,00

Im gleichen Verlag erscheint die Zeitschrift „Archiv für Naturschutz und Landschaftsforschung". Leseproben, Inhaltsverzeichnisse und eine komplette Bücherliste befinden sich auf der Homepage des Verlages. Bestellungen bitte direkt an den Verlag (s. Impressum am Anfang des Buches).